航空母舰、两栖攻击舰和
舰载机百科全书

AIRCRAFT CARRIERS
THE WORLD'S GREATEST NAVAL VESSELS AND THEIR AIRCRAFT

〔英〕克里斯·毕晓普 克里斯·钱特 著   张国良 姚宝珍 穆定平 译

图书在版编目（CIP）数据

航空母舰、两栖攻击舰和舰载机百科全书 /（英）毕晓普(Bishop,C.),（英）钱特(Chant,C.) 著；张国良, 姚宝珍, 穆定平译. -- 北京：中国画报出版社, 2016.1

（武器珍藏）

ISBN 978-7-5146-1261-5

Ⅰ.①航… Ⅱ.①毕…②钱…③张…④姚…⑤穆… Ⅲ.①航空母舰－介绍－世界②两栖攻击舰－介绍－世界③舰载飞机－介绍－世界 Ⅳ.①E925.6②E926.3

中国版本图书馆CIP数据核字(2016)第004910号

Copyright © 2009 Summertime Publishing Ltd
Copyright of the Chinese translation © 2015 by Portico Inc.
This translation of Aircraft Carriers is published by arrangement with Amber Books Limited.
Published by China Pictorlal Publishing House Press.
ALL RIGHTS RESERVED
著作权合同登记号：图字 01-2015-8156

航空母舰、两栖攻击舰和舰载机百科全书

〔英〕克里斯·毕晓普　克里斯·钱特　著　张国良　姚宝珍　穆定平　译

出 版 人：于九涛

责任编辑：郭翠青

责任印制：焦　洋

出版发行：中国画报出版社

（中国北京市海淀区车公庄西路33号　邮编：100048）

开　本：16开（880mm×1230mm）

印　张：27

字　数：540 千字

版　次：2016年3月第1版　2016年3月第1次印刷

印　刷：北京佳明伟业印务有限公司

定　价：128.00 元

总编室兼传真：010-88417359　版权部：010-88417359

发 行 部：010-68469781　010-68414683（传真）

目 录
CONTENTS

1 航空母舰的发展 /1

航空母舰的起源 /3

"一战"后到"二战"前夕的理论发展 /6

护航航空母舰 /9

日本航空母舰 /12

航空母舰的舰载机联队 /14

美国海军太平洋舰队航空母舰 /17

喷气式飞机的挑战 /20

超级航空母舰的诞生 /22

轻型航空母舰与垂直/短距起降飞机 /25

未来的航空母舰 /28

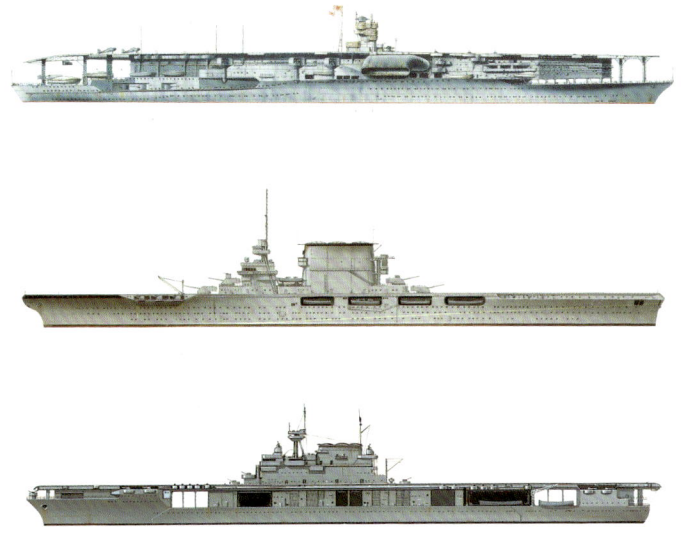

2 "二战"期间的美国航空母舰 /31

"列克星敦"号航空母舰 /32

"萨拉托加"号航空母舰 /33

"约克城"号航空母舰 /34

"企业"号航空母舰 /36

"突击队员"号轻型舰队航空母舰 /38

"大黄蜂"号舰队航空母舰 /39

"黄蜂"号轻型舰队航空母舰 /40

"埃塞克斯"号航空母舰 /41

"普林斯顿"号航空母舰和"独立"级轻型航空母舰 /43

"无畏"号航空母舰 /45

"博格"号护航航空母舰 /50

"桑加蒙"级护航航空母舰 /51

"圣罗"号护航航空母舰 /52

"兰利"号航空母舰 /53

目 录
CONTENTS

3 "二战"期间的英国航空母舰 /55

"暴怒"号舰队航空母舰 /56

"鹰"号舰队航空母舰 /58

"竞技神"号轻型航空母舰 /59

"勇敢"级航空母舰 /60

"皇家方舟"号航空母舰 /61

"卓越"级航空母舰 /62

"不惧"级航空母舰 /64

"百眼巨人"号航空母舰 /65

"大胆"号护航航空母舰 /66

CAM 武装商船（安装飞机弹射器的商船） /67

商船航空母舰 /68

英国建造的护航航空母舰（CVE） /69

美国建造的护航航空母舰 /70

"珀尔修斯"号与"先锋"号飞机修理舰 /72

4 "二战"期间的日本航空母舰 /73

"凤翔"级轻型航空母舰 /74

"赤城"号航空母舰 /75

"加贺"号航空母舰 /76

"龙骧"号轻型航空母舰 /77

"飞龙"号舰队航空母舰 /78

"苍龙"号航空母舰 /81

"瑞鹤"号航空母舰 /82

"翔鹤"号航空母舰 /83

"瑞凤"号轻型航空母舰 /84

"翔凤"号轻型航空母舰 /85

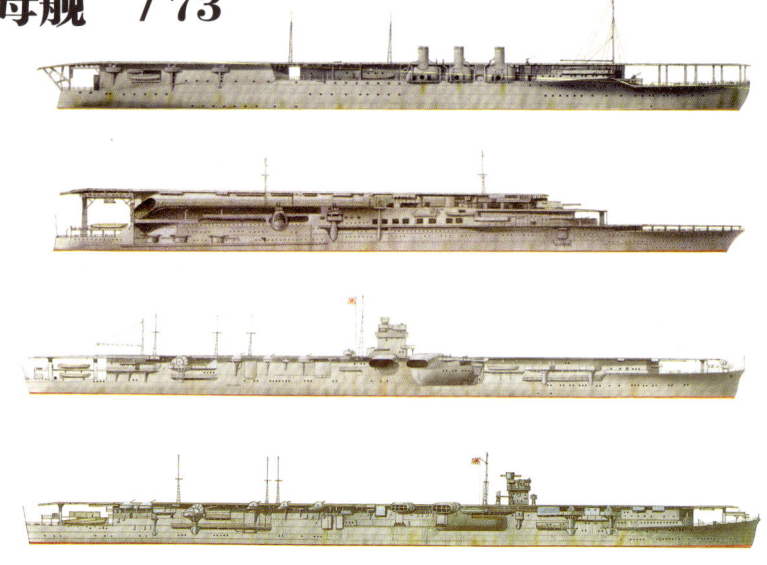

目　录
CONTENTS

"隼鹰"级航空母舰　/86

"大凤"号舰队航空母舰　/87

"云龙"级舰队航空母舰　/88

"信浓"号舰队航空母舰　/89

"大鹰"级护航航空母舰　/90

5　冷战期间的航空母舰　/91

澳大利亚皇家海军"墨尔本"号与"悉尼"号轻型航空母舰　/92

阿根廷海军"巨人"级轻型航空母舰"独立"号　/93

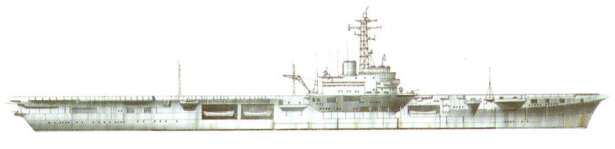

法国海军"巨人"级轻型舰队航空母舰"阿罗芒什"号　/94

印度海军"尊严"级航空母舰"维克兰特"号　/95

西班牙皇家海军"独立"级航空母舰"迷宫"号　/96

英国皇家海军"卓越"级航空母舰"胜利"号　/97

加拿大皇家海军"邦那文彻"号航空母舰　/98

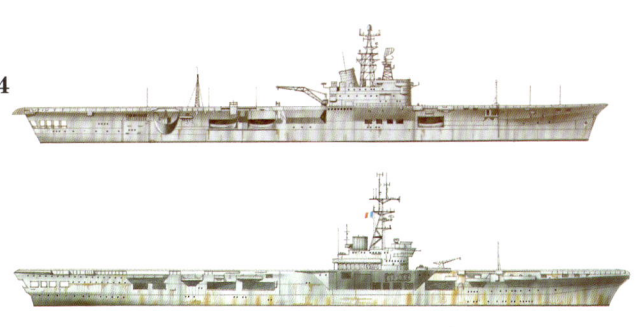

英国皇家海军"巨人"级轻型航空母舰　/99

英国皇家海军"人马座"号轻型舰队航空母舰　/100

英国皇家海军"海神之子"号和"堡垒"号轻型舰队/突击兵航空母舰　/101

英国皇家海军"鹰"号航空母舰　/104

英国皇家海军"皇家方舟"号航空母舰　/108

英国皇家海军"竞技神"号航空母舰/突击兵航空母舰　/110

美国海军"企业"号核动力航空母舰　/112

美国海军"埃塞克斯"级SCB-27A/C和SCB-125改装型舰队航空母舰　/113

美国海军"汉科克"和"勇猛"级攻击航空母舰/反潜航空母舰　/115

美国海军"合众国"号攻击航空母舰　/116

美国海军"福莱斯特"级攻击型航空母舰　/117

美国海军"中途岛"级航空母舰　/120

巴西海军"巨人"级航空母舰"米纳斯·吉拉斯"号　/124

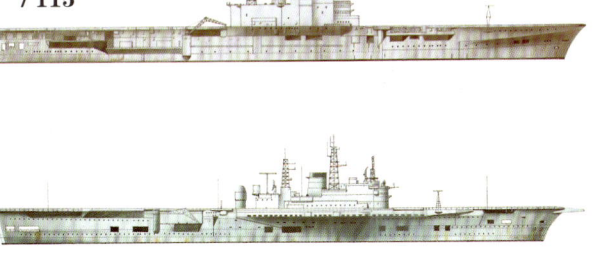

法国海军"克莱蒙梭"级航空母舰　/125

目 录
CONTENTS

阿根廷海军"巨人"级航空母舰"5月25日"号 /127

法国海军"夏尔·戴高乐"号核动力航空母舰 /129

印度海军"竞技神"级航空母舰"维拉特"号 /130

6 现代航空母舰 /131

意大利海军"朱塞佩·加里波第"号反潜航空母舰 /132

苏联海军"库兹涅佐夫"级重型航空巡洋舰 /133

苏联海军"基辅"级航空巡洋舰 /135

西班牙海军"阿斯图里亚斯王子"号轻型航空母舰 /137

泰国皇家海军"查克里·纳吕贝特"号轻型航空母舰 /138

英国皇家海军"无敌"级轻型航空母舰 /140

英国皇家海军"皇家方舟"号航空母舰 /146

美国海军改进型"福莱斯特"级航空母舰 /148

美国海军"企业"号核动力航空母舰 /150

美国海军"尼米兹"级核动力航空母舰 /152

美国海军改进型"尼米兹"级核动力航空母舰 /154

美国海军CVNX级航空母舰 /168

印度海军前"戈尔什科夫海军上将"号和"维克兰特"级航空母舰 /169

意大利海军"安德利亚·多里亚"级航空母舰 /170

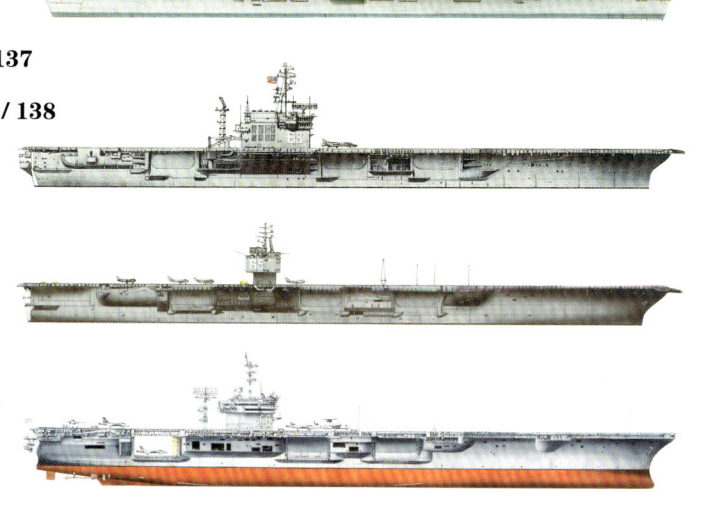

7 航空母舰上的航空力量 /171

早期舰载航空兵 /172

第二次世界大战期间的航空母舰舰载机 /174

第二次世界大战期间的航空母舰航空大队 /176

"阿尔法打击" /179

冷战时期的舰载航空兵 /181

未来的舰载航空兵 /183

目 录
CONTENTS

8 "二战"期间的航空母舰舰载机 /187

爱知公司 D3A "瓦尔"舰载俯冲轰炸机（"99"式俯冲轰炸机） /188

三菱公司 A6M "零"式舰载战斗机 /189

中岛公司 B5N "九七"式舰载鱼雷轰炸机 /192

中岛公司 B6N "天山"舰载鱼雷轰炸机 /193

横须贺 D4Y "彗星"航空母舰舰载俯冲轰炸机 /194

科蒂斯公司 SB2C "地狱俯冲者"侦察俯冲轰炸机 /195

怀特公司 F4U "海盗"舰载及陆基战斗机 /196

道格拉斯公司 SBD "大胆"侦察俯冲轰炸机 /197

格鲁曼公司 F4F "野猫"航空母舰战斗机 /198

格鲁曼公司 F6F "悍妇"航空母舰战斗机 /200

格鲁曼 TBF/TBM "复仇者"鱼雷轰炸机 /218

费尔雷公司 "青花鱼"双翼鱼雷轰炸机 /219

费尔雷公司 "梭鱼"鱼雷轰炸/侦察机 /220

费尔雷公司 "萤火虫"双座海军战斗机（战争后期） /221

费尔雷公司 "管鼻鹱"舰载双座战斗机（战争早期） /222

费尔雷公司 "剑鱼"双翼鱼雷轰炸机 /223

霍克公司 "海上飓风"舰载战斗机 /224

超马林公司 "海火"舰载战斗机 /225

德·哈维兰公司 "海上大黄蜂"多功能活塞式发动机双发海上飞机 /227

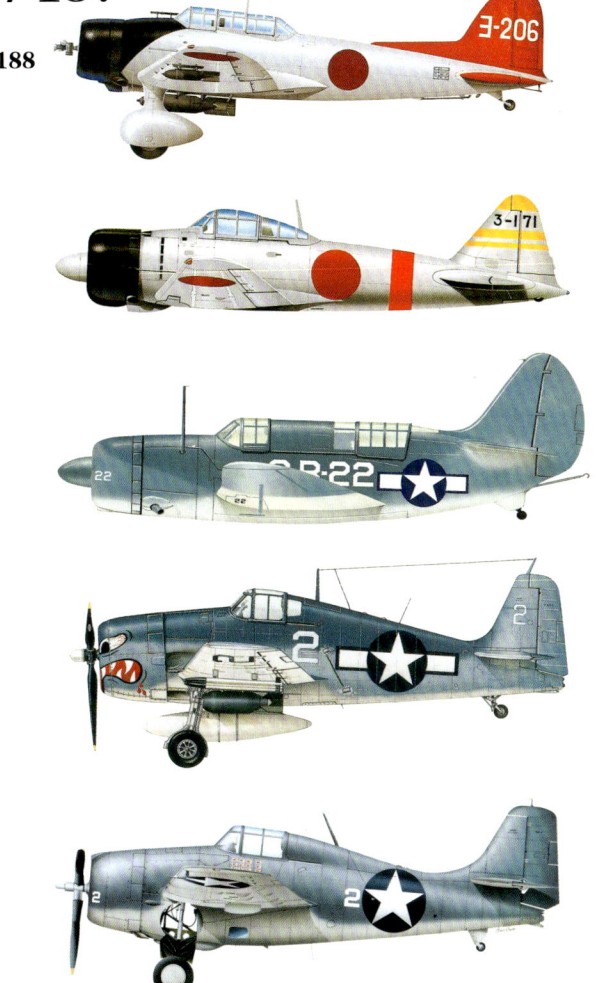

9 "二战"后的航空母舰舰载机 /229

德·哈维兰公司 "海蛇毒"海军喷气式战斗机（早期） /230

费尔雷公司 "萤火虫"单发动机多用途海上战斗机 /231

霍克公司 "海上泼妇"舰载及陆基战斗轰炸机 /232

霍克公司 "海鹰"舰载喷气式战斗轰炸机 /233

超马林公司 "攻击者"早期舰载喷气式战斗轰炸机 /234

目 录
CONTENTS

道格拉斯公司 AD/A-1 "空中袭击者"舰载攻击机 / 235

道格拉斯公司 F3D "空中骑士"舰载喷气式夜间战斗机 / 236

格鲁曼公司 AF-2 "护卫者"潜艇搜索/攻击飞机 / 237

格鲁曼公司 "虎猫"双发战斗机 / 238

格鲁曼公司 F8F "熊猫"高性能活塞式战斗机 / 239

格鲁曼公司 F9F "黑豹"喷气式战斗机 / 240

格鲁曼公司 F9F "美洲狮"后掠翼海军战斗机家族 / 241

北美公司 FJ "泼妇"海军战斗机家族 / 244

北美公司 AJ/A-2 "野人"舰载战略轰炸机 / 246

麦克唐纳公司 FH-1/FD-1 "鬼怪"舰载喷气式战斗机（早期）/ 247

麦克唐纳公司 F2H/F-2 "幽灵"多用途海军战斗机家族 / 248

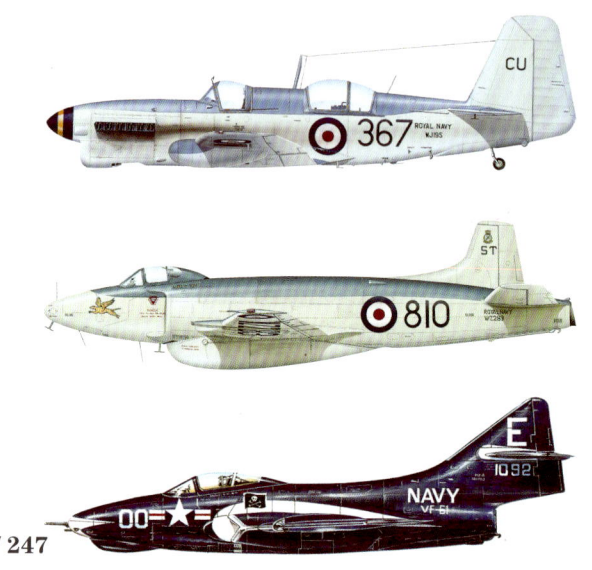

10 冷战期间的航空母舰舰载机 / 249

达索公司 "军旗"攻击/侦察和加油机 / 250

布雷盖公司 Br.1050 "信风"舰载反潜涡轮螺旋桨飞机 / 251

雅克列夫设计局雅克-38 "铁匠"多用途垂直/短距起降飞机 / 253

布莱克本公司 "掠夺者"低空攻击机 / 254

德·哈维兰公司的 "海雌狐"全天候拦截机 / 255

费尔雷公司 "塘鹅"反潜预警机 / 256

超马林公司的 "弯刀"舰载攻击机 / 257

麦克唐纳·道格拉斯公司（霍克·西德尼航空公司）AV-8A "鹞"式短距起飞垂直降落攻击/近距离支援/空中格斗机 / 258

道格拉斯公司 F4D/F-6型 "天光"截击机 / 260

道格拉斯公司 "空中勇士" A3D/A-3 多用途军用飞机 / 261

道格拉斯公司 A4D/A-4 "天鹰"舰载攻击机 / 263

格鲁曼公司 A-6 "入侵者"全天候攻击机 / 266

格鲁曼公司 S2F/S-2 "追踪者"和 TF-1/C-1 "贸易者"反潜/舰载运输机 / 269

格鲁曼公司的 WF-2/E-1 "尾随者"舰载预警/控制机 / 270

麦克唐纳公司的 F3H/F-3 "恶魔"海军战斗机 / 271

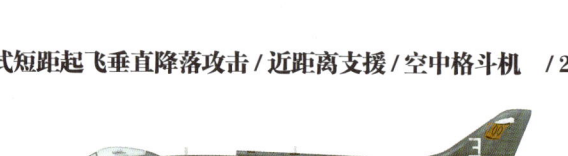

目 录
CONTENTS

麦道公司的 F-4"鬼怪"II 多用途战斗机 /272

北美航空公司 A-5（A3J）"民团团员"攻击/侦察机 /280

沃特公司的 A-7"海盗"II 海军/空军攻击机 /281

沃特公司的 F-8（F8U）"十字军战士"海军战斗机 /283

达索公司的"超级军旗"舰载多用途攻击战斗机 /290

11 现代航空母舰舰载机 /293

"阵风" M/N 下一代海军战斗机 /294

苏-27K（苏-33）"侧卫-D"战斗机 海军苏-27战斗机 /296

米格-29K"支点"舰载战斗机 /297

BAE 系统公司的"海鹞" FRS.Mk 1 战斗机短距离起降海军战斗机 /299

BAE 系统公司的"海鹞" FA.Mk 2 型战斗机 /301

麦道公司的"鹞"II 近距离空中支援战斗机 /302

波音公司的 F/A-18 A/B/C/D"大黄蜂"舰载攻击战斗机 /303

波音公司的 F/A-18E/F"超级大黄蜂"战斗攻击机 /308

格鲁曼公司的 F-14"雄猫"变后掠翼海军战斗机 /314

格鲁曼公司的 E-2"鹰眼"舰载和陆基空中预警和指挥飞机 /320

洛克希德·马丁公司的 F-35B 型和 F-35C 型未来战术战斗机 /321

S-3"海盗"多用途海军反潜机 /322

12 现代海军直升机 /323

法国航空航天工业公司研制的"海豚"、HH-65A"海豚"以及欧洲直升机公司研制的"美洲豹"多用途海军直升机 /324

法国航空航天工业公司 SA 321"超级大黄蜂"搜救和运输直升机 /325

惠斯特兰公司"山猫"多用途海军直升机 /326

EH 101/"灰背隼"反潜直升机 /327

NH 90 反潜/反舰直升机 /329

惠斯特兰公司"黄蜂"多用途海军直升机 /330

目 录
CONTENTS

米-14 "烟雾"海军直升机　/331

卡莫夫设计局卡-25 "荷尔蒙"海军直升机　/334

卡莫夫设计局卡-27、卡-29和卡-31 "蜗牛"海军直升机　/335

波音威托尔飞机公司的H-46 "海上骑士"攻击和运输直升机　/336

贝尔—波音公司V-22 "鱼鹰"倾转翼攻击运输直升机　/337

卡曼公司SH-2 "海妖"多用途海军直升机　/338

西科斯基公司S-61/H-3 "海王"反潜和多用途直升机　/340

西科斯基公司S-70/H-60 "海鹰"反潜和多用途直升机　/342

西科斯基公司的S-80/MH-53 "海龙"扫雷直升机　/344

13 攻击舰　/345

美国两栖攻击作战　/346

两栖战　/349

法国海军 "圣女贞德"号直升机航空母舰　/352

美国海军 "硫磺岛"级直升机两栖攻击舰　/353

美国海军 "罗利"级和 "奥斯汀"级两栖船坞运输舰　/354

美国海军 "卡比尔多"级、"托马斯顿"级、"安克雷奇"级船坞登陆舰　/356

英国皇家海军 "无恐"级两栖船坞运输舰　/359

法国海军 "暴风"级船坞登陆舰　/365

法国海军 "闪电"（Foudre）级船坞登陆舰（TCD/LSD）　/367

意大利海军 "圣·乔治奥"级两栖船坞运输舰　/369

日本海军 "大隅"级两栖船坞运输舰/坦克登陆舰　/370

"鹿特丹"级和 "加利西亚"级两栖船坞运输舰　/371

苏联海军 "伊万·罗戈夫"级两栖船坞运输舰　/372

英国皇家海军 "阿尔比昂"级两栖船坞运输舰　/373

美国海军 "塔拉瓦"级两栖攻击舰　/374

美国海军 "惠德贝岛"级和 "哈珀斯·费里"级登陆舰　/380

美国海军 "黄蜂"级两栖攻击舰　/382

目 录 CONTENTS

美国海军"圣·安东尼奥"级两栖船坞运输舰 /384

法国海军"西北风"级两栖攻击舰 /385

新加坡海军"持久"级船坞登陆舰/坦克登陆舰 /386

英国皇家海军"海洋"级两栖攻击舰 /388

14 攻击直升机 /389

欧洲直升机公司的 AS 565 "豹"多功能效用直升机 /390

欧洲直升机公司的 AS 532 和 EC 725 "美洲狮"中型直升机 /391

EH 工业公司的 EH 101 重型多用途攻击直升机 /393

NH 工业公司的 NH 90 中程攻击直升机 /395

阿特拉斯公司的"羚羊"/IAR330L "美洲豹"直升机 /397

米里公司的米-26 "光环"重型运输直升机 /398

韦斯特兰公司的"突击队"和"海王"HC MK4 攻击直升机 /399

韦斯特兰公司的"山猫"陆军型直升机 /401

贝尔公司的 212 型/412 型/UN-1N "易洛魁人"（后称为"休伊"）直升机 /403

贝尔—波音公司的 V-22 "鱼鹰"倾转翼多用途飞机 /405

波音公司的 H-47 "支努干"中型运输和攻击直升机 /407

西科斯基公司的 UH-60 "黑鹰"直升机家族 /415

西科斯基公司的 CH/MH-53 重型运输和特种作战直升机 /417

1
航空母舰的发展

当世界上最早一批飞机开始进行海上实验的时候，战列舰还在主宰着全球各个大洋，飞机此时仅仅被作为一种侦察敌军位置的辅助工具。然而，英国皇家海军在第一次世界大战中率先的尝试，以及美国人贝利·米切尔在此后不久进行的探索性实验，无一不显示出飞机对于那些缺乏保护措施的作战舰艇的致命杀伤力。在一战结束到二战爆发前的这段时期，第一批真正意义上的航空母舰被建造出来。与此同时，现代航空母舰绝大多数的舰载机技术也得到了发展，其中就包括用于投射飞机的弹射器以及帮助飞机进行甲板降落的拦阻索。

然而，直到第二次世界大战在1939年正式打响时，仍有许多国家的海军高级将领依旧认为战列舰是最具决定性意义的海上武器。在此期间，航空母舰被视为海军舰队的一个主要组成部分，其作战能力从1918年以来也理所当然地得到了极大提升。即便如此，航空母舰仍然未能占据海军战略的核心位置。然而，在第二次世界大战早期阶段所发生的三个重大事件，使得航空母舰在海军作战中的地位被迅速提升到一个前所未有的高度，这一地位直到今天仍然不可撼动。这三个重大事件分别是：英国皇家海军在1940年对意大利海军舰队基地塔兰托港的成功空袭；受到塔兰托袭击战启发的日本人，在1941年对美国海军太平洋舰队基地珍珠港的卑劣偷袭；以及在同年进行的马来海战中，日本海军舰载机在很短时间内先后击沉英国皇家海军"反击"号战列巡洋舰以及"威尔士亲王"号战列舰。

第二次世界大战确立了航空母舰作为一种重要战略武器的不可撼动的地位。日本人在丧失了太平洋上的航空母舰优势地位之后，再也无力阻挡美国陆军和海军陆战队所发起的一波又一波的两栖攻击和两栖登陆，那些在1941年到1942年期间沦陷的岛屿一个接着一个地被美军收复。经过1944年的菲律宾海海战之后，日本海军中经验丰富的舰载机飞行员几乎损失殆尽，此时此刻，穷途末路的日本军国主义距离最终的覆亡已经指日可待了。在战争期间的大西洋和地中海海域，尤其是在保卫马耳他、抵抗轴心国空袭的战役中，航空母舰同样发挥了不可替代的重要作用。

在冷战期间的朝鲜战场和越南战场上，美国海军的航空母舰作为一种漂浮在海上的"空军基地"，在给对手造成巨大杀伤后果的同时，最大程度地保护了己方海空兵力的安全。然而，到了20世纪70年代，苏联海军开始启动用于搭载雅克"铁匠"战斗攻击机的航空母舰建造计划。几乎就在同时，一些欧洲国家的海军也不甘示弱，开始建造物美价廉的小型航空母舰，计划用于搭载"鹞"式垂直/短距起降战斗机。可以毫不夸张地说，在1982年的马尔维纳斯群岛战争中，英国皇家海军倘若没有它所拥有的两艘"袖珍型"航空母舰，要想从阿根廷军队手中夺回马尔维纳斯群岛，简直就是天方夜谭。

过去几十年以来，美国海军的现代化航空母舰编队控制着全球各个大洋，它的任何一艘航空母舰所搭载的空中兵力，都要比绝大多数国家的空中力量强大。在阿富汗战争和伊拉克战争中，美国海军"尼米兹"级航空母舰的战斗力几乎发挥到了极致。然而欧洲一些国家已开始重新建造大型航空母舰，而中国和印度也在寻求发展各自的航空母舰作战能力。鉴于这些情况，美国海军的航空母舰优势将很快受到挑战。

在本书中，您将看到那些在世界各国海军中服役的以及曾经服役的各型航空母舰的最为详尽的介绍，此外，您还将认识搭载在这些航空母舰之上为其提供空中打击能力的固定翼战斗机以及直升机的本来面目。此外，本书还将引领您去领略航空母舰的近亲——两栖攻击舰及其搭载的用于向陆地投送兵力的运输直升机的风采。

航空母舰的起源

空中力量走向海洋

> 航空母舰的机动性、灵活性以及所搭载的武器系统的威胁性，为一线作战部队作战提供了强大的力量保障。此外，航空母舰还在当今世界的维和行动中担当着一个极其关键的角色。

正是由于上述特征，使得航空母舰最终取代了战列舰成为海战中的决定性力量。然而，航空母舰的影响力在"二战"期间迅速壮大，远远超过了早期那些海军将领们和海战专家们的想象力所能达到的程度。

开拓性工作

在将飞机送向海洋的竞赛中，美国海军也是先锋之一。1911年，在美国海军的赞助下，尤金·伊利驾驶飞机从一艘战舰上首次成功进行了起飞和降落。然而，在当时，这一壮举在很多人眼里，无非是一种比较惊险刺激的飞行表演而已，几乎没有人重视其真正的意义。真正重视这项事业的是英国皇家海军，就在伊利驾驶飞机从战舰上进行首次起飞之后的一年之内，英国皇家海军的萨姆森上尉展示了同样的能力，相继从早期无畏舰"非洲"号、"爱尔兰"号和"伦敦"号上成功起飞。然而，在一艘移动的战舰上进行降落，仍然面临着很多的问题。由于飞行甲板的长度太短，飞机很难在上面安全降落。可以说，在当时条件下，对于飞行员来说，试图迎面降落在一艘正在航行的舰船上，简直就等同于自杀。

相比较而言，水上飞机操作起来就容易多了，它们能像有轮子的飞机那样进行起飞。1911年，格伦·科蒂斯驾驶这种水上飞机进行了试验，飞机完成飞行后直接降落在母舰旁边的水面上，尔后再由舰上人员借起重机将其提升到甲板上。在1913年的舰队年度演习中，搭载着水上飞机的英国皇家海军铁甲巡洋舰"竞技神"号，在演习中取得了巨大的成功。

在推动飞机走向海洋的历史进程中，利用飞机执行侦察任务成为一个非常重要的因素，它可以使战地指挥官们能够看到以往无法看到的"地平线以外"的东西。

然而，直到第一次世界大战爆发，许多促成飞机拥有当今的不可动摇的优势地位的特性，仍然处于萌芽状态之中。1912年，桑普森进行了首次空投教练炸弹的试验。1914年，又进行了首次空中射击试验和鱼雷空投试验，其中，试验中使用的是货真价实的真鱼雷。1915年，美国海军在战舰上安装了第一部舰载飞机弹射器，采用压缩空气作为动力。

侦察能力

当时，飞机潜在的巨大侦察能力，成为绝大多数国家海军在主力战舰上部署这种武器系统的首要考虑因素，飞机主要被用作空中侦察，用于发现敌军火炮的部署方位。

专门用途的水上飞机母舰在1914年之前开始出现，所执行的任务与此前的飞机母舰几乎毫无二致。然而，它们通常是由商船改装而成，航行速度非常缓慢，很难跟上舰队的行进速度，因此只能单独作战，用于支援两栖作战行动。认识到这一问题之后，英国皇家海军特意将科纳德航运公司的"坎帕尼亚"号班轮进行改装，其航速达21节，能够跟上作战舰队的步伐。

1915年，英国皇家海军"本·麦·克里"号水上飞机母舰创造了历史，从该舰上起飞的一架"S 184"型水上飞机在达达尼尔海峡用鱼雷击沉了一艘土耳其运输船，这是世界海战史上首次成功的空中鱼雷攻击行动。没过多久，人们就清晰地认识到，在作战性能和效果方面，无论是水上飞机还是飞艇，都无法与陆上飞机相媲美。然而，要想把陆上飞机送到海上，首先必须发展出一种完全新型的战舰，这种新型战舰的建造技术在当时已经开始趋于成熟，它就是航空母舰。

英国人进行了最早的一系列试验，在轻型战列巡洋舰"暴怒"号上安装了一条

上图：1912年1月10日，C.R.桑普森中尉正准备从锚泊在希尔内斯的英国皇家海军早期无畏舰"非洲"号上进行第一次起飞。图中是一架"肖特"S.27型飞机，有消息称该型飞机曾经在1911年12月进行过一次"秘密"起飞

左图:1911年1月18日,尤金·B.伊利驾驶一架科蒂斯公司生产的飞机在锚泊于圣弗朗西斯科海湾的美国海军"宾夕法尼亚"号装甲巡洋舰尾部平台之上成功降落。接下来,伊利又驾驶飞机从舰船上起飞,返回到附近的一个陆地机场

起飞甲板。当时,在甲板上进行降落仍然非常危险,但皇家海军的E.H.邓宁中校用自己的勇气证明了这是有可能实现的,驾驶飞机在"暴怒"号上降落。在海军历史上,这是飞机第一次在航进中的战舰上成功降落。然而,就在不久后的第二次试验中,由于飞机发动机在空中突然停止工作,邓宁英勇殉职。鉴于这种情况,英国皇家海军作出了一个重大决定,对"暴怒"号进行更大程度的改装,在船尾加装一条降落甲板,另外加宽了舰体。"暴怒"号的大型烟囱和上层建筑均位于舰体中央,它们所产生的热气流势必使飞机降落变得异常危险,这是该舰的一个致命缺陷。即便如此,在1918年7月,仍有7架索普韦斯公司生产的"骆驼"飞机从"暴怒"号上起飞,攻击驻汤登地区的德军部队,在海战史上,这是舰载机首次对陆地目标实施的攻击。在这次攻击行动中,德军有2架"齐柏林"硬式飞艇在基地被英军摧毁。

第一个"飞行平台"

接下来,"暴怒"号又进行了彻头彻尾的改建,但始终不尽人意。然而,紧随其后服役的却是世界上第一艘真正意义上的"飞行平台"——航空母舰,它就是"百眼巨人"号。"百眼巨人"号的前身是一艘中途停工的意大利商船,后来被英国人购买过来进行改建,建成一艘拥有一条全通式飞行甲板的航空母舰。

就在第一次世界大战的最后一年,美国海军的一支战舰中队与英国皇家海军大舰队并肩作战,它们的指挥官们很快意识到航空母舰的巨大价值。美国海军订购了大型运煤船"木星"号进行改造,建成了"兰利"号航空母舰,舷号定为CV-1。"兰利"号被舰员们戏谑地称为"大篷车",有着一条全通式的飞行甲板,两座铰链式烟囱布置在左舷位置。以前的运煤舱被改装成了操作舱、住宿舱和库房,原来的上层甲板如今成了机库。

服役之后的"兰利"号,航速仅有14节,比当时的作战舰队慢了大约7节。尽管如此,该舰仍然被美国海军视若珍宝。

试验平台

"兰利"号为美国海军的航空事业作出了巨大贡献,其中之一就在于为一系列的着舰拦阻装置提供了试验平台。在服役之初,"兰利"号配置了一套英国制造的纵向拦阻索系统,主要用来勾挂飞机降落装置上的挂钩,防止飞机左右滑动。在此基础上,美国海军增加了本土制造的横向拦阻索系统,进一步提升了飞机降落时的稳定性。此外,美国海军还研制出一套水压系统,实践证明该系统非常行之有效,直到今天仍是航空母舰常规着舰拦阻系统的基础。

另一项创新之处在于:在飞行甲板上安装了一对水平弹射器,最初主要用于水上飞机,后来发现也可以用于加快传统飞机的起飞,提高安全性能,最大限度地利用飞行甲板。与拦阻装置一样的是,该系统直到今天仍然是标准的航空母舰装置。

从这些早期航空母舰的身上,人们汲取了大量的经验和教训。然而,在当时为数众多的海军航空事业先行者之中,很少有人能够预见到航空母舰在未来几十年的迅猛发展,竟会如此令人瞠目结舌。

正是上述这些特征促使航空母舰取代了战列舰,成为海战中最具杀伤力的武器系统。然而,对于航空母舰发展的早期阶段的那些海军决策者们而言,他们无论如何也无法预测到航空母舰居然能在二战期间的海战中占据统治地位。

下图:英国皇家海军"本·麦·克里"号水上飞机母舰在被改建为可以搭载4架水上飞机之前,原本是英国一家轮船公司的快速蒸汽班轮。该舰于1917年年初被土耳其军队的海岸炮火击沉

日本帝国海军：历史

一架格罗斯特公司出品的"食雀鹰"飞机从停泊在东京湾的"扶桑"级战列舰"山城"号上起飞。在日本海军各型主力战舰的炮塔上，配置着长度大约10米的投射平台，专门用来起飞"食雀鹰"飞机。从这种情况可以看出，在当时，有数个国家已经将飞机运用到海洋上。"食雀鹰"飞机在日本帝国海军中一直服役到1928年，而日本人也很快意识到航空母舰所蕴藏的巨大潜力，因而建造出了日本历史上第一艘真正意义上的航空母舰，这就是排水量9500吨的"凤翔"号，由位于鹤见的浅野公司建造，于1922年12月最终建成，可以搭载21架飞机。1923年，该艘航空母舰的右舷岛形上层建筑和三脚桅杆被拆除，从而成为一艘全通式甲板的航空母舰。总而言之，"凤翔"号航空母舰的设计和建造非常成功，不足之处在于规模太小，因此日本人紧随其后建造出了比较大型的"赤城"号和"加贺"号航空母舰。

左图：英国皇家海军"百眼巨人"号航空母舰从一艘尚未建成的班轮改装而成，于1918年9月编入舰队服役，成为世界上第一艘真正意义上的航空母舰。"百眼巨人"号的航速最高达20节，可以搭载20架飞机，一直服役到第二次世界大战结束

下图："兰利"号是美国海军第一艘航空母舰，从一艘运煤船改装而成，于1922年3月开始服役，最多可搭载36架飞机。本图拍摄于1923年，停放在该舰甲板上的是一架海上双翼飞机

"一战"后到"二战"前夕的理论发展

航空母舰的演变

航空母舰最早出现于第一次世界大战期间,它们最初的作战能力极为有限。然而,20世纪20年代以及30年代期间的迅猛发展,使得这种武器系统成为一种能够投射大规模海军航空力量的强大平台。

飞机在第一次世界大战期间出色的侦察功能,促使许多国家海军在他们的主力战舰上配置了起飞平台。尽管专门建造的水上飞机母舰在1916年之前就已经开始服役,但人们很快发现,陆基飞机在作战中的表现远远超过了水上飞机和飞艇。然而,推动陆基飞机走向海洋的强烈愿望,只有随着另外一种全新的战舰的发明,才能够真正得以实现,这种新型战舰就是航空母舰。

英国人进行了最早的一系列实验,他们在轻型战列巡洋舰"暴怒"号的舰首位置铺设了一条起飞甲板,将其改装成为一艘传统意义上的航空母舰,但"暴怒"号的表现不尽如人意。紧随其后,英国人对"鹰"号战列舰进行了改装,建成了第一艘真正意义上的"飞行平台"——"百眼巨人"号航空母舰。接下来,英国人又建造出了"竞技神"号航空母舰,该舰从一开始就被作为航空母舰进行设计。日本人不甘落后,在1918年11月一战停战后不久,就开始动工建造"凤翔"号航空母舰。

在第一次世界大战的最后一年,美国海军一支战舰中队与英国皇家海军大舰队并肩作战,美军指挥官们很快意识到航空母舰的巨大价值。于是,在一战结束时,美国海军对大型运煤船"木星"号进行改造,建成了"兰利"号航空母舰,舷号为CV-1。

1922年出台的《华盛顿公约》旨在对于当时世界各国之间狂热的造舰竞赛进行遏制,这种竞赛曾经在一定程度上促成了第一次世界大战的爆发。然而,《华盛顿公约》并没有对建造航空母舰作出太多的限制,相反,只是轻描淡写地将航空母舰定义为"一种排水量超过10000吨的特定用途船只,专门用于运输、投送和降落飞机"。

微不足道的限制

根据《华盛顿公约》的规定,相关签字国可以建造任何数量的航空母舰,但其总吨位不得超过公约的限制,这种限制分别为:英国和美国为135000吨,日本为81000吨,法国和意大利均为60000吨。此外,不允许任何签字国建造排水量超过27000吨的新战舰,但允许改建两艘老旧

上图:这是拍摄于第二次世界大战之前的美国海军"约克城"号航空母舰。该艘航空母舰在设计思路上更进一步,拥有开放式机库,能够搭载数量更多的飞机

的大型主力舰。

公约签字生效后，英国和日本仅仅建造了第一批小型航空母舰，美国则继续对"兰利"号进行改建，而法国和意大利几乎没有任何建造航空母舰的念头。

美国人对两艘没有完工的战列巡洋舰的船体进行改建，在1927年建成了"列克星敦"号（CV-2）和"萨拉托加"号（CV-3）航空母舰，长270米，最大航速34节。与舰长168米、航速15节的"兰利"号相比，最新建成的这两艘航空母舰拥有更强大的作战能力，而两者之间仅仅相隔了5年的时间，这样的进步令人瞠目结舌。

战术进步

从1928年开始，"列克星敦"号（CV-2）和"萨拉托加"号（CV-3）航空母舰参加了美国海军太平洋舰队的年度演习，但它们此时仍然被视为一种较为有用的辅助性侦察平台，根本无法与战列舰平起平坐。此外，这两艘航空母舰相互之间还举行了对抗性演练，指挥官们在演习中探索出一些非常有用的战术概念，在第二次世界大战期间，这些战术概念被快速航空母舰特遣部队充分应用。

英国人选择了一对排水量22500吨的船只——"光荣"号和"勇敢"号——进行试验，它们装备的舰炮口径仅有120毫米，因此不受相关国际公约的限制。受到保守的设计观念的限制，1930年的英国皇家海军尽管拥有6艘航空母舰，但其搭载的飞机总数远远不及美国海军的3艘航空母舰的搭载量。

无独有偶，日本人沿袭了一条类似的发展道路，将两艘尚未建成的战列舰改造成为"赤城"号和"加贺"号。由于仍然缺乏真正所需要的经验，美国人和日本人在20世纪20年代晚期到30年代初期，选择了较为小型的航空母舰。然而，正是从"突击队员"号和"龙骧"号等航空母舰的身上，美国人和日本人认识到小型航空母舰存在的诸多不足，进而意识到发展大型航空母舰的重要意义。接下来，美国人在"突击队员"号的基础上，发展出了"约克城"号（CV-5）航空母舰，拥有一个"开放"机库，这与"列克星敦"号和"萨拉托加"号的"封闭"机库截然不同，最多可搭载80架飞机。实践证明，这种设计布局非常成功，并且成为更加成功的"埃塞克斯"级航空母舰的设计基础。

日本人的观念

在整个20世纪20年代到30年代，日本人一直在对他们的航空母舰进行各种试验，不断地改进设计方案和建造方法，为满足发展蓝水海军的严苛需求而不懈努力。其中，"飞龙"号、"龙骧"号和"瑞鹤"级航空母舰几乎与美国同行势均力敌，而比英国同行的速度更快，搭载的航空兵力更多。

直到20世纪30年代末期，随着"皇家方舟"号以及"卓越"级航空母舰的相继服役，英国人才开始在航空母舰的研发建造领域内奋起直追。根据设计，英国航空母舰主要在欧洲水域进行作战，海上活动距离在陆基轰炸机的作战半径之内。此外，英国航空母舰安装了装甲飞行甲板，这种设计使得它们要比其美国和日本同行能够承受更严重的战斗损伤，却极大地限制了所搭载的舰载机数量。后来，英国人终于认识到了舰载机联队的规模远比装甲防护能力更为重要，于是在二战结束后开始仿照美国的思路进行建设。

截至1939年第二次世界大战爆发时，所有能够促成航空母舰控制海洋的要素都已经具备。然而，就在此时此刻，领导和控制世界各国海军的仍然是那些只知道重视炮击战术的指挥官，很少有人能够预见到航空母舰的出现，将会给世界海战带来划时代的革命，并将彻底终结长达5个多世纪的战列舰独霸海洋的历史。

左图：美国海军的两艘"列克星敦"级航空母舰是从尚未建成的战列巡洋舰改建而成，这种性能优异的战舰，在舰载机数量和排水量之间的比例上不太协调

飞机出现在海洋上

在航空母舰的早期发展中,两项关键技术是飞机弹射器和拦阻索。比较早期的双翼飞机能够轻松地从航空母舰甲板上起飞,但是,美国海军的"兰利"号航空母舰却在飞行甲板上安装了一对充气式弹射器,专门用来起飞水上飞机。后来的实践证明,这种弹射器还可以弹射常规飞机,它们直到今天仍然是航空母舰的标准装置。第一套拦阻索装置由英国人研发出来(右图所示是英国皇家海军"皇家方舟"号航空母舰),这是一套由纵向绳索组成的拦阻系统,用来钩住飞机降落装置后面的吊钩,防止飞机从一侧快速滑向另一侧。美国海军在此基础上开发出了一套由横向拦阻索组成的拦阻系统,实践证明,该拦阻系统(演变成为更加完善的水压拦阻系统)在降低飞机着舰速度方面非常有效,成为当今世界所有现代化航空母舰的拦阻设备的基础。

上图:"赤城"号航空母舰最初建成时拥有3条飞行甲板。经过在1938年的现代化改进之后,在甲板上加装了一座岛形上层建筑,同时将3条飞行甲板整合成为一条

右图:"光荣"号是英国皇家海军于20世纪20年代从轻型战列巡洋舰改建而成的两艘航空母舰之一,具有非常重要的意义

下图:1945年10月,几艘在第二次世界大战中幸存下来的日本战舰停泊在吴港。"凤翔"号是日本海军的第一艘航空母舰,同时也是世界上第一艘从铺设龙骨开始就明确作为航空母舰进行建造的航空母舰

护航航空母舰

提供至关重要的防御及进攻支援

从最初被英国人纯粹用来为大西洋航线提供空中保护开始，护航航空母舰很快成长为一种可以为进攻和防御作战提供支援的专门战舰，并且迅速走向成熟。

第二次世界大战见证了舰队航空母舰发展成为海上力量的主要进攻武器的历史进程。起初，舰队航空母舰仅仅作为战列舰的辅助舰船参加战争，然而，随着海上战争的迅速扩展，航空母舰由于其舰载机的远航程和精确打击能力，逐渐取代了装备巨型舰炮的战列舰的主角地位。由于航空母舰的体积庞大、造价昂贵、建造周期长，它们从来都是供不应求，很难满足战场的实际需要。在此情况下，就需要发展一种造价相对低廉、建造周期相对快速的航空母舰，以便把更多的飞机投送到海洋之上，护航航空母舰就这样应运而生了。

护航航空母舰是英美两国尽管各自为战、却又同时发展的历史产物。其中，早在20世纪40年代初，在德国的U型潜艇和Fw-200型远程战斗机的进攻下，英国的海上航运遭到致命打击。为了保护关乎本国生死存亡的海上运输线，英国人开始着手研发护航航空母舰，利用空中力量来对付U型潜艇和Fw-200型远程飞机。在英国皇家海军颇为现代化的飞机面前，水面航速低下的U型潜艇以及Fw-200型远程飞机几乎不堪一击。

"大西洋缝隙"

英国陆基飞机的作战半径能够涵盖大西洋航线的两端，但无法抵达大西洋中部海域的"大西洋缝隙"，而能够在该区域巡逻的皇家海军舰队航空母舰的数量稀缺，这样一来，在此海域遭到德国攻击的商船数量居高不下，甚至不断创下历史新高。

作为一种权宜之计，英国人部署了"CAM武装商船（安装飞机弹射器的武装商船）"，在标准货船后甲板上安装一部弹射器，上面搭载一架飞机，用来对付德国的Fw-200型远程飞机。这种做法取得了一定的成效，却无法根本扭转局面。

1940年，英国海军部决定将捕获的德国船只"汉诺威"号改装成为一艘小型航空母舰，该舰于1941年6月20日编入现役，并于1941年7月30日更名为"大胆"号。这

上图：美国海军"阿德莫勒尔蒂群岛"号航空母舰隶属于"卡萨布兰卡"级护航航空母舰，它以太平洋上的一组岛屿进行命名，这里在1944年年初曾经是美日双方激烈交战的战场。"阿德莫勒尔蒂群岛"号于1946年4月24日退役，被卖给了位于俄勒冈州的齐德尔机械和零部件公司

下图：美国海军"桑加蒙"号航空母舰隶属于"埃塞克斯"级，同时也被分级为辅助性航空母舰和护航航空母舰，它的前身是民用油轮"埃索·特伦顿"号

是一艘非常原始的航空母舰，没有配置机库和升降机，因此，8架格鲁曼公司生产的"无足鸟"飞机只能停放在甲板上。1941年9月，该艘航空母舰为一支前往直布罗陀的运输队护航，期间，航空母舰上的舰载机击落了德军一架Fw-200型飞机。1941年12月，"大胆"号在执行第三次护航任务途中，被德国海军的U-571号潜艇击沉。

从"大胆"号短暂的职业生涯可以看出，发展小型护航航空母舰的做法在战争期间是切实可行的。于是，英国人又用商船改装了四五艘护航航空母舰，同时还用油船和运粮船改装了18艘飞机运输舰，具体做法是将上层建筑拆除后，增加了飞行甲板。这些船只保留了运货能力，仍然由商船水手进行操作，但它们所搭载的飞机则由英国舰队的航空兵人员负责驾驶和维护。

英国皇家海军大部分的护航航空母舰是由美国人提供的。美国海军最初利用轻型航空母舰，将大批飞机经由海洋送往全球各个战场。其中，美国人在把"阿彻"号送给英国人后，开始利用"长岛"号作为教练舰。紧随其后，美国人又对4艘"西马伦"级舰队油船进行改装，建成了航空母舰。

美国海军迅速认识到，这些航空母舰能够承担起非常关键的进攻角色。在北非登陆战役期间，这些由油轮或货船改装的航空母舰的表现不俗。1942年年底，它们被派往太平洋海域，加强在那里执行任务的美国海军航空母舰力量（截至当时，美国海军在太平洋海域仅剩下两艘航空母舰尚在作战）。

造舰工程

这些早期的护航航空母舰为后来出现的大规模护航航空母舰建造工作扫清了道路。尽管美国海军的舰队航空母舰建造工程非常庞大（17艘"埃塞克斯"级重型舰队航空母舰和9艘"独立"级轻型舰队航空母舰），但在1941年6月至1945年4月期间，美国人建造的护航航空母舰竟然达到了78艘之多，数量相当惊人。

在大西洋海域，护航航空母舰主要执行反潜作战任务，为盟军的运输船队提供连续不断的空中保护。起初，这些护航航空母舰所从事的作战任务主要属于防御性质，后来开始以小型特混舰队的形式出动，在各自的任务区内为运输船队提供支援。通常情况下，舰载机从护航航空母舰上起飞，在运输队的前方海域进行搜索，力争在U型潜艇发现和接触盟军的运输船队之前将其击沉。这就是历史上颇为成功的"搜索/猎杀"战术，最终成功保住了在北大西洋海域的盟国交通线。

在太平洋海域，这些护航空母舰面临着一系列更为错综复杂的任务，其中包括为两栖登陆作战提供空中掩护、运送战机、为大型航空母舰提供补给、为地面部队的作战行动提供战术性的空中攻击支援。就设计而言，它们并非专门用来与日本海军舰队捉对厮杀，但在1944年10月的莱特湾海战期间的表现非常出色（当时在萨马岛海域活动）。

上图：英国皇家海军"号兵"号航空母舰正在测试其20毫米口径舰炮。"号兵"号的前身是1942年12月15日下水的美国海军"号手"号航空母舰，可搭载18~24架飞机

下图：美国海军"卡德"号航空母舰在大西洋海战中的表现非常出色，与一支由3艘驱逐舰组成的编队通力合作，成功击沉多艘德国U型潜艇，比历史上任何一支此类战舰编队的战绩都要辉煌，因此荣获一枚"总统服役勋章"

下图："攻击者"号护航航空母舰的前身是"铁匠"号货船，在编入美国海军后更名为"巴恩斯"号，最后又加入了英国皇家海军的行列

右图：英国皇家海军"阿彻"号护航航空母舰在美国建成下水，二战期间根据《租借法案》被交给英国皇家海军使用

"卡萨布兰卡"级：每年50艘

美国海军在1942年的建造计划中，共订购了24艘护航航空母舰，其中10艘交付英国皇家海军使用。就在上述舰船建造期间，造船商亨利·凯泽向美国总统富兰克林·罗斯福提交一项建议，主张大规模地建造护航航空母舰，这项建议随即被采纳。其中，第一艘护航航空母舰"卡萨布兰卡"号于1943年7月8日编入现役。截至整整一年后的1944年7月8日，先后有50艘"卡萨布兰卡"级航空母舰在位于温哥华的凯泽造船厂建成，此举向世界展示了美国强大的工业实力。

左图：英国皇家海军"统治者"号护航航空母舰的大部分军事生涯是在太平洋战区度过的，主要执行飞机投送、物资补给等后勤任务

下图：美国海军"民都洛岛"号护航航空母舰于1945年12月4日正式服役，但此时第二次世界大战已经结束。接下来，该舰在大部分的时间内主要担负训练任务

日本航空母舰

设计和建造

在第二次世界大战的舞台上,活跃着三支主要的航空母舰力量。但在战争初期,日本帝国海军的航空母舰力量在许多方面都处于世界最领先的水平。

英国是舰载航空兵发展领域的先驱,美国人继续发展了这一概念,它的航空母舰兵力在1945年发展成为海战中的决定性力量。然而,在偷袭珍珠港之后的六个月内,海军航空兵成为日本帝国在太平洋上横冲直撞、所向披靡的主要推动力。

在日本于19世纪末期从一个封建国家迅速发展成为一个现代化工业强国的过程中,日本帝国海军仿效英国皇家海军进行建设,双方的友好合作关系一直持续到第一次世界大战结束。正是在这场战争爆发前夕以及进行期间,英国人开始将飞机这种空中力量推向海洋,从水上飞机母舰开始,一直到真正的航空母舰,英国人始终走在世界的前列。

日本人饶有兴趣地关注着英国人早期所进行的这些实验,1914年从货船改装而成的"若宫"号水上飞机母舰服役,可搭载4架水上飞机。1914年秋季,日本海军出动飞机对德国控制下的中国青岛港口进行攻击,这是历史上首次从军舰上发起的空中袭击。

与英国人一样,日本人也确信水上飞机无法在战争中成为一种真正行之有效的攻击飞机,于是在1919年开始建造他们的第一艘真正意义上的航空母舰"凤翔"号。日本人对一艘油轮进行改建,并且从一支富有经验的英国技术顾问团(先后从事过"暴怒"号、"百眼巨人"号、"竞技神"号和"鹰"号航空母舰的设计建造工作)那里获益匪浅,最终建成了"凤翔"号航空母舰。

海军规划

"凤翔"号于1922年12月服役,舰体较小,航速非常快,它为日本海军航空兵所作的主要贡献在于发展出航空母舰技术和装备,并且为日本海军早期的飞行员们提供了真正的飞行甲板体验。

1922年签署的《华盛顿公约》打破了日本雄心勃勃地发展"八八舰队"的计划(建造8艘大型战列舰和8艘快速战列巡洋舰),但相关条款允许日本将一些停放在船坞里的大型主力舰改装成航空母舰。与美国人一样,日本人选择了对"赤城"号和"天城"号快速战列巡洋舰进行改建。然而,"天城"号在一场地震中损毁,日本人于是将尚未建成的战列舰"加贺"号作为替代品,改建成为航空母舰。

新型航空母舰

这些新型航空母舰反映了正在逐渐成形的日本帝国海军航空母舰学说。与美国人一样,日本人认为,航空母舰作为一种非常出色的打击平台,能够摧毁敌人的航空母舰以及作战舰队。日本海军的航空母舰舰载机大队由鱼雷轰炸机和俯冲轰炸机组成,在大批护航战斗机的保护之下参加战斗。日本海军的鱼雷轰炸机要比美国海军的同类机型稍重一些,它们的俯冲轰炸机也可以作为水平轰炸机使用。

为了搭载更具战斗力的航空联队,日本人在航空母舰上设置了双层机库,这样一来,"赤城"号和"加贺"号能够分别搭载60架飞机。经过20世纪30年代的进一步改装后,舰载机的数量增加到了70多架。日本人在20世纪30年代所进行的舰队演习,证明了航空母舰能够在一支特混舰队之中非常有效地相互配合。

紧随"加贺"号之后的是"龙骧"号航空母舰,该舰基本上是按照《华盛顿公约》所限制的吨位进行建造,其最大的贡献是检验在一艘巡洋舰大小规格的航空母舰上,究竟可以容纳多少架飞机。与搭

下图:这是1941年9月份所拍摄的"翔鹤"级舰队航空母舰"瑞鹤"号。当时人们普遍认为,"翔鹤"级航空母舰无论在排水量、武器系统还是装甲防护方面,都要比此前的"苍龙"级航空母舰胜出一筹

上图:"瑞凤"号是两艘由潜艇供应舰改装而来的"祥凤"级轻型航空母舰之中的一艘。"祥凤"号在珊瑚海海战中就被击沉,而"瑞凤"一直苟延残喘到莱特湾海战

下图:从战列巡洋舰改装而来的"加贺"号和"赤城"号的外观非常相似,它们均装备了强大的8英寸(203毫米)口径的舰炮

载12架飞机的同等尺寸的护航航空母舰相比，"龙骧"号最多可以搭载48架飞机，但明显头重脚轻，稳定性极差。

接下来建造的"龙骧"和"飞龙"号在设计上进行了改进，它们分别于1937年和1939年编入现役。从铺设龙骨开始，它们就完全按照航空母舰的规格进行建造，双层机库与舰体之间的结合非常完美，尽管其吨位只有"赤城"号和"加贺"号的一半，却能够搭载70多架飞机，航速高达34节，它们最终成为日本海军在太平洋战争初期的快速航空特混舰队的核心力量。紧随其后的"翔鹤"号和"瑞鹤"号于1941年服役，与"龙骧"号相比，它们的吨位更大、武器系统更强、防护能力更出色，能够搭载84架飞机。

太平洋上的空中力量

20世纪30年代晚期，随着日美两国关系的日益紧张，日本帝国海军意识到将来必然要在浩瀚的太平洋上与美国进行一场战争，而航空母舰必将成为一种最关键的作战手段。因此，就在建造"龙骧"级航空母舰的同时，日本人也开始了一项辅助性的造舰工程，建造了一系列的水上飞机母舰、油船和潜艇补给舰，一旦战时需要，这些船只可以轻而易举地改建成为航空母舰。与舰队航空母舰相比，尽管这些船只的速度更慢、能力低下，但能够搭载20~30架的飞机，从而为那些驻扎在远离日本本岛的守备部队提供空中保护。

中途岛海战的惨败，使得日本海军的舰队航空母舰兵力几乎全军覆没。面对美国强大的航空母舰建造计划，日本低下的工业生产能力难以企及，不得不对一些货船、油轮进行仓促改装，去抵挡日益向本土逼近的强大的美国海军。在此期间，日本人仅仅建成了3艘舰队航空母舰，其中的"云龙"号和"天城"号简直就是"龙骧"级的翻版。

"大凤"号是日本海军第一艘安装了装甲飞行甲板的航空母舰，最大排水量37000吨，可搭载75架飞机。然而，当"大凤"号在1944年3月开始服役时，日本人已经被盟军从其曾经征服的太平洋各岛屿驱逐出来，因此也就失去了任何价值。在几周后的菲律宾海海战中，该舰被一艘美国潜艇击沉。

从战列舰改装而来的航空母舰

比"大凤"号的下场更惨的是"信浓"号，它是日本帝国海军最后一艘、同时也是最大的一艘航空母舰，从第三艘"大和"级战列舰改装而来，这艘排水量高达73000吨的"海中怪物"在驶往吴港进行最后组装的途中，就被美国海军"射水鱼"号击沉了。事实上，日本人在建造这个庞然大物时，并没有打算将其用作作战航空母舰，而是利用其巨大的飞机搭载能力（最多可搭载120架飞机），向其他航空母舰或岛上的机场输送飞机。

上图：这是1943年11月拍摄的"神鹰"号护航航空母舰，它的前身是日本海军于1942年从德国购买的一艘客轮。这艘航空母舰主要用作教练舰，因此很少参加战斗，在1944年被击沉

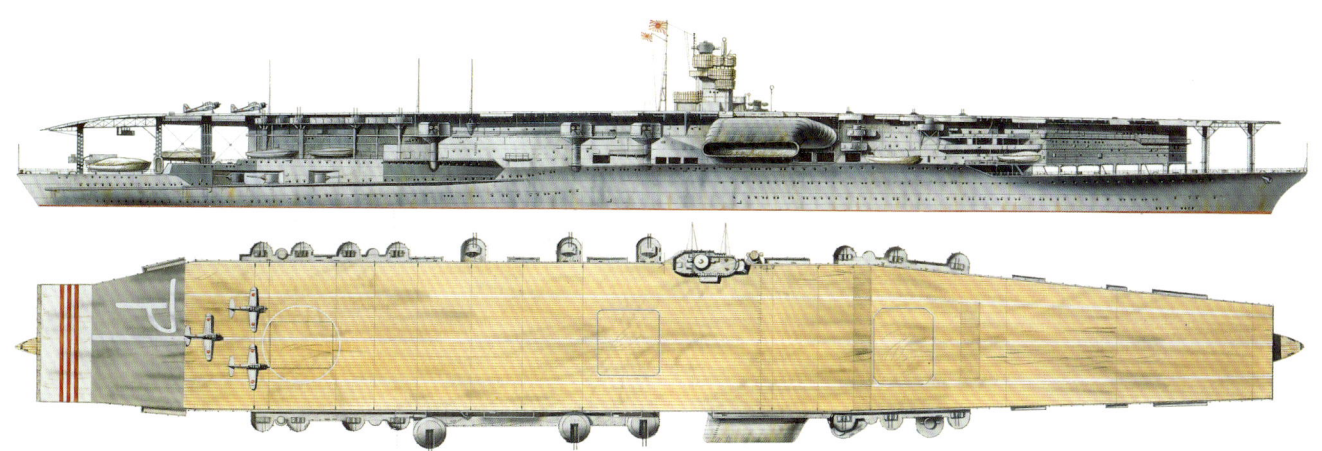

上图：1941年12月改建成功的"赤城"号航空母舰的前身是1927年建成的一艘战列巡洋舰，排水量高达41000吨，在两座机库甲板的前部配置了两条小型起飞甲板。在1935—1938年间进行的改建中，该舰增加了一条全通式飞行甲板

下图：1938年9月，日本海军"龙骧"号轻型航空母舰正在航行之中。从巡洋舰改装而来的"龙骧"号一直饱受舰体稳定性差的困扰，这是因为舰船的双层机库使得狭窄的舰体难以承受

航空母舰的舰载机联队

二战期间的海军航空力量

在第一次世界大战临近尾声的时候,航空母舰开始出现在战争舞台上。在早期阶段,许多国家海军尚未发展出有效的航空母舰作战条令,大部分的航空母舰主要用来协同作战舰队进行作战,而舰载机的主要作用是用来确定敌方战列舰的舰炮方位(人们不久后便发现舰载机还可以提供一种更有效的侦察能力)。

设计师们很快认识到航空母舰还可以执行进攻任务,于是他们把此前航空母舰所执行的侦察任务交给从主力舰或巡洋舰上弹射起飞的水上飞机执行。接下来,航空母舰上的舰载机联队开始接收那些装备了鱼雷或炸弹的攻击型飞机,与这些攻击机一同到来的还有为攻击行动提供护航以及保护航空母舰的战斗机。

到第二次世界大战爆发时,拥有航空母舰的主要海军国家有英国、美国和日本,它们都组建了可以执行进攻任务的舰载机联队,但各自的侧重点有着很大的不同。

盟国的舰载机联队

英国皇家海军在二战初期拥有的航空力量非常薄弱,其中,部分原因是由于其装备的飞机的性能低劣导致的(当时,英国皇家空军控制着飞机的采购权,直接影响到皇家海军的飞机质量和数量),另外一个原因是由于英国皇家海军坚持发展具备多种用途的飞机。

上图:这是1945年5月在马耳他海岸附近的英国皇家海军"巨人"号轻型舰队航空母舰。第二次世界大战期间,英国皇家海军舰载机联队的建设步伐随着战事的发展而发展。装甲甲板在提高航空母舰遭到攻击时的生存能力的同时,也限制了所搭载的舰载机联队的规模

下图:这是在1942年11月西北非战役期间的一艘美国海军护航航空母舰,甲板上停放的是SBD"大胆"飞机和F4F"野猫"飞机

上图：航行在地中海上的英国皇家海军"卓越"级航空母舰"不屈"号。这幅照片是站在"不屈"号航空母舰的姊妹舰"胜利"号上拍摄的，从图中可以辨别出停放在甲板上的"海上飓风"、"臭鸥"和"金枪鱼"飞机

当战争爆发时，英国皇家海军"皇家方舟"号航空母舰上的舰载机大队拥有48架"剑鱼"鱼雷轰炸机和24架"贼鸥"战斗机/俯冲轰炸机。根据英国皇家海军的作战条令规定，航空母舰的防空作战任务主要由舰上的防空火炮承担，因此，尽管缺乏一种专门用途的战斗机，这一问题也没有引起足够的重视。然而，作战实践很快就证明了这种疏忽大意的严重性，于是，作为一种权宜之计，英国人对"角斗士"、"飓风"和"喷火"等战斗机进行了海军版本的改装，结果却没有一种经过改装的战斗机能够真正让人满意："角斗士"严重老化，"飓风"缺乏可以折叠的机翼，而"喷火"的起落装置不适于在航空母舰甲板上进行降落。鉴于这一严峻问题，英国皇家海军不得不大量采用美国制造的舰载战斗机。因此，在英国的舰队航空母舰上，就配置了相当数量的美制战斗机，例如在1945年的"卓越"号航空母舰上的一支舰载机联队之中，竟然包含了36架"海盗"战斗/攻击机和16架"复仇者"鱼雷轰炸机。

远程攻击

与英国皇家海军相比，美国海军将重点放在发展远程攻击能力方面。在珍珠港遭到日本人偷袭后的最初日子里，几乎绝望的美国海军不得不把航空母舰作为主要的进攻武器加以使用，取得了令人意想不到的出色战绩。因此，在战列舰力量经过维修或扩建后得到恢复时，美国海军并没有对它们予以重用，相反却让它们沦为二流的辅助战舰，主要为航空母舰的作战行动提供保护。

在舰载机发展方面，美国人比英国人拥有更多的优势，这是因为美国海军的飞机从一开始，就是作为专门用途的舰载机进行设计建造的，因此符合进行航空母舰舰载作战的需求。此外，美国海军的航空母舰可以搭载更大型的舰载机联队，例如"约克城"级航空母舰，在配置了双层机库之后，最多可以搭载18架战斗机、36架鱼雷轰炸机和36架俯冲轰炸机。随着战争的进行，舰载机联队中的战斗机数量也在逐渐增加，相反，那些纯粹的鱼雷轰炸机逐渐被"复仇者"之类的多用途飞机所替代。

从1943年开始，美国海军下水的航空母舰数量越来越多，从而能够在一支航空母舰编队中配备3~4艘的航空母舰，在一个攻击波中可以起飞数百架次的飞机，实现压制和突破敌方防御系统的目标。与此同时，航空母舰自身的防御能力也受到高度重视，先后装备了新型雷达系统以及可以发射"近炸引信炮弹"的防空火炮群，同时辅以战斗机的"作战空中巡逻"行动。此外，航空母舰还专门设立了"作战信息中心"，专门用来对航空母舰的各种装置和系统进行最优化使用，从而提升对航空母舰的控制能力。

临近战争结束时，"埃塞克斯"级航空母舰的典型配置是36架F4U型和F6F型战斗机、36架SB2C型俯冲轰炸机和24架TBF/TBM型鱼雷轰炸机和水平轰炸机。这样一来，舰载机联队就可以执行全方位的作战任务。

日本人的对策

在进行跨太平洋远程作战方面，日本海军和美国海军持有几乎同样的观念，并在20世纪30年代发展出了类似的作战观念。考虑到航空母舰主要用来与敌方作战舰队进行作战，日本人将舰载机的发展重点放在了鱼雷/水平轰炸机方面，因此对俯冲轰炸机不是太重视。即便如此，在1941年的日本海军航空母舰舰载机联队行列中，仍然同时配置了上述两种轰炸机机型以及战斗机机型。在偷袭珍珠港期间，日本的"翔鹤"号舰队航空母舰的舰载机联队中，拥有27架B5N型鱼雷轰炸机、27架D3A型俯冲轰炸机和18架A6M型战斗机，另有12架飞机作为备用机。日本海军飞机与它们的美国对手相比要轻型许多，这在给它们带来较远作战航程的同时，却牺牲了在空战中的生存能力。与日本飞机相反，美国飞机在具备强大火力的同时，拥有非常良好的装甲防护能力。这种差距到战争后期更加悬殊，这是因为，此时的美国飞行员们不但训练有素，而且作战经验丰富，远非他们的日本对手所能匹敌。

护航航空母舰

同样，美国海军在战争期间大规模地使用轻型和护航航空母舰，用来保护大西洋海上商业航道的安全，同时对美国海军在太平洋上的漫长补给线进行警戒。在大西洋海域，护航航空母舰的主要敌人是潜艇和远程海上巡逻机。战争早期，一艘护航航空母舰的舰载机联队的典型配置是10~20架飞机。后来，美国海军的护航航空母舰上开始搭载大约由28架飞机组成的反潜作战大队，其中包括战斗机和鱼雷/反潜轰炸机。

上图：在1942年的某个时刻，日本海军的"三菱"A6M2型舰载机正准备从"翔鹤"号航空母舰上起飞。日本海军舰载机联队的构成在整个二战期间变化很小，日本人尽管建造了一些性能不错的舰载机机型，但还来不及参战，就被美国海军的快速航空母舰特混舰队占了上风。

上图：搭载在英国皇家海军护航航空母舰甚至武装商船（例如本照片中的"安西鲁斯"号）之上的飞机，即使"剑鱼"之类的老式飞机，在反潜作战方面也颇有成效。通常情况下，盟军舰载机发起的空中攻击，可以迫使德国U型潜艇下潜躲避，从而使其丧失速度优势，无法追赶和攻击盟国的运输船队

下图：本图是美国海军的"普林斯顿"号(CV-37)航空母舰，甲板上停放的是F4U"海盗"、TBF"复仇者"和SB2C"地狱俯冲者"舰载机。在战争后期，美国海军拥有了数量惊人的航空母舰，从而能够贯彻新的作战学说——用快速航空母舰特混舰队（对敌人）发起大规模、毁灭性的远程攻击

美国海军太平洋舰队航空母舰

> 太平洋战争是一场航空母舰之间的战争,从珍珠港到冲绳,航空母舰的作战能力得到了最大限度的发挥,并且决定了战争的最终结局。

1941年12月7日,就在日本海军航空母舰突然对美国海军太平洋舰队基地发起攻击的这一天,一个新的海战时代开始了。突袭珍珠港标志着浩瀚海洋上航空母舰战争的正式开始,这一新局面令战前无数的海战理论家们始料未及。

如今,美国海军战列舰——这个曾被许多日本军官所认为的主要对手,不是被击沉,就是丧失了战斗力。这样一来,美国海军太平洋舰队至少在6个月内,不得不完全依赖航空母舰进行攻击。在此情况下,关于"快速航空母舰特混舰队"的全新的作战概念就应运而生了,与拥有16英寸(406毫米)口径巨型舰炮的战列舰不同,航空母舰在执行远程攻击任务时依赖的是俯冲轰炸机和鱼雷轰炸机。

由于缺乏相应的战术,再加上舰载机相对比较原始,美国海军在对日作战的最初阶段进攻乏力,对于日本海军在东南亚地区的迅速扩张几乎束手无策。尽管如此,美国海军仍然于1942年4月从"大黄蜂"号航空母舰上起飞了北美公司研制的B-25"米切尔"轰炸机,对日本首都东京发动了一次极其大胆的远距离突袭行动。

珊瑚海海战

1942年5月,为了粉碎日本军队试图在新几内亚获取落脚点的企图,美国海军与日本海军在珊瑚海发生激战,史称"珊瑚海海战"。在战斗中,美国海军损失了一艘大型航空母舰"列克星敦"号,而日本海军在"祥凤"号轻型航空母舰被击沉之后,作战计划被彻底打乱。这场战役完全依赖舰载机进行,双方的主力舰船一直未能碰面,这在世界海战史上还是第一次。

转折点

美国海军借助强大的情报搜集能力以及先进的技战术,很快便在1942年6月取得了中途岛海战的重大胜利,日本海军在很短时间内损失了4艘航空母舰和大批优秀的海军飞行员。在接下来的几个月内,日本大本营除了徒劳无益地浪费大量飞行员的生命之外,几乎毫无作为,而新飞行员的补充速度远远赶不上损失的速度。相反,美国海军损失的飞行员很快得到了补充,数以千计的飞行员们驾驶着更强大的新一代飞机与日本人进行厮杀。

1944年6月,另一场大规模海战在菲律宾海域进行,这就是著名的菲律宾海战,彻底摧毁了日本海军残余的飞行员队伍。在这场被称作"马里亚纳火鸡射击比赛"的战役中,日本海军成百上千名的半熟练型飞行员丧命,直接导致在4个月后的莱特湾海战中,日本海军几乎没有能够从航空母舰上驾驶飞机起飞的飞行员了。

由于缺乏油料,一些勉强存活下来的日本海军航空母舰,最终成为了那些蜂拥而至的、完全控制日本领空的美国飞机的静止不动的靶子。

上图:1945年11月,在支援冲绳岛登陆战役期间,美国海军"埃塞克斯"级航空母舰"邦克山"号被2架"神风"特攻队飞机撞上,舰体严重受损,653名舰员死亡、受伤和失踪。尽管如此,"邦克山"号仍然能够继续航行,并且安全返回了美国本土

下图:美国海军第38特混舰队进入位于加罗林群岛的乌利西环礁的锚地。截至1944年12月,美国海军太平洋舰队的压倒性的力量优势,几乎耗尽了日本海军的战斗力

上图:美国海军"黄蜂"号航空母舰(CV-7)于1943年11月服役,用来替代在太平洋海域活动的"突击队员"号老式航空母舰。在1942年9月15日的瓜达尔卡纳尔海战中,"黄蜂"号被一艘日本潜艇用两枚鱼雷击中,不得不于一个小时后弃船

1945年的美国海军航空母舰舰队

只有拥有雄厚工业实力的美国才能生产出摧毁日本帝国海军的航空母舰特混舰队。美国早期在太平洋地区的损失,随着新航空母舰的建成得到了极大的补充,例如,"埃塞克斯"号航空母舰在1942年最后一天编入现役,到战争结束时,先后有15艘"埃塞克斯"级航空母舰加入战斗序列,另外11艘该级航空母舰正在建造或已经订购。同时,还有100多艘轻型航空母舰和护航航空母舰服役或在建中。这些小型航空母舰参加了多次海战,在反潜作战中尤为重要。下面记录的都是曾经与日本帝国海军发生激战的舰队航空母舰。

右图:1943年5月的美国海军"埃塞克斯"号航空母舰。15艘"埃塞克斯"级快速航空母舰在两年多的时间内相继服役,这是太平洋战争迅速转向有利于美国方面的一个重要原因。这些航空母舰成为美国海军最成功的航空母舰,其中一些甚至服役到喷气式飞机时代

航空母舰	服役日期	历史记录
"兰利"号(AV-3)	(CV)1922年	战前改装为水上飞机母舰(AV)
(EX CV-1)	(AV)1937年	1942年2月27日在爪洼外海被击沉
"列克星敦"级		
"列克星敦"号(CV-2)	1927年12月14日	1942年参加太平洋海战,1942年5月8日在珊瑚海沉没
"萨拉托加"号(CV-3)	1927年11月16日	1942年1月11日在夏威夷外海被鱼雷击中;参加瓜达尔卡纳尔岛海战;1942年8月31日在所罗门群岛遭受鱼雷攻击;参加了东所罗门岛、布干维尔岛、吉尔伯特群岛、夸贾林环礁、埃尼威托克岛和1944年的太平洋海战;1944年与英国E舰队合作;1945年2月21日在硫磺岛海战中受重创
"约克城"级		
"约克城"号(CV-5)	1937年9月30日服役	1942年参加太平洋破交战,在珊瑚海海战中受损,1942年6月7日在中途岛海战中沉没
"企业"号(CV-6)	1938年5月12日服役	参加珍珠港海战(仅有舰载机)、中途岛海战、瓜达尔卡纳尔岛登陆战、夸贾林环礁海战、特鲁克袭击战、霍兰迪亚海战、塞班岛海战、菲律宾海战、帕劳群岛海战、莱特岛海战、硫磺岛海战,1945年4月11日和13日在冲绳海域遭"神风"号特攻队两次袭击
"大黄蜂"号(CV-8)	1941年10月20日服役	1942年4月18日参加杜利德尔突袭东京海战,参加中途岛海战,1942年10月27日在圣德克鲁斯海战中沉没
"黄蜂"级		
"黄蜂"号(CV-7)	1940年4月25日服役	1942年初在地中海值勤,参加瓜达尔卡纳尔岛登陆战,1942年9月15日在东所罗门海战中沉没

航空母舰	服役日期	历史记录
"埃塞克斯"级		
"埃塞克斯"号(CV-9)	1942年12月31日服役	参加布干维尔岛、吉尔伯特岛、夸贾林环礁、特鲁克奇袭、马里亚纳群岛、帕劳群岛、莱特岛、硫磺岛等海战,于1944年11月25日被"神风"特攻队摧毁
"约克城"号(CV-10)	1943年4月15日服役	参加了吉尔伯特岛、夸贾林环礁、特鲁克奇袭、霍兰迪亚港、马里亚纳群岛、硫磺岛等海战
"无畏"号(CV-11)	1943年8月16日服役	参加夸贾林环礁海战;在特鲁克袭击战中遭鱼雷攻击;参加帕劳群岛、莱特岛海战;1944年11月25日在吕宋岛外海遭"神风"号特攻队重创,1945年4月16日在冲绳外海受到重创
"大黄蜂"号(CV-12)	1943年11月29日服役	参加马里亚纳群岛、帕劳群岛、莱特岛、硫磺岛等海战
"富兰克林"号(CV-13)	1944年1月31日服役	参加关岛、帕劳群岛、莱特岛等海战,1944年10月15日和30日在吕宋岛外海被"神风"号特攻队重创,1945年3月19日在日本九州外海遭炸弹重创
"提康德罗加"号(CV-14)	1944年5月8日服役	参加帕劳群岛、莱特岛等海战,1945年1月21日在台湾海域遭"神风"号特攻队重创
"伦道夫"号(CV-15)	1944年10月9日服役	参加硫磺岛海战
"列克星敦"号(CV-16)	1943年2月17日服役	参加吉尔伯特岛、霍兰迪亚港等海战;1943年12月4日在夸贾林外海遭鱼雷攻击;参加马里亚纳群岛、帕劳群岛、莱特岛(作为旗舰)等海战;1944年11月5日在吕宋岛外海遭"神风"号特攻队损坏;参加硫磺岛海战
"邦克山"号(CV-17)	1943年5月20日服役	参加布干维尔岛、吉尔伯特岛、夸贾林环礁、特鲁克奇袭、霍兰迪亚港、马里亚纳群岛、帕劳群岛、莱特岛、硫磺岛等海战;1945年5月11日在冲绳遭"神风"号特攻队重创
"黄蜂"号(CV-18)	1943年11月24日服役	参加新几内亚岛、马里亚纳群岛、帕劳群岛、莱特岛、硫磺岛等海战;1945年3月19日,在日本九州外海遭(炸弹)袭击
"汉科克"号(CV-19)	1944年4月15日服役	参加菲律宾群岛、硫磺岛等海战;1945年1月21日遭受(爆炸)损坏;1945年4月7日又遭到"神风"号特攻队损坏
"本宁顿"号(CV-20)	1944年8月6日服役	参加硫磺岛海战
"好人理查德"号(CV-31)	1944年11月26日服役	参加进攻日本本岛的作战行动
"安提坦"号(CV-36)	1945年1月28日服役	日本投降时列席在东京湾的盟军编队
"香格里拉"号(CV-38)	1944年9月15日服役	1945年参加进攻日本本土作战
"独立"级		
"独立"号(CVL-22)	1943年1月1日服役	参加布干维尔岛海战;1943年11月20日在吉尔伯特岛海战中遭鱼雷重创;参加帕劳群岛、莱特岛海战
"普林斯顿"号(CVL-23)	1943年2月25日服役	参加了布干维尔岛、吉尔伯特岛、夸贾林环礁、埃尼威托克岛、霍兰迪亚港、马里亚纳群岛、帕劳群岛等海战;1944年10月25日在莱特岛海战中沉没
"贝洛伍德"号(CVL-24)	1943年5月31日服役	参加吉尔伯特岛、夸贾林环礁、特鲁克、新几内亚、马里亚纳群岛、帕劳群岛等海战;1944年10月30日在莱特岛海战中遭"神风"特攻队重创;参加硫磺岛海战
"考彭斯"号(CVL-25)	1943年5月28日服役	参加吉尔伯特岛、夸贾林环礁、特鲁克、新几内亚、马里亚纳群岛、莱特岛、菲律宾群岛、硫磺岛等海战
"蒙特里"号(CVL-26)	1943年6月17日服役	参加吉尔伯特岛、夸贾林环礁、特鲁克、新几内亚、马里亚纳群岛、帕劳群岛、莱特岛等海战
"兰利"号(CVL-27)	1943年8月31日服役	参加夸贾林环礁、埃尼威托克岛、马里亚纳群岛、帕劳群岛、莱特岛、菲律宾群岛、硫磺岛等海战
"卡伯特"号(CVL-28)	1943年7月24日服役	参加夸贾林环礁、特鲁克、菲律宾海、关岛、帕劳群岛、莱特岛、菲律宾群岛和硫磺岛等海战
"巴丹"号(CVL-29)	1943年11月17日服役	参加霍兰迪亚港和马里亚纳群岛海战
"圣哈辛托"号(CVL-30)	1943年12月15日服役	参加马里亚纳群岛、帕劳群岛、莱特岛、菲律宾群岛和硫磺岛等海战

喷气式飞机的挑战

喷气式飞机时代的航空母舰作战

舰载机起降速度的提高和重型货物的运输，是喷气式飞机时代到来之前航空母舰发展的推动力量。最根本的革新无疑是斜角飞行甲板的发展。

随着第二次世界大战的结束，海军航空兵进入喷气式飞机时代。由于煤油燃料的不易挥发性，在舰上储存更便捷和更安全。尽管需要储备更多的燃油，但喷气式飞机在安全性能上有了极大提高。早期喷气式飞机比最后一批活塞发动机战斗机更易降落，并在飞机前端为飞行员提供了较好的前方视界。

战略航空母舰

为了提供更长的着舰跑道，唯一的办法就是加大航空母舰本身的规模。事实上，美国海军也是这样做的，建造了更加大型的航空母舰，希望能够搭载更多的舰载机联队，承担起新的战斗角色。二战后，为了打破当时美国空军对核武器的垄断，美国海军希望它的航空母舰担负起包括核打击在内的战略任务。但是，要想承担起核打击任务，就需要在航空母舰上部署和搭载更大型、更重型和航程更远的飞机。

作为一种过渡机型，美国洛克希德公司将12架"海王星"直升机改装成为P2V-3C型飞机，经过其他方面改装，这种机型可以搭载一枚当量14千吨、重4400千克(9700磅)的Mk 1"小男孩"原子弹。P2V-3C型飞机能够从航空母舰上起飞（运用全通式甲板和火箭助推器起飞），但是无法返降在船上，只能返回陆上机场。最终，北美公司的AJ-1"野人"飞机从1949年9月开始担负起航空母舰舰载核力量的角色。这是一种重型和大型飞机，需要坚固的飞行甲板，但至少可以降落在航空母舰之上，停放在甲板机库内，而且具有喷气动力的特征。

新发展

毋庸置疑的是，在航空母舰的整个发展史中，最重要的两个发展阶段出现在20世纪50年代，先后产生了"斜角飞行甲板"和"助降瞄准镜"。斜角飞行甲板源于英国的研究，即在通用甲板条件下使用无起落架的舰载飞机，通过去除起落架的重量从而提高飞机的有效负载。没有轮子的飞机在甲板上机动十分困难，但这一研究计划利用前端甲板（指向正前方）作为飞机起飞甲板，利用后部的斜角甲板（从航空母舰中部向后）为飞机降落甲板。通用甲板最终被废弃，但即便是常规航空母

下图：美国海军"塞班"号航空母舰经过一系列喷气式飞机兼容性试验后，于1948年5月开始上载世界上第一支航空母舰舰载喷气式战斗机中队。图中麦克唐纳公司生产的FH-1"鬼怪"喷气式飞机正从舰上两个弹射器中的一个弹射器上弹射起飞

航空母舰的演变：从全通式飞行甲板到斜角飞行甲板

二战期间，所有的作战飞机，包括部署在航空母舰上的飞机，在重量和性能上都有了很大的提高。这些大型飞机要求更快的降落速度，从而促进了航空母舰的升级改进。

二战期间的航空母舰

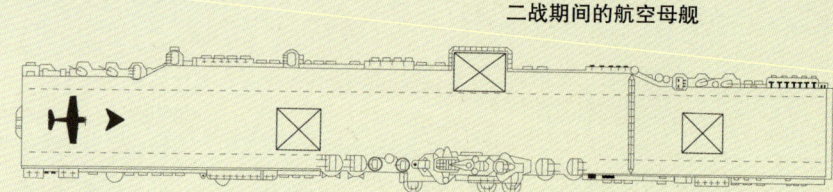

现代的"斜角飞行甲板"型航空母舰

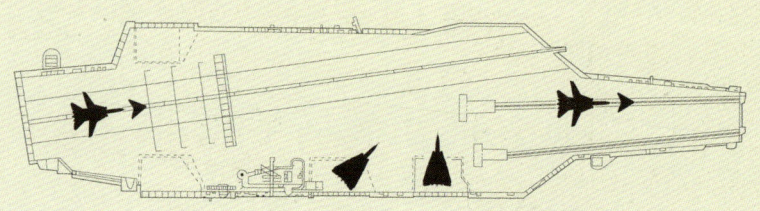

海军设计师们通过对航空母舰空间的发展扩大，使得单艘航空母舰可以贮存更多飞机。新型航空母舰的飞行甲板明显高于海平面，便于飞机停放在甲板上。通过对航空母舰加宽和"斜角飞行甲板"的发展，实现了飞机起飞和回收，极大加快了航空母舰的发展。

舰也看好斜角甲板的前景，英国皇家海军为此进行了一系列试验，然而只有当斜角甲板引起美国海军的关注之后，它才真正被接受并推广。

助降瞄准镜

英国人的另一项发明（随后由美国海军进行了改良）是助降瞄准镜，这个由陀螺控制可以反射成角光线的镜子能够向飞行员准确显示其是否在正确的滑行跑道、飞行高度是否太高或太低。斜角甲板和助降瞄准镜的同时使用，使得航空母舰舰载机的事故率锐减了50%，提高了着舰准确性，使阻拦索的数量从典型的12根减少到了4根。助降瞄准镜又进行了改进（很快放弃了凸透镜！），美国海军引入了"着舰信号官"号概念，挑选有经验的飞行员站在甲板旁边衡量飞机的着舰途径，为飞行员提供"旗语"号，飞行员就可以更少地将精力集中在助降瞄准镜上。

飞机弹射器系统

随着新型飞机重量的增加和起飞速度的提升，发展新的起飞辅助手段的需求被提上了日程。战争期间，英国皇家海军采用了液压弹射器。战后，皇家海军采用了一名海军预备役部队中校发明的更强有力的蒸汽弹射器。蒸汽弹射器为飞机起飞提供了强大的动力，使飞机能够在航空母舰泊港期间或甲板无风的情况下顺利起飞。

更多的升级改装

美国海军大型航空母舰"福莱斯特"号将所有的新发明改装集于一身，例如斜角甲板、4个蒸汽弹射器以及英国风格的封闭式舰首和机库。目前，美国仍然保留着A-3"空中勇士"和"空中之鹰"担负核警戒任务，这是"一体化综合作战计划"的重要部分，这项计划的威慑性由于美国航空母舰的强大的机动能力而增强。20世纪60年代初期，航空母舰开始使用防御性的舰对空导弹来替换舰炮，但最大的变化还是美国海军核动力航空母舰"企业"号的服役，航空母舰因而具备了有效的远航程和持久力，装备了蒸汽弹射器，消除了排气烟囱妨碍飞机跑道的障碍，岛形上层建筑更加小型化，天线的设置无需考虑被油烟腐蚀的可能。航空母舰日渐增加的成本、价值和重要性，促使美国海军在舰队防空力量的建设上必须放眼长远，最终配备了世界上先进的拦截机（F-14"雄猫"战斗机）。

为了解决在有限的甲板空间上回收更加重型飞机的难题，美国人尝试了多种方案，但无论采用哪种方法，都将是在舰载机上装备更加综合的升级装置，包括双开缝襟翼和变后掠翼。航空母舰接下来的发展将是应对垂直起降和短距起飞/垂直降落飞机的到来。

上图：在甲板换乘操作中，美国海军两架飞机正准备从英国皇家海军航空母舰的飞机弹射器上弹射起飞。可以看出，一旦这两架喷气式飞机起飞后，后面那架以较慢速度滑行的"空中袭击者"战斗机将沿着全通式甲板进行传统起飞

下图：从空中拍摄的美国海军"独立"号航空母舰，充分显示出斜角飞行甲板的优势。起飞甲板和降落跑道分隔开来，使得起飞和回收活动可以同时进行，并且给飞行员提供了一个视野清晰的前方降落甲板。这就意味着如果飞行员不能成功地"钩住目标钢缆"，他可以放弃第一次降落尝试，绕飞一圈后进行另一次着舰尝试

超级航空母舰的诞生

从"福莱斯特"到"尼米兹"

随着第二次世界大战的结束,航空母舰确立了它在现代化海军中的坚实地位,成为海军武器库中最为强大的武器系统。战后几十年来,美国海军实施了世界上规模最庞大的航空母舰生产计划。

1945年下半年,第一架喷气式飞机在英国皇家海军"海洋"号航空母舰上的成功降落,预示着一个新的航空母舰时代的开始。然而,在航空母舰能够真正适应和容纳这种新型飞机的新增的体积和速度之前,海军航空兵注定要远远落后于自己在陆地上的同行——陆军航空兵。第二次世界大战后美国海军的航空母舰兵力建立在第二次世界大战期间的"埃塞克斯"级航空母舰基础之上,另外还拥有3艘在战争期间担任舰队航空母舰的"中途岛"级大型航空母舰。然而,当美国海军参加朝鲜战争时,这些航空母舰中的大多数已经转入预备役。

在执行早期任务时,上述航空母舰上起飞的主要是第二次世界大战期间的飞机,例如F-4U"海盗"战斗机。然而,由于美国海军自20世纪40年代后期以来一直进行着喷气式飞机的舰载试验,积累了相当丰富的经验,因此随着战争的进行,老式的"海盗"战斗机逐步被F-9F"黑豹"喷气式战斗机所替代。实践证明,美国海军喷气式飞机在战斗中卓有成效,为军队的陆上作战行动提供了不可或缺的近距离支援。

斜角飞行甲板

为了满足起飞喷气式飞机的需要,设计师们在20世纪50年代到60年代进行了一系列革新,并将它们融入老式和新式的航空母舰设计之中。其中,最重要的一项革新就是斜角飞行甲板的发明。喷气式飞机降落时的速度很快,这就需要相当长距离的降落跑道,考虑到安全因素,这种跑道需要与飞行甲板的纵向轴成一定的斜角。斜角飞行甲板的出现,不但消除了飞机降落时在跑道上发生碰撞事故的可能性,更为重要的是,它使得航空母舰能够通过舰艇的弹射器起飞飞机的同时,可以在斜角飞行甲板上降落飞机。

上图:美国海军第一批超级航空母舰主要设计用来起降远程核轰炸机,譬如本图所示的A-3"空中勇士"轰炸机

几乎就在发明斜角飞行甲板的同时,人们开始意识到在弹射喷气式飞机的问题上,需要找到一种比水压弹射器更有力的投射工具。

接下来进行了一系列的实验(再次在一艘英国皇家海军航空母舰——"珀尔修斯"号上进行),通过这些实验,直接从舰船锅炉中获取动力的蒸汽弹射器(也称为汽缸弹射器)被广泛接受。在弹射能力方面,蒸汽弹射器比它的祖先——水压弹射器所占用的空间更小,重量更轻。由于蒸汽弹射器在体积、弹射载荷和操作方面的优异性能,它对于当今航空母舰的设计和造价产生了一定程度的影响,并成为航空母舰设计中一个非常重要的物理参数。

在通常情况下,一架F-14"雄猫"战斗机在全部战斗载荷情况下的重量超过33吨,为了把这样一架飞机加速到起飞速度,弹射器的长度至少需要达到90米(295英尺)。因此,要想配置几台这种长度和投射能力的弹射器,航空母舰自身的体积必须足够庞大,这就是美国海军今天的超级航空母舰之所以如此庞大的原因。

甲板降落的辅助系统

为了解决在甲板上进行降落所面临的不利因素,航空母舰专门设立了甲板降落控制军官,他所配备的助降镜系统可以让即将降落的飞机驾驶员在相当远的距离上观察到自身的飞行状况,判断自己的接舰高度是否正确,从而进行调整。尽管如此,飞机是否可以安全着舰的最终决定权，仍然掌握在负责甲板降落安全的控制军官手中。

虽然面临着美国空军及其战略空军司令部的强烈反对，美国海军始终渴望着能在为美国提供战后核威慑能力的大餐中分得一杯羹。但是，要想实现这一愿望，美国海军需要更大型的航空母舰来搭载和起落那些具备核能力的轰炸机，例如AJ"野人"、A3D"空中勇士"和A2J"民团团员"轰炸机。

美国空军的激烈反对，导致了平甲板航空母舰"合众国"号的研发工作中途夭折，分配给该航空母舰的研发经费也转给了战略轰炸机项目。然而，"合众国"号的很多设计理念最终被应用在了后来出现的"福莱斯特"号之上，它成为第二次世界大战后专门为美国海军设计和建造的第一艘新型航空母舰。最终，进入美国海军服役的"福莱斯特"号给人耳目一新的感觉，它在舰体形状和甲板布置方面的设计理念影响了美国海军后来所有的航空母舰。

1955年10月，"福莱斯特"号航空母舰正式服役，成为当时世界上吨位最大的一艘战舰。起初，美国海军打算将它建成"合众国"号的缩小版，使用平甲板。然而，就在开工之前，它最初的设计方案被彻底颠覆，最终被设计和建造成世界上第一艘专门供喷气式飞机起降作战的航空母舰。

体积庞大的"福莱斯特"号舰长315米，飞行甲板宽76米，满载排水量75000吨。紧随"福莱斯特"号后面的是3艘姊妹舰，之后是4艘"小鹰"级航空母舰。上述航空母舰之中的任何一艘，都是"福莱斯特"号的设计理念的改进版。

核动力

即使有"小鹰"号之流的先进航空母舰在1961年服役，但代表美国海军航空母舰未来发展方向的却是"企业"号的服役。"企业"号是全世界第一艘核动力航空母舰，它的设计与"福莱斯特"级大同小异，体积和空间却大幅度增加，目的是满足容纳8台核反应堆的需要。核反应堆的配置为航空母舰提供了无限的动力。

从"企业"号上获得的经验教训被吸纳进了下一艘核动力航空母舰——"尼米兹"号，后者于1975年服役。"尼米兹"级航空母舰的设计方案成为美国海军航空母舰设计领域的标准，另外7艘"尼米兹"级在20世纪末先后编入美国海军，其中最新一艘的满载排水量超过了100000吨。

上图：最早于1951年定购的"福莱斯特"级航空母舰（图中是该级航空母舰的首舰"福莱斯特"号，甲板上停放的是"空中袭击者"、"女妖精"和"复仇女神"等战机）主要是为了起降"空中勇士"轰炸机进行建造的，它汲取了中途夭折的"合众国"号航空母舰的经验和教训。"福莱斯特"号在1956年编入现役

左图：1988年，F-14"雄猫"战斗机编队从航行在地中海上的"尼米兹"级核动力航空母舰"艾森豪威尔"号的上空掠过。"尼米兹"级满载排水量95000吨，属于全方位多用途航空母舰，它综合了"埃塞克斯"级航空母舰的反潜作战能力。第一批3艘"尼米兹"级航空母舰的作战性能与其他航空母舰相比有着明显的差别

CVN-75：美国海军"杜鲁门"号航空母舰

2003年3月，美国海军"哈里·S.杜鲁门"号航空母舰（CVN-75）在东地中海海域游弋。当时，"杜鲁门"号奉命支援"伊拉克自由"行动，与盟国军队一道参加消除伊拉克的大规模杀伤性武器、终结萨达姆·侯赛因政权的战争。

上图：美国海军建造"尼米兹"级航空母舰的主要目的是为了提升在核战争环境下的生存能力，其上运载的航空联队能够对防守严密的敌方重要目标实施全天候核打击，正是这种能力使得该级航空母舰在冷战期间成为对手打算攻击的首要目标

下图：一架S-3"北欧海盗"飞机准备从"企业"号航空母舰上起飞。"企业"号是美国海军第一艘核动力航空母舰，配置了不少于8座的核反应堆。它的另外一个显著特征在于岛形上层建筑及其上面的雷达天线

上图：1979年1月，美国海军"小鹰"级航空母舰在南中国海航行，旁边是补给船"尼亚加拉瀑布"号和巡洋舰"利希"号

轻型航空母舰与垂直/短距起降飞机

低成本的海军航空力量

20世纪50年代和60年代，随着常规航空母舰造价的日益昂贵以及结构日渐复杂，一些国家的海军开始寻求那种专门用来搭载直升机和垂直/短距起降战斗/攻击机的小型舰船。

20世纪50—60年代，随着美国海军逐渐装备和应用能够搭载80余架飞机的新型核动力超级航空母舰，航空母舰的体积、造价和构造开始变得日益庞大、昂贵和复杂。这意味着能够承受和使用这种舰船的国家少之又少。在此情况下，那种可以搭载直升机执行两栖攻击任务的造价低廉的小型航空母舰应运而生，并且越发受到青睐。

直升机母舰

事实上，利用航空母舰作为海上基地发起进攻的尝试，最早是由英国人在苏伊士运河战争期间进行的。在此之前，美国海军曾经对一艘多余的护航航空母舰进行改建，将其作为一艘实验型的直升机母舰。但是，苏伊士运河战争为这种作战概念提供了实战检验的良机。在苏伊士运河战争中，英国人出动两艘破旧的轻型航空母舰——"海洋"号和"特修斯"号，但它们仅仅作为运兵船使用，此举为发展专门用途的直升机母舰开创了局面。接下来，出现了以美国海军"硫磺岛"级为代表的直升机航空母舰，配置了航空母舰所使用的设备，可以搭载24架攻击直升机，每个攻击波次可投送200余名陆战队员。

攻击型航空母舰概念的成功，直接促进了专门用于反潜作战的航空母舰的发展，这种航空母舰通常搭载一些直升机和相对容易操控的固定翼飞机，譬如格鲁曼公司生产的S-2型"跟踪者"飞机。

轻型航空母舰

英国霍克·西德利公司研制的"鹞"式飞机是专门设计用来执行前沿部署任务的陆基战斗轰炸机。然而，1963年进行的

下图：在验证现代战争中的轻型航空母舰作战概念的问题上，英国皇家海军要比任何国家的海军都更有发言权，它的"无敌"号航空母舰先后参加了马尔维纳斯群岛（福克兰群岛）战争和科索沃战争，其"海鹞"式舰载战斗机在1982年击落了7架阿根廷飞机

有关试验清楚地证明该型飞机还能从体积更小的舰船上起飞（事实上，几乎所有能够搭载直升机的舰船都可以起降该型飞机）。在此情况下，美国海军、英国皇家海军和苏联海军不约而同地开始探索如何开发这样一种造价低廉的小型航空母舰，专门用于搭载短距/垂直起降飞机和直升机。美国海军最初称这种舰船为"海上控制舰"，但最终还是放弃了这一称呼。由于预算限制和政治因素，英国皇家海军被迫放弃了在其新型的"全通甲板巡洋舰"上搭载"鹞"式战机的计划。但在实际上，英国人不仅没有放慢脚步，相反却暗中加快了一款可搭载"鹞"式战机的舰船的研发步伐。最后，随着"海鹞"式战机在1975年的正式定购，英国人的这一努力终于得到了回报。

几乎与此同时，不甘示弱的苏联人也迎头赶上。在"莫斯科"号直升机母舰上成功进行了雅克-36型飞机原型机的起降试验之后，他们便正式定购了这款新型的"航空巡洋舰"，用来搭载直升机和基于雅克-36型飞机研发出的多用途战斗轰炸机。1975年12月，苏联组建了几支雅克-38型飞机试验部队，第一支具备作战能力的雅克-38型飞机中队于1976年7月正式部署到"基辅"号航空母舰之上。起初，雅克-38型飞机只能够执行垂直起降作战，但从1979年开始具备滑跑起飞和短距降落能力。在当时，这种情况使很多人产生误解，他们认为雅克-38型飞机装备的升力喷气机和推进发动机各成一体。雅克-38型飞机（雅克-38M型飞机的战斗力更加强大）一直在苏联海军中服役到1993年，最终与搭载它们的航空母舰一起退出历史舞台。

"'海鹞'母舰"

英国"海鹞"式战斗机的问世，导致了航空母舰又一轮的更新和改造。"海鹞"的独特的发动机构造，使其能够轻而易举地进行连续起飞（接地后再起飞）。

专门供"海鹞"式战斗机起降的航空母舰简称"'海鹞'母舰"，它不必安装起飞弹射器或者降落拦阻装置，从而在体积和造价上要比常规航空母舰轻便和便宜。它们拥有一副非常独特的滑跃式起飞跳板，英国专家认识到，这种最初用来为常规的航空母舰舰载机起飞提供安全起飞高度的设计，可以用来增加飞机的有效起飞载荷。此外，英国人还认识到，起飞跳板的坡度越陡，短距/垂直起降飞机所能携带的有效载荷就越大，飞行半径就越大。

在1982年的马尔维纳斯群岛（福克兰群岛）战争中，短距/垂直起降飞机和滑跃式起飞跳板的巨大威力得到了充分的体现，这一结果在世界上引发了一股将民用船只改装为"'海鹞'母舰"的改装热，只需要一条滑跃式起飞跳板、飞机跑道、集装箱式机库和一些必要的维护设施，就可以实现对于一艘常规民船的改装。

尽管英国专家们拒绝将滑跃式飞行跳板应用在常规起降飞机的起降之上，但美国海军却发现了这种做法的巨大的潜在优势，然而在当时，重新改装现有的航空母舰所需的花费，远远超过了这种优势。即便如此，法国在设计新型航空母舰时，还是安装了一条狭窄的、坡度较小的跳板，用来调整其新型的"阵风"战斗机的起飞状态。在苏联，这种滑跃式飞行跳板受到热烈欢迎，被应用到新一代航空母舰的设计上。需要说明的是，苏联该级航空母舰最终只建成并服役了"第比利斯"号一艘，也就是今天的"库兹涅佐夫海军上将"号。苏联航空母舰上的滑跃式飞行跳板的坡度和"海鹞"式战斗机所使用的跳板坡度非常接近，但主要供苏-27K型战斗机之类的短距起飞/拦阻索回收（STOBAR）飞机使用。在飞机逐渐加速到起飞状态的过程中，借助甲板拦阻装置和飞行跳板，像苏-27K型战斗机这样的重型常规起降飞机能在一艘相对小型、轻型的战舰上起飞。

下图：可以毫不夸张地说，英国皇家海军航空母舰的甲板简直是"寸土寸金"，能够在上占有一席之地，即使对于"海鹞"FA.Mk2这样的小型飞机而言，也无疑是一种额外的优待。请注意，岛形上层建筑旁边那架被"折叠"起来的"海王"直升机

CVF级：英国下一代航空母舰

2002年9月30日，英国政府宣布要购买150架F-35B型短距起飞/垂直降落飞机，用来替换皇家海军业已老化的"鹞"式和"海鹞"式战斗机。这种新型战斗机从陆上基地起飞，也可以从一款被称为"未来航空母舰"的CVF级上起飞。据悉，英国政府打算斥资130亿英镑购买两艘CVF级航空母舰，建造商有可能是英国BAE系统公司或泰利斯公司，最终的选择结果计划在2003年2月宣布。在建造CVF级航空母舰时，英国人的建造思路是，该级航空母舰不仅能够满足目前起降短距起飞/垂直降落飞机的需要，还能够在未来某个时候被改装成为常规起降飞机母舰。

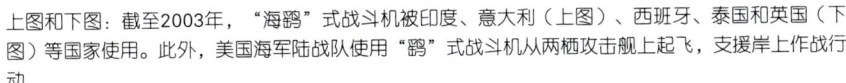

上图和下图：截至2003年，"海鹞"式战斗机被印度、意大利（上图）、西班牙、泰国和英国（下图）等国家使用。此外，美国海军陆战队使用"鹞"式战斗机从两栖攻击舰上起飞，支援岸上作战行动

上图：英国皇家海军先后拥有过4艘"海鹞"飞机母舰，分别是"皇家方舟"号、"竞技神"号、"卓越"号（如上图所示）和"无敌"号。在它们当中，只有"竞技神"号是最初作为"全通甲板巡洋舰"进行建造的，后期被改装成为供"海鹞"战斗机起飞作战的航空母舰

未来的航空母舰

海上空战力量

在国际风云变幻莫测的年代,航空母舰仍然是一种有效的远程力量投送平台,能够提供强大的作战能力和出色的机动能力。

美国海军决心发展出一种能在21世纪大部分时间内使用的高科技航空母舰,这种海基航空平台在保持"尼米兹"级航空母舰作战能力的同时,能够通过应用各种成熟的技术极大地降低人力、物力等作战成本。基于"尼米兹"级航空母舰基础上发展而来的CVN-21级,将在隐身性能上超过前者,但并非是一种真正意义上的隐形航空母舰。

根据规划,第一艘CVN-21级航空母舰将至少在美国海军舰队中服役50年,直到2063年才有可能退役。除了F/A-18E/F型"超级大黄蜂"战斗攻击机之外,CVN-21级航空母舰还将搭载两种最新出现的机型——联合打击战斗机和海军无人战斗航空器,这些武器系统将为未来的联合部队指挥官提供强大的战略和战役层次的作战能力。

CVN-21号航空母舰(此前所称的CVNX-1号)将采用最新型的核动力推进系统,该系统综合了连续三代的潜艇反应堆技术,将极大地降低航空母舰在人力、维护保养、采购等方面的花费,还将满足21世纪的先进舰载技术对于电力的需求。

CVN21级航空母舰的设计将应用一些关键的革新性技术,例如电磁弹射系统,该系统不但能够降低航空母舰对于人力和维护保养的需求,还可以通过降低机身的最大负荷来延长飞机的使用寿命。这项设计采用了类似磁悬浮列车上应用的技术,使得飞机弹射器不再依赖航空母舰发动机产生的蒸汽,在增加弹射能力的同时,大幅度降低弹射器的重量和体积。CVN-21级航空母舰将拥有一套高级装甲系统,从而提高战斗生存能力。此外,一些商业系统也将应用在操作、宜居性、停泊和机动等方面。通过一套先进的武器信息管理系统,可以实现武器从库存管理、搬运到使用的自动化,进而实现从弹药舱到飞机的直线连接。

英国皇家海军

英国人也返回到"航空母舰游戏"之中,他们在《战略防御审查报告》中宣布,从2012年开始用两艘更具战斗力的大型航空母舰取代现有的"卓越"级航空母舰。在波斯湾和前南斯拉夫近海进行的一系列军事行动证明,航空母舰在力量投送、维持和平以及必要情况下的军事行动中发挥着不可替代的关键作用。在这些能力中,航空母舰不仅可以作为一种遏制冲突的强制性军事存在而出现,还能够作为一种机动灵活、快速部署的海上基地用来支援对陆作战,这种优势是那些陆基机场或设施所无法媲美的。

根据最初设计,3艘"无敌"级航空母舰在"冷战"期间主要用于北大西洋海域反潜作战,就这一点而言,它们无疑是非常称职的。然而,在当今国际形势下,它们所携带的数量极其有限的舰载机,已经无法应对新战略环境下不断变化的挑战。鉴于这种局面,英国皇家海军决定让"无敌"级航空母舰退役,代之以一种最多可搭载46架飞机(包括固定翼飞机和旋转翼飞机)的新型高性能航空母舰。

根据发展规划,英国皇家海军和皇家空军将装备联合战斗飞机用来替换各自的"海鹞"式和"鹞"式战斗机,而未来航空母舰(也称为CVF级航空母舰)将成为这种新型战斗机的主要作战平台。联合战

下图:为了满足英国皇家海军对于未来航空母舰的需求,BAE系统公司和泰利斯公司同时着手设计研发CVF级航空母舰。其中,后者有点古怪的设计方案奠定了CVF级航空母舰的设计基础,而前者则成为该项工程的主要承包商

上图:这是一位画家凭借自己的想象所绘制的CVN-21级航空母舰图。尽管主要依据现役的"尼米兹"级航空母舰进行设计,但CVN-21级航空母舰采用了一系列更加超前的设计理念

海军战斗无人机（UCAV-N）：未来的舰载航空器

美国海军之所以发展"海军战斗无人机"项目，主要是为了验证在"网络中心战"（基于网络的指挥与控制作战）的概念下，创建一种可以执行对敌防空压制、打击和监视任务的海军无人战斗航空系统的可行性。尽管"海军战斗无人机"主要以航空母舰为平台进行作战，但由于造价和协调能力等原因，它们与美国空军的陆基战斗无人机保持着最大程度的相通性。该型无人机计划广泛采用各种先进技术，确保在低采购量和低维护费用的前提下，获得最大限度的作战能力。美国海军计划未来在每个舰载机联队中配备12~16架"海军战斗无人机"。

斗飞机能够进行昼夜全天候作战，不仅负责航空母舰编队的对空防御，还可以执行空中打击任务，并为岸上部队提供进攻性支援。在航空母舰舰载机大队中，还将包括"机载海上监视与控制系统"，该系统将取代"海王"直升机执行反潜作战任务，同时对海空威胁进行传感器覆盖，并对其他空中作战行动进行指挥与控制。此外，CVF级航空母舰还能为直升机的反潜、攻击等作战行动提供支援。

在CVF级航空母舰可能持续50年的服役生涯中，为了让其适应能力发挥到最大限度，英国皇家海军已经选择了F-35型联合打击战斗机的"短距起飞/垂直降落"版本飞机，用来搭载在该型航空母舰之上。该级航空母舰将不会安装弹射器和拦阻索装置，而将安装一副滑跃式飞机跳板，用于起飞"短距起飞/垂直降落"版的F-35型联合打击战斗机。当然，在必要情况下，CVF级航空母舰可以通过加装弹射器和拦阻索装置，改建成为起降常规飞机的航空母舰，从而满足未来可能的作战需求。

其他国家海军

2000年，一艘当今世界现代化的航空母舰编入法国海军服役，它就是排水量36600吨的"夏尔·戴高乐"号。根据有关计划，第二艘更加新型的航空母舰于2012年到2015年期间加入法国海军的战斗序列。除此之外，法国正与英国就联合研发一款新型航空母舰的事宜进行会谈。

俄罗斯海军非常认可美国海军的航空母舰发展模式。据说，俄罗斯海军司令曾将"尼米兹"级核动力航空母舰看做一种"理想"，但迫于当时俄罗斯国家困窘的经济状况，俄海军无法实现这种理想。如今，俄罗斯海军仅剩下一艘现役的航空母舰——"库兹涅佐夫海军上将"号，即便是如此，有关该艘航空母舰的维护工作也是问题迭出。该艘航空母舰所面临的主要问题有，很难召集起一支训练有素的舰员队伍，缺乏必要的航空母舰建造和维修设施。

除了上述航空母舰发展项目之外，唯一一项大型航空母舰发展项目在意大利境内进行。与现役的"加里波第"级轻型反潜航空母舰相比，新型的"安德里亚·多里亚"级航空母舰的排水量达到了22000吨，尽管不及英法联合研制的航空母舰的一半，也不及美国海军超级航空母舰的1/4，却是"加里波第"级的两倍。根据设计，"安德里亚·多里亚"级多用途航空母舰不但可以作为登陆舰（可搭载450名海军陆战队员）和直升机母舰，还可以作为起降常规8架诸如F-35型联合打击战斗机之类的短距起飞/垂直降落飞机的航空母舰。该艘航空母舰从2001年开始建造，在2007年交付意大利海军。

上图：美国海军最新一艘"尼米兹"级航空母舰"罗纳德·里根"号。这是"里根"号即将服役前进行舰载清洗系统测试的场面，该系统主要用来清除核生化遗留物

下图：诸如航空母舰之类的珍贵兵器必须得到最严密的防护。在这幅照片中，法国海军"夏尔·戴高乐"号航空母舰正从"西尔沃"A43型八联装发射架上发射"紫苑"15型防空导弹

本图：英国皇家海军未来航空母舰的设计方案不断进行修改，先后出现了一系列不同的设计造型。本图是BAE系统公司在2002年设计的一款相对比较常规的造型，配置一座岛形上层建筑和一条滑跃式飞行跳板

2
"二战"期间的美国航空母舰

"列克星敦"号航空母舰

根据《华盛顿条约》的最后条款，美国海军获准将4艘排水量33000吨的未建成的战列巡洋舰改装成为两艘航空母舰，它们就是"列克星敦"号和"萨拉托加"号，分别由前河造船厂和纽约造船厂制造，这是一个将1919年以来那些被取消的航空母舰建造计划进行融合的大好机会。"列克星敦"号航空母舰于1925年10月下水，这是一艘非同寻常的战舰，庞大的岛形上层建筑位于舰的右舷，在前后两侧分别装备了两座8英寸（203毫米）口径双联装炮塔。该舰还具备其他一些显著特征：装甲船体，全通式飞行甲板，甲板下有开口用于投放和回收小艇，双层机库，两部中央升降机用于飞行甲板和机库甲板间飞机的运送，一个前置飞机弹射器。该舰保持了原来的涡轮—电力推进装置，4台涡轮发电机为8台电动机提供能量，每两台电动机联接在一根传动轴上。

躲过一劫

日本偷袭珍珠港的事件发生时，"列克星敦"号航空母舰已离开珍珠港驶向中途岛，为驻守在那里的美国海军陆战队运送飞机，因此逃过一劫。之后，"列克星敦"号匆匆进行了改装，拆除了笨重的8英寸（203毫米）和4座5英寸（127毫米）口径火炮，加装了少量的"厄利康"20毫米口径单身管高炮，用来补充其薄弱的近程防空装备。珍珠港事件后，"列克星敦"号奉命参加的第一场军事行动——增援威克岛，但没有获得成功。1942年1月底，"列克星敦"号在马绍尔群岛为美军进攻提供掩护，此后在西南太平洋地区参加了一些零零星星的战斗。直到1942年3月新型航空母舰"约克城"号加入之后，"列克星敦"号才开始真正显示出威力来。

反击

"列克星敦"号在珍珠港经过简单改装后返回珊瑚海，当时，日本航空母舰正在这里攻击新几内亚的莫尔斯比港。5月8日，"列克星敦"号起飞SBD"无畏"俯冲轰炸机，前去攻击日本海军的"翔鹤"号和"瑞鹤"号航空母舰，最终一无所获。不幸的是，"列克星敦"号在这次进攻中被日本海军的两枚鱼雷击中左舷，此外还被3枚炸弹击中。击中船体的弹片引爆了航空汽油箱，尽管火势一度得到控制，但燃油蒸气还是不断渗漏到整个舰上。约一小时后，进攻中偶然的一点火星点燃了燃油蒸气，"列克星敦"号开始遭受一系列爆炸挫伤。从第一次受创的6小时后，"列克星敦"号接到弃舰命令，在驱逐舰尽可能多地营救舰上人员后，该舰残骸由己方鱼雷炸沉，2951名舰员中有216人失踪。"列克星敦"号在其短暂的战斗生涯中，未能给敌人以沉重打击，导致这个结果的主要原因是由于航空大队的经验不足和美国海军战术上的失误。损失这样一艘重型航空母舰，对于珊瑚海海战的胜利来说是个巨大的代价。

上图："列克星敦"号航空母舰与众不同的烟囱装置，为1941年间装备的先进雷达提供了必要的高度

下图：美国海军"列克星敦"号和"萨拉托加"号航空母舰为了围住16台锅炉的上升烟道，每艘舰上都安装了高大的烟囱。它们均在第二次世界大战爆发前夕拆除了原来的8英寸（203毫米）口径火炮。在1945年之前，"萨拉托加"号在外观上几乎焕然一新

技 术 参 数

"列克星敦"号航空母舰

标准排水量： 36000吨；满载排水量47700吨

尺寸： 总长270.66米；飞行甲板宽39.62米；吃水9.75米

动力装置： 4台通用电力公司研制的涡轮发电机，输出功率156660千瓦（210000轴马力），4轴驱动

航速： 34节

防护装甲厚度： 吃水线以下的装甲带152毫米；飞行甲板25毫米；主甲板51毫米；下甲板25~76毫米；炮塔38~76毫米；炮塔座152毫米

武器装备：（1942年）127毫米高射炮8座，20毫米高射炮30座，四联27.9毫米高射炮6座

舰载机：（1942年）22架战斗机，36架俯冲轰炸机，12架鱼雷轰炸机

编制人数： 2951人

"萨拉托加"号航空母舰

美国海军"列克星敦"号航空母舰于1921年1月在伯利恒开工建造，1925年10月下水，1927年12月14日正式服役。美国海军"萨拉托加"号(CV-3)航空母舰与其姊妹舰一样，从一艘未建成的战列巡洋舰改装而成，在纽约造船厂制造，于1925年4月下水，1927年11月16日正式服役。如同姊妹舰一样，"萨拉托加"号在美国海军的"快速特混舰队"概念发展中发挥了主要作用。从1928年开始，这两艘航空母舰均参加了太平洋舰队的年度"舰队问题"演习。这个组织就像是这两艘大型航空母舰的理想"父母"，这两艘航空母舰具备的舰体规模、航程以及舰载机力量（到1936年，其舰载机从90架减少到18架战斗机、40架轰炸机和5架通用飞机），对于未来太平洋地区的任何军事行动都将发挥决定性作用。

当建造完成时，这两艘航空母舰的主要武器装备是8门8英寸双联装火炮，在岛形上层建筑和烟囱结合部的前后分别配备4门。它们最初曾计划配备6英寸（152毫米）口径的火炮，之所以改为更大口径的火炮，可能是受到《华盛顿条约》有关巡洋舰配备8英寸口径火炮的制约。

珍珠港事件爆发时，"萨拉托加"号已经返回美国西海岸的圣迭戈港，正在进行短期维修。修复工作结束后，它很快出航，与"列克星敦"号航空母舰一起参加了增援威克岛的任务，但这项行动未能获得成功。"萨拉托加"号拆除了它的4门双联装8英寸口径火炮，在原来的位置装备了4门双联装5英寸（127毫米）L/38型平高两用炮，它们由两个高低角组合的指挥塔进行控制。同时，该舰上原来的副炮——12门5英寸（127毫米）口径的L/25型平射炮也被8座5英寸口径L/38型平高两用炮代替。需要指出的是，"列克星敦"号也曾拆除了它的8英寸（203毫米）口径火炮，但并没有安装5英寸口径火炮作为替代武器。

1942年1月11日，美国海军"萨拉托加"号航空母舰在夏威夷外海被日本潜艇发射的鱼雷击中，需要进行4个月的维修。在修理期间，"萨拉托加"号将其飞行甲板由原来的270.66米(888英尺)加长至274.7米(901英尺3英寸)，将宽度增至39.62米(130英尺)。当时，"萨拉托加"号因加装了包括轻型高射炮在内的大量武器装备，降低了服役所要求的标准浮力，于是又装备了一个左舷深水凸出部分，用来帮助恢复舰船的浮力。增加的轻型高射炮包括100门40毫米口径4联装火炮，配置在飞行甲板侧面；16座20毫米口径单射炮，装备在飞行甲板后端。其他改装还包括提升了舰桥高度，用信号旗杆替换了原来的三脚桅杆，加装了预警和火炮射击控制雷达。

瓜达尔卡纳尔岛海战

"萨拉托加"号由于运送增援飞机前往中太平洋，所以错过了具有历史意义的中途岛海战。然而，在6月8日美国海军"约克城"号沉没后，"萨拉托加"号很快成为一支战场急需的增强力量。1942年8月7日，就在美国海军陆战队进行大规模两栖登陆之前，"萨拉托加"号的舰载战斗机和俯冲轰炸机奉命提前出动，执行削弱瓜达尔卡纳尔岛防御火力的任务。

日本海军进行了激烈的反击，8月20日，日军一支强大的航空母舰特混舰队逼近东所罗门群岛，美国海军"萨拉托加"号、"企业"号和"黄蜂"号航空母舰全力迎战，这就是东所罗门群岛海战。"萨拉托加"号在8月31日拂晓时分被日本潜艇I-68号发射的鱼雷击中，一间锅炉房进水被淹，另一间部分被淹，但"萨拉托加"号并没有遭到重创，随后发生的停电很快使舰上机械停止运作。两小时后，舰上恢复了部分动力，返回珍珠港。6天后，该舰进入为期6个星期的维修期。

1943—1944年间，"萨拉托加"号在整个太平洋地区参加了重大的"跳岛作战"。1944年，它被派往东印度群岛，与英国和"自由法国"军队合作，共同打击日军在爪哇岛和苏门答腊岛的军事力量。1945年2月21日，"萨拉托加"号在支援硫磺岛登陆作战时，被日军神风特攻队的飞机击中。经过修理之后，它的能力只限于在珍珠港执行训练任务。由于"萨拉托加"号是从战列巡洋舰改建而来，这就决定了它虽然比"埃塞克斯"级航空母舰的体型要大，但上载的飞机要少很多。

1946年7月25日，"萨拉托加"号的伤痕累累的船体在美国早期核弹试验中当作试验品，被炸沉在比基尼岛海域。

下图：二战期间的"萨拉托加"号航空母舰。它在太平洋战争中发挥了重要作用，但随着现代化航空母舰的出现，它的局限性逐渐显露出来，其船体规模决定了它只能执行并不十分重要的任务

技术参数

"萨拉托加"号航空母舰（CV-3）
排水量：标准排水量36000吨；满载排水量47700吨
尺寸：总长270.66米；船体宽32.2米；吃水9.75米
动力装置：4轴驱动常规电力涡轮发动机，动力156597千瓦功率(210000轴马力)
航速：34节
防护装甲：吃水线以下的装甲带152毫米；飞行甲板25毫米；主甲板51毫米;下甲板25~76毫米；炮塔座152毫米
武器装备：(1945年)4座双联装火炮和8座127毫米平高两用单射炮，24座4联40毫米"博福斯"高射炮，两座双联装40毫米"博福斯"高射炮，16座20毫米高射炮
舰载机：(1945年)57架战斗机，18架鱼雷轰炸机
编制人数：（1945年）3373名

上图：1932年3月，美国海军"萨拉托加"号航空母舰（CV-3）以及停放在飞行甲板前端的大部分的航空联队飞机。该舰和它的姊妹舰在每次年度演习中相互"为敌"，磨炼战略战术

上图：1944年9月的"萨拉托加"号航空母舰。从图上可以看出，双联装的127毫米口径舰炮和轻型高射炮此时已替换了原有的203毫米口径火炮。服役多年的"萨拉托加"号在战斗能力方面难以出人头地，但其体型在美国海军之中却堪称一流

"约克城"号航空母舰

"约克城"号是美国罗斯福政府的联邦失业救济署公共建筑局批准建造的新一级航空母舰的首舰。"约克城"号和它的姊妹舰"企业"号（CV-6）均在1933年获准建造，时隔5年后，"大黄蜂"号（CV-8）也开始建造。该级航空母舰的设计是"突击队员"号航空母舰设计的发展，没有使用"列克星敦"号和"萨拉托加"号的封闭式机库，而是采用了开放式机库，载机数量高达80架。这种设计被证实非常成功，它奠定了更高级别的航空母舰——"埃塞克斯"级的发展基础。

珊瑚海海战

"约克城"号航空母舰于1937年9月正式服役，在珍珠港遭到偷袭后被匆匆派往太平洋战区。在弗兰克·J.弗莱彻少将的指挥下，该舰于1942年春季前往西南太平洋参加珊瑚海海战。其舰载的第5航空大队由20架格鲁曼F4F"野猫"战斗机、38架道格拉斯SBD-5"无畏"俯冲轰炸机和13架道格拉斯TBD"蹂躏者"鱼雷轰炸机组成，在战斗中发挥了重要作用，创造了在10分钟内击沉日本轻型航空母舰"祥凤"号的辉煌战绩。第二天，5月8日，"约克城"号的俯冲轰炸机击中了日本航空母舰"瑞鹤"号，但日本B5N"凯蒂"鱼雷轰炸机和D3A"瓦尔"俯冲轰炸机穿过美军战斗机和火炮的密集扫射，彻底摧毁了"约克城"号的飞行甲板，炸弹穿过3层甲板后爆炸，燃起熊熊大火。舰上损毁控制人员控制住了火势，"约克城"号得以返回珍珠港进行维修。

决战中途岛

经过维修人员的抢修，4天后，"约克城"号恢复了作战能力，恰好赶上1942年6月的中途岛海战。在战斗的紧要关头，"约克城"号的舰载俯冲轰炸机参加了对日本航空母舰的打击行动，它们是唯一能够执行搜寻日本幸存的航空母舰"飞龙"号任务的飞机。"约克城"号即使遭到3枚250千克（551磅）重的炸弹的重创后，仍然能够起降舰载机，直到最终遭受两枚鱼雷袭击后，才完全丧失了战斗力。

"普林斯顿"号航空母舰和"独立"级轻型航空母舰

美国海军为了弥补珍珠港事件后航空母舰的严重不足,决定将9艘"克利夫兰"级轻巡洋舰改建为航空母舰。这样一来,轻巡洋舰"阿姆斯特丹"号(CL-59)、"塔拉哈西"号(CL-61)、"纽黑文"号(CL-76)、"亨廷顿"号(CL-77)、"戴顿"号(CL-78)、"法戈"号(CL-85)、"威明顿"号(CL-79)、"布法罗"号(CL-99)和"纽瓦克"号(CL-100),就成了轻型航空母舰"独立"号(CVL-22)、"普林斯顿"号(CVL-23)、"贝劳伍德"号(CVL-24)、"考彭斯"号(CVL-25)、"蒙特里"号(CVL-26)、"兰利"号(CVL-27)、"卡伯特"号(CVL-28)、"巴丹"号(CVL-29)和"圣哈辛托"号(CVL-30)。

"独立"级

尽管进行了精制的改造,但结果却令人失望。长65.5米(215英尺)、宽17.7米(58英尺)的小机库只能容纳33架舰载机,而不是计划中的45架,这比"桑加蒙"级护航航空母舰更少。但"独立"级的航速却可以赶上快速航空母舰,这使得它冲到了战斗的最前线。

"普林斯顿"号航空母舰于1943年2月正式服役,比首舰"独立"号服役仅仅晚了一个多月。它于1943年8月抵达珍珠港,开始与新型的"埃塞克斯"号和"约克城"号航空母舰一起进行训练和演习。9月1日,它们发动了对马尔库斯岛的首次攻击。5个星期后,"普林斯顿"号又和其他两艘轻型航空母舰加入对威克岛的成功袭击。

莱特湾海战

在莱特湾海战中,"普林斯顿"号编入快速航空母舰大队中的第38.3特混大队。1944年10月24日清晨,日本一架D4Y型俯冲轰炸机突然冲出云雾,向"普林斯顿"号航空母舰的飞行甲板投下两枚250千克(551磅)重的炸弹。炸弹穿透3层甲板后爆炸,迅速引发机库大火,6架"复仇者"武装轰炸机着火,机上鱼雷爆炸,加大了受创程度和范围。上午10时10分,距离日军飞机攻击大约一个半小时后,"普林斯顿"号旁边的其他舰船接到命令,除基本消防人员和损坏管制人员外,全部撤离。

在"普林斯顿"号旁边的"伯明翰"号和"里诺"号轻巡洋舰,既要抽水灭火,又要为航空母舰水泵补充能量。当时,盟军所有的舰船和飞机一起击退了日军的空袭。下午14时45分,大火已经扑灭,但在15时23分,"普林斯顿"号突然发生大爆炸,冲击波席卷了"伯明翰"号航空母舰拥挤的甲板,导致229人死亡和420人受伤。"普林斯顿"号本身也有100多人死亡和190人受伤。不可思议的是,支离破碎的"普林斯顿"号仍然可以漂浮在水上。16时,"普林斯顿"号被下令放弃,驱逐舰"欧文"号用了4枚鱼雷仍然未能将它击沉,巡洋舰"里诺"号用两枚鱼雷炸沉了它。

下图:一艘正在海上航行的"独立"级轻型航空母舰,其后方飞行甲板上停满了飞机。依稀可见其4个烟囱和小型岛形上层建筑

上图:一艘"独立"级航空母舰正在抛锚停泊。战争初期,当"埃塞克斯"级航空母舰在数量上无法满足作战需要时,"独立"级航空母舰曾作出了巨大贡献

下图:"普林斯顿"号航空母舰从轻型巡洋舰"塔拉哈西"号的船体改建而成,尽管该舰空间有点狭小,但航速很快,可以跟上快速航空母舰大队。后来,它们还可以夜间起降舰载机

下图:1945年3月,从"独立"号航空母舰(CVL-22)上可以看过去,"兰利"号正乘风破浪前往攻击日本本土。后方护航的轻型巡洋舰准备帮助它避开日军的空袭

技术参数

"普林斯顿"号航空母舰（CVL-23）
排水量：标准排水量11000吨；满载排水量14300吨
尺寸：长189.74米；飞行甲板宽33.3米；吃水7.92米
动力装置：4轴机械驱动蒸汽涡轮机，动力74600千瓦（100000轴马力）
航速：31.5节
武器装备：(1943年)两门127毫米高射炮，两门4联40毫米"博福斯"高射炮，9门双联装40毫米"博福斯"式高射炮，12门20毫米高射炮
防护装甲厚度：吃水线以下的装甲带38~127毫米；主甲板76毫米；下甲板51毫米
舰载机：(1943年)24架F4F"野猫"战斗机，9架TBF"复仇者"号鱼雷轰炸机
编制人数：1569名

"无畏"号航空母舰

战斗中的"无畏"号

美国海军"无畏"号航空母舰最高航速可达32.7节，航速保持15节时的续航力可达27800公里(17275海里)。它拥有着装备精良的护航队伍，庞大的舰载机大队拥有熟练的飞行员和先进的飞机，加上大量贮备的弹药和航空燃料，使其成为能够将战事推至日本乃至整个太平洋纵深战区的强大战舰。"无畏"号的舰载战斗机曾多次摧毁日本海军和空军基地，炸沉和重创日本舰船，支持了美军的两栖作战行动。在被日本"神风"特攻队击伤之后，"无畏"号返回美国西海岸进行了必要的维修。制造精良的"无畏"号经过整修后，作出了更大的贡献。

上图：美国海军"无畏"号对日本本土目标发动攻击。照相机拍摄到一架"复仇者"鱼雷轰炸机正从左侧弹射器上弹射起飞，同时3架机翼折叠的"美洲鹫"战斗机也在等待起飞。照片拍摄于1945年3月19日

"无畏"号航空母舰

1. YE天线
2. SG水面预警雷达天线
3. SK空中预警雷达天线
4. 维修台
5. SM雷达天线
6. 桅顶平台
7. Mk4型火控雷达天线
8. Mk37型5英寸火炮控制器
9. 目标指示器，左舷和右舷
10. 40毫米口径"博福斯"高射炮
11. Mk51型控制器
12. 导航舰桥
13. 司令舰桥
14. 5英寸口径火炮操控间和弹药库
15. 5英寸L/38型平高两用双联装炮座
16. Mk5型控制器
17. 6门单管20毫米口径"奥利康"高射炮
18. 3门4联装40毫米"博福斯"火炮
19. 36英寸口径探照灯
20. 20毫米"奥利康"单管高射炮
21. 3门单管20毫米"奥利康"高射炮
22. 垃圾焚烧炉烟筒
23. 烟囱帽
24. 24英寸口径探照灯
25. 炮耳
26. 鼓风罩
27. 瞄准手望远镜
28. 侧通道门
29. 炮塔(固定在舰上)
30. 吊臂
31. 主起重机吊钩
32. 充气救生船
33. 救生网架
34. 天线引线屏
35. 无线天线杆
36. 远程无线装置
37. 阶梯(在天线杆内)
38. 5座单管20毫米口径"奥利康"火炮
39. 飞行甲板
40. 舰尾部下甲板
41. 前置4联40毫米炮座
42. 船首楼甲板
43. 30000磅无锚杆的主锚
44. 主甲板
45. 第二甲板
46. 第三甲板
47. 第四甲板
48. 第一平台
49. 第二平台
50. 货舱
51. 仓库
52. 锚链舱
53. 集水槽
54. 水密箱
55. 水泵室
56. 燃烧弹贮藏舱
57. 烟火贮藏舱
58. 鱼雷演习弹头贮藏舱
59. 舱底水装置和水泵室
60. 酒类贮藏舱
61. 易燃液体贮藏室
62. 航空燃料桶
63. 5英寸火炮操作室和射弹贮藏舱
64. 轻武器仓库
65. 禁闭室
66. 航空润滑油箱泵室
67. 40毫米和20毫米高射炮弹药贮藏舱
68. 炸弹贮藏舱
69. 炸弹旋翼贮藏舱
70. 吊架旁卷帘开口处
71. 航空润滑油
72. 40毫米高射炮弹药贮藏舱
73. 火箭发动机贮藏舱
74. 舰员住舱
75. 损害管制指挥部
76. 舰员食堂
77. CIC(作战情报中心)
78. 标图室
79. 炸弹引信仓库
80. 前置辅助机舱
81. 发电机平台
82. 医药贮藏室
83. 1号锅炉舱
84. 锅炉上风区
85. 2号锅炉舱
86. 1号动力装置舱
87. 3号锅炉舱
88. 衣物和小东西贮藏室
89. 耐火砖贮藏舱
90. 理发店
91. 动力装置贮藏舱
92. 将军工作室
93. 舰员盥漱室
94. 舰员厕所和淋浴室
95. 4号锅炉舱
96. 2号动力装置舱
97. 船尾辅助动力装置舱
98. 炸弹贮藏舱
99. 火箭推进装置贮藏舱
100. 航空仓库
101. 测绘室
102. 航空水瓶贮藏舱
103. 鱼雷贮藏舱
104. 汽油箱
105. 水泵室
106. 水果和蔬菜贮藏舱
107. 26英尺电动捕鲸小艇
108. 40毫米"博福斯"高射炮突出炮座
109. 40毫米"博福斯"高射炮突出炮座
110. 蓝色制服和外套贮藏舱
111. 发动机控制室
112. 转向装置室
113. 航空发动机贮藏舱
114. 四叶片推进器和轴装置
115. 舵
116. 船尾40毫米四联装火炮炮座
117. 人行道
118. 2座20毫米单管"奥利康"高射炮座
119. 2座20毫米单管"奥利康"高射炮座
120. 10座20毫米单管"奥利康"高射炮座
121. 5英寸L/38 DPMk 32 双联装炮座
122. 5英寸L/38 DPMk 32 双联装炮座
123. 40毫米"博福斯"高射炮座
124. 40毫米"博福斯"高射炮座
125. 艉旗杆
126. Mk4型雷达天线
127. SC天线
128. 桅杆
129. 垂直阶梯
130. 雷达平台
131. 斜桁
132. 仰角天线

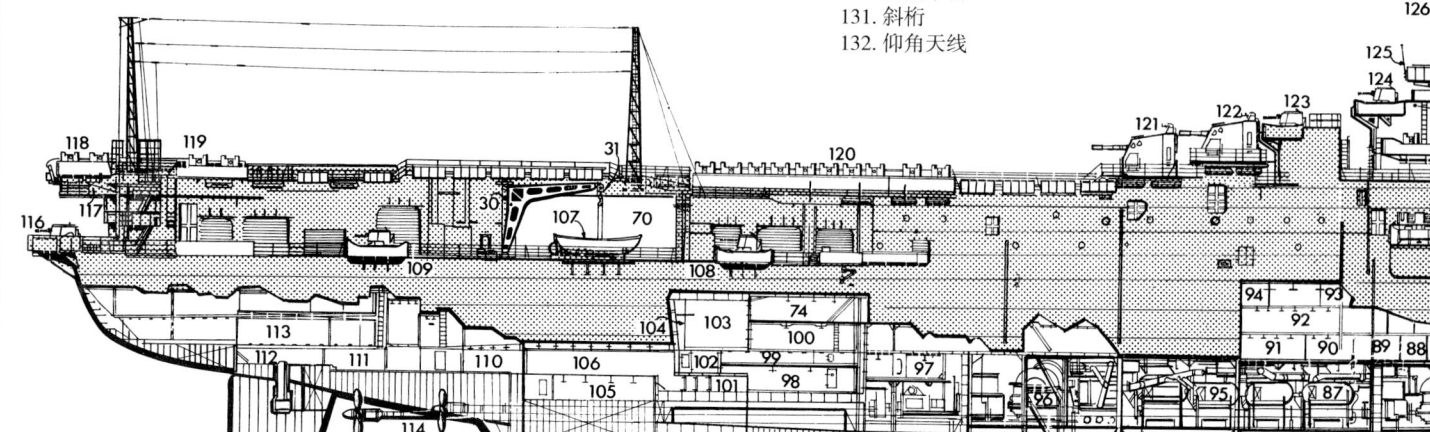

CVS-11：新型航空母舰"无畏"号

"无畏"号于1947年退役，1952—1954年经过了大规模升级改装，重新服役时已经装备了强有力的飞机弹射器、坚固飞行甲板和新式岛形上层建筑的CVA-11号攻击航空母舰。1962年，在重新定编为担任反潜作战任务的CVS-11号之前，"无畏"号已经改造成为封闭式舰首和斜角飞行甲板的航空母舰。它主要在欧洲海域服役，1968年间游弋于南中国海海区。越南战争时，它作为"特种攻击航空母舰"搭载了一支轻型攻击战斗机大队。1974年，"无畏"号最终退役，被收藏起来用于参观。

上图：美国海军"无畏"号被日本"神风"特攻队飞机击中后冒起了黑烟。该舰总共被"神风"飞机击中3次，鱼雷击中1次，仍然幸存了下来

右图：1945年春游弋于太平洋上的美国海军"无畏"号航空母舰。图中可见4座5英寸（127毫米）口径L/38型DP火炮中的两座，这是舰炮系统中最重要的组成部分

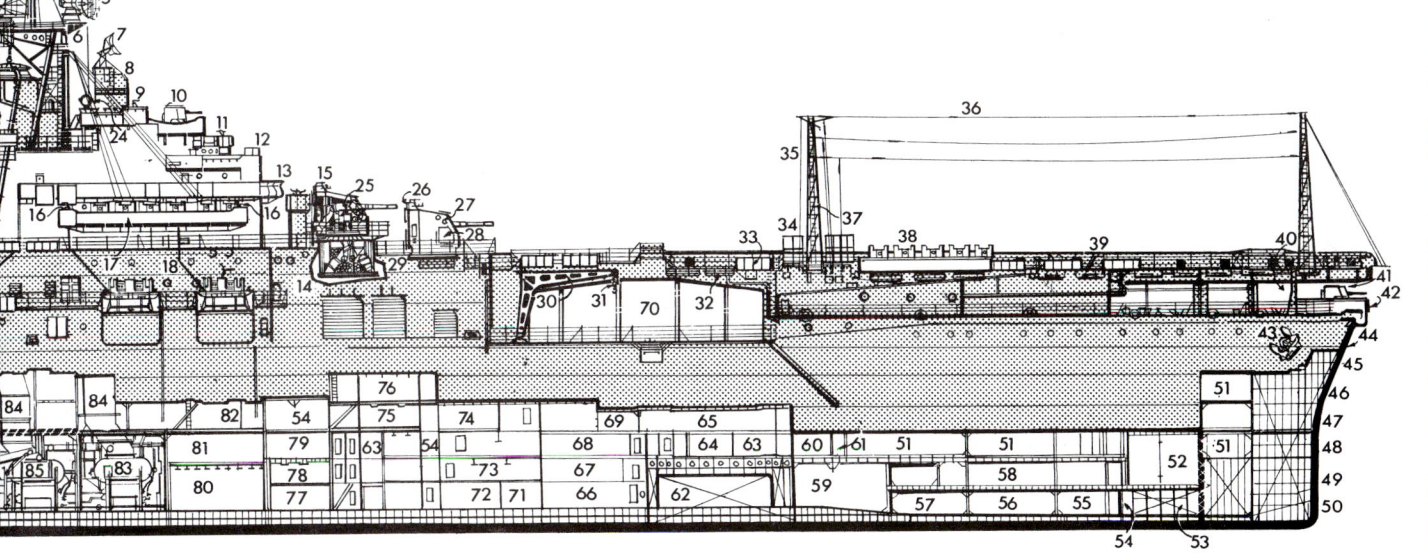

"无畏"号航空母舰

美国海军"无畏"号航空母舰是第3艘"埃塞克斯"级航空母舰,该级舰不仅是美国海军建造的最大一级主力战舰,而且是最具战斗效能的军舰。"无畏"号及其4艘姊妹舰列入1940财年的建造规划,第一批中的另外6艘在1941财年订制,另外15艘在战争期间开工建造。二战期间共有17艘该级航空母舰被编入美国海军战斗序列。"无畏"号在1943年4月26日驶出建造码头,不到4个月后的8月16日加入现役,这就是航空母舰在战时的建造速度,开工建造后仅20个月就服役了。"无畏"号的第一项任务就是完成海上试航以及让原舰员"适应新环境",当舰上组织机构准备就绪后,航空母舰开始上载舰载机大队。到1943年底,美国的飞行学校数量剧增,飞行学员们需要进行更为广泛的海上训练。战斗实践已经体现出了战争对于新战术的需求,特别是在防空作战中,而这些新战术只能在舰载航空大队中加以演练。

飞行甲板

"无畏"号航空母舰全长267米(876英尺),船体宽28.35米(93英尺),飞行甲板宽44.96米(147英尺6英寸)。在"埃塞克斯"级航空母舰的设计方案中,原计划配备3台飞机弹射器,两台纵向弹射器装备在飞机甲板上,一台双横向弹射器装备在机库甲板上。出于重量的考虑,第一批航空母舰建成时仅配备了1台安装在飞行甲板上的飞机弹射器,横向弹射器被实践证明没有什么使用价值,便很快被放弃了,于是第二台弹射器也安装到了飞行甲板上。

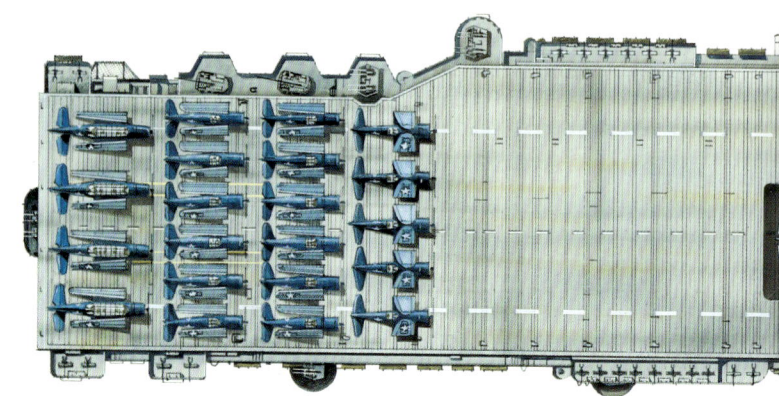

航空大队

"埃塞克斯"级航空母舰的航空大队名义上拥有80架飞机。1943年的航空大队规模要稍大一些,在91架舰载机中包括36架格鲁曼F4F"野猫"战斗机、37架道格拉斯SBD"无畏"俯冲轰炸机和18架格鲁曼TBF"复仇者"鱼雷轰炸机。这些飞机的强大战斗力通过大量的弹药贮备和908500升(240000美制加仑)的航空燃料来保证。

推进装置

"埃塞克斯"级航空母舰的动力配置是8台巴布科克—威尔科克斯公司的燃油锅炉蒸汽驱动4台威斯丁豪斯蒸汽涡轮机,4台轮机带动四叶片推进装置。包括"无畏"号在内的早期舰船,它们的涡轮是齿轮传动的,而其他航空母舰的涡轮则是直接驱动型。"埃塞克斯"级的第一批航空母舰,以及"汉科克"号和"提康德罗加"号航空母舰的贮油量都是6161吨,第二批13艘航空母舰中除"伦道夫"号的贮油量达到6251吨外,其他航空母舰都将贮油量增加到了6331吨。

辅助性的武器系统

"无畏"号建成时,装备了8门4联装40毫米口径"博福斯"式高射炮。但是到了战争后期,随着日本空袭力量的不断增强,美国人不得不大幅度增加辅助武器系统。其中,"无畏"号在战争结束前的副炮数量增加到了17门4联装"博福斯"式高射炮。

第三等武器装备

日本在太平洋战区的高强度空袭,导致了美国航空母舰上20毫米"奥利康"号火炮的持续增加,只要有充足的甲板空间,就可以看到这种20毫米"奥利康"号火炮的单身管炮座。二战结束时,"无畏"号配备了52台这样的火炮,它们补充了40毫米"博福斯"式高射炮的力量,建立了一道真正的高空射弹幕墙。日本"神风"战斗机在抵舰之前,必须首先穿过这道幕墙。

基本设计

"埃塞克斯"级航空母舰的设计没有受到任何强加条约的限制,因此它们完全满足了美国海军航空母舰作战理念的需求,其在设计上避免了英国航空母舰将飞行甲板建为船体一部分的方案,将机库和飞行甲板作为上层建筑建造,这并没有真正有助于船体的强力。

"无畏"号的舰体上涂抹的是32/A型迷彩,这身迷彩从其1944年6月结束维修返回太平洋时就拥有了。在为期3个月的干船坞维修中,"无畏"号在岛型上层建筑下部加装了3座4联装40毫米"博福斯"炮座,重新调整了另外2座40毫米"博福斯"炮座的位置,以便改进对空射击弧度。

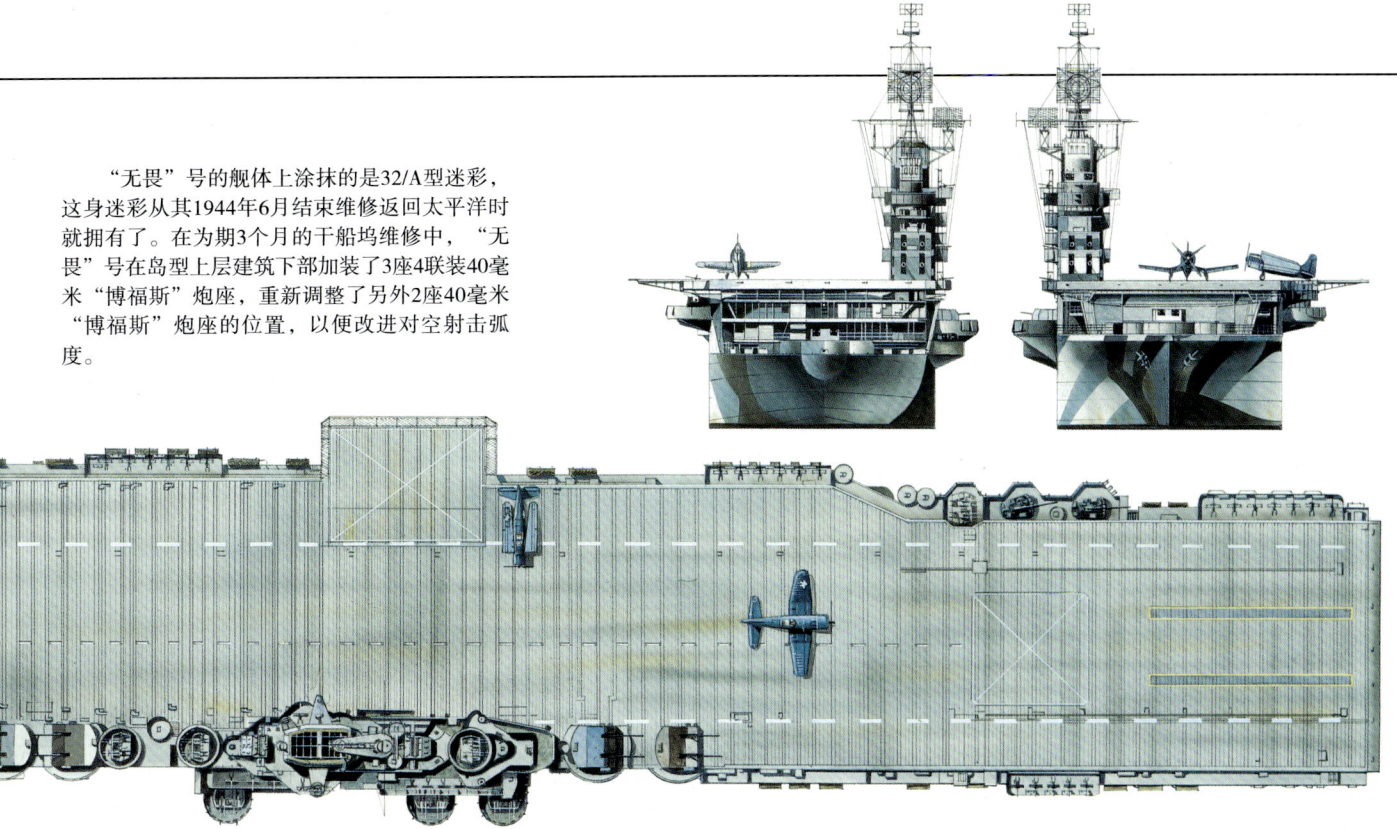

飞机升降机

"无畏"号采用木制飞行甲板而非钢制甲板。"埃塞克斯"级其他舰船的机库甲板由3台飞机升降机相连接,其中的两台处在飞行甲板前部和岛形上层建筑后部的"标准"号位置,第3台飞机升降机首次在"黄蜂"号上安装,配备在飞行甲板左侧。最后一部升降机的配置,在后来访问的许多战时高级舰上航空军官中证明是很成功的,以致前置升降机后来均改为类似的配置形式。

岛形上层建筑

"无畏"号的指挥和控制舱与舰桥和岛形上层建筑内的其他隔舱分开设置,在飞行甲板的右侧,锅炉室的筒形排烟道直通舰体后部。在岛形上层建筑前后的4座双联装炮座上装备的是8门5英寸(127毫米)L/38 DP型主炮,其他4门单身管炮座装备在左侧飞行甲板下面。岛形上层建筑上装备有搜索雷达天线和两部为5英寸炮座配备的雷达指挥仪。

防护

实战证明,"埃塞克斯"级航空母舰是建造精良、坚固的舰船。该级舰中的某些舰只在战争中虽屡遭重创,但没有一艘被击沉,即使受到损伤也可以很快修复完好。主防护装甲钢板的低边和上边厚度分别为63.5毫米和102毫米,舱壁装甲厚度51~76毫米,飞行甲板、主甲板和炮座的装甲厚度均为38毫米,机库甲板厚度为76毫米。

无线电设备

舰载的无线电设备主要由2根格子桅杆和水平电线组成,位于飞行甲板正前方、右舷侧外部,构成了舰载远程无线电设备天线组。在几乎所有能够利用的甲板空间上,布满了舰船的二类和三类防空武器——40毫米口径的"博福斯"火炮和20毫米口径的"厄利空"火炮。

"博格"号护航航空母舰

为了解决大西洋战场上护航编队急需的空中掩护问题，美英两国将大批商船改造成为小型航空母舰。1941年夏季，英国和美国都开始尝试将商船改造成试验型的护航航空母舰。在试验证明可行后，美国造船厂接到了21艘护航航空母舰的第一艘生产订单。该级除了11艘交付给英国皇家海军外，其余留给美国海军使用。交付英国使用的该级护航航空母舰被称为"攻击者"级，美国的则称为"博格"级。由于是从部分完成的船体上改造而来，"博格"级航空母舰进行了大规模改装，机库空间扩大，升降机增加为两台。"博格"号和它的姊妹舰"卡德"号、"科尔"号甚至增加了两个飞机弹射器，可以搭载28架飞机。"博格"号航空母舰于1942年1月下水，装备有空中预警雷达，甲板空间比较大，这使得它成为1942年秋成立的反潜支援大队的旗舰。"博格"号和它的支援大队击沉了不少于13艘的德国U型潜艇。

当大西洋战争陷入危机时，"博格"号航空母舰于1943年2月加入大西洋舰队。它在第4次穿越大西洋时，其舰载机击沉了德军第一艘U型潜艇，在接下来的出航中又击沉了两艘。1943年7月，"博格"号第7次执行巡航任务，其舰载机击沉一艘U型潜艇，一艘护航驱逐舰击沉了另一艘。

战争的危急时刻已经过去，盟国海军的作战重点开始转入打击U型潜艇。反潜支援大队无法将针对U型潜艇的攻势作战推进到大西洋深处，1943年底，"博格"号航空母舰和它的反潜支援大队击毁了3艘U型潜艇。1944年初，在运送飞机到英国并做了短暂休息后，"博格"号又返回反潜战场，同年3月击沉了U-575号潜艇。1944年9月，"博格"号在返回美国进入训练期间，又击沉了3艘U型潜艇。"博格"号的最后一次反潜任务是在1945

年4月，它击沉了13艘U型潜艇中的最后一艘。

战争进入尾声阶段后，"博格"号被派往太平洋，运送飞机和物资到前线。随着日本的战败投降，"博格"号又奉命参加"魔毯"行动，运送战俘和军人返回美国。

上图：护航航空母舰"博格"号(CVE-9)以及停放在木制飞行甲板上的"复仇者"鱼雷轰炸机

3
"二战"期间的英国航空母舰

"暴怒"号舰队航空母舰

英国皇家海军"暴怒"号的几次舰体改造反映出从"航空战舰"到真正航空母舰的过渡阶段。"暴怒"号作为费希尔海军上将亲自下令建造的第三艘的战列巡洋舰（1915年开工），在1916年8月下水，但由于要在舰首和舰尾各装备一座当时海军最大的18英寸（457毫米）口径火炮，竣工日期因此推迟。1917年3月，"暴怒"号最终建成，它的前部主炮被拆除，加装了长69.5米(228英尺)的前部略倾斜的飞行甲板。飞行甲板下的机库可容纳10架飞机（水上飞机和有轮战斗机）。1917年7月，改造后的"暴怒"号很快就暴露出了局限性，舰载机在起飞后不能返回舰上。1917年11月，"暴怒"号又进行了改装，拆除了后主炮，在第二机库上加装了长86.5米(284英尺)的降落甲板，上层建筑的大部分仍然保留。高速运转的蒸汽机产生的气流，在甲板上形成了严重的涡流，导致了飞机在着舰时产生令人无法接受的事故频率。就舰载机而言，"暴怒"号具备了第一艘真正航空母舰所搭载的空中打击力量，1918年7月19日，其7架索普威思"骆驼"战斗机摧毁了位于特讷的两个德军"齐柏林"飞艇及艇库。随着全通式飞行甲板的需求日趋明显，"百眼巨人"号改装为全通式飞行甲板，"暴怒"号在1921—1925年间也进行了这方面的改装。即使经过此次改装，"暴怒"号仍然属于一种过渡型设计，没有岛形上层建筑。直到战前进行的最后一次改装，才勉强增加了一座岛形上层建筑。

服役

虽然"暴怒"号老旧而且属于轻型航空母舰，但它先后编入大西洋反潜大队和护航船队，参加了挪威海战和北非登陆战。它在1944年9月转入预备役之前执行的最后一次任务，是攻击躲在挪威湾的德国海军"提尔皮茨"号战列舰。

技术参数	
"暴怒"号航空母舰 **排水量**：标准排水量22500吨；满载排水量28500吨 **尺寸**：长239.5米；宽27.4米；吃水7.3米 **动力装置**：4轴驱动蒸汽涡轮机，动力67113千瓦(90000轴马力) **航速**：31.5节	**防护装甲**：吃水线以下的装甲带51~76毫米；机库甲板38毫米 **武器装备**：6座双联装102毫米高射炮，3座8倍口径两磅高射炮，几座小口径炮 **舰载机**：33架飞机 **编制人数**：750名（不包括航空人员）

下图：二战时喷涂的防护色彩并不能掩饰"暴怒"号航空母舰的战列巡洋舰的原形。直到1939年，它才加装了岛形上层建筑

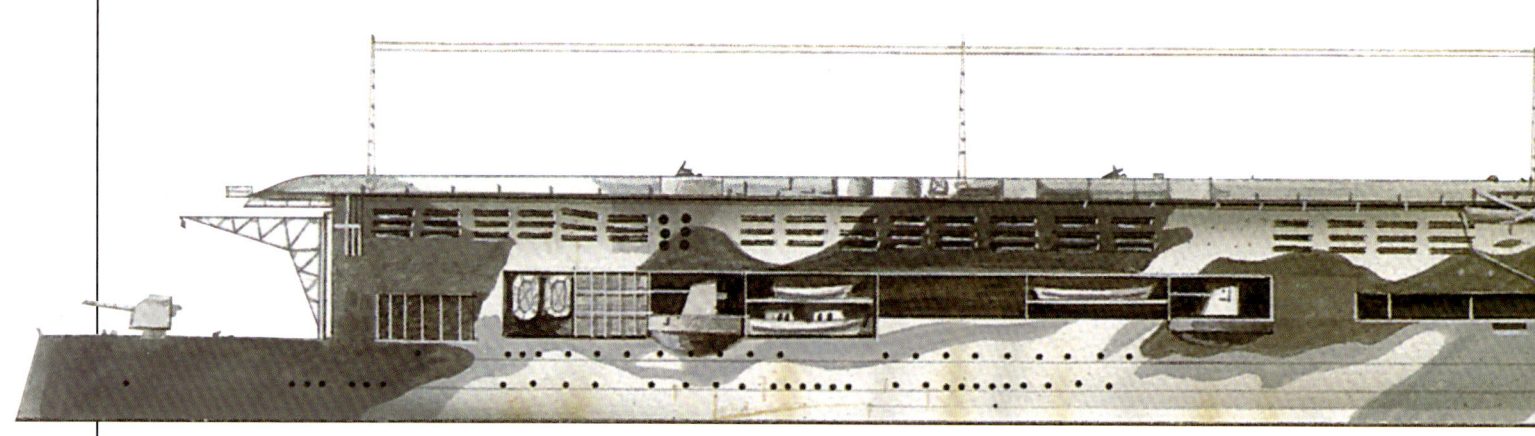

上图：在"暴怒"号前甲板上降落是一件非常危险的事：1917年8月，英国皇家海军中队长邓宁少校驾驶"幼犬"战斗机进行降落时，飞机侧翻坠入海中，邓宁不幸殉职。1917年11月，18英寸的后甲板主炮被拆除，加装了降落甲板

上图：英国皇家海军"暴怒"号是第一艘在战争中起飞舰载机进行攻击的舰船。英国人建造该舰的最初目的，是遵照费希尔海军上将的指令，计划在一战期间用来进攻德国波罗的海沿岸的军事设施

"鹰"号舰队航空母舰

第一次世界大战前夕，智利向英国阿姆斯特朗埃尔斯威克造船厂定购了两艘加长的"铁公爵"级战列舰。然而，其中只有"海军上将拉托·雷"号于1914年8月按照战列舰规格得到良好的改进，在1915年建成时被英国海军部强行购买，编入英国皇家海军，命名为"加拿大"号。其未下水的姊妹舰"海军上将科克伦"号（1913年开工建造）因两国之间的矛盾中途停工，鉴于该舰已经开始建造，于是英国人将其改建成为航空母舰，命名为"鹰"号。和"竞技神"号航空母舰一样，"鹰"号由于建成的时间太晚，未能参加第一次世界大战。1918年6月，"鹰"号下水，1920年编入现役进行试航。

在英国皇家海军"百眼巨人"号航空母舰尝试建造岛形上层建筑后，"鹰"号也开始尝试岛形上层建筑的几种形式，这一努力使得它在1920—1923年的大部分时间内一直停留在造船厂，而"竞技神"号此时已经开始服役。"鹰"号最后建成的岛形上层建筑较长且偏矮，两座烟囱保持了与以往姊妹舰同等的比例。该舰由于从战列舰改装而来，其航速远远低于大型巡洋舰，但具备较好的稳定性。"鹰"号虽然引入了双层机库，但实际上只有搭载一层飞机的能力。

服役

"鹰"号航空母舰二战前的大部分服役区域是在远东，1939年9月驶入印度洋，后来到达地中海，替换英国皇家海军"光荣"号航空母舰。在利比亚的托布鲁克空袭意大利舰船后，"鹰"号在意大利卡拉布里亚外海的战斗中遭炸弹重创，最终未能参加塔兰托袭击战。在返回英国进行改装前，"鹰"号在红海和南大西洋又参加了更多的战事。1942年初，"鹰"号返回地中海，参加了著名的"八月护航（支座行动）"。1942年8月11日，"鹰"号遭受灭顶之灾，被德国海军U-73号潜艇发射的4枚鱼雷击沉。

上图：1942年3月，英国皇家海军"鹰"号航空母舰共向马耳他输送了3个波次共计31架"喷火"5型战斗机。在同年8月的"支座行动"中，"鹰"号被德军炸沉

技术参数

"鹰"号航空母舰

排水量： 标准排水量22600吨；满载排水量26500吨
尺寸： 长203.3米；宽32.1米；吃水7.3米
动力装置： 4轴驱动，蒸汽涡轮机，动力37285千瓦（50000轴马力）
航速： 24节
防护装甲厚度： 吃水线以下的装甲带102~178毫米；飞行甲板25毫米；机库甲板102毫米，护板25毫米
武器装备： 9座152毫米火炮，4座102毫米高射炮，8座88毫米高射炮
舰载机： 21架
编制人数： 除航空人员外共计750名

下图：英国皇家海军"鹰"号航空母舰在服役生涯的大部分时间内驻扎在远东地区，1940年春季返回地中海。最终在阿尔及利亚北部被德国U型潜艇击沉，舰上260人丧生

"竞技神"号轻型航空母舰

英国皇家海军"百眼巨人"号的设计在1918年初看起来显然令人满意,在它建成之前,"竞技神"号的龙骨已经开始铺设。"竞技神"号的设计工作没有得到任何实践经验的帮助。由于缺乏一个可以参考的先例,设计者们将它设计得太小,这也使得日本人在其自己的航空母舰"凤翔"号上重犯了这一错误,"凤翔"号在第二年也开工建造。随着一战的结束,"竞技神"号的建造工作进行得不紧不慢,1919年9月下水,拖到1923年才彻底完工。"竞技神"号服役时,正在改装的"鹰"号已开始建造相对较大的岛形上层建筑。和"鹰"号一样,"竞技神"号的岛形上层建筑同样显得过大,6门5英寸(140毫米)火炮安装了方位测距仪;早期的航空母舰只是希望能够击退轻型水面战舰的攻击,舰载机的潜能并没有被充分地认识到,防护装甲也比较轻薄。"百眼巨人"号有个重要的特点,那就是动力双倍增强,航速提高了4节以上。"竞技神"号的另一项特征就是飞行甲板后部轻微降起,旨在使着舰飞机减速。这也被日本人模仿采用。然而,没有一支舰队发现这种设计的成功之处,于是它最终被放弃了。

重大贡献

虽然二战时的"竞技神"号已经有些陈旧,但它在低威胁区域仍然作出了重大贡献:在大西洋海域搜索德国的海上袭击舰;针对法国维希政府在西非的行动和在红海对意大利的打击行动中执行校射侦察任务;在镇压1941年伊拉克叛乱行动中提供海岸火力支援;保卫印度洋的海上航运线。1942年4月,"竞技神"号在与日本航空母舰的激战中被击沉于锡兰外海,但它充分验证了在一个没有其他航空兵力存在的战区,拥有一艘哪怕只有小型飞行甲板的航空母舰,也仍然具有非常重大的意义。

上图:1942年4月,"竞技神"号遭到日本航空母舰的舰载机攻击后,沉没于锡兰(今斯里兰卡)海域。当时,英国皇家海军在远东作战的一个重要缺陷在于,航空母舰居然没有搭载舰载机,在遭到攻击的情况下甚至没有发出求救信号的手段

技 术 参 数	
"竞技神"号航空母舰	**防护装甲厚度:** 吃水线以下的装甲带51~76毫米;机库甲板25毫米,护板25毫米
排水量: 标准排水量10850吨;满载排水量12950吨	**武器装备:** 6座140毫米炮,3座102毫米高射炮
尺寸: 长182.3米;宽21.4米;吃水6.9米	**舰载机:** 约20架
动力装置: 双轴驱动蒸汽涡轮机,输出功率29828千瓦(40000轴马力)	**编制人数:** 除航空人员外660名
航速: 25节	

左图:"竞技神"号大部分的服役生涯是在远东地区度过的。从这幅照片可以清晰地看出,该舰的岛形上层建筑异乎寻常地庞大。它是专门按照航空母舰设计建造的军舰,其舰载机数量同"鹰"号一样多,但"鹰"号的排水量是它的两倍。最终,日本的"苍龙"号、"赤城"号和"飞龙"号在排水量约为前者一半的情况下,也达到了与前者相同的载机量

下图:这是英国皇家海军第一艘航空母舰"竞技神"号的侧面轮廓图(日本海军"凤翔"号实际上要早于该舰一年服役),它借鉴了轻型巡洋舰的设计进行建造,舰上装备了6门5.5英寸(140毫米)口径火炮,因为那时还没有人相信飞机能够单独击退敌人的水面进攻

"勇敢"级航空母舰

出于众所周知的政治原因，英国海军大臣费舍尔海军元帅极力倡导建造"大型巡洋舰"，也就是所谓的"战列巡洋舰"，计划打造一支由600艘吃水浅的战舰组成的强大舰队，实现在距柏林130千米的德国东北部波罗的海登陆的战略设想。

1915年，费舍尔海军元帅离开海军部，这项计划随之搁浅。然而，作为这项异常大胆却不完善的计划的产物——轻型战列巡洋舰——却已建造完成，其中的前两艘"勇敢"号和"光荣"号（分别于1915年3月和5月开工建造，1916年2月和4月下水）在1917年1月同时开始服役，后来证明这种舰只在实战中难以使用，仅76毫米厚的装甲防护带无法提供最基本的防御能力，主炮只是两座双联装15英寸（381毫米）火炮，瞄准速度慢；副炮是6座3联装4英寸口径火炮。"勇敢"号和"光荣"号唯一遇到的战事是在1917年11月17日，在第二次黑尔戈兰岛海战中与德国公海舰队的传统轻巡洋舰进行激战。它们在战斗中伤痕累累，却没有给对方造成太大的杀伤。

虽然缺乏武器装备和防护能力，但这两艘舰的航速可达32节，动力装置是18台"亚罗"燃油锅炉，4轴驱动，输出功率67104千瓦（90000轴马力）。根据《华盛顿海军条约》，"勇敢"号和"光荣"号被允许改造成航空母舰。重建工作在1924年展开，并分别于1928年和1930年建造完工。它们的半姊妹舰"暴怒"号建成时装备两座单管18英寸（457毫米）火炮，而不是4座15英寸口径火炮。在1922年的改造中，"暴怒"号采用了同样的建造模板，包括没有岛形上层建筑，锅炉上风口从机库空间移出导向舰尾。后两项改造对于"竞技神"号和"鹰"号航空母舰的发展起到了作用，它们联接的烟囱和舰桥结构对于推动航空力量的发展具有很大的影响。

双层飞行甲板

"勇敢"号和"光荣"号都有相似的前飞行甲板，从舰首向后延伸到舰长的20%处。机库甲板在前甲板的水平位置向前延伸，便于小型和轻型飞机（舰载战斗机）在合适条件下从低空起飞。这让两舰极大地增强了稳定性。1935—1936年间，前飞行甲板被拆除，主飞行甲板两侧加装了弹射器，能够将3629千克（8000磅）重的飞机以56节的航速弹射起飞，或者将重4536千克（10000磅）的飞机以52节的速度弹射起飞。每艘舰上都有两条长167.64米（550英尺）的机库甲板，机库和飞行甲板间由两台中央升降机连接，每台升降机长14.02米（46英尺），宽14.63米（48英尺）。每艘舰上的飞机燃料贮藏舱可贮备156835升（34500英制加仑）燃油。

"勇敢"号是英国皇家海军在二战中损失的第一艘航空母舰，1939年9月，仅在开战两个星期后就被击沉了。"勇敢"号沉没后，"光荣"号从地中海调回本土舰队进行替代，但仅仅9个月后的1940年6月，该舰在从挪威海域撤退的途中也被击沉了。

技 术 参 数

"勇敢"级航空母舰

排水量：标准排水量22500吨；满载排水量26500吨

尺寸：长239.5米；宽27.6米；吃水7.3米

动力装置：四轴驱动，蒸汽涡轮机动力67104千瓦(90000轴马力)

航速：30节

防护装甲厚度：吃水线以下的装甲带38~76毫米；机库甲板25~76毫米

武器装备：16座120毫米高射炮，4座两磅高射炮

舰载机：约48架

编制人数：包括航空人员在内共计1215名

下图：英国的"勇敢"级航空母舰"勇敢"号和"光荣"号的舰载机大队包括16架"捕蝇器"战斗机、16架侦察机和16架"鲨鱼"鱼雷轰炸机

上图：如同"暴怒"号一样，"勇敢"号和"光荣"号航空母舰的前身也属于轻型战列巡洋舰（轻型装甲炮舰），它们是费舍尔海军上将所构想的拙劣的波罗的海战略的产物。这是"光荣"号于1917年进行海上试航时的图片。"光荣"号的航速高达32节，但由于装甲防护的短缺，不宜进行激烈的交战

上图：与"勇敢"号航空母舰相比，"光荣"号更显著的特征是其更长的舰尾飞行甲板。其舰载机在1940年的挪威上空进行了出色的作战，但在撤退途中遭遇德国"格奈森瑙"号和"沙恩霍斯特"号战列巡洋舰，被其舰炮击沉

"皇家方舟"号航空母舰

"皇家方舟"号航空母舰于1938年建成，是英国皇家海军第一艘"现代"航空母舰。它是海军在预算紧张和舰队航空力量装备薄弱的情况下，继1930年改装的"光荣"号之后，第一艘加入舰队作战序列的航空母舰。"皇家方舟"号计划建造之前拥有充足的论证时间，这使得该舰在1935年开工建造时具备了精心的设计模型和合理的布局。1937年，"皇家方舟"号开始下水。虽然在舰体尺寸和排水量上与"光荣"号相近，但新航空母舰看起来更显大一些，拥有充分高度的两层机库，三台升降机连为一体。然而，要想使该舰拥有更长的服役期限，就需要满足迅速增长的飞机规模：舰首两侧加装了两套飞机弹射器（或称"加速器"）。

"皇家方舟"号最重要的创新之处在于其坚固的防护装甲，该舰引入了装甲飞行甲板和机库甲板，机库墙是主船体的一部分。尽管这种结构有点浪费空间，但可以装载远远多于"光荣"号的舰载机。该舰拥有高达31节的航速，与早期舰船一样快。

早期改造的航空母舰装备有16门中等口径的火炮，但它们的射击范围有限，只能防御敌人的水面进攻。"皇家方舟"号装载有8座双联装4.5英寸(114毫米)口径的驱逐舰型的炮塔，高仰角赋予其真正的平高双射性能。炮塔放置在舰体两侧飞行甲板边缘，每侧4座，提供了很好的射击弧度。此外，设计者们还注意到空袭的巨大危险性，于是为航空母舰广泛加装了小型的自动化武器系统。相比较而言，美国和日本的航空母舰很多被飞机所击沉，但英国皇家海军所损失的航空母舰大部分被潜艇击沉，其中"皇家方舟"就在1941年11月14日被德国潜艇U-81发射的一枚鱼雷所击沉。

上图：照片上是英国皇家海军"皇家方舟"号航空母舰、"声望"号战列巡洋舰和"谢菲尔德"号巡洋舰。在追击德国海军"俾斯麦"号战列舰时，"皇家方舟"号上的"剑鱼"鱼雷攻击机误炸了"谢菲尔德"号，但这一错误通过在恶劣天气条件下大胆使用鱼雷攻击，最终打断"俾斯麦"号的船舵而得到了补救。

左图：英国皇家海军"皇家方舟"号在运送飞机到马耳他，返回直布罗陀途中，遭到德国U-81号潜艇的攻击，一枚鱼雷击中了右舷，船体开始发生倾斜

下图：英国皇家海军"皇家方舟"号航空母舰装备了114毫米厚的装甲防护带。飞行甲板的防护装甲厚63毫米，起重机偏置。两座114毫米高射炮配置在飞行甲板边缘，这为它们提供了最佳的射击视野

技术参数	
"皇家方舟"号航空母舰 **排水量：** 标准排水量22000吨；满载排水量27720吨 **尺寸：** 长243.8米；宽28.9米；吃水6.9米 **动力装置：** 3轴驱动，蒸汽涡轮机，功率76051千瓦（102000轴马力） **航速：** 31节	**防护装甲厚度：** 吃水线以下的装甲带114毫米；甲板64毫米 **武器装备：** 8座双联装114毫米高射炮，4座8联装两磅高射炮（口径约为40毫米，也叫砰砰炮），8座4联装12.7毫米高射机枪 **舰载机：** 约65架 **编制人数：** 包括航空人员共计1580名

上图：1940年，英国"皇家方舟"号航空母舰在打击法国舰队的战斗中发挥了重要作用，其舰载机在阿尔及利亚的凯比尔港口布设鱼雷，防止法舰脱逃，但在塞内加尔首都达喀尔，其舰载机几乎全部被法国陆基战斗机所击败

上图：英国皇家海军"皇家方舟"号航空母舰在地中海海域击退了德军的空袭。1941年，"皇家方舟"号面对敌军的猛烈轰炸和鱼雷攻击，运载了大约170架"飓风"战斗机增援驻守马耳他的盟军部队。然而，就在这一次完成运送任务返航途中，"皇家方舟"号被德国U-81号潜艇击沉

"卓越"级航空母舰

"皇家方舟"号更像是一艘英国皇家海军航空母舰的原型舰，它将航速和日益提升的作战能力和防护能力综合起来。在它下水的时候，4艘"卓越"级航空母舰也在1937年为应对日趋紧张的局势而开工。因此，"皇家方舟"号的经验并没有对后一种型号的航空母舰的建造产生什么影响。"皇家方舟"号在机库的水平和垂直舱壁上加装了114毫米厚的防护钢板，这样一来，容易遭受攻击的飞机停放舱就变成了一个装甲"盒子"。但由于装甲重量的限制，它只能安装一层机库。所以，"卓越"号、"胜利"号和"可畏"号在1939年下水时，都不比"皇家方舟"号小多少，但舰载机数量却要少出很多。"不屈"号于1940年下水，是"卓越"级的最后一艘舰，它和随后建造的两艘"不惧"级舰，都以轻型装甲防护为主，多了一座下层机库。

"卓越"级航空母舰具有强大的战斗力，当它们开始投入战场时，战争的焦点

已经从反潜作战转为防空作战。在塔兰托湾海战后不久,"卓越"号有幸躲过了一次由俯冲轰炸机发起的猛烈进攻。同样的一幕又在马塔潘角海海战后的"可畏"号航空母舰身上重演。太平洋海战期间,它们之中的大多都数经受了日本"神风"特攻队发起的一次甚至两次的猛烈攻击,而没有退出战场,这主要归功于它们的水平防护装甲。相比之下,这些战舰的垂直防护装甲在战争中的表现却不尽如人意。

4艘"卓越"级航空母舰分别于1956年、1969年、1955年和1963年被拆解。

上图:尽管防护装甲要比姊妹舰相对轻薄,但"不屈"号却承受住了很多打击。在"支座行动"中,它在遭到两枚500千克(1102磅)炸弹重创之后幸存下来,1943年在西西里岛外海躲避了一枚鱼雷的袭击,在远东海域躲过几次"神风"战斗机的攻击

技术参数

"卓越"级航空母舰
类型:舰队航空母舰
排水量:标准排水量23000吨;满载排水量25500吨
尺寸:长229.7米;宽29.2米;吃水7.3米
动力装置:三轴驱动,蒸汽涡轮机,输出功率82027千瓦(110000轴马力)
航速:31节

防护装甲厚度:除了"不屈"号是38毫米外,其他该级舰吃水线以下装甲防护带和机库装甲板均为114毫米;甲板76毫米
武器装备:8座双联装114毫米高炮,6座8倍口径两磅高射炮,8座20毫米高射炮
舰载机:除了"不屈"号约65架外,该级其他舰约为45架
编制人数:包括航空人员在内1400名

下图:"卓越"级航空母舰可能是二战时最坚固的航空母舰了,其厚重的装甲能够抵挡重型轰炸,但在获取这种防护能力的同时,它们不得不大幅减少舰载机的数量

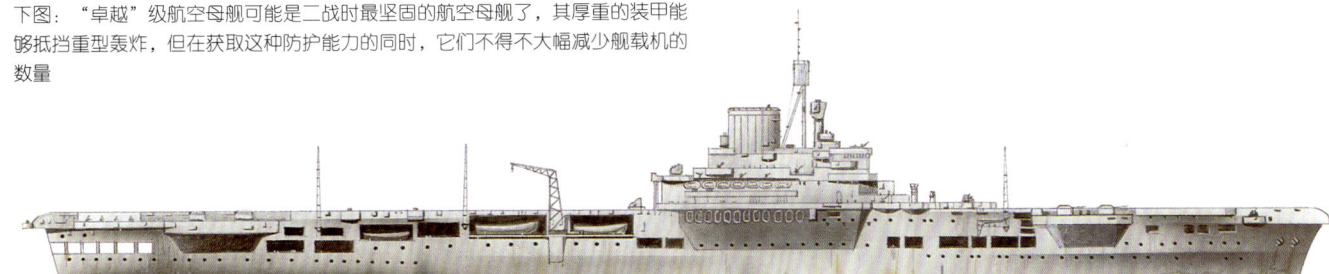

上图:"卓越"号航空母舰于1940年8月编入舰队赴地中海作战,其舰载航空大队击沉两艘意大利驱逐舰。此外,"卓越"号还参加了支援北非的战役

"不惧"级航空母舰

4艘"卓越"级航空母舰建成大约30个月后,两艘"不惧"级航空母舰也相继完工,它们与原型舰"皇家方舟"号极为相似,机库侧壁装甲减薄为38毫米(1.5英寸),节省下来的排水量可以用来增加舰船的其他重要设施,其中包括非常重要的下机库。该级舰相对稍长一些,但比它们的半姊妹舰看起来体积大出很多,它们的大型船体内安装了第四套动力推进装置,这为它们提供了超常的速度,使其在太平洋战争中可以赶上美国的"埃塞克斯"级航空母舰。当然,它们在舰船尺寸和舰载机能力上相对较小。

延时完工

"不惧"号和"不倦"号于1939年开工建造,在1942年12月才同时下水,分别于1944年8月和5月建造完工。它们的工期一再延迟,主要是由于造船厂的优先建造项目一再发生改变,因此在最需要航空母舰的时刻它们尚未竣工。完工之后,这两艘航空母舰在较短时间内加入了战斗。"不倦"号参加了在挪威海域进行的航空母舰围歼德国海军"俾斯麦"号战列舰的战斗,重创该舰并使其陷入长期维修状态。然而,当时的舰载机仍是航空母舰上最薄弱的战斗环节,直到后来被更先进的机型代替。1944年3月,德·哈维兰公司生产的"蚊子"双发动机轰炸机首次降落在"不倦"号的甲板上。作为新舰的"不倦"号很快投入东部战场,编入迅速扩大的英国太平洋舰队。该级航空母舰抵达战区以后,成为英国太平洋舰队进攻力量的主力,参加已经注定胜局的战争。当然,在这些战争中,英国人的到来并不是处处受到欢迎。

二战后,该级舰主要执行训练任务,并于1955年和1956年相继退役。这主要是基于英国官方的决定,认为重建这些舰船的巨大开支不如全部用来制造"胜利"号航空母舰。

机库容量

"不惧"级航空母舰飞行甲板的有效长度是231.65米(760英尺),安装在满载吃水线以上15.2米(50英尺)处。飞行甲板前端只装有1部飞机弹射器,两台飞机起重机将飞机提升到起飞高度,而后由弹射器将7258千克重的飞机以66节的速度从弹射器上弹射起飞,或将重9072千克的飞机以56节的速度弹射起飞。每台起重机可吊起9072千克重的飞机,前一部起重机长13.72米(45英尺),宽10.06米(33英尺);后一部起重机长13.72米(45英尺),宽6.71米(22英尺)。舰上有两层机库,下层机库在舰尾,长63.4米(208英尺),宽18.9米(62英尺),高4.27米(14英尺)。上层机库与下层机库拥有相同的宽度和高度,但要长139.6米(458英尺)。机库高度太低了,无法搭载先进的"海盗"多用途战斗机。该级舰的另一个不足之处在于飞机燃料舱:仅可装载430280升(94650英制加仑)的燃油。

上图:"不惧"级比"卓越"级航空母舰的航速快、载机量大,图中是它在1945年返航澳大利亚悉尼时的场景

技术参数

"不惧"级航空母舰

类型:舰队航空母舰

排水量:标准排水量26000吨;满载排水量31100吨

尺寸:长233.4米;宽29.2米;吃水7.9米

动力装置:四轴驱动,蒸汽涡轮机,输出功率82027千瓦(110000轴马力)

航速:32.5节

防护装甲厚度:吃水线以下装甲带114毫米;机库装甲板38毫米;甲板76毫米

武器装备:8座双联装装114毫米高炮,6座8联装2磅高射炮,38座20毫米口径高射机枪

舰载机:约70架

编制人数:包括航空人员在内1800名

上图：图中所示的"不惧"号正通过苏伊士运河，它将加入日益壮大的英国皇家海军太平洋舰队，参加对日本的最后反击作战

"百眼巨人"号航空母舰

建造一艘具有全通式飞行甲板的航空母舰，以便进行战斗机的起飞和回收，这个建议在一战前就被提了出来，但当时的英国皇家海军必须凑合着使用临时性的水上飞机母舰。直到1916年，比尔德莫尔商业造船厂才接到合同，将未完成的一艘意大利客轮作为航空母舰进行改建。这艘原名"卡吉士"号的意大利客轮在1914年开工建造，具备了改建为航空母舰的适当尺寸，加上其高高的干舷成为航空母舰的必要条件。1917年12月底，"百眼巨人"号水上飞机母舰正式下水。最初，设计师们打算在航空母舰中线上建一个烟囱将前后甲板分隔开，但他们吸取了"暴怒"号的教训，在"百眼巨人"号上建了一个平甲板，这样，烟就从通向船尾甲板下面的管道中释放出去。这一系列的改造花了许多时间，直至1918年9月，"百眼巨人"号航空母舰才正式编入舰队服役。

执行侦察任务

从"百眼巨人"号的名字（在希腊神话中百眼巨人是一个长着100双眼睛可以洞悉一切的巨人）可以看出，英国人意图将其设计为可以执行侦察任务的航空母舰。对于英国人而言，这种能力在战争中非常重要，例如日德兰海战，因为缺乏优质的情报而未能取胜。"百眼巨人"号在1918年11月停战前几周才编入海军战斗序列，仅上载了一支普通的索普威思"杜鹃"式鱼雷机中队。

19世纪20年代，"百眼巨人"号一直忙于提高稳定性和防御鱼雷攻击。在更大型的舰队航空母舰建成之后，它开始担任训练舰和靶舰，1939年它再次服现役。

与二战时的航空母舰规模相比，"百眼巨人"号舰体小，航速慢，但它在运载战斗机到直布罗陀、马耳他和塔科腊迪（到达埃及的前站）的行动中作出了重大贡献。虽然缺乏舰载机，但它有时也参加作战行动，著名的战斗有北极护送和北非登陆。1943年中期后，它只在本土执行训练任务，1944年转入预备役，1947年被拆解。

左图：1942年11月，"百眼巨人"号航空母舰航行在北非海岸。它参加了"火炬行动"，到1943年它转入训练用航空母舰的行列

左图：一战结束后的5年内，"百眼巨人"号作为唯一一艘真正的航空母舰服役，它在航空母舰发展史上拥有举足轻重的地位

下图：因为速度慢的缺陷，"百眼巨人"号航空母舰在19世纪30年代从一线舰队撤出。但在"皇家方舟"号被击沉后，它不得不编入H分舰队充当替代性的航空母舰

技术参数

"百眼巨人"号航空母舰	**航速**：20.5节
类型：训练、飞机护送和第二线航空母舰	**防护装甲**：无
排水量：标准排水量14000吨，满载排水量15750吨	**武器装备**：6座102毫米高射炮，几座小口径火炮，38座20毫米高射炮
尺寸：长172.2米；宽20.7米；吃水7.3米	
动力装置：四轴驱动蒸汽涡轮机，输出功率15660千瓦（21000轴马力）	**舰载机**：约20架
	编制人数：除船员外370名

"大胆"号护航航空母舰

早在二战之前，就有人建议将商船改造成为辅助性的航空母舰，第一艘选择改造的船体是"汉诺威"号，它是1940年2月在圣多明哥外海被英国皇家海军俘获的一艘几乎全新的德国商船。改装后的这艘新航空母舰于1941年6月加入现役，命名为"大胆"号，可搭载战斗机，应对德国远程海上飞机的威胁。如果可能，"剑鱼"鱼雷机还可执行反潜战任务。它的舰体结构都是基本配置，长140米（460英尺）的飞行甲板从凸起的前甲板一直到舰尾，舰桥结构在前甲板的下面。该舰装备两根阻拦索和一套阻拦网。因为没有机库，所以没有安装升降机。甲板上停放有6架飞机，飞行作业需要很多人工操作。鉴于霍克飞机公司的"海飓风"战斗机数量不足，"大胆"号在皇家海军之中率先搭载格鲁曼公司的"欧洲燕"战斗机出海参战。

战斗经历

1941年9月，"大胆"号第一次出航，参加了从英国驶往直布罗陀的OG41护航运输船队。在德国潜艇和飞机的猛烈攻击下，该护航运输队有6艘船只沉没。幸亏有了"大胆"号上的舰载机的英勇作战，才避免了更大的损失。这些舰载机迫使几艘U型潜艇沉入水下，失去与运输队的接触；此外还击落一架Fw 200C型"秃鹰"战机，驱走其他几个入侵者。

1941年12月中旬，"大胆"号又参加了HG76运输船队的另一次护航。在4天不间断的战斗中，英国损失两艘商船，敌方丧失了5艘潜艇。在雷达的指引下，"大胆"号击沉了另外两艘潜艇，扰乱了U型潜艇的各种进攻。12月21日，它被3枚潜射鱼雷击中，即便如此，该舰仍然出色地发挥了护航航空母舰的作用。

动力,这是因为美国海军急速扩张的潜艇部队对于柴油机的需求量很大,而航空母舰所需要的蒸汽机容易制造,这样一来就减轻了柴油机生产商的压力。上述两种级别的航空母舰均遭遇了一定程度的机械难题。

由于缺乏灵活性,护航航空母舰一般用来执行特定任务,进行护航或攻击支援,保持适当的组织机构和飞机编制。在护航航空母舰数量较多的情况下,护航航空母舰直接参与反潜作战,它们经常配合主力部队作战(5艘参加了盟军在意大利萨勒诺的登陆行动,9艘参加了在法国南部的登陆行动),但有些护航航空母舰从未参加过作战行动,主要执行飞机运输任务。战后,全部护航航空母舰被改装成商船。

"射手"级护航航空母舰由5艘组成,即"射手"号、"复仇者"号、"欺骗者"号、"袭击者"号与"冲击者"号。其中,"袭击者"号作为CVE-30号被美国海军保留,用于在美国海域训练英国的机组人员。"攻击者"级护航航空母舰体型较大,包括"攻击者"号、"战斗者"号、"追击者"号、"剑击者"号、"追赶者"号、"阔步者"号、"打击者"号和"追踪者"号。"统治者"级护航航空母舰包括"巡逻者"号、"穿孔者"号、"破坏者"号、"收割者"号、"搜索者"号、"投石者"号、"打击者"号、"演说者"号、"跟踪者"号、"痛打者"号、"吹奏者"号、"亲王"号、"裁决者"号、"王储"号、"公主"号、"皇帝"号、"皇后"号、"埃及总督"号、"富翁"号、"首相"号、"女王"号、"印度君主"号、"印度女王"号、"统治者"号、"波斯王"号和"贵族"号。

上图:在恶劣海况条件下航行的"复仇者"号和"欺骗者"号护航航空母舰,它们均属于"射手"级护航航空母舰

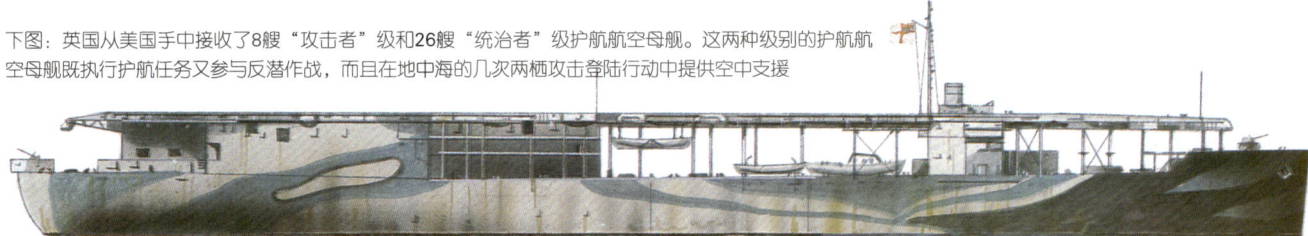

下图:英国从美国手中接收了8艘"攻击者"级和26艘"统治者"级护航航空母舰。这两种级别的护航航空母舰既执行护航任务又参与反潜作战,而且在地中海的几次两栖攻击登陆行动中提供空中支援

技术参数

"攻击者"级护航航空母舰
排水量:标准排水量10200吨,满载排水量14170吨
尺寸:长150米,宽21.2米,吃水7.3米
推进装置:齿轮蒸汽轮机驱动,功率6972千瓦(9350轴马力),单轴驱动
航速:17节
武器装备:两门102毫米高射炮,4门双联装40毫米的高射炮,10~35挺20毫米口径高射机枪
飞机:18~24架
编制人数:646人

技术参数

"统治者"级护航航空母舰
排水量:标准排水量11400吨,满载排水量15390吨
尺寸:长150米,宽21.2米,吃水7.7米
推进装置:单轴齿轮蒸汽轮机驱动,功率6972千瓦(9350轴马力)
速度:17节
武器装备:两门102毫米高射炮,8门双联装40毫米口径高射炮,27~35座20毫米高射炮
飞机:18~24架
编制人数:646人

技术参数

"射手"级护航航空母舰
排水量:标准排水量10366吨("射手"号为10220吨),满载排水量为15125吨("射手"号为12860吨)
尺寸:长150米,宽20.2米,吃水7.1米
推进装置:柴油机驱动,输出功率6338千瓦(8500轴马力),单轴驱动("射手"号的输出功率为6711千瓦,9000轴马力)
航速:16.5节("射手"号为17节)
武器装备:3门102毫米的高射炮和15座20毫米高射炮
舰载机:15架
编制人数:555人

"珀尔修斯"号与"先锋"号飞机修理舰

英国很快意识到他们需要在远东展开对日本的海战,这样一来就无法依靠固定的基地与保养基地的支援,需要进行远程飞机输送。

在这些海战中,飞机的磨损率很高,要保持前线航空母舰部队全力作战,最好的方法是对这些舰载机进行维修而非替代。不久,经验表明护航航空母舰非常适合承担飞机输送任务,因此它们作为轮换舰船被广泛使用。

轻微损坏的飞机和例行性的保养任务可以在舰队航空母舰上进行。由于缺少所需的空间和时间,任何复杂的耗时耗量的维护任务都需要在外面完成,但由于战争是在一个缺少岸基基地的地区进行,这种维护设施就需要建立在海上。

替换舰

由于唯一的专业维修舰"独角兽"号长期执行作战任务,英国开始使用两艘新型"巨人"级轻型舰队航空母舰作为替代舰。尽管缺少"独角兽"号多余的机库,但该级舰船的航速相对较快,甲板边缘的固定装置使其看起来好像还"未完工"。

"珀尔修斯"号与"先锋"号飞机维修舰分别于1942年6月和12月由维克斯—阿姆斯特朗公司开工建造,于1944年3月和5月相继下水,1945年2月和10月完工。最终,只有"先锋"号搭载第11舰载机中队成功抵达远东战区,正好赶上日本投降。

非常荒谬的是,这些舰船本来应该在战争中使用,像"独角兽"号一样执行作战任务,但最终时运不济,几乎无用武之地。由于战后很少使用,"先锋"号在1954年被拆解。原来想把这些舰只改装成定期客轮的想法已经不可能,这种想法没有实现很可能是出于成本考虑和公众对此类舰船需求的减少,当时的人们更愿意尝试空中旅行。"先锋"号航空母舰在1956年的苏伊士运河战争中重新服役,但在1958年被拆解。

其他8艘"巨人"级轻型舰队航空母舰为"巨人"号、"荣耀"号、"海洋"号、"庄严"号、"复仇"号、"特修斯"号、"凯旋"号和"勇士"号,它们在1942年6月至1943年1月分别在7家造船厂开工建造(哈尔兰德与沃尔夫船厂建造其中的两艘),在1944年全部下水,但仅有3艘及时完工并在二战中使用,剩余5艘舰船在战后完工。在8艘舰船中,有4艘("勇士"号、"复仇"号、"巨人"号和"庄严"号)被转让:1艘在1958年更名为"独立"号卖给了阿根廷,1艘作为"米纳斯·格雷斯"号在1956年被卖给巴西,1艘作为"阿曼芒什"号在1946年被卖给法国,1艘作为第二艘"卡罗尔·多尔曼"号在1948年被卖给荷兰。其他4艘仍然保留在英国,"复仇"号于1952—1955年租借给澳大利亚,"勇士"号在1946—1948年租借给加拿大。"荣耀"号、"海洋"号与"特修斯"号于20世纪60年代早期被拆解,"凯旋"号被改装成为修理舰继续服役。

"巨人"级航空母舰的飞行甲板长210.31米(690英尺),宽24.38米(80英尺),配置1座大型机库,1台弹射器和2台升降机,搭载37架飞机。

下图:"珀尔修斯"号与"先锋"号均属于"巨人"级舰队航空母舰,但作为修理舰使用,因此无法执行作战任务。由于完工时间太晚,最终未能编入战时舰队使用,它们成为第一批被拆解的英国航空母舰

技术参数	
"珀尔修斯"号与"先锋"号飞机修理舰	**防护装甲:** 最小限度
排水量: 标准排水量13300吨,满载排水量18040吨	**武器装备:** 3门4联装两磅高射炮和10座20毫米口径高射炮
尺寸: 长211.84米、宽24.38米、吃水5.59米	**舰载机:** 无
推进装置: 齿轮蒸汽轮机,输出功率31319千瓦(42000轴马力),双轴驱动	**编制人数:** 不详
航速: 25节	

4
"二战"期间的日本航空母舰

"凤翔"级轻型航空母舰

与许多航空母舰一样，日本海军建造的第一艘航空母舰也是一艘改装而成的航空母舰。海军油船"飞龙"号于1919年晚些时候开工建造，1921年被海军接管后改建为航空母舰，更名为"凤翔"号，并于第二年年底开始服役。该艘航空母舰大部分的设计采用英国技术，许多技术与英国皇家海军航空母舰"竞技神"号及其舰载机——"布谷鸟"鱼雷轰炸机的技术相同。

涡轮机动力

在"凤翔"号航空母舰上，原来使用的三联式发动机被驱逐舰上使用的涡轮发动机所替代，可以提供25节的航速（46千米/小时或29英里/小时）。与美国"兰利"号航空母舰一样，该艘轻型航空母舰通过三折叠式烟囱向外排烟，舰载机飞行时烟道转移到下面。起初，该艘航空母舰有一个岛形的导航舰桥，但它不受飞行员们的欢迎，因而在1923年被拆除。

与早期多数航空母舰相同，"凤翔"号的体型较小，缺少足够的稳定性，不能装载全部的武器装备和满编的飞机。到二战爆发时，该艘航空母舰的航空大队所拥有的飞机已由21架缩减到12架，原来安装的所有火炮已经被轻型防空武器所替代。

即使这样，"凤翔"号航空母舰也为"赤城"号和"加贺"号的改装及"龙骧"号的设计提供了非常宝贵的经验。"龙骧"号是日本第一艘从铺设龙骨开始就明确了建造目的的航空母舰。20世纪30年代，"凤翔"号航空母舰多次参加入侵中国的军事行动，在侵华战争期间向前线运送飞机。20世纪30年代晚期，该艘航空母舰结束作战使命，开始执行训练任务。

投入战斗

尽管存在一些缺陷，但这艘服役时间较长的训练用航空母舰从1941年12月开始就与"瑞凤"号一起加入第3航空战队服役，在帕劳群岛执行了4个月的任务后，返回日本执行训练任务。中途岛海战开始后，它又恢复执行作战任务。战斗中，它搭载11架"中岛"B5N型轰炸机为山本五十六海军大将的战舰提供作战侦察。

"凤翔"号航空母舰最后于1942年6月从前线撤回，此后不再执行任何具有危险性的任务。1944年，该舰发生搁浅后受损，在吴港又被美军炸弹击中两次，但在战争结束时，该舰仍然具有机动能力。最终，由于缺乏能够驾驶舰载机的飞行员，该艘航空母舰在1945年4月被封存，因而成为日本投降时仍然幸存的为数不多的航空母舰之一。

幸存者

此后，"凤翔"号航空母舰再次被起用，作为运输船从远东各地返回日本军人，这项任务一直持续到1946年8月。经过将近25年的服役后，该艘航空母舰最终于1947年被拆除。

下图：与日本大多数早期航空母舰一样，"凤翔"号采用的是平甲板设计

技术参数

"凤翔"号轻型航空母舰
舰种：轻型航空母舰
排水量：标准排水量7470吨，满载排水量10000吨
尺寸：全长168.1米，宽18米，吃水6.2米
机械装置：双轴推进，蒸汽涡轮机，输出功率22370千瓦（30000轴马力）
航速：25节（46千米/小时，29英里/小时）
防护装甲：不详
武器装备：4门140毫米口径火炮，两门80毫米口径高射炮（1941年），8门双联装25毫米口径高射炮
飞机：（1942年）11架"九七"式鱼雷轰炸机
编制人数：550人

"赤城"号航空母舰

根据第一次世界大战后签署的《华盛顿海军裁军条约》，日本海军把几艘功能不完善的大型军舰送往废品回收厂。当美英宣布打算把类似的舰船改装成为航空母舰时，日本海军参谋部根据建造"凤翔"号航空母舰的经验，决定改装两艘类似的航空母舰，这样一来，战列舰"赤城"号和"天城"号就成了改装的候选对象。日本海军决定把这两艘舰改装成为排水量40000吨、速度30节（55千米/小时）的航空母舰。

大地震

改装工作始于1923年，但"天城"号的舰体在9月份的东京大地震期间受到严重损坏，因而被拆除。"赤城"号于1927年3月完成改装工作，这是一艘拥有平甲板的舰船，在飞行甲板右舷一侧设置两个烟道，前面有一个三层飞行甲板，配备10门200毫米(7.9英寸)口径的火炮，其中6门配置在舰尾下面的老式炮塔内。

10年后，该舰又被重新改装，在左舷建造了一座小型的岛形上层建筑和一条标准长度的飞行甲板。这个左舷岛形上层建筑便于该舰与其他航空母舰并肩作战，但与右舷岛形上层建筑相比，会导致太多的着舰事故。

旗舰

"赤城"号与姊妹舰"加贺"号组成第1航空战队。"赤城"号作为南云海军中将的旗舰，领导了对美国海军太平洋舰队基地珍珠港的袭击。接下来，"赤城"号率领其他航空母舰在东印度群岛到印度洋之间发起了一系列袭击，这支舰队击沉了英国航空母舰"竞技神"号，把盟军赶出爪哇岛和苏门答腊岛，甚至驱赶到澳大利亚北部的达尔文港。

命丧中途岛

在1942年6月4日的中途岛海战中，"赤城"号的航空大队攻击了中途岛。一大早，一架岸基鱼雷轰炸机撞到甲板上，该舰受到轻微损伤。但在10点22分，该舰受到来自美国"企业"号航空母舰上的飞机的攻击，遭受了更严重的损害。

"赤城"号航空母舰共被击中两次，一枚1000磅（454千克）的炸弹投进机库，造成鱼雷战斗部起火。大火遇到了从出现裂缝的管道中喷溅出来的航空燃料，火势更加猛烈。第二枚炸弹（500磅/227千克）造成停放在甲板上的飞机开始起火燃烧。

30分钟之后，大火完全失去控制。南云海军中将被迫率部下转移到一艘轻型巡洋舰上。"赤城"号被弃置后又燃烧了9个多小时。在经过多次努力仍然无法登上该舰后，它被一艘驱逐舰用鱼雷击沉。

左图："赤城"号是日本曾经建造的几艘具有左舷导航岛形上层建筑的航空母舰之一，它可以与有右舷岛形上层建筑的"加贺"号并肩作战

技术参数

"赤城"号航空母舰
舰种：舰队航空母舰
排水量：1941年时标准排水量36500吨，满载排水量42000吨
舰船尺寸：全长260.6米，宽31.3米，吃水8.6米
机械装置：4轴推进，蒸汽涡轮机，输出功率99180千瓦（133000轴马力）
装甲厚度：15厘米的水线装甲带，7.9厘米的装甲甲板（主甲板，位于双机库甲板之下）
武器装备：6门200毫米的高射炮，6门双联装120毫米高射炮，在1935年和1938年期间又增加了14门双联装25毫米的高射炮
舰载机：1942年6月，21架"三菱"A6M"零"式战斗机，21架"爱知"D3A"瓦尔"型俯冲轰炸机和B5N"九七"式鱼雷轰炸机
编制人数：1340名官兵

"加贺"号航空母舰

日本"加贺"号航空母舰于1918年开工建造,1921年11月下水。然而,根据1922年签署的《华盛顿海军裁军条约》的要求,日本海军计划拆除这艘功能不完备的舰船。

但是,就在1923年9月,一场剧烈的地震席卷了日本东京地区。这场地震对停泊在船坞内的战列巡洋舰"天城"号造成严重损害,当时该舰刚刚计划改装成为一艘航空母舰。这样一来,体形较小的"加贺"号被选作"天城"号的替代品。

经过4年半的改装工作,"加贺"号成为一艘与原来的"赤城"号相类似的航空母舰。它有一条平甲板,前面有两条较短的飞行甲板。与"赤城"号不同的是,"加贺"号的烟道被设置在右舷一侧。

相对而言,该舰的改装工作还算比较成功,在进行了为期两年的海试之后,该舰才开始投入使用。1934年,在投入使用4年后,日本人对它进行了现代化改进。

升级改造

重新改进的"加贺"号的性能得到很大提升,舰载机由原来的60架增加到90架,有一个小型的岛形上层建筑。但与西方航空母舰不同的是,它仍然有一个大型的向下斜伸的烟道,位于飞行甲板边缘下面。由于其标准排水量已扩大到38200吨,舰上可以安装更强大的机械装置,续航性能更好。该舰原来存在的许多问题经过改装后都得到解决。

"加贺"号航空母舰是1941年12月7日偷袭珍珠港的6艘日本航空母舰之一,当时舰上起飞了26架中岛公司生产的B5N"九七"式鱼雷轰炸机,随后起飞的还有18架三菱公司出品的A6M"零"式战斗机和26架爱知公司出品的D3A"瓦尔"俯冲轰炸机。后来,该舰与姊妹舰"赤城"号编成第1航空战队,在1942年上半年参加了在东印度群岛、南太平洋和印度洋的一系列袭击行动,摧毁了盟军的军事力量。

命丧中途岛

1942年6月4日在中途岛,在成功击退美国鱼雷轰炸机来袭的两个小时后,"加贺"号被来自美国海军"企业"号航空母舰上的"无畏"俯冲轰炸机投掷的4枚炸弹击中。接下来又有5枚炸弹在附近爆炸,燃料管道破裂,燃料飞溅到正在燃烧的全副武装、满载燃料的待命飞机上。30分钟后,这艘排水量38200吨的航空母舰不得不被放弃。该舰又持续燃烧了9小时,黄昏时分大火燃烧到弹药库,该舰发生爆炸后很快沉没。800多名舰员随之下沉,许多人被大火烧死,还有一些人被爆炸的冲击波震死。

下图:与其姊妹舰航空母舰"赤城"号一样,"加贺"号航空母舰的飞行甲板较短,前面有两个起飞甲板,这增加了航空母舰的复杂性。在20世纪30年代中期的一次改装中,该舰拥有了一条全飞行甲板和一个导航岛

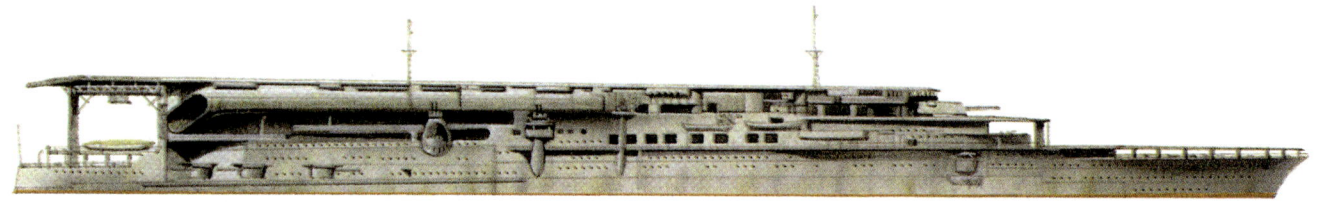

技术参数	
"加贺"号航空母舰	**装甲设备:**15.2厘米装甲履带,3.8厘米的装甲甲板(主甲板,位于机库以下)
舰种:舰队航空母舰	
排水量:1941年标准排水量38200吨,满载排水量43650吨	**武器装备:**10门200毫米和12门11.9厘米的高射炮,后安装的高射炮为16门127毫米的两用高射炮和11门双联装25毫米的高射炮。
尺寸:全长247.6米,飞行甲板以上宽32.5米,吃水9.5米	
机械装置:4轴推进,蒸汽涡轮机,输出功率95020千瓦(127400轴马力)	**舰载机:**90架战斗机、俯冲轰炸机和鱼雷轰炸机
速度:28节(52千米/小时;32英里/小时)	**编制人数:**2016人

"龙骧"号轻型航空母舰

根据《华盛顿海军裁军条约》，日本只能拥有80000吨的航空母舰，但由于该条约对于10000吨以下的航空母舰没有作出限制，日本海军参谋部决定另建一艘在此限度内的航空母舰。

最初设计的航空母舰排水量达8000吨，舰上搭载24架飞机，但日本海军参谋部决定增加第二座机库，使飞机的搭载量翻倍。这种做法使得该艘航空母舰的排水量超过限度150吨，但日本人对条约其他签署国只字未提，这是日本第一次严重违背该项条约，而且也绝不会是最后一次。

因为超过了规定的吨位，这艘被称为"龙骧"号的轻型航空母舰在1933年完工后才发现有些"头重脚轻"。此后又进行了两次重建，增加了舰侧凸突部分，撤走了一些火炮，抬升了前甲板，但此时该舰的实际排水量已增加到了12000吨。

臭名昭著

可以想象，"龙骧"号并不受舰队的欢迎。除了不稳定性外，该舰飞行甲板太小，所搭载的飞机太少，不能有效地发挥作用。由于甲板上比较拥挤，该舰起飞和降落飞机所用的时间比其他航空母舰要长。但是，失败是成功之母，日本利用建造该舰的经验成功设计出"飞龙"级和"翔鹤"级航空母舰。

"龙骧"号并不是攻击珍珠港的主力航空母舰，但它支援了在菲律宾进行的两栖登陆作战。1942年4月，该舰攻击了盟军的运输船队。两个月后，它参加了进攻阿留申群岛的战斗。然而，该舰唯一一次重大作战行动，也是最后一次重大作战行动，就是参与了东所罗门群岛海战。

瓜达尔卡纳尔岛

日本海军把"龙骧"号作为开路先锋，加强对瓜达尔卡纳尔岛的防御。在1艘大型巡洋舰和两艘驱逐舰的护航下，该舰作为诱饵企图诱使美国航空母舰脱离其主力部队。一切似乎进行得很顺利，但在1942年8月24日9时5分，美军飞机从空中发现了日军这艘航空母舰，其他侦察机也发现了"翔鹤"号和"瑞鹤"号航空母舰。下午，"龙骧"号遭到了美国海军"企业"号和"萨拉托加"号航空母舰的猛烈攻击。在一次非常成功的攻击中，美国海军的俯冲轰炸机和鱼雷轰炸机几乎使这艘日本航空母舰没有任何反抗的机会，大概有10枚炸弹和两枚鱼雷击中了该舰。日本记载说只有一枚鱼雷击中"龙骧"号，但也足以使航空母舰整个燃烧起来，该舰很快便失去了机动能力。

仅有300名幸存者逃离该艘航空母舰，其中包括加藤舰长，该舰大约4小时后沉没。

上图：相对于"龙骧"号航空母舰的圆滑的巡洋舰舱体而言，它的双机库看起来有些过于庞大。事实上，此类临时改装的轻型航空母舰在总体设计方面，始终无法克服"头重脚轻"的不稳定性问题

技术参数

"龙骧"号航空母舰
舰种： 轻型航空母舰
排水量： 标准排水量10600吨，满载排水量14000吨
尺寸： 全长180米，宽20.8米，吃水7.1米
机械装置： 双轴驱动，蒸汽涡轮机，输出功率48470千瓦（65000轴马力）
速度： 29节（53千米/小时；33英里/小时）
装甲设备： 实际上未安装
武器装备： 6门双联装127毫米的高射炮，后改为4门双联装127毫米、两门双联装25毫米和6门三联装25毫米的火炮
飞机： 24架三菱公司出品的A6M"零"式战斗机和12架中岛公司出品的B5N"九七"式轰炸机
编制人数： 924人

"飞龙"号舰队航空母舰

"飞龙"号航空母舰是根据以往建造排水量为10150吨的"龙骧"号轻型航空母舰和排水量为18800吨的"苍龙"号航空母舰的经验建造的,于1941年下水,舰上的机械装置与以前的航空母舰相类似。航空母舰的舰体较宽,可以增加舰上的贮油设施,航程可达到4790千米(3000英里)。

"飞龙"号有几个非常有趣的设计特点。它拥有一座左舷岛形上层建筑,这可以使它与排水量34364吨的大型航空母舰"赤城"号并肩作战。"飞龙"号航空母舰上的舰载机可以逆时针巡飞,而"赤城"号由于采取传统的右舷岛形上层建筑,飞机可以顺时针巡飞,这样一来就可以为其他舰队力量提供空中保护。但是,这种飞行方式从未被付诸过实践。

作为一艘航空母舰,"飞龙"号航空母舰相对较轻,尤其与西方国家的航空母舰相比更是如此。例如,美国航空母舰"列克星敦"号的标准排水量为43000吨,"埃塞克斯"号航空母舰的标准排水量为30800吨,而"飞龙"号航空母舰的标准排水量仅有17300吨。

气流干扰

"飞龙"号航空母舰在设计上存在多处缺陷。舰上的烟囱位于右舷一侧,发动机所产生的高温废气从烟囱处排放出来,与飞行甲板上的气流混合在一起产生搅动,这给在航空母舰上进行降落与起飞的飞机带来一定的危险。

然而"飞龙"号航空母舰的航程却得以提高,与以前的"龙骧"号航空母舰相比,该舰加宽的舰体可以容纳1400吨的压舱物,大大提高了航空母舰的稳定性。

"飞龙"号航空母舰在服役期间,参加过第1航空舰队所属第2航空母舰分舰队的部署行动。1941年12月7日,该舰与"加贺"号、"苍龙"号、"翔鹤"号和"瑞鹤"号一起参加了对珍珠港的偷袭。在清晨6时发起的第一波袭击中,"飞龙"号起飞了18架中岛公司出品的B5N"九七"式鱼雷轰炸机和9架三菱公司制造的A6M"零"式战斗机。

接下来,"飞龙"号继续进行这种攻击,在第二波次的袭击中,该舰起飞了18架D3A型"瓦尔"俯冲轰炸机和另外9架"零"式战斗机。在整个偷袭过程中,该舰出动了54架飞机,只损失了5架。

从偷袭珍珠港开始,"飞龙"号航空母舰在同月开赴太平洋中部的威克岛,进攻当地的美国驻军。后来,在1942年1月,该舰入侵帕劳群岛,为侵占摩鹿加群岛的日军部队提供空中保护。此次行动发生在对荷属东印度群岛的占领之前。

1942年3月,"飞龙"号负责对盟军在爪哇周边海域的运输船队进行拦截。在对圣克鲁斯的攻击中,该舰击沉荷兰货船"波劳·布拉斯"号。

"C"号作战

1942年2月下旬,日本在印度洋展开了一场激烈的战斗,这是对位于印度洋的英国皇家海军发起的最具破坏性的攻击之一。日本的航空母舰舰载机猛烈轰炸了澳大利亚西北部港口达尔文和布鲁姆,击沉了12艘舰船,使周围大部分城镇一片狼藉。在攻击中,日军航空母舰仅仅损失了两架飞机。

1942年4月,"飞龙"号航空母舰参加了对印度洋英国皇家海军舰队的戏剧性攻击。在这次代号为"C"的作战行动中,日本攻击了英国皇家海军位于锡兰(今天的斯里兰卡)科伦坡的英国皇家海军基地。在这次进攻中,航空母舰上的舰载机击沉了英国皇家海军重型巡洋舰"康沃尔"号和"多塞特郡"号。

与偷袭珍珠港一样,日本人决定在星期日早饭前发起进攻。英国皇家空军的岸基雷达跟踪到了来袭的日本机群,于是匆

技术参数

"飞龙"号航空母舰

排水量: 标准排水量17300吨,满载排水量21900吨
尺寸: 全长227.4米,宽22.3米,吃水7.8米
机械装置: 4轴驱动齿轮蒸汽轮机,功率113350千瓦(152000轴马力)
航速: 34.4节
武装备: 6门双联装127毫米口径高射炮,7门三联装25毫米和5门双联装25毫米高射炮
舰载机: 64架
编制人数: 包括航空联队在内1100人

下图:与"苍龙"号航空母舰不同,"飞龙"号的舰体宽度加大,可以贮藏更多的燃油,续航力达到4828千米(3000英里)。该艘航空母舰提高了防护能力,有一个较高的前甲板,提高了适航性

忙起飞飞机应战。然而，该港口虽然有防空武器，但在短时间难以为舰船提供保护。英国皇家空军的战斗机虽然在一定程度上遏制了日本机群的袭击，但其大部分的努力未能取得成功。例如，大约40架英国皇家空军战机参加了对日本的袭击，但未能破坏日本的飞机编队。英国皇家空军损失了近一半的飞机，而日本仅损失了7架。这次战斗持续了30分钟，日本飞机频繁出击，但未对该港口造成实质性的破坏。

然而，指挥此次攻击行动的南云忠一海军中将手中还有另外一张王牌，他已组织起了第二波攻击力量，聚集在"龙骧"号航空母舰周围。当时，该艘航空母舰由于速度太慢，未能参加第一波次的袭击。后续的攻击部队还包括4月1日从缅甸赶来的"飞龙"号航空母舰，日本人早在1942年1月就占领了缅甸。

混战

日军试图借助第二波进攻，进一步加剧由第一次袭击造成的混乱局面。当日最成功的一次行动是"飞龙"号航空母舰摧毁了英国皇家海军"竞技神"号航空母舰。当时，"竞技神"号航空母舰在日军第一波次的袭击中驶出港口，此时极易遭受攻击。更为糟糕的是，"竞技神"号上当时居然没有搭载战斗机，因为它的航空联队被部署到了其他地方。

此外，"竞技神"号航空母舰在呼叫岸基航空兵提供空中支援时遭遇到通信问题。就这样，该舰遭到了日军85架俯冲轰炸机的猛烈攻击，炸弹铺天盖地而来。先后有40枚250千克(551磅)重的炸弹击中"竞技神"号，致使该舰发生倾覆，数分钟内沉没。此次袭击之后，日军又获得了成功，击沉了英国大约145000吨的运输船队。

1942年6月4日，"飞龙"号在中途岛海战中遭到致命一击。该舰与"赤城"号、"苍龙"号和"加贺"号航空母舰，外加两艘战列舰和3艘巡洋舰，一起编入南云指挥的第1航空母舰打击部队。

日军第1航空母舰打击部队计划在6月4日抵达中途岛海岸，猛烈轰炸美国的机场，这样可以确保日军空降部队和一支运输大队在6月6日前顺利到达。

在黎明时分发起的这次袭击中，"飞龙"号航空母舰起飞了18架"九七"式鱼雷轰炸机和9架"零"式战斗机。"飞龙"号航空母舰的运气不错，设法躲过了美国在反袭击中发射的炸弹，而其他3艘日本航空母舰却没有这种好运。

10时30分，日军4艘航空母舰之中有3艘燃起大火。"飞龙"号航空母舰已损失了8架"九七"式鱼雷轰炸机和2架"零"式战斗机。但在中午时分，"飞龙"号上的舰载机3次直接命中美舰"约克城"号，导致后者丧失了战斗力。

14点45分，"飞龙"号航空母舰继续进攻，一枚鱼雷对"约克城"号造成致命一击。"飞龙"号在第二次袭击中损失了大多数的飞机，但仍然有足够的飞机返回航空母舰，准备发起第三次袭击。

然而，这艘日本航空母舰的末日即将到来。在对美舰"约克城"号发起第二次袭击时，美国航空母舰已经起飞了10架SBD"无畏"俯冲轰炸机，开始对"飞龙"号航空母舰进行搜索并准备发起攻击。从"企业"号航空母舰上起飞的两架飞机，在塞缪尔·亚当斯和哈兰·迪克森海军上尉的驾驶下，发现了这艘日本航空母舰。16时，24架俯冲轰炸机，包括10架来自"约克城"号航空母舰的"避难飞机"，已经升空。

17时刚过，这些飞机发现了"飞龙"号航空母舰，该舰当时正准备依靠剩余的4架鱼雷轰炸机和5架俯冲轰炸机对"约克城"号发起第三轮袭击。

美国海军陆战队飞机沿着"飞龙"号航空母舰飞行甲板的中轴线投下了4枚炸弹，全部落在飞行甲板的前方区域。紧接着，从中途岛和夏威夷机场赶来的B-17型轰炸机对"飞龙"号航空母舰进行了更猛烈的轰炸。

B-17的轰炸使得"飞龙"号起火燃烧，但并未阻止该舰往西回撤。最后，火势失去控制，该舰很快沉没。

日军驱逐舰从航空母舰上救起幸存者，根据命令，"飞龙"号航空母舰被日军用鱼雷摧毁。但这艘航空母舰却"顽强地"拒绝沉没，一直飘浮到6月5日9时。山本五十六海军上将麾下的"凤翔"号航空母舰起飞一架飞机对该舰进行了拍照，该机发现这艘航空母舰上当时仍有一些存活者，于是派出驱逐舰"谷风"号前往查看，看能否对这些幸存者进行救援。然而，该艘驱逐舰什么也没发现，在结束调查后返回主力舰队，途中遭遇美国海军50架飞机的猛烈轰炸。令人不可思议的是，该舰居然死里逃生。

"飞龙"号的启示

"飞龙"号航空母舰的设计可能有些古怪，但其许多设计特点仍然被应用在以后的航空母舰设计之中。"云龙"号航空母舰就是完全根据"飞龙"号航空母舰设计的，其唯一不同之处在于岛形上层建筑被转移到右舷，这种设计的航空母舰容易建造且成本低廉。日本建造的6艘航空母舰在中途岛海战后，有的被完全摧毁，有的遭到严重损毁。这些航空母舰易受攻击的重要原因在于炸弹能够击穿航空母舰的飞行甲板，引爆下面的机库，因而造成更重大的损伤。

下图：从1939年在日本馆山沿岸海域进行的试验来看，"飞龙"号航空母舰与"苍龙"号相比，续航力得到提升。该艘航空母舰有一个左舷岛形上层建筑，可以同时与其他常规航空母舰并肩作战。但总体而言，这种设计理念并不是很成功

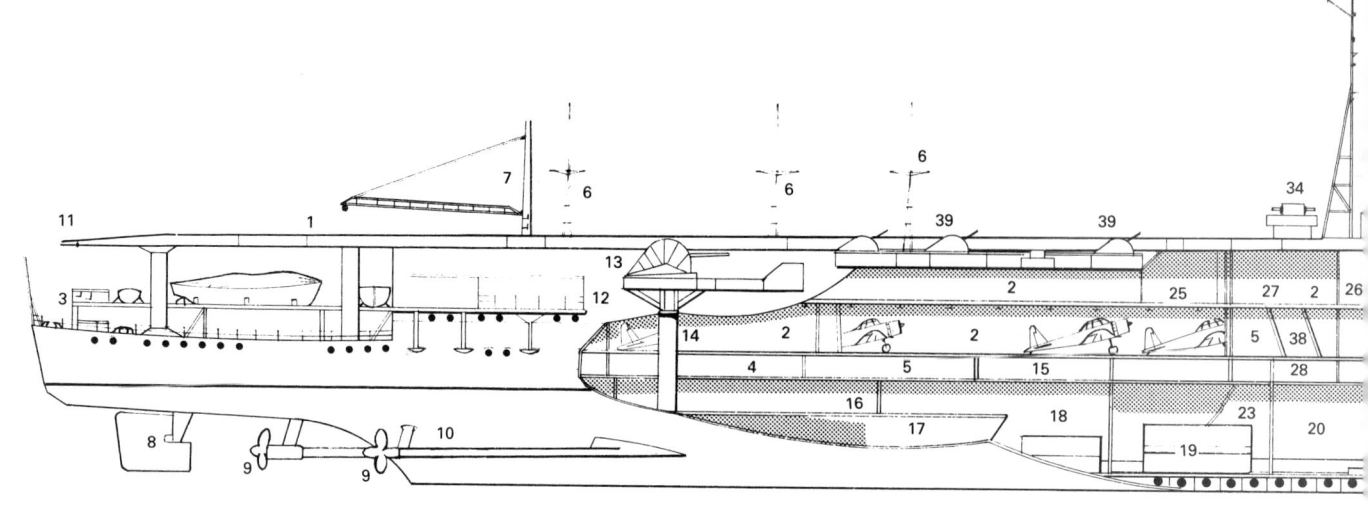

"飞龙"号航空母舰

1. 飞行甲板
2. 机库
3. 救生艇甲板
4. 舰员食宿区、小卖部等
5. 贮藏室
6. 无线天线
7. 吊艇起重机
8. 平衡舵
9. 螺旋桨
10. 船轴
11. 安全网
12. 贮藏室的通道门等
13. 双联装127毫米(5英寸) 40口径的两有火炮
14. 弹药吊车
15. 机械修理间
16. 辅助轮机室
17. 薄壁防护装甲
18. 涡轮减速齿轮
19. 涡轮机
20. 锅炉房
21. 一对"卡姆博恩"锅炉(4×2)
22. 锅炉内的水管
23. 分开轮机舱的防水壁
24. 分开锅炉房的防水壁
25. 机库的通风门
26. 火炉栏
27. 升降机

上图：作为中途岛海战中4艘日本航空母舰之一，"飞龙"号后来在1942年6月4日被美国SBD"无畏"式俯冲轰炸机击中，舰上燃起大火，飞行甲板散架，日本人最后不得不放弃和炸毁这艘航空母舰，过了大约12小时后，该舰最终于6月5日沉没

上图：1941年12月7日黎明，一架装有800千克(1764磅)鱼雷的B5N"九七"式鱼雷轰炸机从"飞龙"号航空母舰上起飞。日军偷袭珍珠港使得美军陷入极度混乱。当时，美军正在进行早餐，日军发起了对珍珠港的第一轮轰炸

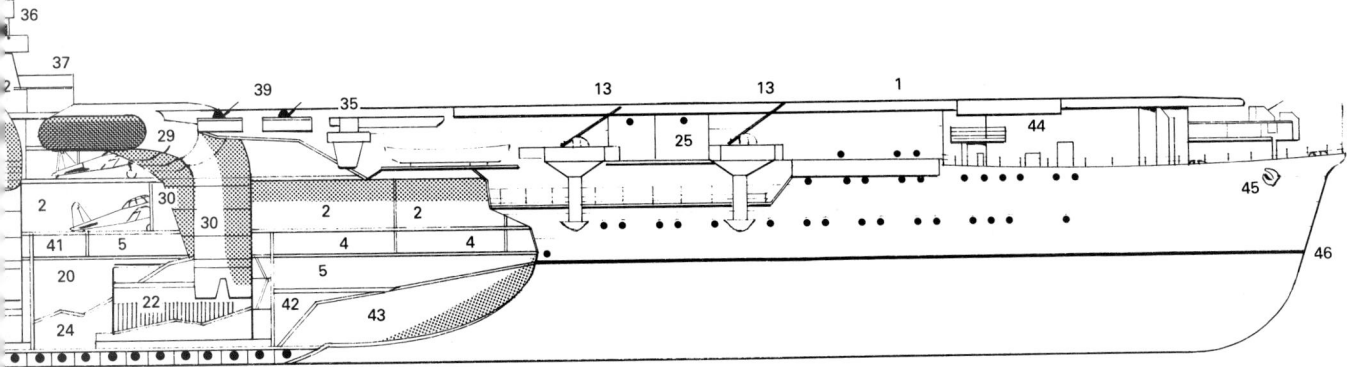

28. 升降机装置
29. 烟囱保护套
30. 烟囱咽喉
31. 船桥
32. 指挥中心
33. 主测距仪
34. 船尾火炮测距仪
35. 高射炮测距仪
36. 航行驾驶台
37. 飞行控制船桥
38. 飞机贮备室
39. 25毫米高射炮
40. 主桅
41. 军官宿舍/办公室
42. 航空燃油
43. 燃油
44. 飞行甲板舰员掩体
45. 锚
46. 吃水线
47. 双层底

"苍龙"号航空母舰

根据建造两艘大型航空母舰和1艘小型航空母舰及"凤翔"号航空母舰的经验，日本海军参谋部对于建造具有标准设计的未来航空母舰充满信心。按照1934年制订的《第二步强军计划》，新型航空母舰的首舰"苍龙"号于当年开工建造，1937年年底下水。不过，设计师们在建造该舰时，还是受到了《华盛顿海军裁军条约》有关不能建造超大吨位军舰的限制。当时，在建造了"龙骧"号航空母舰之后，日本可以建造的航空母舰吨位仅剩下20000吨了。按照日本人的说法，"苍龙"号新式航空母舰的排水量达到了16000吨，但实际排水量超出了2000吨。为了建造第二艘新式航空母舰，日本不久后通知裁军条约签署国，自1936年12月起自己不再承担条约规定的任何责任。

狭长的低舰体

"苍龙"号有一个右舷岛形上层建筑，与早期航空母舰一样，油烟通过飞行甲板边缘下面的一对向下弯曲的烟囱向外排放。对于"苍龙"号这种体积的航空母舰来说，舰身有点太高。该型航空母舰选择了巡洋舰使用的动力装置，因此航速极快。为了增加飞机的容量，航空母舰的防护能力被降低。但是，超长的低舰体使得两个机库的高度很低，上层机库高4.60米(15英尺)，下层机库高4.30米(14英尺)。3部中央升降机为这些机库提供服务，两座机库可容纳63架飞机。

威克岛海战

"苍龙"号与其姊妹舰"飞龙"号一起组成第2航空战队，参加了对珍珠港的偷袭。此后，它与其他快速航空母舰一起，在6个月的作战行动中，确立了日本对于太平洋海域的统治。该艘航空母舰的舰载机攻击了威克岛、荷属东印度群岛、达尔文和锡兰（现为斯里兰卡）。接着，该舰参加了山本五十六海军上将指挥的日本联合舰队，于1942年6月奉命占领中途岛。

6月4日10点26分，来自美国海军"约克城"号航空母舰上的17架SBD"无畏"俯冲轰炸机对"苍龙"号航空母舰实施了攻击。3枚炸弹击中飞行甲板中央。第一枚1000磅（454千克）的炸弹在上层机库爆炸，炸飞了前面的升降机。第二枚炸弹在飞行甲板上停放的攻击机机群中发生爆炸。第三枚炸弹穿透下层机库，在中央与后面的升降机之间发生爆炸，燃油管道发生破裂，引爆了满载炸弹的飞机，很快导致该舰成为人间地狱。仅仅20分钟后，日本人就不得不放弃这艘航空母舰。此后，这艘熊熊燃烧的废船又飘浮了8个小时，黄昏时分，舰上的弹药库发生爆炸。该舰最终沉于大海。

左图:日本后来大多数的航空母舰设计均以"苍龙"号为蓝本。该舰的驱动功率与自身重量比非常适当,因此快速而敏捷,飞机容量较大,配置的防护装甲程度最低

下图:日本海军"苍龙"号从一开始就是完全按照航空母舰设计而建造的,而非从其他舰船改装而来。舰内的机库设置较低

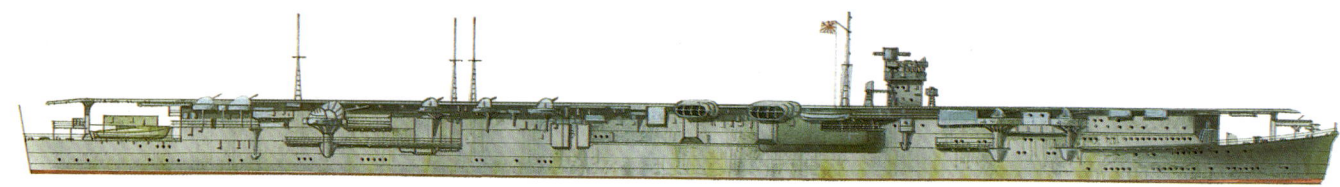

技术参数

"苍龙"号航空母舰
舰种: 舰队航空母舰
排水量: 标准排水量15900吨,满载排水量19800吨
尺寸: 全长227.50米,宽21.30米,吃水7.60米
机械装置: 4轴驱动,蒸汽轮机,输出功率113350千瓦(152000轴马力)
速度: 34.5节(64千米/小时;40英里/小时)
防护装甲: 不详
武器装备: 6门双联装127毫米和4门双联装25毫米口径高射炮
飞机: 21架三菱A6M"零"式战斗机,21架爱知D3A"瓦尔"俯冲轰炸机和21架"九七"式鱼雷轰炸机
编制人数: 1100名官兵

"瑞鹤"号航空母舰

"瑞鹤"号为"翔鹤"级的第二艘航空母舰,于1938年开工建造,1941年9月开始服役。该航空母舰与其姊妹舰"翔鹤"号一起加入第5航空战队,在接下来的3年中,这两艘航空母舰从来没有分开过。由于第5航空战队的飞行员缺少经验,在偷袭珍珠港时,这艘航空母舰仅仅充当支援角色。但在第5航空战队开始对驻锡兰(今斯里兰卡)的英军进行破坏性袭击前,这两艘航空母舰已经全方位调动起来。接着,这两艘舰离开航空母舰主力部队前往特鲁克,1942年5月1日,它们掩护日军部队进攻莫利斯比港。

珊瑚海海战

在接下来进行的珊瑚海海战中,第5航空战队以"翔凤"号轻型航空母舰为代价,击沉美国海军"列克星敦"号航空母舰,赢得一次战术上的胜利。在这场海战中,日本航空母舰为击沉美国一艘驱逐舰和一艘舰队油船浪费了大量精力,它们误把这两艘船当作一艘巡洋舰和一艘航空母舰。日本航空母舰上的24架"九七"式和36架D3A"瓦尔"轰炸机未能穿透美军航空母舰的防护弹幕。5月8日,暴雨如注,美军发起了类似的攻击,未能发现日军"瑞鹤"号航空母舰。尽管"瑞鹤"号航空母舰未受到损害,但舰上训练有素的飞行员队伍却损失惨重。这艘航空母舰与其姊妹舰不得不返回日本,重新对舰载机飞行员进行训练。这样一来,第5航空战队未能参加中途岛海战。中途岛海战后一个月,"瑞鹤"号航空母舰被编入新的第1航空战队。在接下来的一个月,它赶赴所罗门群岛进攻驻瓜达尔卡纳尔岛的美

上图:莱特岛海战中,"瑞鹤"号航空母舰在恩加诺角遭到致命攻击,当该舰开始下沉时,舰上人员面对降下的海军军旗行举手礼

左图：这是日本投降后停靠在佐世堡的"隼鹰"号航空母舰，从图上可以看到该级航空母舰不寻常的烟囱。这两艘"隼鹰"级航空母舰均由班轮改装而来，是首批在岛形上层建筑上装有烟囱的日本航空母舰

下图："隼鹰"级航空母舰拥有宽敞的班轮舱体，配备两座机库，但速度较慢。由于没有安装飞机弹射器，飞机作战受到影响。该级的两艘航空母舰均参加了菲律宾海战，其中，"隼鹰"号遭到重创，"飞鹰"号被击沉

技术参数

"隼鹰"级航空母舰
排水量：标准排水量24500吨，满载排水量26960吨
尺寸：长219.2米，宽26.7米，吃水8.2米
推进装置：齿轮蒸汽轮机，输出功率41760千瓦（56000轴马力），双轴驱动
速度：25节
装甲设备：无
武器装备：12门127毫米两用高射炮和24座25毫米高射炮
舰载机飞机：53架
编制人数：1220人

"大凤"号舰队航空母舰

从技术上说，作为日本最先进的航空母舰，"大凤"号航空母舰在许多方面都是独一无二的。1939年，日本情报机构获悉英国"卓越"级航空母舰将安装装甲甲板，根据第四个强军计划，日本也决定建造新型的装甲航空母舰。令人瞠目结舌的中途岛大海战进一步展示了装甲甲板的重要意义。于是，日本在1942年又定购了两艘装甲航空母舰。

日本人的设计理念与英国的"盒式机库"概念十分不同，因为英国航空母舰仅有飞行甲板受到75毫米（3英寸）的装甲保护，此外，仅在升降机之间有一些装甲保护。而日本航空母舰配置两座机库，低层机库采用35毫米（1英寸）的装甲保护，给水管道也进行了装甲保护，而且保护得更充分。舰上的弹药库加装了150毫米（6英寸）厚的防护装甲，动力系统也安装了55毫米（2英寸）的防护装甲。

超重带来的恶果

全部的装甲设备使得舰船头重脚轻，为了保持舰船的稳定性，设计者被迫减少了吃水线上的一个甲板。这意味着低部的机库甲板刚好位于吃水线之上，而升降机井道底部位于吃水线之下。

该型航空母舰安装了高射速的100毫米（3.9英寸）口径98型双联装火炮，这是当时最先进的防空火炮，此外还首次安装了空中预警雷达。该舰原计划搭载84架飞机，但完工后仅能搭载75架。事实上，日本可以满足该艘航空母舰所需的飞机数量，但无法提供足够数量的训练有素的飞行员。

遭遇鱼雷攻击

这艘新型航空母舰被称为"大凤"号，于1941年7月开工建造，1944年3月下水。随后就被编入第1航空战队，并与"翔鹤"号和"瑞鹤"号一起被派往新加坡。在第1航空战队的航空大队训练完毕后，被派往菲律宾南部加入第1机动舰队作战。6月19日，在菲律宾海海战中，"大凤"号航空母舰上的飞机刚一起飞，美军潜艇"金枪鱼"号就发射了6枚21英寸（533毫米）口径鱼雷，其中一枚命中该艘航空母舰。"大凤"号的燃料箱破裂，但速度仅仅放慢了一点，舰上人员在拥挤的前部升降机上铺设木板，试图继续起降飞机。然而，致命的油气从舰上蔓延开来，在遭到鱼雷攻击5个小时后，一场巨大的爆炸发生了，这次爆炸很可能是由电泵上的开关引起。"大凤"号的装甲飞行甲板被扯裂，机库四周出现爆裂，大约90分钟后，"大凤"号葬身海底。

下图:作为日本最先进的航空母舰,"大凤"号航空母舰配置有一条装甲飞行甲板,封闭的舰艏,以及最先进的防空设备(包括首次安装的1部空中预警雷达)。"大凤"号在菲律宾海海战之前丧命

技术参数

"大凤"号航空母舰
排水量: 标准排水量29300吨,满载排水量37270吨
尺寸: 长260.5米,宽27.7米,吃水9.6米
机械装置: 4轴推进,蒸汽轮机,输出功率134225千瓦(180000轴马力)
速度: 33节
装甲设备: 见文中
武器装备: 6门双联装100毫米口径高射炮和15座三联装25毫米高射炮
飞机: 30架D4Y"彗星"俯冲轰炸机,27架A6M"零"式战斗机和18架B6N"天山"鱼雷轰炸机
编制人数: 2150人

"云龙"级舰队航空母舰

与美国一样,日本认为在急需航空母舰的战争时期,批量生产具有标准设计的舰船是得到足够数量的高质量航空母舰的唯一方法。出于这一目的,日本对"飞龙"号航空母舰的基础设计进行了改进,并根据1941—1942年的战争计划向不同的造船厂进行定购。日本原计划定购17艘"云龙"级航空母舰,尽管其中一些已经在中途岛海战之前开工建造,但航空母舰所遭受的惨重损失,使得日本认为短期最好的解决办法就是进行改装。于是,"云龙"号的建造计划被放慢下来,最终因为缺少材料而终止。在这项计划中,仅有3艘完工,另有3艘下水。

生产

3艘完工的航空母舰为"天城"号(1944年8月)、"葛城"号(1944年10月)和"云龙"号。另外3艘下水的航空母舰为"阿苏"号、"生驹"号和"笠置"号。"云龙"级航空母舰与"飞龙"级航空母舰在设计上的主要区别在于"云龙"级少一部升降机,并改变了主要的武器装备的配置。尽管这两级航空母舰长度大致相同,但"云龙"级由于宽度加大,稳定性较好。但不知出于什么原因,"云龙"级航空母舰的飞机容量较小。"云龙"级航空母舰的要害部位均得到了很好的保护,与所有大型"常规"航空母舰一样,"云龙"级也有很高的速度,与以后建造的重型巡洋舰拥有相同的动力设备。由于器材严重短缺,有两艘下水的航空母舰不得不安装了几套驱逐舰上使用的动力装置。第三艘航空母舰的输出功率有所降低,但只是丧失了几节的速度。"云龙"号在1944年12月被一艘美国潜艇击沉,"天城"号于1945年7月在吴港的空袭中丧命,"葛城"号侥幸存活下来并投降(1947年拆解)。

下图:1944年时的"云龙"号航空母舰。该舰服役没多久,就在东海被美国海军"红鱼"号潜艇射出的两条鱼雷送入海底

下图:"云龙"级有一套标准设计,批量生产。尽管计划建造17艘,但仅有3艘按照"飞龙"号改进而成,唯一一艘"云龙"号完工后参加了战争

技术参数	
"云龙"级航空母舰	
排水量:标准排水量17250吨,满载排水量22550吨	**装甲设备**:25~150毫米装甲带,55毫米装甲甲板
尺寸:长227.2米,宽22米,吃水7.8米	**武器装备**:12门127毫米两用途火炮及51~89座25毫米高射炮
机械装置:蒸汽轮机	
输出功率:"云龙"号113345千瓦(152000轴马力),"阿苏"号和"葛城"号77555千瓦(104000轴马力),四轴驱动	**飞机**:64架
航行速度:"云龙"号34节,"阿苏"号和"葛城"号32节	**编制人数**:1450人

"信浓"号舰队航空母舰

中途岛海战中,来自美国航空母舰上的舰载机击沉日军4艘航空母舰,这次惨重损失使得日本人确信航空母舰比战列舰的价值更大,急需增加航空母舰的数量。

日本许多雄心勃勃的航空母舰改装计划均基于这一看法,表现最突出的是"信浓"号航空母舰的改装。"信浓"号航空母舰由尚未彻底建成的第三艘"大和"级战列舰改装而来,其满载排水量接近72000吨,直到战后美国出现超级航空母舰之后,这一数字才被超越。该舰装备了200毫米(7.87英寸)厚的装甲甲板,舰体宽度进一步加大,从而可以铺设一条80毫米(3.15英寸)厚的飞行甲板。

"信浓"号航空母舰的体积很大,舰体比排水量不到它一半的"大凤"号航空母舰宽出许多,但在长度方面却比"大凤"号短了1米多(3英尺4英寸)。"信浓"号的速度太慢,不能用作攻击型航空母舰,它甚至没有安装飞机弹射器。该舰计划搭载一支由18架飞机组成的小型航空兵大队,但在完工后搭载了47架飞机,尽管如此仍然未能达到满编的飞机数。该艘航空母舰拥有庞大的存贮空间,主要用来为前线航空母舰提供维修与补给设施。

短暂的生涯

与"大凤"号一样,"信浓"号航空母舰配置有一体化的烟囱和岛形上层建筑。在改装过程中,"信浓"号所存在的缺点仅仅是理论上的。1944年10月,当日本舰队在莱特湾遭受毁灭性打击时,"信浓"号的改装工作还未全部完成。该舰从横须贺转移到吴港进行最后的组装,途中被从一艘美国潜艇发射的6枚鱼雷击中,由于其水密舱当时尚未建成,海水毫无控制地涌进舱内。11月29日,该艘航空母舰沉没。

下图:"信浓"号航空母舰的前身是第三艘"大和"级战列舰,是当时最大吨位的航空母舰。由于飞机容量不大,再加上速度极低,它最后只能作为前线航空母舰的维修与补给基地。即便如此,它的这种任务也是注定无法完成的

技术参数	
"信浓"号航空母舰 **排水量**：标准排水量64000吨，满载排水量71900吨 **尺寸**：长265.8米，宽36.3米，吃水10.3米，飞行甲板255.9米×40.1米 **机械装置**：蒸汽轮机，输出功率111855千瓦(150000轴马力)，四轴驱动 **速度**：27节	**装甲设备**：舰体装甲205毫米，飞行甲板80毫米，机库甲板200毫米 **武器装备**：16门127毫米两用高射炮，145座25毫米的高射炮和12座28管的高射炮弹发射架 **飞机**：18架，后为47架 **编制人数**：2400人

"大鹰"级护航航空母舰

航空母舰除了为日本作战舰队使用之外，还有着其他的用途。首先，日本迫切需要保护海上航线的安全。很多日本人缺少实践经验，而且认为战争不会持续太久，这使得航空母舰的护航功能在战前被严重忽视。其次，航空母舰需要训练大批参加航空母舰作战的飞行员，这是一项无法省略的任务。最后，航空母舰被用于向新占领的广大地盘运送飞机，这项任务十分必要，因为那里的机场距日本本土往往数千英里。

与西方国家海军舰队一样，日本海军把一些具有优质吨位的商船改装成为辅助性的航空母舰，尤其是日本邮船会社的舰船，政府在这一过程中没有进行过多干预。"大鹰"号就是这样一艘航空母舰，1941年在太平洋战争爆发前由"春日"号邮船改装而来，成为"大鹰"级航空母舰的首舰。

经过几个月的论证，邮船"八幡丸"号和"新田丸"号被改装成为"云鹰"号和"冲鹰"号航空母舰。这两艘航空母舰比西方国家的护航航空母舰体积要大，但均未装备着舰拦阻装置或飞机弹射器。再加上速度较低，使得飞机的起降活动非常困难。这样一来，这些飞机只能执行一些辅助性的任务。在1943年12月至1944年9月的10个月里，这些航空母舰全部被潜艇鱼雷击沉。

也许受到所能够安装的武器系统的限制，第一艘"大鹰"级航空母舰装备了120毫米口径的火炮，这些火炮很可能从老式的驱逐舰之上拆卸而来的。

上图：与英美两国舰队一样，日本海军通过对商船进行改装，满足了对于护航航空母舰的需求。这里看到的是1941年晚期的"海鹰"号航空母舰，它类似于改装而成的"大鹰"级航空母舰

下图：日本3艘"大鹰"级护航航空母舰主要用于飞机运输和训练。舰上的重型高射炮形同虚设。这3艘航空母舰全部被美国海军潜艇所击沉，其中，"大鹰"号被"雷舍尔"号潜艇击沉，"云鹰"号被"鱼钩"号潜艇击沉，"冲鹰"号被"旗鱼"号潜艇击沉

技术参数	
"大鹰"级护航航空母舰 **排水量**：标准排水量17850吨 **尺寸**：长180.1米，宽22.5米，吃水8米，飞行甲板171.9米×23.5米 **机械装置**：蒸汽轮机，输出功率18790千瓦(25200轴马力)，双轴驱动	**装甲设备**：无 **武器装备**：8门127毫米(5英寸)两用途高射炮（除"大鹰"号外）和8门（后为22门）25毫米高射炮 **飞机**：27架 **编制人数**：800人

5
冷战期间的航空母舰

澳大利亚皇家海军"墨尔本"号与"悉尼"号轻型航空母舰

二战结束后,英国皇家海军终止了建造全部6艘"尊严"级航空母舰的工作。然而,为了满足澳大利亚和加拿大皇家海军购买英国航空母舰的愿望,英国两艘"尊严"级航空母舰继续进行建造,一艘为"恐怖"号,被澳大利亚皇家海军购买后更名为"悉尼"号;另一艘为"尊严"号,租借给加拿大后保留了原来的名字。1948年,英国开始建造第三艘"尊严"级航空母舰,并对其结构进行了较大程度的改装。该艘航空母舰装备了25门40毫米口径的高射炮,一条5.5度角的着舰甲板,一套新型着舰拦阻装置、助降镜设备以及一部蒸汽飞机弹射器。舰上还安装了改进型的雷达设备、3套277Q型测高设备、1台293型对海搜索雷达和1台978型导航雷达。

1955年10月,"尊严"号航空母舰被澳大利亚海军更名为"墨尔本"号后重新服役,搭载了一支由8架"海毒液"、12架"塘鹅"反潜战飞机和两架"无花果"搜救直升机组成的航空兵大队。1963—1967年,"墨尔本"号担任澳大利亚海军的旗舰,其舰载机缩减到4架"海毒液"、6架"塘鹅"和10架HAS Mk31B型搜救直升机。1967年晚期,该艘航空母舰进入造船厂,对甲板、升降机、飞机弹射器与着舰拦阻设备进行加固,安装了新的雷达和通信设备,减少了舰载高射炮的数量。经过重新改装之后,该艘航空母舰可以搭载A-4G"天鹰"和S-2E"追踪者"反潜机。新安装的雷达系统由荷兰或美国制造,此外还安装了老式的293型和978型雷达设备。新的舰载机兵力包括4架"天鹰"、6架"追踪者"号和10架"韦塞克斯"直升机。从1972年开始,它再次进行改装,搭载8架"天鹰"、6架"追踪者"和10架"海王"Mk50型反潜直升机及2或3架执行搜救以及飞机护航任务的"韦塞克斯"直升机。经过1976年的最后改装后,"墨尔本"号可以服役到1985年,但由于财政紧张,该舰于1982年6月转入预备役,1984年被出售拆解。澳大利亚海军曾经计划建造一艘航空母舰用来接替"墨尔本"号,但最终不了了之,因为其所有的固定翼飞机均被出售或转让给了澳大利亚空军。

"悉尼"号航空母舰

1948年12月16日,"悉尼"号航空母舰进入澳大利亚海军服役,最初混合搭载有"海上复仇女神"、"萤火虫"和"海獭"飞机。该舰虽然略小于"墨尔本"号,但搭载37架飞机,多于"墨尔本"号。在朝鲜战争期间,"悉尼"号是第一艘参战的澳大利亚海军舰船,于1951年10月轮换下了英国皇家海军"光荣"号航空母舰。在战争中,这艘航空母舰执行了7次作战巡逻任务,舰载机联队共起飞2366架次。1958年5月,该舰转入预备役,但在1962年3月重新编入现役使用。1965—1972年,该舰参加了越南战争,出动4架"韦塞克斯"直升机在战区间往返22次,执行反潜护航任务。"悉尼"号航空母舰在1973年11月退役,1975年被卖掉拆解。

下图:"墨尔本"号的前身是英国"尊严"级轻型舰队航空母舰的首舰"尊严"号,在1949年由澳大利亚购进。1965年,该舰安装了高大的格形桅杆,上面安装LW系列主搜索雷达

技术参数

"墨尔本"号航空母舰

排水量:标准排水量16000吨,满载排水量20320吨

尺寸:长213.82米(701英尺),宽24.38米(80英尺),吃水7.62米(25英尺),飞行甲板宽32米(105英尺)

推进装置:齿轮蒸汽轮机,双轴驱动,输出功率31319千瓦(42000轴马力)

速度:23节

武器装备:4门双联装和4门单身管40毫米高射炮

飞机:27架(见文中)

编制人数:1425人(旗舰)

电子设备:一台LW-02型对空搜索雷达,一台293Q型对海搜索雷达,一台978型导航雷达,一台SPN-35型着舰辅助雷达,一套"塔康"系统和一套电子对抗系统

阿根廷海军"巨人"级轻型航空母舰"独立"号

阿根廷海军的"独立"号轻型航空母舰于1944年5月下水,它的前身是英国皇家海军"巨人"级航空母舰"勇士"号。"勇士"号于1944年5月20日在贝尔法斯特的哈兰德和沃尔夫船厂下水,在1945年完工后被租借给加拿大海军,租期两年,直到加拿大海军的"宏伟"号航空母舰开始服役。从加拿大返回后,"勇士"号航空母舰被英国皇家海军用作甲板着舰试验,1948—1949年间安装了灵活着舰甲板,使得带有滑跃式起落架的喷气式战斗机能够进行软着舰。1952—1953年间,该舰又安装了一座加大的新型舰桥和一根格式前桅。1955年,该航空母舰又装备了一条5°角的垂直甲板以及功能更强大的着舰拦阻装置。

"格斗"行动

英国皇家海军用这艘新改装的航空母舰进行了更多的甲板着舰试验。1957年,该舰作为指挥舰参加了在太平洋上的圣诞岛进行的"格斗"行动(英国氢弹试验计划),返回后经过几轮谈判,英国在1958年夏季与阿根廷签署协议,"勇士"号在1958年11月11日被正式移交给阿根廷。当年12月,该舰被阿根廷重新命名为"独立"号,成为阿根廷海军首艘航空母舰。该舰在最初转让时仅装备12门40毫米口径高射炮,不久后又缩减到8门高射炮。但在1962年5月,该艘航空母舰安装了新的舰炮炮组,由一门四联装和9门双联装的40毫米高射炮组成。1963年,该艘航空母舰开始搭载F4U-5"海盗"和TF-9J"美洲狮"教练机。其中,F4U-5"海盗"号教练机是航空母舰最重要的装备,"非洲狐"武装教练机也是"独立"号航空母舰上常见的装备。尽管从原理上,航空母舰可以装备喷气式战斗机,却从未装备过能够执行作战任务的F9F"黑豹"战斗机。20世纪60年代后期,在该艘航空母舰服役期届满之前,舰上的航空大队由6架S-2A"追踪者"反潜机(1962年被装备到航空母舰上)和14架"非洲狐"教练机组成。1970年,在购买了"5月25日"号航空母舰后,"独立"号转入预备役,最终在1971年3月被售出拆解。

左图:阿根廷海军航空母舰"独立"号原为英国皇家海军的"巨人"级航空母舰"勇士"号,其职业生涯丰富多彩,曾经参加过朝鲜战争,在1958年被阿根廷购买之前曾被租借给加拿大海军使用。该航空母舰上装备的飞机有F4U"海盗"战斗/攻击机和S-2A"追踪者"反潜战飞机

技术参数

"独立"号轻型航空母舰

排水量: 标准排水量14000吨,满载排水量19540吨

尺寸: 长211.84米(695英尺),宽24.38米(80英尺),吃水7.16米(23英尺),飞行甲板宽22.86米(75英尺)

推进装置: 双轴驱动,蒸汽轮机,输出功率29828千瓦(40000轴马力)

速度: 24节

武器装备: 一门四联装和9门双联装40毫米口径高射炮(1970年被拆除)

飞机: 24架(见正文)

人员编制: 1575人

法国海军"巨人"级轻型舰队航空母舰"阿罗芒什"号

英国皇家海军"巨人"级航空母舰"巨人"号于1942年6月开工建造,1943年在维克斯·阿姆斯特朗有限责任公司的纽卡斯尔船厂下水。该艘航空母舰在远东服役10个月后,于1946年8月租给法国海军使用,租期5年。二战期间,盟军于登陆日在阿罗芒什海滩输送了一些装备和补给物资,该舰于是被命名为"阿罗芒什"号。

"阿罗芒什"号航空母舰曾经两度被派往法属印度支那参加作战行动,在第一次作战部署期间,该舰起飞了SBD"大胆"和"海火"Mk XV型飞机。在第二次任务期间,该舰搭载了24架F6F"地狱猫"和SB2C"地狱俯冲者"飞机。在租赁期满后的1951年,法国海军直接将该舰购买过来。1954年,在法国战败前,该舰又两次被派到印度支那参加战争。接下来,"阿罗芒什"号航空母舰被派往地中海,在1956年参加了英法联军的苏伊士运河登陆行动,其间起飞了F4U"海盗"和TBM"复仇者"飞机,用于攻击赛德港周围的目标。此外,该舰还参加了法国在阿尔及利亚的军事行动。

1957—1958年,"阿罗芒什"号航空母舰进行了全面改装,加装了一条4°坡角的飞行甲板和1套助降镜辅助装置,在防空火力配置方面用43门40毫米口径火炮替代了原来的24座2磅火炮和19门40毫米口径火炮。20世纪60年代早期,该艘航空母舰上的40毫米口径火炮被全部拆除,成为一艘训练航空母舰。该舰搭载有反潜战飞机和喷气式教练机,专门为新型航空母舰"福煦"号和"克莱蒙梭"号培训航空人员。1962年,该艘航空母舰开始搭载来自第33F分舰队的HSS-1型直升机,再次执行攻击任务。1968年,该艘航空母舰再次改装,开始搭载由24架直升机组成的航空兵大队,因而成为一艘直升机航空母舰,专门执行反潜、运输、训练和干预任务。

在英法两国海军连续服役了30年后,"阿罗芒什"号航空母舰最终于1974年退出现役,1978年在土伦港被拆解。

左图:图中是1953年在远东执行部署任务的"阿罗芒什"号航空母舰,甲板上是部分F6F"悍妇"战斗机和SB2C型俯冲轰炸机。法国在奠边府战役后从远东撤军,该艘航空母舰在赛德港附近参加了苏伊士运河登陆作战

下图:"阿罗芒什"号航空母舰于1946年进入法国海军服役,其前身原为英国皇家海军的"巨人"号航空母舰。就在其姊妹舰参加朝鲜战争的同时,该舰参加了法国在印度支那的殖民战争,8年期间先后4次部署到前线

技术参数

"阿罗芒什"号轻型航空母舰

- **排水量**:标准排水量14000吨,满载排水量19600吨
- **尺寸**:长211.84米(695英尺),宽24.38米(80英尺),吃水7.16米(23英尺),飞行甲板宽36米(118英尺)
- **推进装置**:双轴驱动,蒸汽轮机,输出功率29828千瓦(40000轴马力)
- **速度**:25节
- **武器装备**:见正文
- **飞机**:24架(见正文)
- **人员编制**:1400人
- **电子设备**:一部DRBV 22A型对空搜索雷达,各式法国、美国与英国产的雷达和飞机着舰辅助装置

印度海军"尊严"级航空母舰"维克兰特"号

"维克兰特"号的前身原为英国"尊严"级轻型航空母舰"大力神"号,从1946年5月就开始建造,但一直未能完工。1957年1月,该舰被印度购买,重新命名为"维克兰特"号(意思为"英勇")。1957年4月,"维克兰特"号航空母舰被送往贝尔法斯特造船厂进行最后的组装,装备一座单层机库、两部电动飞机升降机、一条斜角飞行甲板和蒸汽式飞机弹射器。为了能够在热带海域进行活动,该艘航空母舰还安装了空调系统。1961年,该舰正式开始服役。

由于还在干船坞中,"维克兰特"号航空母舰未能参加1962年的中印战争,但其舰载机被派往泰米尔纳德邦作战。1965年,就在印度—巴基斯坦战争进行期间,印度重新对"维克兰特"号航空母舰进行改装,即便如此,该舰的舰载机还是从岸上基地起飞参加作战。

1971年的印巴战争期间,"维克兰特"号航空母舰上的16架"海鹰"战斗轰炸机和4架"Alizé"反潜飞机组成混合航空兵大队,在东巴基斯坦(今孟加拉国)附近海域作战。在印度陆军"解放"东巴基斯坦的战争中,老式的"海鹰"战斗轰炸机的表现比较出色,成功攻击了沿岸大量的港口、机场和舰艇,阻止了巴基斯坦军队的人员与物资输送。

上图:"维克兰特"号航空母舰在1971年的印巴战争期间被广泛应用,是印度海军负责对东巴基斯坦(今孟加拉国)进行封锁的一支重要力量,由"Alizé"反潜战飞机和"海鹰"战斗轰炸机组成的舰载机大队击沉了巴基斯坦大量的舰艇和商船

重大改进

1971年,为了执行反潜任务,"维克兰特"号航空母舰上的"Alizé"反潜战飞机被"海王"Mk 42型飞机替代。但直到1987年,最后一架"Alizé"才被撤走。1979年1月,"维克兰特"号在孟买进行了一项服役期延长改进工程。1982年1月,该项工程实施完毕,舰上装备了"海鹞"FRS.Mk51型飞机。此外,该舰还建造了一条9.75°斜角的滑跃式跑道,安装了新式的锅炉和发动机,以及荷兰制造的新式雷达,装备了新的操控系统,并于1990年3月起飞了首架"海鹞"FRS.Mk 51飞机。该艘航空母舰新的航空兵大队包括6~8架"海鹞"飞机、6~8架"Alizé"反潜飞机、6架"海王"Mk42反潜/反舰导弹飞机和"云雀"III型效用直升机。

经过长时间服役后,"维克兰特"号航空母舰于1994年最后一次出海活动。3年后,该艘航空母舰退出现役。

技术参数

"维克兰特"号航空母舰

排水量: 标准排水量15700吨,满载排水量19500吨
尺寸: 长213.4米(700英尺),宽24.4米(80英尺),吃水7.3米(24英尺),飞行甲板宽39米(128英尺)
推进装置: 双轴驱动,蒸汽轮机,输出功率29830千瓦(40000轴马力)
速度: 24.5节
飞机: 见正文
武器装备: 9门单装的40毫米高射炮
电子设备: 一部LW-05对空搜索雷达,一部ZW-06对海搜索雷达,一部LW-10战术搜索雷达,一部LW-11战术搜索雷达,1部Type 963舰载控制进场雷达
编制人数: 和平时期包括航空兵大队在内1075人,战时包括航空兵大队在内1345人

西班牙皇家海军"独立"级航空母舰"迷宫"号

"迷宫"号的前身是美国"独立"级航空母舰"卡伯特"号,在二战期间建造,原为美国海军的航空运输舰,在费城海军造船厂进行改装后开始使用。由于西班牙拒绝购买"埃塞克斯"级航空母舰,也不同意对意大利巡洋舰"的里雅斯特"号进行改装,该艘航空母舰于1967年8月30日被租借给西班牙,为期5年。1973年,"迷宫"号直接由西班牙购买,担任西班牙海军舰队的旗舰。该艘航空母舰的飞行甲板长166米(545英尺6英寸),宽32.9米(108英尺),机库可容纳18架"海王"直升机,飞行甲板上可停放6架。通常情况下,"迷宫"号的舰载机联队由4个舰载机大队组成,其中,第一个大队装备8架AV-8S"斗牛士"垂直/短距起落战斗机,第二个大队装备4架SH-3D/G"海王"反潜战直升机,第三个大队配置4架"AB 212"反潜和电子战直升机,第四个大队根据任务需求也配置4架直升机。该艘航空母舰最多可搭载7个配备4架飞机的航空兵大队。1989年8月,"迷宫"号退出现役。在服役期间,该艘航空母舰的航程达804650千米,进行了50000次的飞机起降活动。

上图:前身为美国海军"卡伯特"号的"迷宫"号航空母舰在莱特湾海战中,躲过了"神风特攻队"的自杀式飞机的攻击。它为西班牙海军的航空母舰舰载机部队作出了巨大贡献,在西班牙舰队服役20年

上图:西班牙"迷宫"号航空母舰由美国二战时期的"独立"级航空母舰改装而来,该舰曾经担任过西班牙海军的旗舰,后被"阿斯图里亚斯王子"号所替代

技术参数

"迷宫"号航空母舰

排水量: 标准排水量13000吨,16416满载排水量吨

尺寸: 长189.9米(623英尺),宽21.8米(71英尺6英寸),吃水7.9米(25英尺)

推进装置: 4轴驱动,蒸汽轮机,功率74570千瓦(100000轴马力)

速度: 24节

飞机: 见文中

武器装备: 一门四联装40毫米高射炮,9门双联装40毫米高射炮

电子设备: 一部SPS-8 3D雷达,一部SPS-6和1部SPS-40对空搜索雷达,一部SPS-10对海搜索雷达/战术雷达,两套Mk 29和2套Mk 28火控系统,两部导航雷达,一套URN-22"塔康"号系统,一套WLR-1电子对抗系统

编制人数: 不包括航空兵大队在内1112人

英国皇家海军"卓越"级航空母舰"胜利"号

经过二战的洗礼之后,1950—1957年,"胜利"号航空母舰在英国朴茨茅斯船厂进行了全面改建,改建范围从机库一直延伸到甲板以上。在这次现代化改装过程中,航空母舰舰体被加宽、加深和加长,并对机械装置和锅炉设备进行了全面的更新,装备了蒸汽飞机弹射器、新的着舰拦阻装备和带有助降镜的一个8.75°的斜角飞行甲板,新的飞机升降机和雷达系统等。"胜利"号航空母舰计划配备35架固定翼飞机,但加上8架直升机,该舰的舰载机从未超过28架。

1958年,该艘航空母舰重新服役,搭载了"弯刀"、"海毒液"、"空中袭击者"以及"旋风"飞机。1960年,又用"海雌狐"代替了"海毒液"飞机。

1962—1968年,该艘航空母舰再次进行改装,但在改装完成前发生了火灾。英国政府以这一事件为借口,要求在第二年将该舰作为1966年出台的航空母舰裁减计划的一部分将其拆解。航空母舰上的航空兵大队最后只剩下8架"海盗"Mk 1型、8架"海雌狐"、两架"塘鹅"Mk 3型空中预警机和5架"韦塞克斯"直升机。1964年,在印度尼西亚进行的战事中,"胜利"号航空母舰携带上述飞机参加了作战行动。

作为英国皇家海军舰队和北约航空母舰打击大队的组成部分,"胜利"号航空母舰及其搭载的"海盗"直升机可以携带海军版的5或20千吨可变当量的"红胡子"战术核炸弹。

上图:这是一张拍摄于20世纪60年代的照片,图中是英国皇家海军的4艘斜角飞行甲板航空母舰之中的3艘,只有"鹰"号航空母舰不在场。在本图中,"胜利"号航空母舰位于"竞技神"号和"皇家方舟"号的后面,该舰与当初攻击"俾斯麦"号战列舰时的面貌相比已经发生了巨大的变化

上图:"胜利"号航空母舰是20世纪50年代经过全面现代化改装的唯一一艘战时舰队航空母舰,图中是该航空母舰即将进行长期改装之前的照片。8年后,"胜利"号航空母舰完成了从机库到甲板的全面改建,能够起降包括"海盗"在内的重达18145千克(40000磅)的飞机

技术参数

"胜利"号航空母舰
排水量:标准30500吨,满载排水量35500吨
尺寸:长238米(781英尺),宽31.5米(103英尺6英寸),吃水9.4米(31英尺),飞行甲板宽47.8米(157英尺)
推进装置:3轴驱动,齿轮蒸汽轮机,功率82027千瓦(110000轴马力)
速度:31节
飞机:35架(见文中)
武器装备:6门双联装3英寸(76毫米)Mk33型高射炮和1门六联装40毫米口径高射炮
电子设备:一部984-3D型雷达,一部293Q型测高雷达,一部974型对海搜索雷达,一套CCA型飞机着舰辅助设备
编制人数:2400人

加拿大皇家海军"邦那文彻"号航空母舰

英国皇家海军"庄严"级航空母舰"力量"号于1943年11月开工建造，1945年2月下水时尚未彻底完工。1952年，该艘航空母舰的舰身被加拿大皇家海军购买，更名为"邦那文彻"号航空母舰。加拿大人对这艘航空母舰进行了重新设计，安装了一条8°斜角的飞行甲板、一台蒸汽飞机弹射器、现代化的着舰拦阻装置和一部固定助降镜。此外，在舰侧的4个突出部装备4门双联装3英寸(76毫米)口径高射炮，重新构建了岛形上层建筑，在原来架设三角桅的地方竖起一根高大的装有美式雷达的格子桅杆。

"邦那文彻"号航空母舰于1957年正式编入加拿大海军舰队服役，航空大队最初包括16架F2H-3"女妖"喷气战斗机和8架加拿大制造的CS2F"追踪者"反潜机。1961年，该舰的舰载机全部改为反潜机，有8架"追踪者"和13架HO4S-3"旋风"直升机。在"CHSS-2海王"直升机投入使用后又用它替代了"HO4S-3旋风"直升机。1966—1967年，在对"邦那文彻"号航空母舰进行的大规模中期改进中，装备了荷兰生产的新型雷达和"菲涅尔"号的着舰辅助装置，除掉了两个前置的火炮舷侧突出部分，以便提高航空母舰的耐波性。此外，航空母舰的舱室配置、飞机操控和防放射性沉降设施也进行了改进。1970年，由于保留该艘航空母舰的成本较大，加拿大海军决定将其处理掉。最后，该艘航空母舰被卖出拆毁。

左图："邦那文彻"号航空母舰能够搭载包括"追踪者"反潜机在内的新一代舰载机，执行反潜作战任务

下图："庄严"级航空母舰"力量"号尚未建成就被卖给了加拿大海军，完工后更名为"邦那文彻"号。该舰最初装备F2H"女妖"喷气式战斗机。1961年，该艘航空母舰成为一艘专业的反潜航空母舰。1968年，该舰装备了新式的荷兰雷达，提高了耐波能力

技术参数

"邦那文彻"号航空母舰

排水量： 标准16000吨，满载排水量20000吨

尺寸： 长219.5米(720英尺)，宽24.38米(80英尺)，吃水7.62米(25英尺)，飞行甲板宽32米(105英尺)

推进装置： 双轴驱动，齿轮蒸汽轮机，功率29828千瓦(40000轴马力)

速度： 24.5节

武器装备： 4门（后为两门）双联装3英寸(76毫米) Mk 33型高射炮

飞机： 21～24架（见文中）

编制人数： 1370人

电子设备：（1967—1968年改装前）一部SPS-12型对空搜索雷达，一部SPS-8型测高雷达和一部SPS-10型对海搜索雷达

上图:图中是二战期间曾经立下累累战功的英国皇家海军"卓越"号航空母舰,它的甲板上停放着一架"海怒"与一架"海火"Mk45型飞机。1946年,该舰被改装成为一艘试验与训练用航空母舰,1948年重新加入现役。1949年至1954年,英国皇家海军舰队航空兵的大批飞行员在这艘航空母舰上进行了他们的首次起降训练。此外,该艘航空母舰还被用作运兵船

右图:20世纪70年代,随着"鬼怪"战斗机进入现役,英国皇家海军常规航空母舰的作战能力达到高峰,"鬼怪"战斗机与"海盗"攻击机一起为舰队提供防御力量,这两种战机均参加了北约在大西洋和地中海的作战巡逻行动。图中是"皇家方舟"号1978年8月在佛罗里达海岸所进行的最后一次巡航行动,舰上搭载有第892中队的"鬼怪"Mk1型战斗机飞行大队,这是英国皇家海军唯一的"鬼怪"战斗机部队。作为英国皇家海军最后一艘常规动力航空母舰,"皇家方舟"号于1978年12月退出现役

舰队航空兵实力

航空母舰配备的兵力(1960年1月)

"海神之子"号航空母舰

第815中队:"旋风"Mk7型直升机

第849中队C小队:"塘鹅"Mk3型空中预警机

第894中队:"海毒液"Mk22型全天候战斗机

"皇家方舟"号航空母舰

第800中队:"弯刀"Mk1型战斗机

第807中队:"弯刀"Mk1型战斗机

第820中队:"旋风"Mk7型直升机

第824中队:"旋风"Mk7型直升机

第892中队:"海上雌狐"Mk1型全天候战斗机

舰载飞行小队:"蜻蜓"Mk5型运输直升机

"堡垒"号航空母舰

第848中队:"旋风"Mk7型直升机

"人马座"号航空母舰

第801中队:"海鹰"Mk6型对地攻击战斗机

第810中队:"塘鹅"Mk4型空中支援飞机

第824中队:"旋风"Mk7型直升机

第849中队D小队:"空中袭击者"Mk1型空中预警机

舰载飞行小队:"蜻蜓"Mk5型运输直升机

"鹰"号航空母舰

第806中队:"海鹰"Mk6型对地攻击战斗机

"胜利"号航空母舰

第803中队:"弯刀"Mk1型战斗机

第831中队A小队:"塘鹅"Mk6型电子对抗飞机,"复仇者"Mk6B型空中支援机

第831中队B小队:"海毒液"Mk21型电子对抗飞机

第849中队B小队:"塘鹅"Mk3型空中预警机

舰载飞行小队:"蜻蜓"Mk5型运输直升机

"远东驮马"——"独角兽"号航空母舰

"独角兽"号在1943年建成时是一艘飞机修理舰,主要支援舰队航空母舰,后来逐渐用作轻型舰队航空母舰。1943年10月以后,该舰在中东海域执行特定任务,在此之前曾参加过萨勒诺海战。20世纪40年代晚期,该舰经过改装后返回远东参加朝鲜战争。为了支援英联邦国家的航空母舰作战,"独角兽"号航空母舰往返于岸基基地和作战航空母舰之间运送飞机,此外还提供修理设施。除了运送飞机外,"独角兽"号还向远东输送兵员以及英国和澳大利亚空军的"吸血鬼"和"流星"飞机。在1952年10月到1953年7月的短短几个月内,该舰起飞了第802中队的"海怒"飞机(甲板上可以看到),与"海洋"号航空母舰的航空兵力一起参加作战行动。朝鲜战争结束后,"独角兽"号航空母舰于1953年返回英国编入预备役。1959年6月,该舰被封存,1960年拆解。

英国皇家海军"鹰"号航空母舰

"鹰"号航空母舰的原名为"大胆"号航空母舰,为4艘改进型"不屈"级航空母舰之中的一艘。鉴于该舰的设计在二战结束时非常先进,所以英国皇家海军完全按照原设计进行建造。1946年1月,该舰更名为"鹰"号(R06)。从逻辑上讲,英国皇家海军"鹰"号航空母舰应当是战时的"不屈"级航空母舰的延续,但在20世纪50年代兴起的航空母舰设计和改装热潮中,"鹰"号进行了大量的改进。作为英国皇家海军的先头部队,"鹰"号航空母舰参加过20世纪60年代的苏伊士运河战争和印度洋上的作战行动。尽管后来被姊妹舰"皇家方舟"号赶超,但多年来"鹰"号一直是英国皇家海军重要的攻击型航空母舰。

1951年,"鹰"号航空母舰建成,与最初的设计相比,其武器装备减少到8门双联装4.5英寸(114毫米)口径两用火炮以及8门六联装、两门双联装和9门单身管40毫米口径"博福斯"高射炮,安装了更先进的搜索雷达和多达12台美制Mk37雷达火炮指挥仪。航空母舰航空兵大队最初配备有"火把"、"萤火虫"和"攻击者"飞机,后来又配备了"海上大黄蜂"和"空中袭击者"Mk1型空中预警机。该舰总共可搭载60架固定翼飞机(这个数字在1954年是59架),主要有"海鹰"、"复仇者"、"空中袭击者"战斗机和"蜻蜓"搜救直升机。

从1954年中期到1955年早期,"鹰"号航空母舰进行了现代化改装,建造了一条5.5°的斜角甲板,安装了助降镜,拆除了3门单身管和一座六联装"博福斯"高射炮炮座。1956年,在苏伊士运河登陆作战中,该舰编入英法航空母舰部队,搭载一个由"海鹰"、"空中袭击者"、"飞龙"和"海毒液"飞机组成的混合航空兵大队,执行打击任务。从1969年中期到1964年中期,"鹰"号在德文郡造船厂进行了全面改装,舰首架设的4.5英寸火炮炮架和40毫米火炮全部拆除,安装了一条5.5°斜角的飞行甲板,雷达设备也进行了现代化改进,安装了6座四联装"海猫"近程地对空导弹发射架。航空兵大队的飞机数量减少到了35架固定翼和10架旋转翼飞机,主要为"海雌狐"、"弯刀"、"塘鹅"和"韦塞克斯"直升机。

20世纪60年代后期的"鹰"号航空母舰的航空联队

就战术而言,"鹰"号航空母舰上的"海盗"战斗机能够避开敌军对空搜索雷达的探测,以较高的亚音速接近目标投放弹药,或者携带"红胡子"战术核武器进行拉起式轰炸,或者通过更常规的俯冲/低空平飞轰炸方式投放500磅和1000磅的高爆弹道炸弹、51毫米或76毫米口径的非制导火箭。此外,"海盗"战斗机还可以利用翼载无线电制导的AGM-12B"小斗犬"空地导弹实施攻击,利用配置在炸弹舱内的特制照相器材进行照相侦察。

"海雌狐"双座全天候战斗机的主要武器装备包括两个可回收吊舱,分别容纳14枚两英寸(50.8毫米)口径的非制导火箭,在4个翼后吊舱里分别容纳各式武器,如"红顶"红外制导空空导弹,一个可容纳24枚两英寸(50.8毫米)口径火箭的火箭吊舱,一枚500磅的高爆炸弹和6枚

左图:在1956年的某天,"鹰"号航空母舰正准备起飞"海鹰"和"飞龙"飞机。请注意,双联装的4.5英寸(114毫米)口径重型防空火炮固定在前甲板上,"海鹰"飞机正准备从前面的飞机弹射器上起飞。"海鹰"飞机上涂有第897飞行中队(配备"海鹰"Mk3型和Mk6型飞机)的"燕鸥"徽章。在1957年10月的苏伊士运河危机期间,这些飞机被替换成第895中队的"海鹰"Mk6型对地攻击机

上图:"竞技神"号航空母舰为4艘"人马座"级航空母舰之一,这里看到的是20世纪60年代早期的"竞技神"号,上面搭载有"海雌狐"、"塘鹅"、"弯刀"与"旋风"战斗机。在服役期间,"竞技神"号曾经起降过"海雌狐"和"弯刀"战斗机,但由于甲板与飞机弹射器太短,安全系数较低

下图:20世纪60年代晚期的某个时候,"鹰"号航空母舰正在驶离新西兰惠灵顿港。"鹰"号与"皇家方舟"号航空母舰的最大不同之处在于舰桥顶端有一部巨大的984型雷达,缺少飞机弹射器的抑制设备

技术参数

"鹰"号航空母舰

排水量：标准排水量44100吨，满载排水量45100吨

尺寸：长247.4米(811英尺8.5英寸)，宽34.4米(112英尺11.5英寸)，吃水11米(36英尺)，飞行甲板宽52.1米(171英尺)

推进装置：4轴驱动，蒸汽轮机，输出功率113346千瓦(152000轴马力)

速度：31.5节

飞机：36-60架（见文中）

武器装备：4门双联装4.5英寸(114毫米)两用火炮，6门4联装GWS.22"海猫"地对空导弹发射架

编制人数：2750人

电子设备：一部984 3D型雷达，一部965型对空搜索雷达，一部963 CCA型着舰辅助设备，一部974型导航雷达和一套电子对抗系统。

3英寸(76.2毫米)口径火箭。两个大型的外挂舱通常携载682升的燃料箱,在需要的情况下,可以替换为一枚1000磅的高爆炸弹或一枚AGM-12A"小斗犬"空对地导弹。

战斗中的"鹰"号航空母舰

20世纪60年代中期,"鹰"号航空母舰进行了改装,可以起降最新型的"海盗"海军攻击机。1966年春季,"鹰"号前往东非执行巡逻任务,对罗得西亚进行石油封锁。第二年,在英军回撤期间,"鹰"号被派往亚丁水域执行部署,与其他航空母舰——"竞技神"号和"胜利"号,突击兵航空母舰"海神之子"号和"堡垒"号——以及攻击舰"无恐"号和"不惧"号,组成了英国皇家海军自朝鲜战争以来在苏伊士运河东部集结的规模最大的舰队。除"海盗"飞机外,"鹰"号的航空兵大队还配备了一个中队的"海雌狐"Mk 2型飞机。早期的预警力量由"塘鹅"Mk 3型空中预警机组成的飞行小队担任,一个由少量的"弯刀"Mk 1型飞机组成的飞行小队利用外挂式油舱提供空中加油支援。此外,"鹰"号还搭载了两架直升机执行搜救任务。

"鬼怪"战斗机时代

从远东返回后,"鹰"号航空母舰进行了改装,可以起降"鬼怪"Mk 1型战斗机,并在1969年3—6月期间,搭载该型机进行了大量试验。然而,尽管"鹰"号的性能更加可靠,舰体状况也不错,经过1964年的改装后还安装了比较先进的传感器系统,但英国皇家海军最终还是对"皇家方舟"号航空母舰进行了全面改装,专门用来起降"鬼怪"战斗机。此外,"鹰"号航空母舰在1968年的改装中,还安装了能够弹射"鬼怪"战斗机的弹射装备。

防空火力

在苏伊士运河危机期间,"鹰"号航空母舰继续保留着重型火炮,这些装备后来在1959—1964年的重大改装中被拆除,安装了一条全通式、舷侧突出甲板。此次改装后，"鹰"号装备了6套专门用于对空防御的"海猫"地对空导弹系统。

早期任务

"鹰"号航空母舰（原为"大胆"号）属于"不屈"级航空母舰的改进型设计，最初服役时配置一条轴向飞行甲板，用来对各型新式飞机的原型机进行试验，例如"海上毒液"、"塘鹅"和"海鹰"直升机。该艘航空母舰的第一支航空大队于1952年9月登舰，配备"火把"、"萤火虫"和"攻击者"战斗机，后来又配备了"海上大黄蜂"和"空中袭击者"战斗机。

作战经历

1964年，"鹰"号航空母舰奉命前往远东和印度尼西亚执行部署。1966年，该舰前往罗得西亚（津巴布韦的旧称）和贝拉港执行巡逻任务，防止石油通过莫桑比克抵达这个反叛国家。1967年，该舰前往亚丁掩护英军从这一叛乱地区撤出。在上述作战间隙进行的一次改装中，"鹰"号被改装成可搭载"海盗"飞机，安装了一台飞机弹射器。1969年，在远东的另外一次部署行动期间，"鹰"号被英国皇家海军用来试验"鬼怪"战斗机。第二年，该舰搭载了第一个反潜直升机中队。20世纪70年代初期，"鹰"号航空母舰中止服役，因为政府认为把该舰改装成为可全天候起降"鬼怪"战斗机的成本太高（事实

上图：1956年10月，"鹰"号航空母舰作为曼雷·帕维尔海军中将的旗舰，率领"堡垒"号和"海神之子"号参加在马耳他附近海域举行的演习。仅仅数周后，这些航空母舰就将参加苏伊士运河登陆作战

上只需轻微改动即可，该舰成为1966年上台的工党政府的另一个政治牺牲品）。"鹰"号航空母舰在1972年退出现役，成为"皇家方舟"号的"浮动"的零部件备用平台，最于1978年被拖走拆除。在退出现役前，"鹰"号的航空兵大队再次削减到30架固定翼飞机和6架旋转翼飞机，其中包括"海盗"、"海雌狐"、"塘鹅"Mk3型空中预警机和"韦塞克斯"直升机。

下图：20世纪60年代晚期的某个时候，两架"海盗"飞机从"鹰"号航空母舰上空飞过。"鹰"号服役了20年，在该舰服役生涯的最后阶段，其排水量从1951年的45720吨增加到最大时的54100吨

英国皇家海军"皇家方舟"号航空母舰

作为"鹰"号航空母舰的姊妹舰，"皇家方舟"号（R09）于1955年完工，舰船构造更加现代化，配置有一对蒸汽飞机弹射器，安装一条5.5°斜角的飞行甲板以及一套助降镜设备，在左舷甲板安装了一部升降机仅供上层机库使用。该艘航空母舰最初的航空兵大队配备50架飞机，包括"海鹰"、"海毒液"、"塘鹅"反潜飞机和"空中袭击者"空中预警机以及几架通用直升机。20世纪50年代后期，该舰的航空大队又增加了"飞龙"直升机。1956年，该舰右舷侧的4.5英寸(114毫米)口径炮塔被拆除，1959年又拆走了甲板另一侧的升降机。

1960年，"皇家方舟"号重返海上服役，其舰载机联队增加了"弯刀"、"海雌狐"和"塘鹅"飞机。1964年，该舰船尾前面的两门5英寸（127毫米）口径火炮被拆除，炮塔却保留下来。在1967—1970年的改装中，最后几门40毫米口径的"博福斯"高射炮也被拆除了。经过这样的改装之后，该艘航空母舰可以起降"鬼怪"战斗机。此外，该艘航空母舰还安装了一条8.5°斜角的飞行甲板、新的飞机弹射器

和飞机着舰拦阻装置，重新构造了岛形上层建筑，在对老式雷达进行改进的同时，还补充了新型雷达。

"皇家方舟"号舰载机大队所配置的飞机数量从48架减少到了39架，此后这个数字一直保持不变。通常情况下，这39架飞机包括12架"鬼怪"Mk 1型战斗机、14架"海盗"Mk 2型战斗机、4架"塘鹅"Mk 3型空中预警机、6架"海王"Mk1型（后为Mk2型）反潜直升机、两架"韦塞克斯"Mk1型搜索与救援直升机和1架"塘鹅"舰载运送飞机（COD）。"海盗"号作为空中加油机数量翻了一番，增加了外挂式空中加油舱，并作为远程照相侦察机增加了1套炸弹舱照相设备。至少有一架"海盗"飞机随时都要作为远程照相侦察机使用。

退役

尽管在服役期间多次出现机械故障，但"皇家方舟"号作为英国皇家海军一艘常规动力航空母舰直到1978年才退出现役。在对"皇家方舟"号的未来进行了多次讨论之后，该舰最终于1980年从德文郡被拖走实施拆解。与其姊妹舰一样，"皇家方舟"号曾于20世纪60年代进行改装，可以携带"红胡子"以及后来的"绿鹦鹉"战术核炸弹。

上图：这是一张"皇家方舟"号在1978年的剖面图，与20世纪50年代的舰船结构有着许多不同之处：岛形上层建筑后面的圆屋顶下面安装有航空母舰控制着舰雷达系统（CCA），一套自动着舰装置、大量的桅杆及天线表明了航空母舰电子设备的复杂性

左图："皇家方舟"号这个尊贵的名字要追溯到"无敌舰队"的时代，该艘航空母舰在20世纪70年代退出现役，不再起降"鬼怪"和"海盗"飞机。尽管多次出现机械问题，但该舰仍然是当时世界上威力最大的航空母舰之一

技术参数	
"皇家方舟"号航空母舰	**飞机**：39架（见正文）
排水量：标准排水量43060吨，满载排水量50786吨	**武器装备**：4座4联装GWS.22"海猫"地对空导弹发射架
尺寸：长275.6米(845英尺)，宽34.4米(112英尺11英寸)，吃水11米(36英尺)，飞行甲板宽50.1米(164英尺6英寸)	**编制人数**：2637人
推进装置：四轴驱动，蒸汽轮机，输出功率113346千瓦(152000轴马力)	**电子设备**：两台965M型对空搜索雷达，两台982型对空搜索雷达，两台983型测高雷达，一台993型对海搜索雷达，一部SPN-35型飞机着舰装置，一台974型导航雷达和一套电子对抗系统
速度：31.5节	

上图：1957年10月，"皇家方舟"号在与美国海军"萨拉托加"号航空母舰的联合作战中，起降第61战斗机中队的F3H"魔鬼"战斗机。本图中，在"魔鬼"战斗机起飞后，"海鹰"号正准备从一台BS4型蒸汽弹射器上起飞。背景中的两架"空中袭击者"Mk1型早期预警机正准备自由起飞

上图："皇家方舟"号航空母舰在1955年建成后，配备有16门4.5英寸(114毫米)火炮和大量的40毫米"博福斯"高射炮。在构成航空母舰航空大队的50架飞机之中，有"海鹰"、"塘鹅"、"空中袭击者"战斗机以及直升机

英国皇家海军"竞技神"号航空母舰 / 突击兵航空母舰

战后的"竞技神"号原为第六艘"人马座"级航空母舰，但在1945年10月，该舰的建造计划被取消，其名字给了同级的"大象"号航空母舰使用。接下来，英国人对"竞技神"号进行了重新设计，该舰于1959年11月编入现役，装备一条6.5°斜角的飞行甲板，一部位于甲板一侧的升降机和1套3D雷达系统。

1964—1966年，新的"竞技神"号航空母舰重新装备了两套4联装"海猫"地对空导弹系统，替换了原来的五门双联装40毫米"博福斯"高射炮炮座，建造了岛形上层建筑。在1971年进行的另一次改装中，984 3D型雷达被965型"床架"系统所取代。

突击兵航空母舰

"竞技神"号航空母舰在被改装成为一艘突击兵航空母舰后，安装了一套甲板着舰灯光系统，但仅能搭载28架飞机，包括"海毒液"、"海盗"和"塘鹅"固定翼飞机，但不能起降现代化的"鬼怪"战斗机。

在这次改装中，"竞技神"号还失去了飞机着舰制动索和弹射器，但可搭载一个配备"韦塞克斯"攻击直升机中队的满编的海军陆战队突击队。1977年，"竞技神"号再次被改装为一艘反潜航空母舰，但仍然具有突击兵运送能力，搭载了9架"海王"反潜飞机和4架"韦塞克斯"Mk5型效用直升机。

1980年，"竞技神"号航空母舰开始第三次重大改装，任务再次发生改变，其飞行甲板得到加强，舰艏上方安装了一条7.5°滑跃式跑道，可起降5架"海鹞"垂直/短距起落飞机，代替了原来的"韦塞克斯"直升机。1982年，由于舰上安装了大量的通信设备且飞机运载能力大大提升，"竞技神"号成为英军收复马尔维纳斯群岛特遣部队的旗舰。

马尔维纳斯航空联队

在马尔维纳斯群岛战争中，"竞技神"号的航空兵大队原有12架"海鹞"、9架"海王"Mk5型直升机和9架"海王"Mk4型直升机。随着战争的进一步展

技术参数

"竞技神"号航空母舰

排水量：标准排水量23900吨，满载排水量28700吨
尺寸：长226.9米(744英尺4英寸)，宽27.4米(90英尺)，吃水8.7米(28英尺6英寸)，飞行甲板宽48.8米(160英尺)
机械装置：双轴推进，蒸汽轮机，输出功率56675千瓦(76000轴马力)
速度：28节
武器装备：两座4联装"海猫"地对空导弹发射架(约携带40枚导弹)

飞机：一般为5架(后增加到6架)"海鹞"和9架"海王"反潜直升机，参看正文
电子设备：一部965型对空搜索雷达，一部993型对海搜索雷达，一部1006型导航雷达，两套GWS 22"海猫"制导系统，一套"塔康"系统，一部184型声呐，几套主动与被动电子对抗系统，两台"乌鸦座"诱饵发射架
编制人数：包括航空兵大队在内1350人(舰上的4艘车辆人员登陆艇还可搭载750名全副武装的陆战队突击队员)

下图:"竞技神"号最初安装的6.5°斜角飞行甲板是该体积航空母舰所能安装的最大型的斜角甲板。在1980年进行的改装中,该舰增加了滑跃式飞行跳板,加固了飞行甲板,可以起降垂直/短距起降"海鹞"Mk 1型战斗机

开,该舰又进行了改装,可搭载15架"海鹞"、6架"鹞"Mk3型、5架"海王"反潜战飞机和两架"山猫"直升机(其中,"山猫"直升机主要用来诱骗阿根廷军队的"飞鱼"导弹)。马尔维纳斯群岛战争胜利后,该舰在1983年又参加了一系列的战斗部署,接下来,从1984年1月开始又进行了为期4个月的改装。此次改装后,"竞技神"号被用作港内训练舰,这是因为英国皇家海军认为该舰耗费人力,而且不能使用皇家海军专用的柴油燃料。

与"无敌"级航空母舰一样,冷战时期的"竞技神"号航空母舰上的直升机携带有核深水炸弹,"海鹞"携带有战术自由落体核炸弹。与美国航空母舰相比,英国航空母舰上携带的核武器数量约为15枚,其中10枚用于反潜战。

1986年,"竞技神"号航空母舰被印度买走,更名为"维拉特"号,并于第二年5月编入印度海军服役。

左图:20世纪70年代早期,"竞技神"号航空母舰丧失了搭载固定翼飞机的能力,其任务转变为反潜作战,同时担任突击兵运送支援任务。后来,该艘航空母舰又可搭载固定翼飞机,装备了一条7.5°角的滑跃式跳板

下图:在一个风大浪高的日子里,英国皇家海军"竞技神"号航空母舰正与一艘22型护卫舰并肩航进在海面上。这艘22型护卫舰利用"竞技神"号上所缺乏的"海狼"舰对空导弹系统为该艘航空母舰提供必要的近程防空和反导弹防御。"竞技神"号航空母舰装备有两套"海猫"导弹发射架

美国海军"企业"号核动力航空母舰

美国最早对于核动力航空母舰的研究最早可以追溯到1949年,当时,"福莱斯特"级航空母舰正在建造之中,核动力装置最初计划用于该型舰船之上,但后来又改用了常规发动机。核动力装置的优点是续航力更远、码头停靠时间短暂、清洁操作。

早在"企业"号(CVAN-65)的研制期间,美国肯尼迪政府内部就该艘航空母舰的未来作用展开过激烈的争论,国防部长麦克·梅纳马拉质疑这艘标价4.51亿美元的大船的成本效益。鉴于这一局面,美国政府最终取消了建造另外5艘该级航空母舰的计划。

建造

"企业"号航空母舰于1958年2月开工建造,1960年9月下水,1961年11月完工并服役,是世界上第二艘编入现役的核动力战舰,第一艘核动力战舰是1959年7月14日下水的"长滩"号巡洋舰。后来,"企业"号和"长滩"号一起编入"企业"号航空母舰战斗群。两年后,"企业"号参与了对古巴的封锁行动。

1964年,"企业"号开始参加越南战争,前后执行8次部署任务,包括1975年的西贡大撤退。1969年2月,一枚火箭弹重创该舰,导致27名舰员死亡,344名受伤。经过彻底整修后,该舰于1974年成为第一艘上载F-14"雄猫"战斗机的航空母舰。

"企业"号是世界上第一艘超级航空母舰,安装了庞大的核动力装置,航速高达35节。虽然核动力装置的体积很大,但由于免除了舰上的排气设备和燃油贮藏区,节省出来的一部分空间可用于贮存航空燃料。

"企业"号的核动力装置有8个A2W型反应堆,驱动4台齿轮转动蒸汽轮机,输出功率达208.88兆瓦(280000轴马力)。该舰下水后6个月,即1960年12月2日,反应堆进入临界状态。在接下来的11个月内,所有8座反应堆全部产生蒸汽,供给32个热交换器。核动力装置使得"企业"号在重新填充燃料前,能够以20节的航速行程400000海里(740740千米/460230英里)。1964年,该舰偕同"长滩"号和"班布里奇"号进行了一次环球巡航,展示了核动力装置的强大能力。

然而,尽管"企业"号的核动力装置具备了强大的自给能力,但该舰上载的由80架飞机组成的航空联队和5500名舰员仍然需要定期补给军需物资和食物。必须强调的一点是,"企业"号的补给次数比那些常规动力航空母舰要少。

"企业"号飞行甲板的设计汲取了"福莱斯特"级的经验教训,右舷配有3台甲板升降机,左舷配有一台升降机。虽然该舰航空联队通常由86架飞机组成,但甲板下方的机库可容纳96架飞机。

"企业"号的上层建筑与众不同,外观看上去就像一个大箱子。舰桥上安装有传感器和雷达,包括SPS-32/33型平板相控阵雷达系统,另一艘唯一安装该系统的舰只是美国海军的核动力巡洋舰"长滩"号。然而,由于该系统维修困难,性能也不十分出众,因此"企业"号在1980年进行重大改装时拆除了这一系统。

上图:图中的"企业"号航空母舰正由越南战场返回母港旧金山,在其搭载的舰载机联队之中就有执行对越南侦察任务的RA-5C"民兵"飞机

上图:乔治·塔利中校驾驶一架F8U-1"十字军战士"飞机首次在"企业"号航空母舰的飞行甲板上降落。"十字军战士"飞机的进场速度太快,因此在这艘早期的"埃塞克斯"级航空母舰上进行降落非常困难

右图:"企业"号最初设计的箱式上层建筑可安装SPS-32/33型雷达系统

技术参数

"企业"号（CVAN-65）

排水量：75700吨；89600吨（满载）

尺寸：长342.3米；宽40.5米；吃水11.9米；飞行甲板宽度76.8米

动力装置：4轴推进，"威斯汀豪斯"A2W型核反应堆，4台蒸汽涡轮发动机，输出功率208.88兆瓦（280000轴马力）

速度：巡航速度20节，最高速度35节

武器：3门Mk25型8联装"海麻雀"防空导弹发射装置（自1967年开始）

飞机：85架；1973年12月的航空联队包括一个F-14A战斗机中队、一个A-7A攻击机中队、A-6A/B、RA-5C、E-2B和EA-6B中队各一个和一个SH-3D直升机分队

电子装置：SPS-32/33型固定相控阵雷达系统，包括对空搜索雷达、对海搜索雷达、导航雷达和火控雷达

编制人数：3325人，另加1891名航空联队人员

美国海军"埃塞克斯"级SCB-27A/C和SCB-125改装型舰队航空母舰

到1945年第二次世界大战结束时，美国海军的航空母舰部队实际上已经废弃，这是因为它们无法搭载新一代的喷气式飞机。美国海军在1946年虽然完成了后继航空母舰的设计，但由于没有开工建造，美国海军决定改装已经封存起来的"埃塞克斯"级航空母舰。第一个改装项目称为"SCB-27A工程"，实际上是对未完工的"奥里斯坎尼"号航空母舰的舰体进行改造。该舰在最初建造时，飞行甲板上并没有安装以往的舰炮装置，却安装有强大的液压弹射器。在改造过程中，该舰的飞行甲板本身进行了加固，改装了岛形上层建筑以提高雷达系统的覆盖面积，上层建筑内部也进行了重大调整，改善了居住条件，提高了抗打击能力。另外8艘同级航空母舰——"埃塞克斯"号（CV-9）、"约克城"号（CV-10）、"大黄蜂"号（CV-12）、"伦道夫"号（CV-15）、"黄蜂"号（CV-18）、"本宁顿"号（CV-20）、"基尔萨奇"号（CV-33）和"张伯伦湖"号（CV-39）——也按这一标准进行了改装。后来，除了"张伯伦湖"号外，其余航空母舰全部采用了斜角飞行甲板和封闭式舰首。

多年后，大部分的舰炮设备被拆除了，雷达系统也进行了更新换代。改装后，每艘航空母舰可装载1135620升（300000美国加仑）航空燃油和725吨机载弹药（包括125吨的核武器）。随着更先进的航空母舰加入现役，SCB-27A型航空母舰被改装成为反潜战航空母舰，上载S-2"搜索者"反潜直升机。多艘该型舰只（CV-9、10、12、15、18、20和33）在20世纪60年代进行了现代化的反潜战改装，安装了SQS-23型舰首声呐和半自动化的反潜指挥信息中心。

越战期间，有几艘此类反潜航空母舰在越南沿海海域活动，为攻击部队提供保护和护航。它们所搭载的航空大队通常由30架固定翼飞机和16~18架"海王"反潜直升机组成。此外，在朝鲜战争期间，"埃塞克斯"号、"基尔萨奇"号、"奥里斯坎尼"号和"张伯伦湖"号还曾被部署到朝鲜沿海，执行常规的攻击任务。

SCB-27A改装

很明显，一旦"SCB-27A计划"开始实施，舰载机技术也需要进一步提高，因此"SCB-27C计划"也就随之出台了。1951—1954年期间，"勇猛"号(CV-11)、"提康德罗加"号(CV-14)和"汉科克"号(CV-19)航空母舰改装了2台蒸汽弹射器、飞机升降机和着舰拦阻装置。随后改装的"列克星敦"号(CV-16)、"好人理查德"号(CV-31)和"香格里拉"号(CV-38)航空母舰执行的是后来的"SCB-125标准"，飞行甲板改装成为斜角式着舰区，岛形上层建筑也进行了重新设计，这3艘舰于1955年改装完工。此时，除了执行"SCB-27A标准"的"张伯伦湖"号和"奥里斯坎尼"号外，所有SCB-27C系列的航空母舰进行了类似的改装。在"SCB-27C计划"中，"勇猛"号被改装成反潜航空母舰，在20世纪60年代中期又进行了现代化改装，而"提康德罗加"号在越战初期作为攻击航空母舰第一次部署在越南沿海，返回本土后也进行了类似的改装。"汉科克"号、"奥里斯坎尼"号、"香格里拉"号和"好人理查德"号也被部署到越南沿海执行战斗巡逻任务，期间出动了各型战斗机和攻击机。

所剩无几

到了20世纪80年代中期，上述美国海军的航空母舰仅剩5艘，其中的"列克星敦"号是唯一一艘现役航空母舰（大西

下图：20世纪50年代后期，根据"SCB-27A计划"改装的"张伯伦湖"号航空母舰及其搭载的HSS-1"海蝙蝠"反潜直升机。经过改装后，该舰拆除了飞行甲板上的127毫米口径舰炮

洋舰队的训练航空母舰,停靠在墨西哥湾),其他4艘列入太平洋舰队后备役。"好人理查德"号和"奥里斯坎尼"号分别担任攻击型航空母舰和舰载机航空母舰,"大黄蜂"号和"本宁顿"号为反潜支援航空母舰。如今,上述所有航空母舰均已退役。

右图:这是1971年的美国海军大西洋舰队的反潜航空母舰"勇猛"号。该舰在二战期间曾经多次遭受"神风"特攻队飞机的自杀式攻击。经过改装之后,该舰在1974年退役前曾先后三次赴越南部署,目前陈列在纽约博物馆

下图:美国海军"奥里斯坎尼"号航空母舰于1944年开工建造,直到1950年才最终完工,是第一艘根据"SCB-27A计划"进行改装的航空母舰。经过改装后,"埃塞克斯"级航空母舰可上载新一代喷气式飞机,由于这些飞机比二战期间的飞机重出许多,所以飞行甲板必须进行加固

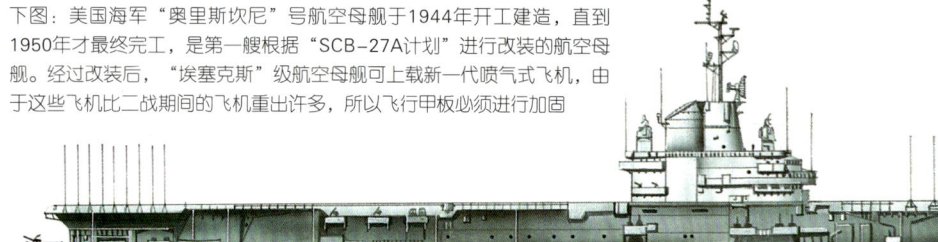

技术参数

"埃塞克斯SCB-27A"级

排水量:28404吨;40600吨(满载)
尺寸:长273.8米(898.2英尺);宽30.9米(101.4英尺);吃水9.1米(29.8英尺);飞行甲板宽度(斜角)59.7米(196英尺)
动力装置:齿轮蒸汽涡轮,输出功率111855千瓦(150000轴马力)
速度:30节
武器:8门127毫米和14座双联装76.2毫米口径舰炮
飞机:45~80架
电子装置:SPS-6型(后来是SPS-12型,再后来是SPS-29型)对空搜索雷达、SPS-8型(后来是SPS-30型)测高雷达、SPS-10型对海搜索雷达、SQS-23型舰首声呐
编制人数:2900人

技术参数

"埃塞克斯SCB-27C"级

排水量:30580吨;43060吨(满载)
尺寸:长272.6米(894.6英尺);宽31.4米(103英尺);吃水9.2米(30.4英尺);飞行甲板宽度58.5米(192英尺)
动力装置:蒸汽涡轮机,四轴驱动,输出功率111855千瓦(150000轴马力)
速度:29节
武器:4枚5英寸(127毫米)舰炮
飞机:70~80架
电子装置:一部SPS-8型(后来换成SPS-37A和SPS-30)测高雷达,一部SPS-12型对海搜索雷达和一套电子战支援措施系统
编制人数:3545人

下图:美国海军"香格里拉"号航空母舰在20世纪50年代后期按照"SCB-27C计划"进行了全面改装,安装了封闭式的轻舰首、蒸汽弹射器和一条全斜角舷侧突出式飞行甲板。共有15艘"埃塞克斯"级航空母舰在某种程度上进行了改装

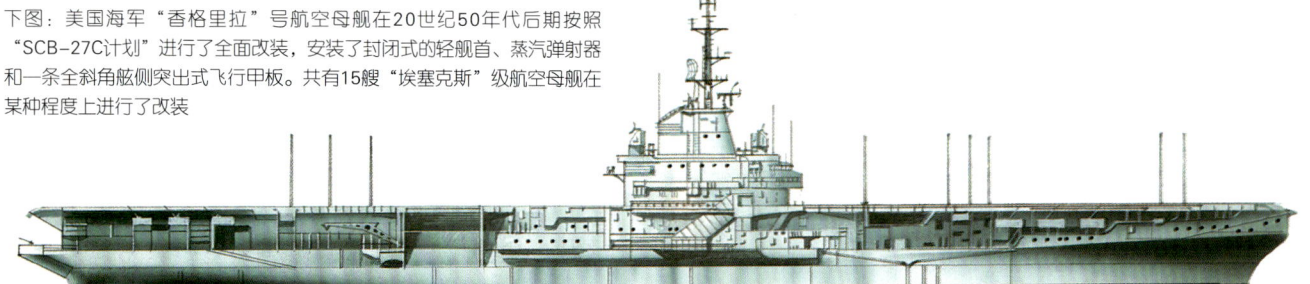

上图：这是20世纪80年代的美国海军"萨拉托加"号航空母舰，它隶属于大西洋舰队，是第一艘实施"延长使用期计划"的"福莱斯特"级航空母舰。"福莱斯特"级是第一批将机库和飞行甲板与舰体设计整合在一起的航空母舰，舰炮安装在舷外突出部位。在"尼米兹"级航空母舰加入现役后，"福莱斯特"级陆续退出现役

右图：美国海军航空母舰"福莱斯特"号正在地中海海域执勤，甲板上搭载的是F2H-2P"女妖"战斗机、AD"空中袭击者"攻击机、A3D"空中勇士"战斗机、F9F"美洲狮"战斗机、FJ"愤怒"战斗机和F3H"恶魔"战斗机。"福莱斯特"号于1956年加入大西洋舰队，在苏伊士运河危机期间曾驶入地中海执勤

下图：美国海军"突击队员"号航空母舰正在波斯湾为荷兰海军导弹护卫舰雅各布·范·赫姆斯科克号进行补给。该艘航空母舰于1991年1月驶入波斯湾海域参加"沙漠盾牌"和"沙漠风暴"行动

美国海军"中途岛"级航空母舰

"中途岛"级航空母舰最初计划建造6艘(但后来取消了3艘),是战后唯一一种不用改装就能够搭载新一代重型攻击机的航空母舰。"中途岛"级是二战期间美国海军建造的性能强大的航空母舰,旨在用来起降战后新一代装备核武器的重型战机。然而,到了20世纪50年代后期,为了适应所有近期出现的航空母舰新型技术,该级舰仍然需要进行改装。

改装

3艘"中途岛"级航空母舰全部进行现代化改装,"中途岛"号(1945年9月加入现役)和"富兰克林·罗斯福"号(1945年10月加入现役)实施"SCB-110改装计划",加装蒸气弹射器、"SCB-27C计划"的斜角飞行甲板和轻型舰首,而最后一艘"珊瑚海"号(1974年10月加入现役)进行的是"SCB-110A改装计划",在舰体中部增装了第三台蒸气弹射器。20世纪60年代中期,这三艘舰又进行了一次改装,"中途岛"号进行的是"SCB-101.66改装",以上载最新式的舰载机。由于费用过高,"富兰克林·罗斯福"号在1968年只进行了"SCB-101.66标准"的简单改装,"珊瑚海"号由于曾经实施过"SCB-110A改装计划",能够继续服役。

第一艘退役舰

由于舰船的材料状态太差,"富兰克林·罗斯福"号于1977年退出了现役,它的舰名后来给了一艘新型的"尼米兹"级航空母舰使用。这3艘航空母舰都曾参加过越南战争,根据"SCB-110/110A改装计划",这些舰只可以装载弹药1376吨,航空燃料134760升(35600美国加仑),JP5型飞机燃料2271240升(600000美国加仑)。

20世纪80年代,只有"中途岛"号和"珊瑚海"号在服现役,前者编入太平洋舰队,母港设在日本横须贺,后者作为大西洋舰队的前沿部署航空母舰。

缩编航空联队

因为舰体较小,"中途岛"级航空母舰只能上载F-4N/S"鬼怪"Ⅱ型战斗机,而不是F-14A"雄猫"战斗机,同样也没有上载S-3A"北欧海盗"反潜机。"中途岛"号和"珊瑚海"号均安装有3台甲板边缘飞机升降机,"中途岛"号有两台弹射器,"珊瑚海"号有3台弹射器。在服役生涯的最后几年,每艘舰可装载1210吨的航空弹药以及JP5型航空燃料449万升(118.6万美国加仑)。"中途岛"号在1966年进行了大规模改装。这两艘舰在20世纪80年代后期均被淘汰,其中,"珊瑚海"号在1990年退役,"中途岛"号两年后也退出现役。

下图:因为体型较小,两艘"中途岛"级航空母舰上载的舰载机数量远远少于美国海军其他航空母舰。这两艘舰的舰载机不包含反潜机或直升机,主要采用F-4"鬼怪"Ⅱ型战斗机代替重型的F-14"雄猫"战斗机执行拦截任务

下图:在印度洋海域航行的一支美国海军航空母舰战斗群,居于中间位置的是"中途岛"号航空母舰,在属舰之中较为大型的舰船是导弹巡洋舰"班布里奇"号和油船"纳瓦索塔"号

上图：美国海军"中途岛"号航空母舰。由于两艘"中途岛"级航空母舰的用途较为广泛，因此一直服役到20世纪80年代

上图：美国海军"富兰克林·罗斯福"号航空母舰是在使用舰炮进行防空的时代加入现役的。根据设计，"中途岛"级航空母舰能够搭载140架二战时期的飞机，这一体型使得其在喷气式飞机时代仍然很有用途

"珊瑚海"号（20世纪60年代）

1. CPO区
2. 平衡方向舵
3. 操舵舱
4. 航空备件/修理所
5. 螺旋桨
6. 5英寸(127毫米)口径平高两用炮
7. 吃水线
8. 5英寸舰炮火控系统
9. 空勤人员
10. 仓库
11. 弹药
12. 航空汽油
13. Mk7型着舰拦阻装置系统
14. 舰员区
15. 轮机舱
16. 锅炉舱
17. 舰用涡轮发电机
18. 泵舱
19. 辅助机舱
20. 双层底
21. 装甲带以前的位置
22. 舰上着舰镜
23. 53吨甲板边缘升降机
24. 飞机升降机
25. 舰桥
26. 通道平台
27. 桅杆
28. 烟囱
29. SPS-43型雷达
30. SPS-30型雷达
31. 空防位置
32. 驾驶台
33. 舰上信号台
34. 控制中心
35. 空调机
36. 飞行甲板
37. 机库
38. 航空兵联队舱
39. 油箱
40. C11型弹射器
41. 缆索管
42. 起锚机
43. 锚
44. 系锚环
45. 系缆卷车
46. 锚链舱
47. 龙骨前端部
48. 军官宿舍
49. 通道
50. 弹药库

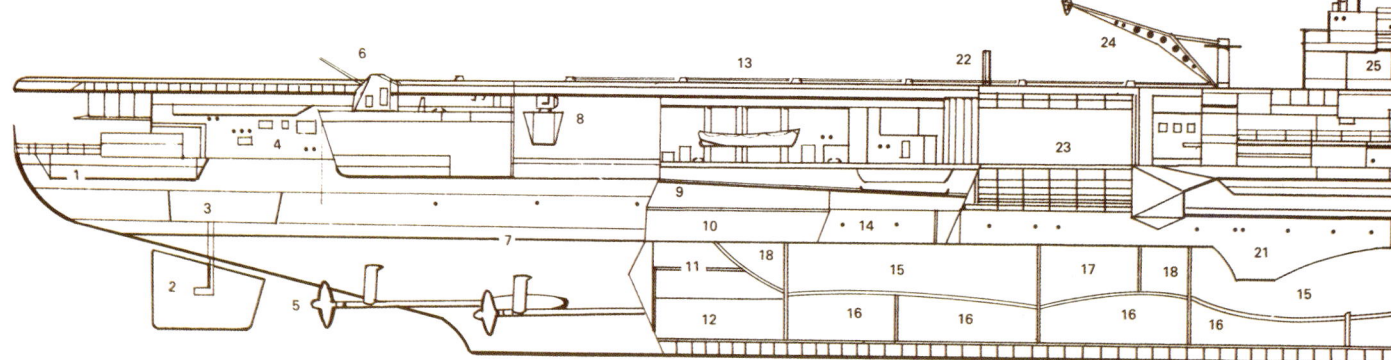

左图:20世纪50年代后期,美国海军第211战斗机中队的F8U-1"十字军战士"飞机正飞越"中途岛"号航空母舰,甲板上停放的飞机有A3D"空中勇士"、一架AD"空中袭击者"战斗机、FJ-4"愤怒"战斗机和前甲板上的一架HUP"猎狗"直升机

下图:"珊瑚海"号是美国海军第一艘具备核打击能力的航空母舰,上载AJ"野人"轰炸机。这幅图片拍摄于20世纪80年代,当时该舰参与了针对利比亚的空袭行动

右图:美国海军"中途岛"号经过彻底的现代化改装后,计划服役到世纪之交,但在1992年4月就退出了现役。在其55年的服役生涯中,可以说"中途岛"号历经的性能改进多于历史上任何一艘舰船

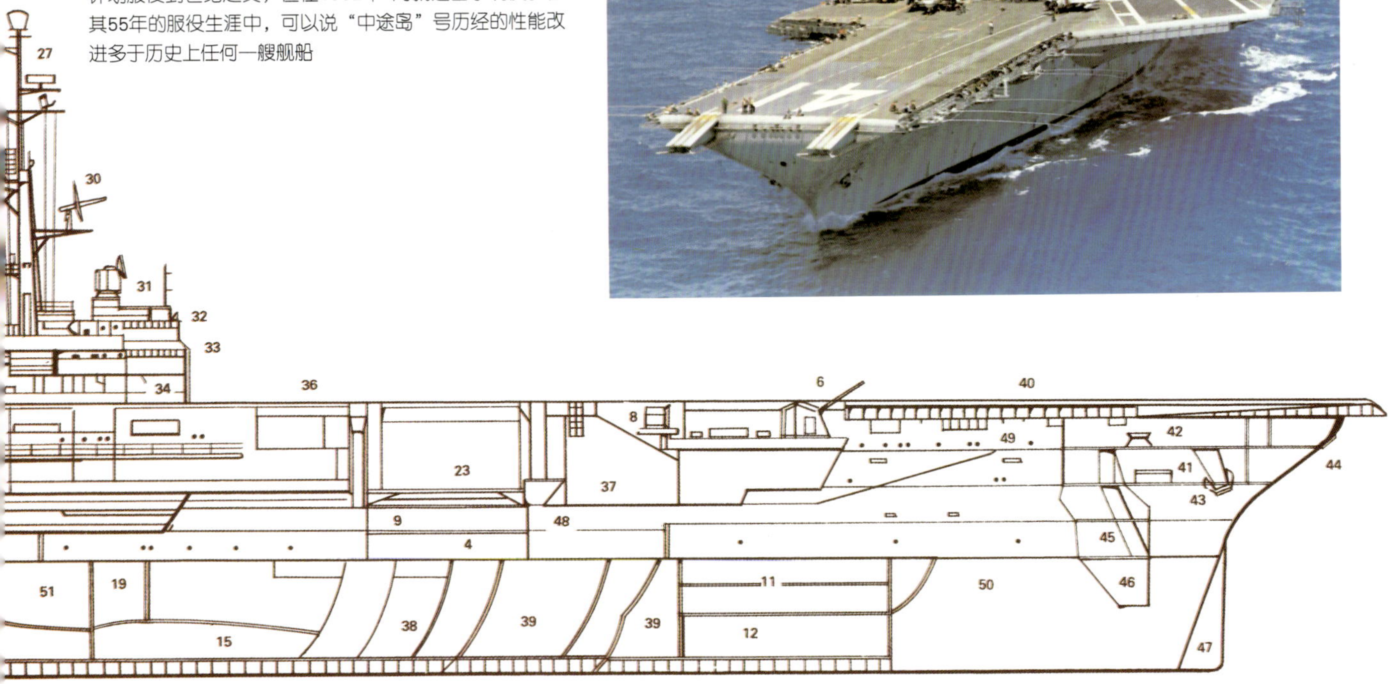

巴西海军"巨人"级航空母舰"米纳斯·吉拉斯"号

"米纳斯·吉拉斯"号是阿根廷海军"5月25日"号的姊妹舰,它的前身是"复仇"号航空母舰,1945年开始编入英国皇家海军服役,3年后赴北极海域执行实验巡航任务,1953年租借给澳大利亚海军使用,1955年返回英国皇家海军,1956年12月以"米纳斯·吉拉斯"号的名字卖给巴西海军。接下来,该舰被送到荷兰,在1957—1960年间进行了大规模改装,加装了1台弹射能力达13365千克(29465磅)的蒸气弹射器、一条8.5度的斜角飞行甲板、1套镜视甲板着舰系统、新式岛形上层建筑以及新型美国雷达和两台中轴线飞机升降机。机库长135.6米(445英尺)、宽15.8米(52英尺)、高5.3米(17.6英尺)。1976—1981年间,该艘航空母舰再次进行改装,希望能够服役到20世纪90年代,安装了数据链系统,可与巴西海军的"尼泰罗伊"级护卫舰进行通信协调。此外,SPS-40B型二维对空搜索雷达代替了陈旧的美国SPS-12型雷达。该舰在巴西海军服役期间主要担负反潜作战任务,上载的航空大队(自20世纪70年代晚期)包括8架S-2(P-16)"搜索者"反潜机(隶属巴西空军,巴西海军没有固定翼飞机)、4架海军的SH-3/ASH-3"海王"反潜直升机、2架UH-12/ UH-13型机和2架206B型效用直升机。"米纳斯·吉拉斯"号2001年退出现役。

技术参数

"米纳斯·吉拉斯"号
排水量: 15890吨(标准),19890吨(满载)
尺寸: 长211.8米(695英尺),宽24.4米(80英尺),吃水7.5米(24.6英尺);飞行甲板宽度37米(121英尺)
动力装置: 2轴推进,蒸汽涡轮机,输出功率29830千瓦(40000轴马力)
速度: 25.3节
武器: 2门四联装40毫米口径高射炮,1门双管40毫米口径高射炮
电子装置: 1部SPS-40B型对空搜索雷达,1部SPS-4型对海搜索雷达,1部SPS-8B型战斗机指挥雷达,1部SPS-8A型空中控制雷达,1部雷声公司生产的1402型导航雷达,2部SPG-34型火控雷达
编制人数: 加上航空人员共1300人

右图:"米纳斯·吉拉斯"号2001年2月完成其最后一次巡航活动,期间曾与新采购的A-4KU"天鹰"号攻击机(当地称为AF-1型机)联合作战,目前该型机上载在新型"克莱蒙梭"级航空母舰"圣保罗"号上

下图:"米纳斯·吉拉斯"号上载航空大队的飞机包括巴西空军的P-16"搜索者"号反潜机

法国海军"克莱蒙梭"级航空母舰

"克莱蒙梭"号航空母舰是法国设计的第一艘航空母舰,于20世纪50年代晚期建造,1961年11月服役。该舰采用了20世纪50年代航空母舰设计的所有先进技术,安装1条斜角飞行甲板、一套镜视着舰系统和一部综合性对空搜索、跟踪和控制雷达。飞行甲板长165.5米(543英尺)、宽29.5米(96.9英尺),与舰的中轴线成8°角;两台升降能力2036千克(44895磅)的飞机升降机,一台在甲板边缘舰尾部,另一台在右舷舰桥正前方;两台蒸气弹射器,一台在舰首左舷,另一台在斜角甲板上;机库长152米(499英尺)、宽24米(78.9英尺)、高7米(23英尺);燃料容量为1200立方米的JP5型航空燃料和400立方米的航空汽油(姊妹舰"福煦"号1963年7月服役,燃料容量分别为1800立方米和109立方米)。

1977年9月至1978年11月期间,"克莱蒙梭"号进行了一次大规模改装。"福煦"号紧随其后,于1980年7月至1981年7月也进行了改装。改装后,这两艘舰均可上载"超级军旗"战斗机,为此航空母舰的弹药库装载了AN52型战术核炸弹(当量15千吨)。舰上还安装了SENIT 2型自动战术信息处理系统,属于指挥与控制中心系统的一个组成部分。改装后,这两艘航空母舰上载的飞机包括16架"超级军旗"战斗机、3架"军旗"IVP型侦察机、10架"十字军战士"拦截机、7架"ALIZE"反潜飞机、两架"超级黄蜂"反潜直升机和2架"云雀Ⅲ"效用直升机。必要时,该艘航空母舰还可用作直升机航空母舰,根据不同机型可上载30~40架直升机。

1983年黎巴嫩危机期间,法国派遣一艘航空母舰支援维和部队,起飞"超级军旗"战斗机对几处袭击法军部队的炮兵阵地发起攻击。1985—1988年间,"福煦"号和"克莱蒙梭"号再次进行改装,用"响尾蛇"导弹发射装置代替了两门100毫米口径舰炮,装载了ASMP核导弹。1992—1993年,"福煦"号的前部弹射器上安装了一条1.5°的可以拆卸的小型跳板,1993—1994年进行了"狂风M"战斗机的起降试验。1995—1997年,"福煦"号进一步改装,可以起降"狂风"M战斗机,同时还安装了两座6管"萨德拉尔"导弹发射装置,用来发射"西北风"舰空导弹。

"福煦"号经过法国船舶制造公司改装后加入巴西海军服役,改名为"圣保罗"号,上载的舰载机是1998年从科威特购买的A-4"天鹰"攻击机。"圣保罗"号接替了"米纳斯·吉拉斯"号航空母舰,该舰拆除了所有舰炮和导弹,仅剩下几挺机枪,目前没有任何自卫系统。然而,在阿根廷海军的"5月25日"号航空母舰退出现役后,"圣保罗"号是唯一一艘活动在南美洲海域的航空母舰,成为在该地区享有大国地位的象征。早在20世纪初期,巴西、智利和阿根廷等国都曾不顾自身的实际情况,不惜重金从欧洲购买大型战舰,用于寻求心理满足。

下图:根据计划,两艘"克莱蒙梭"级航空母舰经过现代化改装后,可在法国海军服役到20世纪90年代,"克莱蒙梭"号于1998年3月退出现役,"福煦"号于2000年11月退出现役。"克莱蒙梭"号偶尔担任两栖作战的直升机航空母舰,上载SA330"美洲豹"、AS532"美洲狮"和SA342"小羚羊"等型号的飞机。在1990年海湾部署行动期间,"克莱蒙梭"号将30架"小羚羊"和12架"美洲豹"飞机运往沙特阿拉伯

下图:"圣保罗"号于2001年2月驶抵巴西,立即取代了"米纳斯·吉拉斯"号航空母舰。从科威特购买的"天鹰"战斗机标志着巴西海军进入一个新的时代,该型机挂载AIM-9"响尾蛇"导弹,主要担负空中作战巡逻任务

技术参数

"圣保罗"号

排水量: 27032吨(标准),32780吨(满载)

尺寸: 长265米(869英尺),宽51.2米(168英尺),吃水8.6米(28.3英尺)

动力装置: 双轴推进,蒸汽涡轮机,输出功率93960千瓦(126000轴马力)

速度: 32节

武器: 12.7毫米(0.5英寸)机枪

飞机: 15架AF-1"天鹰"战斗机、4~6架ASH-3"海王"直升机、3架UH-12/UH-13"军旗"战斗机、两架UH-14"起级美洲豹"直升机、206B型教练机

电子装置: 一部DRBV 23B型对空搜索雷达,一部DRBV 15型对空/海搜索雷达,两部DRBI 10型测高雷达,一部1226型导航雷达,一部NRBA 51型飞机着舰辅助装置,一套NRBP 2B"塔康"系统,一套SICONTA Mk 1型战术数据系统(计划安装)、两套AMBL 2A型干扰物发射装置

编制人数: 1202人(358名航空人员)

上图:第二艘"克莱蒙梭"级航空母舰"福煦"号于1957年开工建造,1960年下水,1963年加入现役。拍摄图中这幅照片时,该舰已经更名为"圣保罗"号并加入巴西海军服役

左图:在20世纪80年代初的某个时候,法国海军"福煦"号航空母舰正在驶进法国尼斯港,舰上搭载的是"超级军旗"战斗机、"军旗"IVP型侦察机、"贸易风"反潜机、"大山猫"反潜直升机和"超级黄蜂"反潜直升机。1983年,该艘航空母舰和"克莱蒙梭"号一起为在黎巴嫩执行任务的法国军队提供空中支援

阿根廷海军"巨人"级航空母舰"5月25日"号

阿根廷海军航空母舰"5月25日"号原是英国一艘"巨人"级航空母舰，在1948年5月由荷兰购买并加入荷兰皇家海军。1968年4月，该舰的锅炉舱发生重大火灾，接下来进行了耗资巨大的维修。第二年10月，阿根廷购买了该舰。

"5月25日"号安装了费朗蒂公司改进的CAAIS战术数据处理系统和普利西公司的CAAIS控制显示器，可以控制舰载机并通过数据链与阿根廷海军的两艘42型驱逐舰和ASAWS4型作战信息系统进行通信。该航改装了上层建筑，外观与以往截然不同。1980—1981年，该舰又进行了一次改装，加固了飞行甲板，扩大了甲板容量，用来停放阿根廷采购的"超级军旗"战斗机。

马尔维纳斯群岛战争

到马尔维纳斯群岛战争爆发时，"5月25日"号航空母舰当时并没有搭载"超级军旗"战斗机，对于英国人来说，这简直太幸运了。当时，改建的舰载机大队包括8架A-4Q"天鹰"攻击机、6架S-2E"搜索者"反潜机和4架SH-3D"海王"直升机。在马尔维纳斯群岛战争初期，"5月25日"号拥有举足轻重的地位，阿根廷军队对其寄予厚望。1982年5月2日，该舰准备起飞舰载机进攻英国特遣部队，只可惜当时的飞行条件太差，这一打算最终落空。后来，阿根廷导弹巡洋舰"贝尔格拉诺将军"号被击沉，迫使阿根廷人将该艘航空母舰撤退到沿海相对安全的海域，其舰载机只能执行一些陆基作战任务。

直到阿根廷失去马尔维纳斯群岛后，其余的"超级军旗"战斗机才交付使用，很快上载到"5月25日"号上。这支新的舰载机大队由20架固定翼和4架旋转翼飞机组成，包括：8架"超级军旗"战斗机、6架A-4Q"天鹰"攻击机、6架S-2E"搜索者"反潜机和4架AS-61D"海王"直升机。该舰在20世纪90年代几乎没有活动，于1997年正式退役。

技术参数

"5月25日"号
排水量： 15892吨（标准），19896吨（满载）
尺寸： 长211.3米（693.3英尺），宽24.4米（80英尺），吃水7.6米（25英尺）。飞行甲板宽度42.4米(138.5英尺)
动力装置： 双轴推进，蒸汽涡轮机，输出功率29830千瓦（40000轴马力）
速度： 24.25节
飞机： 见正文
武器： 9枚40毫米口径单身管高射炮
电子装置： 一部LW-01和一部LW-02型对空搜索雷达，一部SGR-109型测高雷达，一部DA-02型目标指示器雷达，一部ZW-01型导航/对海搜索雷达，一套URN-20"塔康"系统，一套CAAIS作战信息系统
编制人数： 1000人，另有500名航空兵

下图：马尔维纳斯群岛战争期间，英军潜艇部队的主要攻击目标是"5月25日"号航空母舰，该舰曾是入侵该岛的阿根廷海军特遣部队的旗舰

本图：20世纪80年代中期，"5月25日"号航空母舰可以搭载A-4Q"天鹰"攻击机和"超级军旗"战斗机。请注意飞机弹射器上正在弥散的蒸气，这表明飞机刚刚从甲板上起飞

法国海军"夏尔·戴高乐"号核动力航空母舰

1980年9月,法国政府批准建造两艘核动力航空母舰,用于替换20世纪50年代服役的"克莱蒙梭"级常规动力航空母舰。然而,法国核动力航空母舰发展计划,饱受了政治上的反对和舰载机技术难题的困扰。1989年4月,"夏尔·戴高乐"级核动力航空母舰的首舰"夏尔·戴高乐"号开始铺设龙骨,1994年5月下水,但是直到2001年5月才正式服役。在此期间,相关的建造预算被再三删减,再加上建造过程中的一系列失误,使得工程进度一再受阻。甚至到了2003年,"夏尔·戴高乐"号仍然未能具备作战能力,而且缺乏一支比较适合的舰载机部队。由于海军版本的"阵风"战斗机交付工作延误,致使在该艘航空母舰上起降的只有一支由20架"超级军旗"战斗机组成的航空大队。此外,一些关键性的舰船尺寸在设计时存在失误,使得"戴高乐"号无法搭载E-2C"鹰眼"预警机。鉴于这种情况,1999—2000年,斜角飞行甲板被加长,此外还增强了辐射屏蔽设备。尽管法国海军一再施压,希望能够再建造一艘"戴高乐"级航空母舰(也许采用常规动力驱动,并命名为"里舍利厄"号或"克莱蒙梭"号),但公众和政界要员们对于这样一项耗资巨大的投资并不看好。

"戴高乐"号装备一个可容纳20~25架飞机(将近舰载机大队飞机总数的一半)的机库,使用与"凯旋"级核动力弹道导弹潜艇相同的核反应堆,装填一次燃料可以连续使用5年。通过安装4对舰舷稳定翼,使得适航能力大大增强。

上图:"夏尔·戴高乐"号航空母舰的岛形上层建筑位于舰体前部,主要用来保护两台升降能力达36吨的飞机升降机不受天气影响

右图:法国海军"夏尔·戴高乐"号航空母舰安装有一对75米(246英尺)长的美国生产的C13F型弹射器,可弹射起飞重达23吨的飞机,飞行甲板还能够起降预警机进行作战

技术参数

"夏尔·戴高乐"号航空母舰
排水量:40600吨(满载)
尺寸:长261.42米;宽64.4米;吃水8.5米
动力装置:两台K15型核反应堆,功率30兆瓦(402145轴马力);两台涡轮发动机,功率56842.2千瓦(76000轴马力),双轴推进
航速:28节
舰载机:40架飞机,其中包括24架"超级军旗"战斗机、两架E-2C"鹰眼"电子战飞机、10架"阵风"M型战斗机、两架SA 365F型"皇太子"预警机或者2架AS 322 "美洲狮"指挥监视与侦察机

火力系统:4座"塞尔沃"八联装发射架,发射紫苑15型反舰导弹;两座Sadral PDMS六联装导弹发射架,发射"西北风"防空导弹;8门20毫米口径"基亚特"火炮
对抗装置:4部"萨格伊"10管诱饵发射器,使用LAD诱饵和SLAT鱼雷诱饵
电子装置:一部DRBJ ⅡB型对空搜索雷达,一部DRBV 26D"朱庇特"对空搜索雷达,一部DRBV 15D 对空对海搜索雷达,两部DRBN 34A型导航雷达,一部阿拉贝尔3D型火控雷达
人员编制:1150名舰员,550名航空人员,50名旗语指挥官,还可以容纳800名海军陆战队员

印度海军"竞技神"级航空母舰"维拉特"号

"竞技神"号航空母舰于1944—1953年在英国本土的造船厂建造,1959年编入英国皇家海军服役。1982年,"竞技神"号参加了马尔维纳斯群岛(福克兰群岛)战争,并在其中发挥了重要作用。战争结束4年后,"竞技神"号被卖给了印度,经过改装后于1987年5月编入印度海军服役,更名为"维拉特"号。1999年7月到2000年12月,"维拉特"号再次进行改装,于2001年6月重新返回舰队,计划服役到2010年,届时另外一艘排水量32000吨的航空母舰将接替"维拉特"号,后者将搭载常规起降飞机。

自从参加了马岛战争以来,"维拉特"号进行了大量的现代化改装,其中包括:用俄制AK-230型六联装30毫米口径火炮系统取代了老式的"海猫"防空导弹系统(前者未来很有可能被"卡什坦"近战武器系统所取代),更换新型火力控制系统、搜索和导航雷达、新型甲板降落辅助设备,升级核生化防护设施,更换可使用馏出燃料的锅炉。2001年后,"维拉特"号开始装备以色列IAI公司制造的"巴拉克"防空导弹。与"竞技神"号一样,"维拉特"号能够输送750名两栖作战人员和4艘车辆人员登陆艇,弹药舱还可以携带80枚轻型鱼雷。然而,"维拉特"号有可能提前退役,这是因为印度政府已经与俄罗斯政府达成有关购买"基辅"级航空母舰"戈尔什科夫海军上将"号的协定。作为配套工程,俄方还将向印度提供一定数量的米格-29K型战斗机、更换全通式飞行甲板服务以及总金额7亿美元的改装工程。根据计划,"维拉特"号搭载的"海鹞"战斗机也将进行现代化升级,但是随着米格-29K型战斗机的到来,这项计划有可能最终搁浅。

下图:印度海军舰队的旗舰——"维拉特"号,自从1986年编入印度海军以来,已经进行了安全防护、防御等一系列的现代化改装工程,其中包括装备以色列研制的具备反导能力的"巴拉克"近战导弹防御系统。根据计划,该舰将被一艘可起降常规飞机的"维克兰特"(Vikrant)级新型航空母舰所取代

左图:印度海军"维拉特"号航空母舰安装一条12°倾角的滑跃式飞行甲板,在弹药舱和轮机舱上方安装有防护装甲,能够起降30架"海鹞"式战斗机

技术参数	
"维拉特"号航空母舰	**火力系统:**两座八联装垂直发射架,发射"巴拉克"导弹;4门"厄利空"20毫米口径防空速射火炮,两门40毫米"博福斯"高射炮,4门30毫米口径AK-230型火炮
排水量:28700吨(满载)	
舰体尺寸:长208.8米;宽27.4米;吃水8.7米	
动力装置:4台锅炉,输出功率56673千瓦,双轴推进	**对抗装置:**两部"乌鸦座"诱饵发射器
航速:28节	**电子装置:**1部"印度"RAWL-02 Mk Ⅱ型对空搜索雷达,1部"印度"RAWS对空对海搜索雷达,1部"拉什米"导航雷达,1部"格拉斯比"184M型舰载主动搜索攻击声呐
续航力:10460千米(14节航速)	
舰载机:12~18架"海鹞"飞机,7架"海王"Mk42型直升机或者卡-28型直升机,3架卡-31直升机	
	人员编制:1150名舰员和航空人员,其中军官143人

苏联海军"基辅"级航空巡洋舰

美国海军"北极星"导弹潜艇的服役,促使苏联海军决心发展本国的航空作战能力。20世纪60年代后期,2艘"莫斯科"级直升机航空母舰先后建成,但性能并不可靠,容量极为有限。1967年,苏联海军开始对"莫斯科"级直升机航空母舰进行改进,这项代号"1143工程"的项目最终发展出"基辅"级,在规模上比"莫斯科"级大出许多。

编入舰队

这批新型航空母舰在黑海沿岸城市尼古拉耶夫的切尔诺莫尔斯基造船厂建造,排水量44000吨的"基辅"号成为该级航空母舰的首舰。1976年7月18日,"基辅"号穿过博斯普鲁斯海峡,此举招致国际社会一片抗议之声,谴责苏联人破坏了《蒙特勒协定》。然后,苏联海军又建造了3艘同级航空母舰,分别是"明斯克"号、"新罗西斯克"号和"巴库"号(后来更名为"戈尔什科夫海军上将"号)。其中,由于"巴库"号实施了一系列的改进措施,其中包括一部相控阵雷达、大量的电子战设备和一套增强型指挥与控制系统,因此有时又被视为另外一级航空母舰。1979年,第5艘"基辅"级获准建造,但最终未能动工。

航空巡洋舰

与"莫斯科"级相比,"基辅"级虽然被定级为航空巡洋舰,但更接近于常规的航空母舰,在右舷设置一座巨大的岛形上层建筑,左舷铺设一条斜角飞行甲板。然而,与美国航空母舰不同的是,"基辅"级在舰艏位置配置了威力强大的火力系统,其中就包括P-500型远程核反舰导弹(北约称为SS-N-12"沙箱"导弹)。舰载机联队包括22架雅克-38型"铁匠"垂直起降战斗机、16架卡-25型"荷尔蒙"直升机或者卡-27型"蜗牛"直升机。在16架舰载直升机中,10架执行反潜作战任务,两架执行搜索与救援任务,4架担任导弹制导飞机。在4艘"基辅"级航空母舰之中,没有一艘能够服役到今天。其中,"基辅"号、"明斯克"号和"新罗西斯克"号均于1993年退役,后来被卖掉拆解。根据有关协定,1991年退役的"戈尔什科夫海军上将"号将在换装上"库兹涅佐夫"级航空母舰的飞行甲板之后,出售给印度海军。

上图:就本质而言,"基辅"级航空母舰属于航空母舰和巡洋舰的杂交产物,携带着威力强大的导弹系统,能够攻击潜艇、水面舰艇和空中目标

技术参数

"基辅"级

型号：反潜/航空巡洋舰

排水量：标准排水量36000吨（"戈尔什科夫海军上将"号38000吨），满载排水量43500吨（"戈尔什科夫海军上将"号45500吨）

尺寸：长274米(899英尺)，宽32.7米(107.4英尺)，飞行甲板53米(173.10英尺)，最大吃水12米(39.4英尺)

动力装置：8台锅炉驱动4台涡轮机，输出功率149兆瓦(20000轴马力)

速度：32节

飞机：12架"雅克-41"垂直起降飞机和17架Ka-25"激素"或Ka-27"蜗牛"直升机

武器：两座72枚导弹的"风暴"（SA-N-3）导弹发射装置，两座发射40枚导弹的"奥萨"-M(SA-N-4)型舰空导弹发射装置，4座SA-N-9"长手套"垂直舰空导弹发射装置（"戈尔什科夫海军上将"号配置有192枚导弹，"诺沃罗西斯克"号装有96枚导弹），8具P-500（SS-N-12"沙箱"）反舰导弹发射管发射16枚导弹，4门76毫米（3英寸）舰炮（"戈尔什科夫海军上将"号装有两门单身管100毫米舰炮），8套AK 630 六管30毫米近战武器系统，2部RBU 6000型反潜火箭发射装置，10具533毫米（21英寸）鱼雷发射管

电子装置：一部"顶板"对空/海搜索雷达，"望天"4型相控阵列雷达（"戈尔什科夫海军上将"号配备），两部"双支柱"对海搜索雷达，3部"棕榈叶"导航雷达，一部"地板活门"、一部"莺声"、4部"锻木棰"和4部"十字剑"火控雷达，一套"飞行警察"和1套"蛋糕台"飞机控制着舰系统，"马颚"、"马尾"和各种深水声呐，两部干扰物发射装置和全套电子对抗/电子支援和敌我识别系统

编制人数：1600人

右图：苏联海军的垂直/短距降落飞机母舰——排水量44000吨的"基辅"号，于1976年首次出现在地中海上，这一场面令人震撼

下图：由于缺乏弹射器和降落拦阻装置，"基辅"级航空母舰与美国海军的超级航空母舰相比，在航空作战能力方面明显逊色很多

西班牙海军"阿斯图里亚斯王子"号轻型航空母舰

为了替代"迪达罗"号航空母舰（前美国海军"独立"级轻型航空母舰"卡伯特"号），从1986年起，西班牙海军开始执行1977年6月29日确定的一项造船合同，建造使用燃气涡轮推进系统的新型航空母舰。该艘航空母舰由美国纽约吉布斯—考克斯公司设计，在业已取消的美国海军"海上控制舰"的设计基础上发展而来。它最初命名为"加利洛·布兰克海军上将"号，但在临近下水之前更名为"阿斯图里亚斯王子"（Principe de Asturias）号。该舰在很多方面与英国3艘"无敌"级轻型航空母舰相似。

缓慢的建造进程

"阿斯图里亚斯王子"号航空母舰于1979年10月8日在巴赞公司费罗尔造船厂开始铺设龙骨，1982年5月22日下水，1988年5月30日编入海军服役。该舰从开始下水到最终服役，前后历时6年，这一过程之所以旷日持久，是因为需要对指挥与控制系统不断进行改进，以及增加一座司令舰桥以满足担当指挥舰的需要。

"阿斯图里亚斯王子"号的飞行甲板长175.3米，宽29米，舰艏位置安装一部12°倾角的滑跃式飞行跳板。此外，该舰还配置两台飞机升降机，其中一台位于舰艉。升降机主要用来将飞机（包括固定翼飞机和偏转翼飞机）从2300平方米的机库内提升到飞行甲板之上。

技术参数

"阿斯图里亚斯王子"号轻型航空母舰
排水量：16700吨（满载）
舰体尺寸：长195.9米；宽24.3米；吃水9.4米
推进系统：两台通用动力公司生产的LM 2500型燃气涡轮发动机，输出功率34300千瓦，单轴驱动
航速：26节
舰载机：见正文
火力系统：4套"梅洛卡"12管20毫米口径近战武器系统
电子装置：一部SPS-55型对海搜索雷达，一部SPS-52 3D型雷达，4部"梅洛卡"火控雷达，一部SPN-3SA型空中控制雷达，一套URN-22"塔康"系统（战术空中导航系统），一副SLQ-25"尼克斯"拖曳式诱饵，4台Mk 36型干扰物投放器
人员编制：555人，一名信号官，208名航空人员

下图：西班牙海军"阿斯图里亚斯王子"号航空母舰的机库位于舰艉，与两台飞机升降机之中的一台相连接。请注意，该艘航空母舰两侧和尾部是4套"梅洛卡"近战武器系统，每套系统拥有12管20毫米口径火炮

为了组建"阿斯图里亚斯王子"号上的舰载机联队,西班牙政府购买了SH-60B"海鹰"反潜直升机和EAV-8B(VA.2)"鹞"Ⅱ型垂直/短距起降多用途飞机(从1996年年初开始,装备雷达的"鹞"Ⅱ+型飞机开始交付)。通常情况下,该艘航空母舰配置24架舰载机,但在紧急情况下,借助飞行甲板上的停机坪可以增加到37架。舰载机的标准配置是:6~12架AV-8B型战斗机,两架SH-60B型直升机,2~4架AB-212型反潜直升机,6~10架SH-3H"海王"直升机。

先进的电子系统

"阿斯图里亚斯王子"号航空母舰配置了相当先进的舰载电子系统,其中包括"特里顿"全数字化指挥与控制系统、连接11号和14号数据链的数据传输/接收终端的海军战术显示系统、海空监视雷达、飞机和舰炮控制雷达以及电子和物理对抗系统。此外,该艘航空母舰还搭载了两艘车辆人员登陆艇。为了确保恶劣天气条件下的正常航行,还加装了两对稳定鳍。

右图:"阿斯图里亚斯王子"号航空母舰拥有一条全通式飞行甲板,在舰艏还配置了一台滑跃式跳板,专门用来起飞战斗载荷重的"鹞"Ⅱ型战斗机

泰国皇家海军"查克里·纳吕贝特"号轻型航空母舰

在由12艘护卫舰、相近数量的轻巡洋舰、快速攻击艇和两栖部队组成的泰国皇家海军的队列中,"查克里·纳吕贝特"号航空母舰是一艘最新型和最强大的战舰,同时也是第一艘被一个东南亚国家拥有和操作的航空母舰。该舰由西班牙巴赞公司费罗尔造船厂建造,1994年7月12日开始铺设龙骨,1996年1月20日下水,1996年10月开始进行海试,1997年年初的几个月在西班牙舰队中进行实习(鉴于上述原因,"查克里·纳吕贝特"号与西班牙海军的"阿斯图里亚斯王子"号航空母舰非常相似)。

"查克里·纳吕贝特"号在1997年8月抵达泰国后,被编入第3海军地区司令部服役,母港设在拉勇港。然而,由于原计划安装的主要防空系统(一座发射"海麻雀"导弹的Mk41 LCHR型八联装垂直导弹发射器和4套密集阵近战武器系统)未能如期安装,致使该舰在自身防御方面只能依靠射程仅4000米的"西北风"红外制导自动寻的导弹。"查克里·纳吕贝特"号很少执行作战巡航任务,即使是偶尔出海,通常乘坐的也是泰国皇室成员,因此人们很少将其视为一艘能够搭载垂直/短距起降飞机执行两栖作战任务的航空母舰,而将其看成是一艘运营费用极其昂贵的皇家游艇。

上图：泰国海军购买"查克里·纳吕贝特"号航空母舰，是为了满足两栖部队作战的需要。然而，泰国政府所面临的财政困难，制约了该艘航空母舰的进一步发展，使其无法获得足够的防御系统，难以确保其在争议水域的生存能力

技 术 参 数

"查克里·纳吕贝特"号轻型航空母舰

排水量： 10000吨（标准），11485吨（满载）

舰体尺寸： 长182.6米；宽22.9米；吃水6.21米

推进系统： 两台燃气涡轮机和两台柴油机，输出功率分别为32985千瓦和8785千瓦，双轴驱动

航速： 26节

舰载机： 6架AV-8"斗牛士"固定翼飞机，6架S-70B"海鹰"直升机，或者同等数量的"海王"S-76型"切努克人"直升机

火力系统： 两挺12.7毫米口径机枪，两座"西北风"防空导弹发射架

电子装置： 一部SPS-32C型对空搜索雷达，一部SPS-64型对海搜索雷达，一部MX1105型导航雷达，一部舰载声呐，4台SRBOC诱饵发射器，一套SLQ-32型拖曳式诱饵

人员编制： 舰员455人，146名航空人员，175名海军陆战队队员

上图："查克里·纳吕贝特"号航空母舰的侧影。从这幅照片可以看出，泰国皇家海军这艘主力战舰与西班牙海军的"阿斯图里亚斯王子"号航空母舰有着非常明显的相似之处，这是因为两者均是由同一家造船厂建造的

英国皇家海军"无敌"级轻型航空母舰

1966年,英国取消了"CVA-01舰队航空母舰"(搭载固定翼飞机)的发展计划。鉴于这种情况,英国皇家海军在1967年决定发展一种排水量12500吨、搭载6架"海王"反潜直升机的指挥巡洋舰。对上述这种基本概念进行重新设计之后,认为发展一种拥有更大甲板面积、可搭载9架直升机的战舰更加有效,于是,一种排水量19500吨的"全通甲板巡洋舰"就这样问世了。事实上,这种所谓的"全通甲板巡洋舰"从本质上讲属于轻型航空母舰,之所以采用这样的称谓,是为了回避当时一些政治上的麻烦,担心被批评这是一种复活航空母舰的做法。尽管如此,设计师们在设计时还是体现出了相当程度的主动性,为未来海军版的"鹞"式垂直/短距起降飞机提前预留出了足够的空间。1975年5月,英国皇家海军正式对外宣布,新型的"全通甲板巡洋舰"将搭载"海鹞"式垂直/短距起降战斗机,这一结果充分体现出了设计师们的先见之明。1973年7月,第一艘"无敌"级航空母舰"无敌"号在维克斯造船厂开工建造,期间没有出现任何延误。1976年5月,英国皇家海军定购了第二艘"无敌"级航空母舰"卓越"(Illustrious)号,1978年12月定购第三艘"不屈"(Indomitable)号。为了安抚公众们的忧虑情绪,英国海军部将"不屈"号更名为"皇家方舟"(Ark Royal)号。以上3艘航空母舰分别于1980年7月、1982年7月和1985年11月正式编入舰队服役。

上图:"无敌"级航空母舰可以同时搭载固定翼飞机和旋转翼飞机,前者包括各种型号的"鹞"式和"海鹞"式飞机

技术参数

"无敌"级轻型航空母舰

排水量:16000吨(标准),19500吨(满载)

舰体尺寸:长206.6米;宽27.5米;吃水7.3米

推进系统:4台罗尔斯·罗伊斯公司生产的"奥林匹斯"TN1313型燃气涡轮机,输出功率83520千瓦,4轴驱动

航速:28节

舰载机:见正文

火力系统:一座双联装"海标枪"防空导弹发射架,配置22枚导弹;两套20毫米口径"密集阵"近战武器系统("卓越"号上的"密集阵"系统被"守门员"系统所取代),两门20毫米口径单管防空火炮

电子装置:一部1022型对空搜索雷达,一部992R型对空搜索雷达,两部909型"海标枪"制导雷达,两部1006型导航/直升机定向雷达,一部184型或者2016型舰艉声呐,一部762型回音探测器,一部2008型水下电话,一套ADAWS 5战斗信息数据处理系统,一部UAA-1"阿比·希尔"电子支援系统,2部"乌鸦座"干扰物投放器

人员编制:舰员1 000人,320名航空人员(紧急情况下可搭载海军陆战队突击队员)

燃气涡轮机

"无敌"级是世界上使用燃气涡轮机驱动的最大吨位的航空母舰。与此同时,甲板以下所有的设备,包括发动机的所有零部件,都可以轻而易举地拆卸下来进行更换和维护保养。在建造期间,"无敌"号和"卓越"号均安装了7°倾角的滑跃式飞行跳板,而"皇家方舟"号则安装了15°倾角的滑跃式飞行跳板。1982年2月,英国宣布将"无敌"号出售给澳大利亚作为直升机母舰,用来取代"墨尔本"号航空母舰,这样一来,英国皇家海军可能只剩下两艘"无敌"级航空母舰了。然而,这项买卖在马尔维纳斯群岛战争结束后就被取消了,因为英国政府认识到,要想在任何时候都能拥有两艘可以作战的航空母舰,首先就必须保持3艘的拥有量,这样可以极大地减轻皇家海军的作战压力。

在"协作行动"中,"无敌"号最初搭载的舰载机为8架"海鹞"战斗机和9架"海王"反潜直升机。经过对战损飞机的补充和重新配置,"无敌"号上的"海鹞"战斗机增加到了11架,"海王"反潜直升机则减少到8架,另外增加了两架专门发射诱饵对付"飞鱼"导弹的"山猫"直升机。然而,这种配置产生了一个比较难以处理的问题,就是由于机库的容积有限,这些额外增加的飞机不得不停放在飞行甲板上。在此情况下,英国造船厂加快了"卓越"号的工程进度,以便早日前往南半球轮换"无敌"号。就这样,马尔维纳斯群岛战争刚一结束,"卓越"号便起航南下了,它搭载着10架"海鹞"战斗机、9架"海王"反潜直升机和两架"海王"预警直升机。为了防御来袭的敌方导弹,"无敌"级轻型航空母舰配置了两套20毫米口径的"密集阵"近战武器系统。此外,该级航空母舰还配置了两门20毫米口径单管防空火炮,用来提高所谓的近距离空中防御能力,但这种做法其实毫无意义。"无敌"级的舰载机标准配置为:5架"海鹞"战斗机,10架"海王"直升机(8架用于反潜作战,两架用于空中预警)。

服役中的"全通式甲板巡洋舰"

从20世纪80年代以来,英国皇家海军一直保持着两艘航空母舰服役,第三艘进

上图:英国皇家海军"无敌"级航空母舰的主要远程防空武器是"海标枪"舰对空导弹,从飞行甲板前端侧面的一座双联装导弹发射架进行发射

行维修保养的舰船轮换部署状态。首先,"无敌"号参照"皇家方舟"号的标准进行了现代化改装,接下来,"卓越"号也进行了同样的改装。从1999年开始,"皇家方舟"号开始进行一次为期两年的整修工程。

近年来,先后有6架英国皇家空军的GR.Mk 7型"鹞"式战斗机搭载在"无敌"级航空母舰上面,执行对地攻击任务。"卓越"号拆除了舰上的"海标枪"导弹发射器,以便腾出更大的空间供飞行和储存弹药之用。1994年,搭载着"海鹞"Mk2型战斗攻击机的"无敌"号在亚得里亚海海域巡弋,这是该型飞机首次执行作战部署任务。

垂直/短距起降飞机的航空母舰

"鹞"式战机航空母舰

美国海军认为现代轻型航空母舰太小，无法配备合适的航空联队，其机动性也达不到五角大楼的海军战略要求。然而，这种航空母舰拥有许多大甲板航空母舰所不具备的优势，没有安装弹射器和着舰拦阻装置（这些设备对航空母舰及其舰载机的尺寸都有要求）；简单的发射和回收装置使得起飞垂直/短距起降飞机的航空母舰的造价更低，而且比常规航空母舰更加容易操作。

技术参数

"皇家方舟"号
- **排水量**：16000吨（标准）；19500吨（满载）
- **尺寸**：长206.6米(677英尺)，宽27.5米(90英尺)，吃水7.3米(24英尺)
- **动力装置**：4台燃气涡轮机，4轴驱动，输出功率83529千瓦（11200轴马力）
- **速度**：28节
- **航程**：11265公里(7000英里)/19节
- **武器**：3套Mk 15型密集阵近战武器系统，两门20毫米口径舰炮
- **舰载机**：（标准航空联队）8架"海鹞"FA.Mk2型飞机，8架"鹞"GR.Mk 7型飞机，4架"海王"Mk7型预警机、两架"海王"Mk 6型飞机

"黄蜂"级
- **排水量**：28233吨（标准）；40532吨（满载）
- **尺寸**：长253.2米(844英尺)，宽31.8米(106英尺)，吃水8.1米(32英尺)
- **动力装置**：两台燃气涡轮机，双轴推进，输出功率33849千瓦（70000轴马力）
- **速度**：22节
- **航程**：17594公里(10933英里)/18节
- **武器**：两座Mk 29"海麻雀"舰空导弹发射架，两座Mk 49 RAM 导弹发射架、2套/3套Mk15型密集阵近战武器系统、4门25毫米口径Mk38型舰炮
- **舰载飞机**：执行海上控制任务时配备20架AV-8B型飞机和6架SH-60型直升机，执行海上攻击任务时配备或6架AV-8B攻击机和直升机（最多可达42架CH-46型直升机）

下图：英国皇家海军"海鹞"FA.Mk 2型飞机计划提前退役，这种多用途型飞机安装有强大的"蓝雌狐"雷达，可携载4枚AIM-120型导弹。计划在2012—2015年服役的"常胜"级航空母舰将上载F-35型固定翼飞机

上图:"加里波第"号航空母舰前甲板停放的是一架意大利TAV-8B型教练机。该艘航空母舰可上载16架"鹞"式飞机或者最多18架SH-3型直升机

本图:7艘"黄蜂"级两栖攻击舰由"塔拉瓦"级两栖攻击舰改装而成,除直升机外还可上载3辆气垫登陆艇,其加长型的飞行甲板能够连续起飞重型直升机和飞机。本图所示是美国海军"埃塞克斯"号两栖攻击舰,甲板上停放的是一架MV-22B型飞机,该型机取代了CH-46和CH-53D型直升机,担负部队的攻击和运输任务

美国海军陆战队部队在1982—1992年间共拥有286架 AV-8B "鹞" II型飞机服役。1995年，出现了AV-8B "鹞" II型加强机型，其运输能力比AV-8A和AV-8B型机大出许多，机载的APG-65型多用途雷达可控制机翼所携挂的所有武器，其中包括AIM-120 "阿姆拉姆" 空对空导弹。图为海军陆战队第542攻击机中队的 "鹞" II型飞机。

"海王"：英国皇家海军的驮马

虽然英国皇家海军 "常胜" 级航空母舰主要上载 "鹞" 式战斗机，但在冷战时期，挂载深水核炸弹的 "海王" 直升机是在大西洋活动舰船的主要反潜工具。舰载的垂直/短距起降落飞机主要执行防御前苏联海上巡逻机的任务。在马岛战争期间，"海王" 直升机负责保护英军特混舰队不受阿根廷潜艇的攻击，但该型机在这次战争中没有安装机载预警系统，后来研制的Mk2型直升机成为第一架安装机载预警系统的直升机。"常胜" 级航空母舰现在上载的 "海王" 直升机主要用来作为第849中队的改进型空中预警机，另有几架执行反潜任务和护航任务的HAS.Mk 6型机。此外，舰载的HC.Mk 4型飞机（见右图）主要执行攻击和部队运输任务，通常搭载在英国 "海洋" 号航空母舰和 "无畏" 号两栖船坞运输舰上。

AGM-65"小牛"

空对地导弹是一种威力强大的重要武器,美国海军陆战队配备的改进型AGM-65E"小牛"空对地导弹安装有激光寻的弹头,这与以前的依靠红外线制导的导弹大不相同。

雅克-38"铁匠":苏联早期的垂直起降飞机

雅克-38"铁匠"通常被称为英国皇家海军第一代"鹞"式飞机在苏联的复制品,但它们的用途截然不同,"铁匠"只是作为一种轻型攻击机,而"鹞"Mk1型主要用于防空作战。雅克-38型飞机没有安装雷达系统,4个翼下外挂架可携带Kh-23型无线电制导空对地导弹(AS-7"克里牛")、非制导炸弹、火箭以及R-60型空对空导弹(AA-8"蚜虫")。雅克-38型飞机为苏联固定翼飞机的起降作战积累了丰富的经验,该型机可在"基辅"级航空母舰上起降,也可在民用舰船上起降,甚至赴阿富汗战场执行陆基飞机的作战任务。"基辅"级航空母舰舰载机联队的标准编制包括20架雅克-38或Ka-25/27反潜直升机,"明斯克"号、"新罗西斯克"号和"巴库"号可搭载28架"铁匠"飞机或反潜直升机。鉴于雅克-38型飞机的成功经验,促使苏联海军计划配备超音速的雅克-41M"自由式"垂直起降战斗机,但这项计划在1992年取消。

英国皇家海军"皇家方舟"号航空母舰

"皇家方舟"号这个名字最早出现于1588年,当时是一艘与西班牙舰队作战的英国大型帆船。第一次世界大战后,这个名字再次被英国皇家海军使用,成为二战前英国最大的航空母舰的名字,其继承者是英国皇家海军最新服役的一艘常规航空母舰。目前的"皇家方舟"号是第三艘"常胜"级航空母舰。2003年3月,该舰与英国皇家海军特混舰队一起部署到海湾地区,支援"伊拉克自由行动"。

指挥与控制

"皇家方舟"号安装有ADAWS 10型作战数据自动武器系统,该系统不但能够控制舰上的武器和飞机,还可通过数据链指挥与控制护航部队和协同作战部队。

"皇家方舟"在海湾

英国皇家海军"常胜"级航空母舰在"南方监视"行动中,主要负责对联合国部队监视伊拉克的行动提供支援,具体起飞"海鹞"FA.Mk2型飞机实施空防任务。

2003年2月1日,美国海军核潜艇"蒙特培利尔"号和由"皇家方舟"号航空母舰、直升机航空母舰"海洋"号和3艘驱逐舰和7艘补给舰组成的英国舰队一起穿越苏伊士运河,驶往海湾地区备战。英国皇家海军特混舰队的这些舰只加入早已部署在该地区的其他10艘皇家海军舰船,参加"伊拉克自由行动"。

通信

"皇家方舟"号安装有一副卫星通信终端2D卫星通信天线,安装在舰尾的第二个烟囱之上,卫星通信终端可以通过英国的"天网"军事卫星和北约的网络以及美国国防部卫星通信系统进行通信。

导弹火力控制

"海上标枪"导弹由两部909型火控雷达进行控制(发射后),909型雷达不但能够跟踪目标,还能够自动瞄准目标进行发射。舰炮火力控制由"雷德麦克"光导指挥仪进行控制。

直升机

"皇家方舟"号在正常情况下搭载"海王"反潜直升机,也可搭载较大型的"默林"直升机。冷战期间,一个标准的反潜航空联队包括一个"海王"Mk6型机中队(9架),由3架"海王"预警机提供支援。此外,"皇家方舟"号的另一项潜在任务是攻击,为此,"皇家方舟"号还搭载了"海王"Mk4型机或英国皇家空军的"支奴干"型直升机,替换航空联队的部分飞机。目前部署的"海王"机型是HAS.Mk 6型(反潜/搜救/效用直升机)。实施突击行动时,该舰还可上载皇家陆战队的"小羚羊"和"大山猫"直升机。

近战武器系统

"皇家方舟"号装有3个美制Mk15型"密集阵"近战武器系统。"密集阵"以

"火神"航空机炮为基础,6个旋转发射管每分钟发射3000发20毫米口径的炮弹。"密集阵"系统分别安装在舰首、舰尾的突出部位和上层建筑的右舷侧,是拦截海上导弹的最后一道防线。"常胜"号和"卓越"号经过改装后,这些系统被"守门员"系统所替换,这种7管30毫米口径舰炮系统近似于"密集阵"系统的射程,每分钟的射速提高到4200发。此外,上层建筑右侧还装有单身管20毫米口径"厄利孔"火炮。

滑跃式跳板

"皇家方舟"号的飞行甲板前端装有一条12°的滑跃式跳板,由英国发明制造,能使载重的"海鹞"飞机经过短距离滑跑后起飞。早期的"常胜"号和"卓越"号航空母舰装有一条7°的滑跃式跳板。"皇家方舟"号于1985年加入现役,该舰在设计上汲取了马尔维纳斯群岛战争时的经验教训,最明显之处就是加长了滑跃式跳板,并使斜度更大,扩大了飞机容量,改进了指挥与控制设备。

飞行甲板

因为轻型航空母舰搭载的是短距/垂直起降飞机,所以不需要弹射器和着舰拦阻装置,"皇家方舟"号的甲板长167米、宽35米,"鹞式"飞机的起降跑道在舰首,沿着甲板设置了9个直升机和"鹞"式飞机着舰点。

"海上标枪"导弹

"常胜"级轻型航空母舰最初配备"海上标枪"舰对空导弹,所使用的GWS30型双管发射装置配置在右舷的滑跃式跳板附近,与装有22枚导弹的弹药库相连。"海上标枪"导弹的有效射程超过65公里,可击中30~18000米高度飞行的目标。

"皇家方舟"号参与的行动

虽然"常胜"级航空母舰没有直接参加1991年的海湾战争,但"皇家方舟"号在"沙漠风暴"行动期间部署在东地中海执行任务。1993年,该艘航空母舰在亚得里亚海参与"格斗"演习,支援联合国对波斯尼亚实施的"禁飞"行动。接下来,"皇家方舟"号一直在该战区活动,直到逐渐升级为巴尔干战争,1994年4月,其舰载的"海鹞"FRS.Mk 1型机被一枚SA-7"怀盘"导弹击毁。1995年9月,"海鹞"型飞机参与了波黑战争,攻击波斯尼亚境内的塞尔维亚族武装。

动力装置

"皇家方舟"号使用4台罗伊斯·劳尔斯公司的"奥林帕斯"燃气涡轮发动机,其优点是小型、轻便,比常规蒸汽轮机达到全功率的速度更快,提高了加速度,这一点对于追踪高速核动力潜艇非常重要。

飞机编制

"常胜"级航空母舰设计搭载5架"海鹞"飞机,但自从马尔维纳斯群岛战争以来,正常的编制已达8架,最新型的FA.Mk 2型飞机(左图为FRS.MK1机)可机载各种空对地和空对空导弹武器,其"蓝雌狐"雷达使得该机具备俯射能力。冷战结束后,标准的航空大队编制包括8架FA.Mk 2型机、4架"海王"预警机和两架"海王"HAS.Mk 6型机,执行搜索与救援和反潜作战任务。

下图:"皇家方舟"号于1985年加入现役,是第三艘"常胜"级舰母,这使得皇家海军始终能够保持两艘航空母舰服现役,另外一艘作为备用或者进行改装。请注意舰体前部的"密集阵"近战武器系统

美国海军改进型"福莱斯特"级航空母舰

"美国"号、"星座"号、"肯尼迪"号和"小鹰"号

事实上,4艘改进型"福莱斯特"级核动力航空母舰可以进一步分类为3种类型的航空母舰,它们与前辈们("福莱斯特"级)相比有着非常明显的区别,岛形上层建筑更加靠近舰艉。此外,在改进型"福莱斯特"级的4部飞机升降机中,有两部位于岛形上层建筑的前部,而"福莱斯特"级在这一位置只设置了1部升降机。此外,在岛形上层建筑的后方,还安装了一根格栅雷达天线杆。

"美国"号航空母舰

1965年1月,第一艘改进型"福莱斯特"级航空母舰"美国"号服役,它与第一批两艘"福莱斯特"级航空母舰("小鹰"号和"星座"号,分别于1961年6月和1962年1月服役)非常相似,事实上,它是美国战后建造的唯一一艘安装声呐系统的航空母舰。最后一艘改进型"福莱斯特"级航空母舰是"约翰·F.肯尼迪"号,该舰在设计上进行了改进,加装了一套原本用于核动力航空母舰的水下防护系统,于1968年9月服役。以上4艘航空母舰均安装了蒸汽弹射器,可携带2150吨航空弹药和738万升航空燃油(195万美制加仑),用来满足舰载机联队的需要。此外,这些航空母舰在大小尺寸上与"尼米兹"级航空母舰比较相似,每支舰载机联队的战术侦察任务通常由数架格鲁曼公司生产的装备TARPS数字化吊舱("战术空中侦察系统")的F-14"雄猫"战斗机承担。根据规划,F-14"雄猫"战斗机将被波音公司生产的F/A-18E/F"超级大黄蜂"战斗攻击机所取代,这项换装工作如今正在进行之中。

上述航空母舰均装备了反潜作战分类和分析中心、导航战术定向系统和战术旗舰指挥中心等设备,其中,"美国"号成为第一艘装备导航战术定向系统的航空母舰。与此同时,这些战舰均安装了OE-82型卫星通信系统,成为第一批能够同时轻易地投送和回收舰载机的航空母舰,而这种作战能力对于早期航空母舰来说简直是天方夜谭。在4艘改进型"福莱斯特"级航空母舰中,有3艘通过了"延长服役期"资格认证,唯独"美国"号未能获得认证,最终在20世纪90年代初期退役。根据计划,"星座"号和"小鹰"号在美国海军太平洋舰队分别服役到2003年和2008年,"约翰·F.肯尼迪"号将在大西洋舰队至少服役到2018年。

右图:2000年4月,在执行为期2个月的西太平洋部署任务期间,美国海军"小鹰"号航空母舰停靠在关岛的阿普拉码头。从1998年至今,"小鹰"号成为常驻日本的美国常规动力航空母舰

下图:"美国"号航空母舰(CVA 66)于1965年1月服役,最初编入美国海军大西洋舰队,在1968年到1973年期间曾经3次赴东南亚地区执行战斗部署任务。1975年,该舰经过改进后开始起降F-14型战斗机和S-3型飞机。1980年,"美国"号成为第一艘装备"密集阵"近战武器系统的航空母舰,并于1986年和1991年先后参加了空袭利比亚的战斗以及海湾战争

技术参数

"约翰·F.肯尼迪"号航空母舰

排水量：81430吨（满载）

舰体尺寸：长320.6米；宽39.60米；吃水11.40米；飞行甲板宽76.80米

推进系统：4台蒸汽涡轮机，输出功率209兆瓦，4轴驱动

航速：32节

舰载机：根据不同的作战任务组成不同的舰载机联队，通常包括20架F-14"雄猫"战斗机，36架F/A-18"超级大黄蜂"战斗攻击机，4架EA-6B"徘徊者"电子战飞机，4架E-2C"鹰眼"预警机，6架S-3B"海盗"反潜巡逻机，两架ES-3A"影子"飞机（持续到1999年），4架SH-60F"海鹰"直升机，两架HH-60H"救援鹰"直升机

火力系统：3座八联装Mk 29"海麻雀"防空导弹发射架，3套20毫米口径"密集阵"近战武器系统，其中两套将被RAM近战武器系统取代

电子装置：一部SPN-64（V）9型导航雷达，一部SPS-49（V）5型对空搜索雷达，一部SPS-48E型3D雷达，一套Mk23型目标获取系统，一部SPS-67型对海搜索雷达，6部Mk95型火控雷达，3部Mk91型导弹火控系统指挥仪，一部SPN-41型雷，一部SPN-43A型雷达，两部SPN-46型"航空母舰控制着舰系统"雷达，一套URN-25型"塔康"系统，一部SLQ-36型拖曳式鱼雷诱饵，SLQ-32（V）4/SLY-2型电子预警/电子对抗装置，一套水面舰艇鱼雷防御系统，4部Mk36型干扰物/诱饵投放器

人员编制：舰员2930人（军官155人），航空人员2480人（320名军官）

右图：1962年，"小鹰"号航空母舰正在为"萨姆纳"级驱逐舰"麦克恩"号和"哈里·E.哈伯德"号进行海上加油，此时距离"小鹰"号编入美国海军太平洋舰队有一年之久

下图：1999年8月，美国海军航空母舰"星座"号（前面位置）和"小鹰"号在西太平洋海域参加航空母舰联合演习。根据计划，"星座"号于2003年退役，它的位置被"罗纳德·里根"号所取代，而"小鹰"号也于2008年被CVN77号航空母舰所取代

美国海军"企业"号核动力航空母舰

世界上第一艘核动力航空母舰——"企业"号,于1958年开工建造,1961年11月正式服役,是在当时最大规模的一艘战舰。"企业"号拥有8台A2W型压水浓缩铀燃料反应堆,可以产生巨大的推力。然而,"企业"号的昂贵造价,制约了美国海军造舰计划中另外5艘同级航空母舰的建造工作。

大规模改装

从1979年1月到1982年3月,"企业"号航空母舰进行了一次大规模改装,其中包括改建岛形上层建筑,安装新型雷达系统,更换自建成以来就一直使用的老式雷达天线等项目。"企业"号配置4部蒸汽弹射器和4台飞机升降机,能够携带2520吨航空弹药和1030万升航空燃油,从而满足舰载机联队的作战需求。与其他美国航空母舰一样,"企业"号的弹药包括爆炸当量一万吨的B61、两万吨的B57、6万吨的B43、10万吨的B61、20万吨的B43、33万吨的B61、40万吨的B43、60万吨的B43和90万吨的B61等各型战术自由下落核炸弹,以及10万吨的Walleye空对舰导弹和一万吨的B57型深水炸弹。此外,还可以根据实际作战需要携带爆炸当量140万吨的B43型和120万吨的B28型战略核炸弹。"企业"号上的舰载机联队在规模和构成上与"尼米兹"级的舰载机联队相似,而且装备了相同的反潜作战分类和分析中心、导航战术定向系统和战术旗舰指挥中心等设备。除了OE-82型卫星系统之外,"企业"号还安装了两部英国制造的SCOT卫星通信天线,用来与英国和北约舰队进行沟通。以上两套系统于1976年安装。

"企业"号目前正在太平洋舰队中服役,并于1991—1994年间通过了"延长服役期"资格认证,预计将在2014年退役。

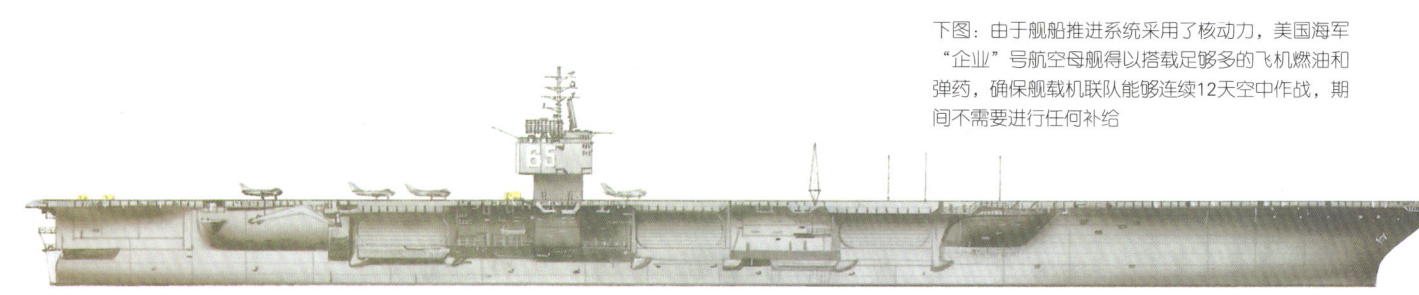

下图:由于舰船推进系统采用了核动力,美国海军"企业"号航空母舰得以搭载足够多的飞机燃油和弹药,确保舰载机联队能够连续12天空中作战,期间不需要进行任何补给

下图:1996年,美国海军航空母舰"企业"号(最顶端)和"乔治·华盛顿"号、快速战斗支援舰"供给"号(中间)以及弹药船"贝克山"号(底部)成编队队形航行在西地中海海域

技术参数

"企业"号航空母舰

排水量： 75700吨（标准），93970吨（满载）

舰体尺寸： 长342.30米；宽40.50米；吃水10.90米；飞行甲板宽76.80米

推进系统： 4台蒸汽涡轮机（8台A2W型核反应堆），输出功率209兆瓦，4轴驱动

航速： 33节

舰载机： 见改进型"福莱斯特"级航空母舰

火力系统： 3座八联装Mk 29"海麻雀"防空导弹发射架，3套20毫米口径"密集阵"近战武器系统（有可能被RAM近战武器系统取代）

电子装置： 一部SPN-64（V）9型导航雷达，一部SPS-49（V）5型对空搜索雷达，一部SPS-48E型3D雷达，一套Mk23型目标获取系统，一部SPS-67型对海搜索雷达，6部Mk95型火控雷达，3部Mk91型导弹火控系统指挥仪，一部SPN-41型雷达，一部SPN-43A型雷达，两部SPN-46型"航空母舰控制着舰系统"雷达，一套URN-25型"塔康"系统，一部SLQ-36型拖曳式鱼雷诱饵，SLQ-32（V）4/SLY-2型电子预警/电子对抗装置，一套水面舰艇鱼雷防御系统，4部Mk36型干扰物/诱饵投放器

人员编制： 舰员3215人（军官171人），航空人员2480人（358名军官）

右图：在1998年12月的"沙漠之狐"行动期间，美国海军"企业"号航空母舰上的空中交通管制员正在协助引导执行打击任务的战机进出伊拉克领空

下图：2001年9月，"企业"号航空母舰——美国海军年事最高的现役核动力航空母舰，古巴导弹危机的亲历者——正在阿拉伯湾支援"南方监视"行动

美国海军"尼米兹"级核动力航空母舰

起初,首批3艘"尼米兹"级核动力航空母舰主要设计用来替代老式的"中途岛"级航空母舰。作为迄今为止美国建造的吨位大、威力强的航空母舰,"尼米兹"级拥有两座核反应堆,这与早期的"企业"号核动力航空母舰的8座核反应堆形成了鲜明的对比。"尼米兹"级的弹药库设置在核反应堆中间和前面,这种做法增加了可以利用的内部空间,能够携带2 570吨的航空武器和1 060万升的飞机燃油,这些物资足够舰载机联队进行16天不间断的飞行作战。此外,该级航空母舰还安装了和"肯尼迪"号完全相同的鱼雷防护装置和电子装置。

飞行甲板

"尼米兹"级航空母舰的4台飞机升降机安装在飞行甲板的边缘,其中两台位于航空母舰前部,一台位于右舷岛形上层建筑的后部,一台位于左舷舰艉处。机库高7.80米,所容纳的飞机数量与其他航空母舰相同。但通常情况下,仅有一半的舰载机停放在机库内,其余舰载机停放在飞行甲板的机位上。飞行甲板面积为333米×77米,其中斜角飞行甲板长237.70米。"尼米兹"级配置4套飞机制动索和1套制动网用于回收舰载机。此外,该级航空母舰还配置了4台蒸汽飞机弹射器,其中两台安装在舰艏位置,另外2台安装在斜角飞行甲板之上。有了这些飞机弹射器,"尼米兹"级每20秒能够起飞一架飞机。

舰载机联队

在21世纪初期,美国海军一支舰载机联队的标准配置为:20架F-14D"雄猫"战斗机(承担一定程度的打击任务)、36架F/A-18"大黄蜂"战斗机、8架S-3A/B"海盗"、4架E-2C"鹰眼"、4架EA-6B"徘徊者"、4架SH-60F和2架HH-60H"海鹰"直升机。舰载机联队可以根据不同的作战需要采取不同的机型构成。例如1994年在海地附近海域的维和行动中,"艾森豪威尔"号航空母舰上搭载的是50架美国陆军直升机,而非通常的舰载机联队。

100万英里

在标准条件下,"尼米兹"级的A4W型核反应堆燃料的使用寿命是13年左右,可确保航空母舰行驶1 287 440~1 609 300千米,而后才更换反应堆燃料。尽管"尼米兹"级航空母舰相对比较新型,但仍计划在2010年之前进行"延长服役期"整修,希望通过此举能够再增加15年的服役期。

作为美国海军主要的兵力投送手段,"尼米兹"级航空母舰频频出现在世界各个热点地区。其中,1975年5月服役的"尼米兹"号(CVN-68)参加了1980年的伊朗人质救援行动,在行动中作为美军特种部队的海上基地,但这次行动最终以失败而告终。1981年,"尼米兹"号上的舰载机联队参加了轰炸利比亚的战斗行动。1987年,"尼米兹"号从大西洋舰队转隶太平洋舰队,在接下来的10年内多次赴波斯湾和亚洲海域执行部署任务。1998年,"尼米兹"号返回诺福克接受一项为期两年的燃料装填和整修工程。

"艾森豪威尔"号

1977年10月,"德怀特·D.艾森豪威尔"号(CVN-69)航空母舰编入美国海军大西洋舰队服役,此后先后8次赴地中海执行部署任务。1990年,伊拉克入侵科威特,"艾森豪威尔"号最早对此作出反应。1994年,"艾克"号("艾森豪威尔"号的昵称)赴海地周边海域支援维和行动。接下来,该舰又多次赴波斯湾执行部署任务,支援美国在该地区的外交和军事决策。

自从1982年编入美国海军太平洋舰队以来,"卡尔·文森"号航空母舰(CVN-70)在太平洋、印度洋和阿拉伯海海域已经多次执行部署任务。"卡尔·文森"号还参加了阿富汗战争,并在其中发挥了重要作用。

技术参数

"尼米兹"级航空母舰
排水量: 81600吨(标准),91487吨(满载)
舰体尺寸: 长317米;宽40.80米;吃水11.30米
飞行甲板: 长332.90米;宽76.80米
推进系统: 两座A4W/A1 G型核反应堆驱动4台蒸汽涡轮机,输出功率208795千瓦,4轴驱动
航速: 35节
舰载机: 最多可搭载90架,但目前的美国海军舰载机联队通常为78~80架
火力系统: 3座8联装"海麻雀"防空导弹发射架,4套20毫米口径"密集阵"近战武器系统,两具3联装320毫米口径鱼雷发射管
电子装置: (首批3艘航空母舰)一部SPS48E型3D对空搜索雷达,一部SPS-49(V)5型对空搜索雷达,一部SPS-67V型对海搜索雷达,一部SPS-67(V)9型导航雷达,5套飞机降落辅助装置(SPN-41型、SPN-43B型、SPN-44型和两套SPN-46型),一部URN-20型"塔康"系统,6部Mk 95型火控雷达,一部SLQ-32(V)4型电子支援装置,4部Mk36超级RBOC干扰物投放器,一套SSTDS鱼雷防御系统,一套SLQ-36"尼克斯"声呐防御系统,一套ACDS战斗数据系统,一部JMCIS战斗数据系统,4套特高频和一套超高频卫星通信系统
人员编制: 舰员3300人,航空人员3000人

上图：20世纪80年代早期，"艾森豪威尔"号航空母舰与导弹巡洋舰"加利福尼亚"号一起在海上航行。在将近四分之一世纪内，美国海军"尼米兹"级航空母舰一直保持着世界上最强大战舰的地位

上图：在本幅照片中，停放在美国海军"卡尔·文森"号航空母舰飞行甲板上的飞机数量占到了一支舰载机联队的三分之一。在执行打击任务的舰载机之中，绝大多数飞机不但能够进行空对空作战，还能够实施对地攻击

美国海军改进型"尼米兹"级核动力航空母舰

1981年,经过国会山以及五角大楼内部的多次讨论之后,有关订购第一艘改进型"尼米兹"级航空母舰的争论终于尘埃落定。所有6艘改进型"尼米兹"级核动力航空母舰均在关键部位加装了"凯夫拉尔"防护装甲,并装备了经过改进的舰体防护装置。

规模扩展

与老式的"尼米兹"级航空母舰相比,改进型"尼米兹"级的舰宽多出2米,满载排水量超过102000吨(在某些情况下甚至超过106000吨)。在人员编制构成中,舰员3184人(军官203人),舰载机联队人员2800人(军官366人),信号人员70人(军官25人)。

该级航空母舰上的战斗数据系统,是以"海麻雀"导弹的海军战术和高级战斗引导系统为基础进行安装的。此外,"尼米兹"号安装了雷声公司研制的SSDS Mk2 Mod 0型舰船自我防御系统,该系统通过整合和协调舰载武器系统和电子战系统,能够针对来袭的反舰巡航导弹进行自我防护。

电子战

雷声公司研制的AN/SLQ-32(V)型电子战系统,借助两套天线系统对敌方雷达的脉冲重复速率、扫描模式、扫描周期和频率进行系统分析,能够探测和发现敌方雷达发射机。该电子战系统通过识别威胁类型和方向,为舰载电子对抗系统提供预警信号和界面。

第一艘改进型"尼米兹"级航空母舰是"西奥多·罗斯福"号航空母舰(CVN-71),于1986年10月编入现役,不久后参加了海湾战争。"亚伯拉罕·林肯"号(CVN-72)于1989年11月服役,它所执行的第一项重大任务就是当皮纳图博火山爆发时,从菲律宾撤运出美国军队。接下来,"乔治·华盛顿"号(CVN-73)、"约翰·C.斯坦尼斯"号(CVN-74)和"哈里·S.杜鲁门"号(CVN-75)分别于1992年7月、1995年12月和1998年相继服役。2001年,第6艘改进型"尼米兹"级航空母舰"罗纳德·里根"号(CVN-76)下水,南希·里根夫人主持了舰船命名仪式。

第10艘同时也是最后一艘"尼米兹"级航空母舰——CVN-77,该舰将采用一种过渡性设计方案,融合了最新的造船科技,舰员数量将大幅度减少。此外,它还将测试一些新型系统,以便将来应用在下一代新型航空母舰(CVNX)之上。

上图:在过去20年间,美国海军航空母舰在印度洋一直保持存在,此图为"华盛顿"号(CVN-73)接替"企业"号(CVN-65)执行任务

右图：在美国海军"西奥多·罗斯福"号航空母舰（CVN-71）的控制中心内，水兵们正在面板上绘制舰船动态图

下图：美国海军"哈里·S.杜鲁门"号（CVN-75）飞行甲板的面积相当于3个足球场的大小，所搭载的舰载机联队的规模甚至比一些国家的空军部队还要强大。航空母舰是支撑美国外交政策的强有力的柱石

意大利海军"安德利亚·多里亚"级航空母舰

2000年11月,意大利海上防御部与意大利造船集团签订合同,决定建造"安德利亚·多里亚"号轻型航空母舰。2001年7月,舰尾和舰体中部在里瓦·特里格索造船厂开工建造,舰首在马吉亚诺造船厂开工建造。整艘舰于2007年交付使用。

根据设计,该舰具备指挥与两栖作战能力,舰载145名司令部参谋人员和380名海军陆战队员,后增加到470人执行短期作战任务。此外,该舰可搭载24辆主战坦克或60辆装甲车或100辆轮式车辆,车辆通过两副拖车装卸斜板(舰尾和右舷各一副)进出舰船,1台7吨和2台15吨的升降机负责装载和卸载后勤和弹药。

紫苑-15型导弹

该舰最大的优点是战术机动性能好,能够发挥航空母舰的作用,投送兵力或轮式和履带式车辆,支援军事行动和人道主义救援行动。该舰的飞行甲板(有两台升降机)可起降固定翼和旋转翼飞机,机库面积2500平方米(26910平方英尺),舰载直升机可快速输送登陆部队,舰上设有一间3个床位的医务室,备有X光和CT设备、牙科和实验室。

舰上的垂直发射系统可发射紫苑-15型舰空导弹,EMPAR多功能相控阵雷达可同时进行监视、跟踪和火力控制。舰上还装有两门76.2毫米(3英寸)口径"奥托布莱达"速射炮和3门25毫米口径高射炮,以及先进的雷达和电子战系统。

技术参数

"安德利亚·多里亚"级
排水量: 26500吨(满载)
尺寸: 长234.4米(769英尺);宽39米(128英尺);吃水7.5米(24英尺)
推进装置: 燃气轮机和燃气轮机联合(COGAG)4台LM2500蒸汽涡轮,对两个轴产生87980千瓦(118000轴马力)
性能: 航速30节,续航力13000千米(8080英里)/16节
武器: 4个Sylver 8-井垂直发射系统发射紫苑-15中程舰空导弹,两门76.2毫米(3英寸)超速炮和3门25毫米高射炮
电子装置: 一部RAN-40S 或S-1850M型远距离对空搜索雷达,一部EMPA对空搜索制导雷达,一部SPS-791对海搜索雷达,一部SPN-753G(N)导航雷达,一部Vampir光电指示仪,一部SPN-41飞机控制雷达,一套"水平"作战数据系统,一套电子战系统,两部SCLAR-H干扰物/诱饵发射装置,一部SNA-2000水雷回避声呐
飞机: 8架AV-8B或F-35固定翼飞机和12架 EH.101型直升机
舰员: 456人,另有211名航空人员

下图:将2种海上力量投送概念(攻击舰和航空母舰)合并为一艘单舰,未来的"安德利亚·多里亚"级舰将是在公海活动最多的实用型舰只,其改进型设计将会为意大利海军节省大量经费

7
航空母舰上的航空力量

早期舰载航空兵

航空母舰技术发展

英国航空母舰在第一次世界大战期间展示出了该舰型的优点和缺点，英国人在战争期间的努力以及英美两国在战后的试验为现代航空母舰的发展奠定了基础。

飞机从舰上起飞的历史可以追溯到海航航空兵的启蒙时期，就在1910年11月14日莱特兄弟在北卡来罗纳州进行历史性飞行后的第二年，尤金·伊利从锚泊的美国海军战列舰"伯明翰"号的甲板上驾驶"柯蒂斯"飞机成功起飞。一年后的1912年5月9日，英国皇家海军中校查尔斯·桑姆森从正在航行中的"希伯尼亚"号战舰上进行了更好的起飞——首次从移动的舰船上起飞。正是由于上述原因，航空母舰和舰载机才经常被称为是英国人的发明创造，而由美国海军进行了适当的革新和开发利用。可以说，现代航空母舰的许多主要性能是英国人创造的，而美国海军则拥有了大量的航空母舰，其舰载机具有最先进的性能。

邓宁的试验

第一次世界大战期间，英国皇家海军飞行中队军官邓宁驾驶"幼犬"飞机成功降落在"暴怒"号战舰上，成为世界上第一个在移动的舰只上降落的人。然而，这次试验并没有立即得到很好的应用，实际上还阻碍了皇家海军的航空母舰发展计划，导致第一代航空母舰被建成了平直甲板航空母舰。英国最早的两艘航空母舰（"百眼巨人"号和"暴怒"号）是在第一次世界大战结束后才完全加入现役的，而英国人最初曾计划利用"百眼巨人"号携带20枚鱼雷攻击德国公海舰队，但这项计划尚未来得及实施，第一次世界大战的停战协定便签订了。

在第一次世界大战中，虽然没有见到航空母舰参加什么重大的作战行动，但它的作用还是非常明显的，例如：自从1918年8月1日从拖曳式驳船上起飞后，英国皇家海军中尉斯图尔特·卡利在8月11日又进行了一次历史性飞行，从"里道特"号拖曳式驳船上起飞拦截并击沉了"齐柏林"号飞艇。驳船能使战机在难以接近敌人的地区发起攻击，但不幸的是，飞机在完成任务后无法在驳船上降落，卡利和其他先驱者只有努力返回陆地机场。

飞机第一次尝试在移动的舰船上着舰，需要在短距离降低速度，降落在舰上所能够提供的最大的平台上。有时，当飞机降落时，舰员们需要冲向前方抓住翼尖。在很多年间（甚至到了第二次世界大战期间），有许多架飞机在没有着舰拦阻装置的情况下进行航空母舰着舰，飞机有时甚至没有制动装置，这是非常危险同时也是不切实际的。着舰拦阻装置是飞机上载到航空母舰上需要进行的第一个尝试。在早期试验中，舰员们曾使用甲板纵向平行钢索，用于钩住飞机侧向滑动时的着舰拦阻钩。这种着舰拦阻钩首次用于美国海军飞机是在20世纪20年代后期。

上图：尤金·伊利是"柯蒂斯"飞机的专业试飞员，他在1911年1月18日创造了飞机首次在战舰上降落的历史，驾驶"柯蒂斯"D型飞机降落在轻巡洋舰"宾夕法尼亚"号尾部的36平方米的甲板上

英国皇家海军"暴怒"号战舰：早期的航空母舰试验

"暴怒"号可能是第一次世界大战期间最先进的英国航空母舰，该舰加入现役的目的是为了克服当时水上飞机母舰的数量不足，早期试验是在舰尾着舰甲板（右图）安装有纵向钢索，以便在飞机着舰时阻挡飞机继续前行，同时使用带有沙袋的飞机制动索。舰上最先进的装置是电动飞机升降机，一台在前部，一台在舰尾，能够将飞机从甲板下方的机库内移进移出。

邓宁：在"暴怒"号上进行的着舰试验

1917年夏季，英国皇家海军少校邓宁在"暴怒"号上进行了一系列的着舰试验，在着舰点，地勤人员冲上前去抓住邓宁驾驶的"幼犬"战斗机的翼尖（下左图和右图），帮助把飞机拖曳到甲板上，使其停止移动。不幸的是，邓宁在进行第三次着舰尝试时牺牲，其驾驶的"幼犬"战斗机水平侧翻滑入大海（下右图）。这次事故的结果使得"暴怒"号开始在舰尾安装着舰甲板和飞机制动装置。

第二次世界大战期间的航空母舰舰载机

发 展

在第一次世界大战爆发之前，早期的飞行爱好者就已经在战舰上进行过各种各样的飞行试验；到了第二次世界大战爆发时，专门的航空母舰已经发展成为战争中的主导力量。

早期的航空母舰在舰体顶部有一条简易的跑道，甲板上方是空的以便飞机降落，同时用拦阻网阻拦飞机以免飞机冲撞甲板上面停放的其他飞机。这种拦阻网诞生于20世纪30年代，同时还出现了"引导飞机的人员"或"甲板着舰控制官"（美国称之为"着舰引导官"），他们用信号旗或手控信号盘指引飞行员进行更为准确的降落，确保其使用制动装置，以免撞上阻拦网。

下一项的重大改进就是航空母舰自身，将岛形上层结构转移到甲板一侧（通常是在右侧），用来容纳烟囱和飞行控制台。"竞技神"号是第一艘从铺设龙骨开始就有着特定建造目的的航空母舰，也是第一艘拥有岛形上层建筑的航空母舰。

飞机弹射器

战前航空母舰的另一项重大改进就是"液压弹射器"或称"加速器"，用于将飞机加速到能够起飞的速度，它们基于巡洋舰和战列舰起飞水上飞机所使用的弹射器进行研制。航空母舰在设计上的另一个重大变化在1937年下水的"皇家方舟"号上体现出来，这就是飞行甲板配置装甲钢板——这项发明使得许多美国航空母舰在接下来的几年内免遭日本"神风"特攻队飞机的破坏。

适应航空母舰的最早的一项革新是折叠机翼飞机，这使得它们能够通过小型升降机进入机库，在停放时占有较少的空间。除了无线电测向装置和后来的雷达外，航空母舰上还有其他技术发明，一些用木材和纤维建造的部件逐渐被金属部件替代，双翼飞机也逐渐被单翼机代替（尽管双翼飞机的低着舰速度和短着舰距离更适合舰载作战）。

航空母舰的影响

可以说在太平洋战争中，航空母舰改变了海战的模式。为了评价航空母舰在远东战区的重要性，我们需要提及日本偷袭珍珠港、杜利特尔的B-25战机轰炸东京、珊瑚海海战、中途岛海战、圣克鲁斯海战、菲律宾海海战和莱特湾海战。

着舰速度

飞机的不断改进，其着舰速度也在不断增加，例如F4U"海盗"飞机经过证实很难在航空母舰甲板上着舰。第二次世界大战期间出现的大多数喷气式战斗机的降落速度很高，为飞行员提供了非常好的前方视界，为在舰上降落提供了方便。此外，采用活塞式发动机的舰载飞机很容易错过或滑过航空母舰上的飞机制动索（甚至阻拦网），这使得安全降落成为飞机面临的最大问题。这种情况进一步推动了相关的改进工作，然而，有许多的改进措施直到战争结束后才陆续问世。

上图：1945年4月，一名飞机引导员正在指引一架"剑鱼"鱼雷轰炸机往英国皇家海军"斯密特"号护航航空母舰上降落。飞机引导员的工作风险很大，经常要在护航航空母舰狭窄的飞行甲板上工作

上图：美国海军"本宁顿"号战舰上的这架F6F-5型机正待命起飞，准备对日军目标发起攻击。请注意，这架飞机即将被液压弹射器加速到起飞速度

左图:在小型护航航空母舰进行降落存在着巨大的风险,即使发生最小的误差,例如在着舰时接触阻拦网太晚,飞机就会出现"漂浮"着舰,直冲向航空母舰的"岛形上层建筑"。此图中的飞机早已经与阻拦钢索实现了连接

德国舰载机:"齐柏林公爵"号上的航空联队?

德国的航空母舰舰载机计划发展出了一个Bf-109T型飞机中队。Bf-109T型是Bf-109E1型飞机的改进型,机翼可展开,襟翼和上翼阻流片进行了改装,计划搭载在建造中的"齐柏林公爵"号航空母舰之上。德国人总共建造了10架Bf109T-0型飞机,它们与Bf-109T-1型作战飞机一起进行了大量试验。1940年5月,"齐柏林公爵"号航空母舰的建造计划停止,60架Bf-109T-1型飞机也被改装成为Bf-109T-2型飞机(见图),抹去了舰载机的标志,被用作陆基战斗机。

上图:一架"海火"F.Mk IIC型战斗机正准备进行三点式着舰,飞机的长机头、窄轮距起落架和稍高于失速速度的进场速度使能够飞行"海火"飞机的飞行员寥寥无几。请注意庞大的着舰拦阻钩

上图:通过机翼折叠能够使大部分"海火"飞机(例如图中这架Mk-111飞机)存放在英国皇家海军航空母舰的甲板下方。航空母舰的机库空间有限,在存放飞机时需要将机翼折叠起来

左图:这架"悍妇"战斗机结束对马里亚纳群岛的攻击后,停放在美国海军"大黄蜂"号航空母舰之上。飞机机翼采用人工折叠,折叠角度大约90°,与机身侧面平行

中岛公司出品的B5N2"九七"式舰载鱼雷轰炸机

太平洋战争爆发时,"九七"式飞机是当时世界上最先进的舰载鱼雷轰炸机,在接下来的12个月里,该型机分别对美国3艘航空母舰进行了致命打击,支援日本军队的两栖攻击行动。1944年,随着技术的进步,该型机退居二线。

费尔雷公司出品的"剑鱼"Mk I型鱼雷轰炸机

这架K5972飞机是费尔雷公司首批生产的"剑鱼"Mk I型鱼雷轰炸机,1936年搭载在英国皇家海军"光荣"号航空母舰之上,隶属于第823中队。

"阿尔法打击"

越南上空的美国海军航空兵

从1964年低强度介入越南战争直到最终的撤退，美国海军航空母舰部队成为与北越进行空中交锋的尖兵。就在"十字军战士"和"鬼怪"战斗机与"米格"战斗机进行交战的同时，许多舰载机还携带着炸弹和火箭弹支援地面部队的作战行动。航空母舰还具备提供"A攻击"飞机的非凡能力，能够攻击越南北部的重要和重大防御目标。

1964年8月5日，美国海军舰载航空兵的攻击能力得到了首次检验，执行美国总统林德·约翰逊所下达的空袭东京湾的命令，作为对美国海军驱逐舰遭到北越攻击的报复。

活动在越南沿海的美国海军航空母舰，从两个位置出发攻击敌人，其中，"D"号站负责攻击南部目标，"Y"号站负责攻击北部目标。早期的作战中使用的是F-8"十字军战士"战斗机、A-1"空中袭击者"攻击机、A-3"空中勇士"攻击机、A-4"天鹰"攻击机和E-1"追踪者"预警机。随着新型飞机进入战区，上述飞机逐渐退出现役，现役的机型包括F-4"鬼怪"Ⅱ型战斗机、A-6"入侵者"攻击机、E-2"鹰眼"预警机、RA-5C"民团团员"攻击机和A-7"海盗Ⅱ"攻击机。然而，许多老式飞机仍然在一些小型航空母舰——例如"好人里查德"号、"突击队员"号、"汉克姆"号、"勇猛"号、"奥里斯坎尼"号和"提康德罗加"号——之上服役，而那些新型飞机则配备在"星座"号、"福莱斯特"号、"约翰·肯尼迪"号、"小鹰"号和"中途岛"号航空母舰之上。

阿尔法打击

在对越南北部的攻击中，美军经常出动70架或80架飞机组成大型空中编队，发起所谓的"阿尔法打击"，力争对目标造成最大杀伤。美军决策层把空中打击北越的任务分配给空军和海军分别执行，这样一来，航空母舰只负责攻击自己责任区内的目标，"Y"号站在任何时间都保持着两艘航空母舰的存在，但战斗激烈时最多有4艘航空母舰在越南沿海活动。除此之外，美军还执行其他作战任务，包括单舰单机任务，其中的A-6"入侵者"攻击机以执行此类任务而闻名遐迩。

"阿尔法打击"不会形成第二次世界大战期间的那种大规模编队，铺天盖地地冲向目标。相反，美军根据不同任务组成不同的编队，攻击时间、高度和航向也各不相同。每架飞机都有着明确的任务，例如：对高射炮火进行压制、战斗空中巡逻或空中攻击。进行攻击时，美军机组人员依靠机载电子防御系统、干扰物和反辐射导弹相互支援。此外，还有一个很明显的优势，那就是其他机组人员能够帮助发现进入目标区的"米格"飞机和"萨姆"导弹。

航空力量

在发起攻击的前夜确定目标，而后由单机或双机的"入侵者"战斗机编队潜入目标区发起袭击。电工、机械师和军械师连夜准备参战飞机，飞行员则进行充分休息。通常情况下，机组人员并不了解他们的任务，直到第二天清晨才从上司那里了解有关气象、目标和威胁的情况。

黎明前夕，一架RF-8A或AR8-G"十字军战士"飞机在战斗机的护航下对目标展开攻击前的侦察活动，接下来便是第一波次的"阿尔法打击"：战斗机首先投放炸弹，然后进行战斗空中巡逻，与"米格"飞机交战。在F-4战斗机阻击北越的"米格"飞机的同时，A-7"海盗"Ⅱ型攻击机和A-6"入侵者"攻击机也可实施攻击（A-6型飞机尽管具备全天候作战能力，但经常用作昼间轰炸机）。A-4E"天鹰"攻击机携载AGM-45"百舌鸟"导弹，有效地发挥"铁腕"作用（反"萨姆"导弹）。道格拉斯公司生产的KA-3B型飞机负责提供空中加油支援。战争后期，E-2A"鹰眼"预警机被用来增援"阿

下图：在越战初期，A-3"空中勇士"攻击机被用来轰炸河内重要的防御目标。随着更加先进的攻击机加入现役，A-3型攻击机被改装成为加油机，这些KA-3B型飞机为完成任务后返航的战机实施空中加油。其他的改型还包括EA-3B型飞机，专门执行电子情报搜集任务

左图：F-8"十字军战士"飞机通常保护攻击机联队，图中的双机编队隶属于"汉考克"号航空母舰上的第211攻击机中队。"十字军战士"飞机在F-4型飞机加入现役后，仍然被保留在这些小型甲板航空母舰之上

下图："空中袭击者"号不但是一种性能优异的攻击机，经过改型后还能执行其他许多任务。其中，EA-1F型电子对抗飞机是许多改型机之一，在越战初期对北越防御体系实施电子干扰

尔法打击"。RF-8A/G"十字军战士"或RA-5C"民团团员"攻击机负责攻击后的侦察活动。

战斗救援

各型直升机负责执行战斗救援任务，这些飞机大多数搭载在随航空母舰在东京湾活动的驱逐舰之上。用途最多的直升机是UH-2C"海火"直升机。在战争期间，曾有一名飞行员驾驶该型直升机冒险突入海防港湾，盘旋在一艘锚泊的商船上空，冒着敌军的猛烈火力攻击，从港口浅水区营救出一名美国海军飞行员，因此获得勋章。

北越军队的地对空导弹形成了强大的防御火力网，迫使美国海军的航空母舰舰载机只能发起低空攻击。然而，虽然北越有着阵容强大的"米格"飞机、导弹和高射炮防御，但美军的飞机损失数量保持在可以承受的程度。

虽然"阿尔法打击"的破坏力很大，北越军队仍然设法抗击这些空中轰炸，对南越发起持续不断的进攻。然而，有一点是非常清晰的——通过执行"阿尔法打击"任务，舰载机联队发挥的战术作用为美国海军制定未来的作战条令提供了重要素材。

格鲁曼公司出品的A-6"入侵者"飞机：美国海军早期轰炸机

1965年7月1日，美国海军第75攻击机中队的A-6A"入侵者"战斗机首次参战，投放炸弹攻击北部湾和河内南部的桥梁和其他目标。其实，"入侵者"飞机发现和攻击目标的能力几乎无与伦比，这要归功于其精密先进的攻击系统，能够在夜间和恶劣天气条件下准确轰炸目标。与之相比，美国空军直到1968年F-111A型飞机问世之前，在精确轰炸能力上一直无法与拥有"入侵者"飞机的美国海军相提并论。

冷战时期的舰载航空兵

海上空中力量

第二次世界大战结束时，美国和英国的决策者清楚地意识到舰载航空兵在动荡局势中的重要意义，迅速开始在海上部署大规模的空中力量。

随着丘吉尔有关"铁幕"的预言在欧洲各地迅速蔓延，第二次世界大战期间出现的两个海上强国——英国和美国，开始准备向世人展示新型的舰载航空兵。鉴于航空母舰设计的巨大变化，新一代喷气式舰载机开始列入议事日程。其间，美国海军以FH-1"鬼怪"战斗机为代表率先进入喷气式战斗机时代，而英国皇家海军研制的则是"海上吸血鬼"战斗机。

随着经验和技术的不断提高，各种战斗机相继问世，到1950年朝鲜战争爆发时，美国海军航空母舰可上载F2H"幽灵"和F9F"黑豹"战斗轰炸机和侦察机。然而，重型攻击和轰炸任务仍然由采用活塞式发动机的战机承担，直到1956年苏伊士运河危机，英国的海上喷气式飞机才开始真正参战。

苏伊士运河危机

在1956年苏伊士运河危机期间，英国航空母舰甲板上起飞了"海鹰"、"海蛇毒"战斗机和法国海军的"飞龙"攻击机（采用活塞式发动机），"复仇者"飞机负责为法国飞机提供空中预警。此外，英国还派遣出"空中袭击者"AEW.Mk1型飞机执行类似的任务。后来，在1982年的福兰克群岛战争爆发前，英国皇家海军却忽视了舰队空中预警的重要性，在战争到来之前让"塘鹅"预警机离开了特混舰队。

喷气式飞机接替

鉴于苏联的海上威胁（实际上从来不曾存在），美国决心在海军航空兵力的建设上成为霸王：1957年，美国海军拥有了世界上第一种舰载喷气式核战略轰炸机，即A3D-2"空中勇士"轰炸机。就在同年，"十字军战士"也投入使用。当美国派遣航空母舰参加越南战争时，"搜索者"反潜机和"空中袭击者"轰炸机也参与其中，它们是当时海上仅有的采用活塞式发动机的作战飞机。

截至越南战争结束时，一个标准的舰载航空兵联队的机型包括F-4"鬼怪"、F-14"雄猫"、A-6"入侵者"、E-2"鹰眼"和A-7"海盗"Ⅱ型飞机，这些飞机都是冷战时期一流的海军战机。英国皇家海军在1978年停止使用航空母舰之前，其航空联队飞机包括"鬼怪"、"塘鹅"和"海盗"飞机。包括法国在内的其他一些国家，始终保持着可靠的航空母舰能力，但苏联除外。

下图：在冷战达到高潮时期，美国海军在前线部署了22支"雄猫"战斗机中队，图中这架F-14A型战斗机来自第32战斗机中队。6枚AIM-54型空对空导弹的最大负荷超过了F-14A型战斗机的返回载重量，所以不能从舰上起飞

上图：1956年，苏伊士运河危机期间，舰队航空兵部署的"海鹰"飞机数量达到了最高值。图为1957—1958年间，"皇家方舟"号甲板上的第804中队（前部）的FGA.Mk6型飞机和第802中队的FGA.Mk5型飞机，右边是第893中队的FAW.Mk21型飞机

上图：1971年12月，美国海军第85攻击机中队开始配备A-6E型攻击机，10年后配备了TRAM型飞机。该中队的飞机参加了打击黎巴嫩的作战行动，期间，一架A-6E型攻击机被击落。该机型参加的作战行动还包括打击利比亚的"草原之火"行动和打击伊拉克的"沙漠风暴"行动

上图：20世纪70年代中期，"鬼怪"战斗机的使用达到了高峰，美国海军大约拥有24个装备F-4型战斗机中队，平均分配给太平洋和大西洋舰队。此图拍摄于1968年，来自第92战斗机中队的一架F-4B型飞机正准备在航空母舰上着舰，当时中队飞机已由最初的海上型机改换成改进的F-4J型机

新型的舰载航空力量：海上直升机

和喷气式飞机一样，直升机在冷战结束后也开始上载到战舰之上。直升机可以执行舰载机的一些重要任务，有些是固定翼飞机的任务，还有一些新任务，例如救援任务。在作战行动中，直升机在舰船周围巡逻，随时准备营救不幸落水的舰员，还可以为舰艇编队提供必要的物资和人员运输。也许一流的直升机出现在冷战时期，英国和美国使用最多的是"海王"直升机。图为SH-3D型反潜直升机。

左图：从20世纪70年代初期开始，"鹰眼"预警机经常是第一个起飞、最后一个返回的机型，协助其他舰载机执行空中任务

未来的舰载航空兵

21世纪的航空母舰

尽管航空母舰的维修和运转费用很高,但美国海军始终重视舰载航空兵的发展。如今,航空母舰的数量越来越多,包括印度和英国在内的数个国家,甚至制订出了航空母舰的未来发展计划。

向争议地区投送兵力的能力是世界上许多国家渴望具备的军事能力之一,在二战后的岁月里,这种能力被反复利用,其中最主要的用户是美国海军,其次是具有海上航空兵力的国家,例如法国、意大利和英国。

发展趋势

20世纪末和21世纪初期的冲突仍然将以维和行动和国际干预为主,这种任务需要舰载机联队的机动能力和一体化作战能力。

美国海军在新千年的第一个10年内使F-14"雄猫"战斗机退出现役,这样一来,海军舰载机联队将主要由F/A-18E/F和F-35C型战斗机、"鹰眼"2000型和先进的"鹰眼"AEW&C型预警机以及SH-60R型直升机组成。此外,有可能发展一种新型飞机来取代S-3B"海盗",以执行多项不同的任务。

除了美国和西欧外,拥有航空母舰的国家还有巴西、印度、俄罗斯和泰国。巴西在2002年开始拥有原法国航空母舰"福煦"号,更名为"圣保罗"号,该舰搭载A-4"天鹰"攻击机和改装成空中预警机的原美国海军S-2"搜索者"飞机,另外还载有"海王"直升机。预计在不远的将来,这种局面不会发生太大的变化。

印度改装了"维拉特"号航空母舰,使其能够服役到2010—2012年,其舰载机联队飞机包括"海鹞"战斗机、"海王"和卡-31空中预警直升机。预计到"维拉特"号退役时,印度将用1艘"空防舰"和前"戈尔什科夫海军上将"号进行接替,后者将搭载米格-29K型战斗机联队。

俄罗斯海军目前仅拥有1艘航空母舰"库兹涅佐夫海军上将"号,配备一支主要由苏-33战斗机组成的舰载机联队。尽管该艘航空母舰所从事的军事活动范围有限,但其在一些军事演习中的表现令人刮目相看。

泰国人继续下大力气筹措资金,竭力使其航空母舰"查克里·纳吕贝特"号能够正常出海执行任务。事实上,资金短缺的问题同样困扰着这艘舰上所搭载的很少执行飞行任务的AV-8型舰载机。

下图:除了F-35C型战斗机外,F/A-18"超级大黄蜂"战机(如图)是美国海军未来主要的攻击机,图中这架飞机即将在"罗纳德·里根"号航空母舰上降落。"罗纳德·里根"号在2003年试航,是美国海军最新的一艘航空母舰

欧洲舰载航空兵：欧洲的航空母舰战斗力

4个西欧国家拥有航空母舰：法国、意大利、西班牙和英国。在这些国家中，法国的"阵风"M战斗机和"戴高乐"号航空母舰形成的舰机综合战斗力最强大，第二艘航空母舰也将进行建造，"超级军旗"战斗机到时候有可能已经退出现役，"阵风"和E-2C型飞机（下图）将是主要的作战装备。意大利航空母舰"加里波第"号（上图，背景是"戴高乐"号）搭载AV-8B"鹞"式战斗机和"海王"直升机，第二艘航空母舰计划部署后将采购和搭载F-35型战斗机。西班牙海军拥有"阿斯图里亚斯王子"号航空母舰，没有太大的变化。英国拥有3艘全通式甲板巡洋舰，计划被两艘较大的搭载F-35战斗机的新型航空母舰所取代。

下图：2002年3月，"持久自由"行动期间，美国海军E-2C侦察机在"约翰·斯坦尼斯"号航空母舰上进行训练

下图：英国皇家海军的"海鹞"FA.Mk 2型飞机（见图）即将退出现役，新的"联合部队"将装备和使用改进型的"鹞"GR.Mk9型飞机，该型机是在GR.Mk 7基础上改装的，有可能配备与AIM-120型导弹相兼容的雷达吊舱

上图：西科斯基公司计划交付一批MH-60R (见图)多用途和MH-60S效用直升机。前者于2005年服役，后者在2002年加入舰队服役

上图：随着F/A-18E/F型战斗攻击机相继加入"雄猫"战斗机的行列，这支部队的名称也发生了变化，从以前单纯由F-14战斗机组成的"第41战斗机中队（VF-41）"变成"第41战斗攻击机中队（VFA-41）"。如今，美国海军似乎更愿意回归旧传统——在机身上涂抹醒目标志——从而达到宣传或鼓舞士气的目的

8

"二战"期间的航空母舰舰载机

爱知公司D3A"瓦尔"舰载俯冲轰炸机("99"式俯冲轰炸机)

1941年,当日本爱知飞机公司出品的D3A俯冲轰炸机以其配备的不可收放的起落架而被人们逐渐厌弃的时候,它却以第一种对美军目标发起攻击的俯冲轰炸机的身份,参加了1941年12月7日进行的偷袭珍珠港行动。

精确轰炸机

根据日本军方在1936年提出的发展一款舰载俯冲轰炸机的需求,日本爱知公司在1938年1月试飞了第一款原型机,该机型配备了中岛公司出品的功率529.4千瓦(710马力)的"光"(Hikari)星形发动机。最终定型并批量生产的D3A1型轰炸机的机翼略为短小,配备的是三菱公司出品的功率745.7千瓦(1000马力)的"金星"(Kinsei)43型星形发动机。此外,飞机背鳍还进行了适当加长,极大地增强了飞机的机动性能。唯一不足的地方在于仅仅配备了两挺7.7毫米口径的前射机枪,以及一挺安装在后座舱的同样口径的机枪,火力明显不足。

1940年,编入日本帝国海军的D3A1型俯冲轰炸机多次参战,支援日本陆军对中国和印度支那的侵略行动。此外,在战争的头10个月内,D3A1型轰炸机参加了所有的大规模航空母舰作战行动,它所击落的盟国海军舰船数量比轴心国集团的任何一种机型都要多。其中,被击沉的英军舰船主要有航空母舰"竞技神"号(它是世界上第一艘被航空母舰舰载机击沉的航空母舰)以及巡洋舰"康沃尔"号和"多塞特郡"号。在1942年5月的珊瑚海海战期间以及其后,D3A1型轰炸机蒙受了惨重损失,最终不得不撤回到陆上基地。

1942年,具备了更大的燃油装载能力和更大发动机功率的D3A2型轰炸机问世,所生产的数量远远超过了最初的D3A1型。然而,D3A2型到了1944年便被性能更加先进的美国战斗机远远甩在后面了,而且明显不堪一击。即使这样,D3A2型轰炸机一直在前线服役到1944年年底,少数飞机甚至被作为"神风特攻队"飞机对盟军发起自杀式攻击。

据统计,D3A1型轰炸机总共生产了476架,D3A2型飞机生产了1016架,盟军称该型轰炸机为"瓦尔"(Val)。

上图:图中是1941年时的一架D3A1型舰载俯冲轰炸机,由日本爱知飞机公司制造。这种被盟军称为"瓦尔"的轰炸机投弹非常精确,在太平洋战争初期海战中经常发挥极具毁灭性的杀伤作用

技术参数

D3A2型飞机
机型: 双座舰载俯冲轰炸机
动力: 一台三菱公司"金星"54型星形活塞式发动机,输出功率969.4千瓦
性能: 6200米高度时最大速度430千米/小时,初始爬高率267米/分钟,5.76分钟内爬升至3000米高度,最大升限10500米,航程1352千米
重量: 空重2570千克,最大起飞重量3800千克
尺寸: 翼展14.38米,机长10.20米,机高3.85米,机翼面积34.90平方米
武器装备: 7.7毫米97型前射机枪两挺,一挺7.7毫米92型后射机枪,机身下挂一枚250千克炸弹,机翼下挂两枚60千克炸弹

三菱公司 A6M "零"式舰载战斗机

毫无疑问，日本在二战期间最著名的单座战斗机非三菱公司生产的A6M0型战斗机莫属，人们习惯称其为"零"式战斗机，它是世界上第一种在性能上超过任何一种与其同时代的陆基战斗机的舰载战斗机。由于盟国情报系统对于该型战斗机的无知，随着日本进入战争，该型机在东印度群岛和东南亚空战中夺取了巨大的空中优势。

首次飞行

A6M型战斗机的设计工作始于1937年，主要用来替代业已过时的A5M型飞机，其原型机A6M1于1939年4月1日开始试飞，配备一台三菱公司出品的Zuisei13缸星形发动机，输出功率582千瓦。投入批量生产的A6M2型战斗机在两侧机翼下方各配备一门20毫米口径机炮，在机头配备两挺7.7毫米口径机枪，所采用的是中岛公司出品的功率708千瓦的"繁荣"（Sakae）12型星形发动机。正是在该型战斗机的护航下，日本海军舰队成功地偷袭了美国海军太平洋舰队基地珍珠港，并在随后的马来亚、菲律宾和缅甸战场上夺取了空中优势。

1942年春季，配备了使用双速增压器的"繁荣"（Sakae）21型发动机的A6M3型战斗机开始服役，该机型取消了翼梢的可折叠翼段。中途岛海战见证了"零"式战斗机最后的辉煌，此后该机型被美国F6F"恶妇"和P-38"闪电"所超越。

A6M5 的改型机

为了对付新出现的美国战斗机，A6M5型战斗机被仓促推向战场，该型机配备了"繁荣"21型发动机和经过改进的排气系统，最大时速达到565千米。接下来，更多的A6M5型机及其改型机被迅速生产出来，其数量远远超过了任何一款日军飞机。其中，最值得关注的一款改型机是A6M5d-S型，这种用于夜战的战斗机在机身后部安装了1门20毫米口径机炮。1944年10月25日，日本神风特攻队的5架A6M5型飞机击沉了美国海军"圣洛"号护航航空母舰，并重创另外3艘美舰。

1944年年底，"零"式战斗机发展到了A6M6型，配备了采用甲醇喷射加力的Sakae31发动机和自封式油箱，它们中的大多数飞机携带1枚250千克重的炸弹，主要作为战斗轰炸机使用。最后一款批量生产的A6M7型战斗机在1945年中期编入现役，经过改进后也被用作战斗轰炸机。此外，还有一款水上战斗机机型，它就是A6M2-N型。盟军将所有的A6M系列飞机均称为"Zeke"，但日本人为它们所起的"零"式这个名称却更加广为人知。截至生产线最终关闭时，共有10449架A6M型飞机被生产出来，其中三菱公司生产了3879架，中岛公司生产了6570架。

上图：作为世界上迄今为止生产数量最多的一种战斗机，"零"式战斗机自始至终地参加了太平洋战争。1945年5月，图中这些"零"式战斗机被用作本土防御

下图：这是日军第12联合航空队的一架最早期型号的A6M2型战斗机，曾于1940—1941年冬季在中国汉口地区服役

技术参数

A6M5b "零"式飞机

机型：单座舰载战斗机
动力装置：一台820千瓦的中岛公司NK2F "繁荣" 21型星形活塞式发动机
性能：6000米高度，最大速度565千米/小时，7分钟内爬高6000米，升限11740米，最大航程1143千米
重量：空重1876千克，正常载荷2733千克
尺寸：翼展11米；机长9.12米；机高3.51米；翼面21.30平方米
武器：机头装7.7毫米97型、13.2毫米3型机枪各一挺；机翼装20毫米99型机炮两门，翼下挂60千克或250千克炸弹两枚

A6M5c "零"式飞机

A6M5c(53c型)战斗机是在战争后期为了打破美军空中优势而引入的一个新机型，它是"零"式战斗机的改型，将标准M5型所具有的基本改良特征同更加强大的火力相结合，在机翼上20毫米机炮的舷外侧带有两挺13.2毫米重型机枪。

生产情况
A6M5c型战斗机共生产93架。

动力
NK1F "繁荣" 21型星形活塞式发动机提供843千瓦动力。

构造
A6M5型战斗机带有非折叠型机翼，圆型机头，表面更加厚实，独立排气管，自封闭油箱和驾驶员背后防护使得安全性能更加可靠。

战斗载荷
轻型"零"式飞机只能装载两枚60千克炸弹，每个机翼下携带一枚。如果执行自杀式攻击任务，可在原外部油箱位置加挂一枚250千克炸弹。

性能
A6M5c机型最大速度可达565千米/小时，最大升限达11740米。

枪炮
A5M型战斗机的武器系统包括一挺13.2毫米3型重型机枪，两门20毫米99型翼载舷内机炮，两架翼载3S型机炮。

中岛公司 B5N "九七" 式舰载鱼雷轰炸机

中岛公司出品的B5N航空母舰型攻击轰炸机设计于1935年,当日本参战时,该型飞机已服役4年,它是1941年战争中性能最优异的舰载鱼雷轰炸机。该机型由1台中岛公司"光"式星型发动机驱动,机组人员3人,为低翼单翼机,1937年1月首次试飞。它的内缩宽轨起落架使得飞机外部线条清晰流畅。到1938年,B5N型机开始在日本海军航空母舰上服役。

1939年,改进型B5N2装备了功率更大的"繁荣"11型发动机,它的引擎罩更小,而武器装备却没有变化。这一型号的飞机一直服役到1943年。1941年日本进攻美国时,B5N2型完全取代了B5N1型,144架B5N2型飞机参加了袭击珍珠港的行动。

在接下来的一年里,该型机击沉了美国海军"黄蜂"号、"列克星敦"号、"约克城"号航空母舰。B5N型飞机被同盟国称为"凯特"("九七"式),并引起美国人的重视。在太平洋战争的主要航空母舰作战中,它是防守方战斗机密切注视的对象。

尽管该型机曾经逞威一时,但随着1943年美国将新型战机引入战争,"凯特"开始显得易遭攻击起来。由于它只装备一挺机关枪,而且一旦装载大型炸弹或鱼雷时其性能就大打折扣,所以,该型机不断地遭受重大挫折。在1942—1943年的所罗门群岛海战中,该型机还曾全力参战,但在1944年菲律宾海海战后,剩余飞机被全部撤出战斗。

此后,由于具有出色的最大航程,该型机用来在同盟国战斗机作战半径之外进行反潜和水上侦察任务。所有型号的B5N飞机的产量达到1149架。

上图:20世纪30年代后期,在中国境内某机场,一架早期型号的日军B5N型鱼雷轰炸机的飞行员正在进行起飞前的例行检查。B5N型飞机有着与众不同的庞大的发动机整流罩

上图:两架改进型B5N2型飞机掠过巨大的"大和"号战列舰。实战证明,对于统治海洋数个世纪之久的巨型战舰而言,舰载机是消灭其火力威胁的决定性武器

下图:战争初期一架停放在日本海军"赤城"号航空母舰之上的中岛公司B5N2型飞机

技术参数

B5N2 "九七" 式飞机

机型: 三人机组舰载鱼雷轰炸机

动力装置: 746千瓦,一台中岛公司NK1B"繁荣"11型星形活塞式发动机

性能: 3600千米高度时的最大航速378千米/小时,7分42秒内爬高3000米,最大升限8260米,航程1990千米

重量: 空重2279千克,最大起飞重量4100千克

尺寸: 翼展15.52米,机长10.30米,机高3.70米,机翼面积37.70平方米

武器装备: 后座舱装备7.7毫米口径92型可转动机枪一挺,800千克鱼雷或同等重量炸弹1枚

中岛公司 B6N "天山" 舰载鱼雷轰炸机

早在B5N型飞机取得成功的三年前，日本帝国海军就已经意识到，对于B5N型飞机的整体设计改进只能取得有限的效果，在此情况下，日本飞机公司研制出了一种新的替代机型。

在1939年，中岛公司B6N型飞机的设计工作一直进行着，尽管日本海军倾向于使用三菱公司的"火星"（Kasei）式星形活塞式发动机，但最终还是选定中岛公司的"守护"（Mamoru）式发动机用于1941年初首次试飞的原型机上。

表面上看，被称为"天堂之山"的B6N型机与以前的机型很相似，但由于巨型发动机和四扇螺旋桨的转矩增大，动力强劲，给方向的稳定性造成了很大问题，垂直尾翼因此不得不偏置于机尾的一侧。飞行试验虽然一直进行但不顺利，而且在进行航空母舰接收测试时被耽误。之后，中岛公司得到命令，停止生产"守护"发动机，这样，为了安装"火星"发动机，就必须引入新的改进技术。

最终，被称为"天山"的B6N1型飞机生产出来了，并且部署到了"翔鹤"号、"大凤"号、"飞鹰"号、"隼鹰"号和"瑞鹤"号航空母舰上，参加了1944年爆发的菲律宾海海战。"翔鹤"号、"大凤"号、"飞鹰"号航空母舰被击沉，许多B6N1型飞机也灰飞烟灭。就在这个月，日本开始生产稍经改进的B6N2型飞机，在战争结束前共生产了1133架。相反，使用中岛公司发动机的B6N型飞机仅仅生产了133架。

随着美国军队向菲律宾的推进，日本航空母舰的损失数量不断增加，这就使得"天山"战斗机被大量部署到陆地上，尤其是在莱特湾海战之后。后来，许多的B6N型飞机被用于执行"神风"特攻队的自杀式攻击任务。

右图：中岛公司坚持在B6N型飞机上使用自己生产的"守护"11型径向发动机，但在装配了135部之后，这一型号的发动机就停产了。接下来的飞机采用的是三菱公司的"火星"发动机

上图：尽管在"天山"型飞机服役前，日本海军战前拥有的航空母舰已经损失过半，但最新制造的航空母舰却使得B6N型飞机在1944年的海战中发挥了重要的作用

下图：这架中岛公司B6N"天山"战斗机的机身涂抹的是日本帝国海军飞机在1944年时的标准颜色，当时有许多此类飞机从陆上基地起飞执行任务

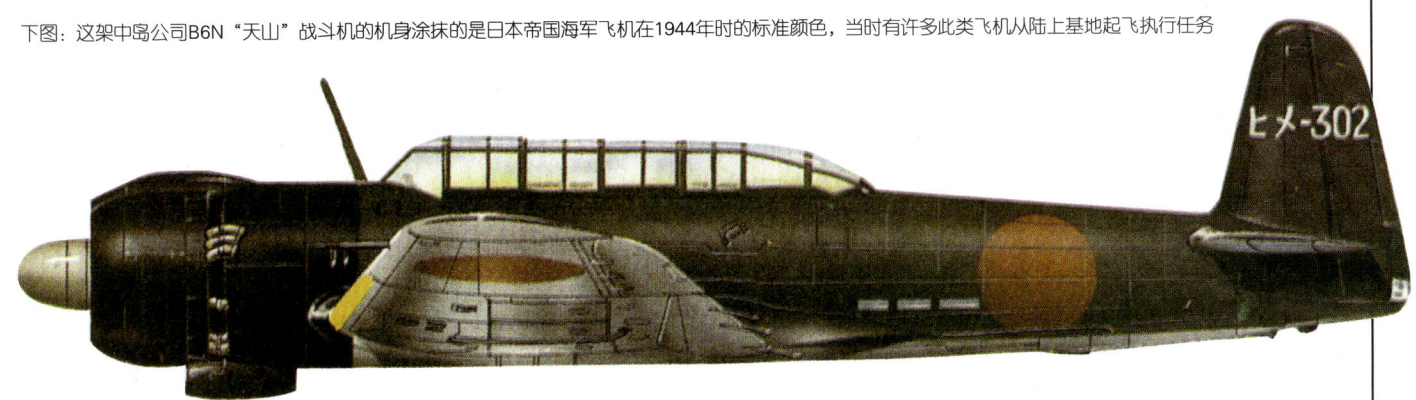

技术参数	
B6N2 "天山"飞机 **机型**：三座舰载鱼雷轰炸机 **动力**：1380千瓦，一台三菱MK4T"火星"25型星形活塞式发动机 **性能**：4900米高度的最大航速481千米/小时，10分24秒内爬高至5000米，最大升限9040米，航程1746千米	**重量**：空重3010千克，最大起飞重量5650千克 **尺寸**：翼展14.89米，机长10.87米，机高3.80米，机翼面积37.20平方米 **武器装备**：后座舱装备可转动13毫米口径2型机枪一挺，机腹装备7.7毫米97型机炮一门，携带800千克鱼雷或等重炸弹一枚

横须贺D4Y"彗星"航空母舰舰载俯冲轰炸机

横须贺D4Y型飞机的外形刚毅,比例匀称,具有极好的性能。它的许多设计概念来自德国的He 118型飞机,1938年,日本为了得到该型飞机的生产权曾与德国进行谈判。它的设计目的是作为航空母舰舰载快速攻击轰炸机,动力系统是从德国戴姆勒—奔驰公司引进的DB-600G型发动机。该机型于1941年进行首飞。

D4Y1-C型侦察机在位于名古屋的工厂开始生产,首批660架于1942年春季的晚些时候制造完成。在中途岛海战中,"苍龙"号航空母舰被击沉,损失了第一架现役的D4Y1-C型侦察机。该型机在服役时被盟军诨称为"彗星",其中的许多架在执行俯冲轰炸任务中损毁。

战争损失

1944年7月,第1、第2和第3航空中队的170多架横须贺D4Y型飞机参加了菲律宾海战。这些飞机的主要任务是阻止美国军队占领马里亚纳群岛,但它们的命运同在这场战斗中的其他大多数飞机一样悲惨。它们尽管具有与战斗机相提并论的作战性能,但自身薄弱的防护能力使其成为战斗中的弱者,遭到美国航空母舰上起飞的战斗机的拦截阻击,损失惨重。

1944年,D4Y2型飞机问世,它的发动机采用的是基于德国DB 601型发动机技术的爱知公司的"厚田"(Atsuta)32型发动机,输出功率1044千瓦。不过,为了确保高性能,该机型的机组人员防护设备和油箱防护技术被忽略了。武器装备方面唯一的改进是在机舱后部加装了一挺13毫米口径可转动机枪,用以取代原来的7.92毫米口径机枪。这一机型在菲律宾海海战中遭受了严重损失。

夜战飞机

到1944年,日本本土遭到美国重型轰炸机直接而毁灭性的攻击,由于D4Y2型飞机配备有可对空射击的20毫米机炮,被用来执行夜战任务。

虽然没有装备雷达,但该型飞机的出色速度以及最大升限使其能够与美军攻击日本的主力机型——B-29"超级空中堡垒"进行空中角逐,在本土防御中小有成就。

由于"厚田"(DB601型)发动机本身的可靠性存在问题,D4Y3型飞机上采用了更为可靠的"金星"62型径向发动机,1945年生产的D4Y4型飞机也采用了这种发动机。D4Y4型机是一种单座自杀式俯冲轰炸机,携带一枚800千克炸弹,半嵌在机舱下方。该型飞机共生产了2033架。

上图:日本帝国海军第601航空队的一架D4Y3型飞机,该型飞机装备的是性能可靠的三菱公司Mk8P"金星"62星形活塞式发动机,解决了原来由爱知公司的"厚田"发动机导致的诸多问题

技术参数

D4Y3"彗星"飞机

型号: 双座舰载俯冲轰炸机

动力: 1163千瓦,一台三菱MK8P"金星"62星形活塞式发动机

性能: 6050米高度的最大速度575千米/小时,4.55分钟内爬高3000米,最大升限10500米,航程1520千米

重量: 空重2501千克,最大起飞重量4657千克

尺寸: 翼展11.50米,机长10.22米,机高3.74米,机翼面积23.60平方米

武器: 机头两挺对空射击7.7毫米97型固定机枪,后舱一挺13毫米2型可转动机枪,最大加挂560千克炸弹

科蒂斯公司 SB2C "地狱俯冲者" 侦察俯冲轰炸机

SB2C型是科蒂斯公司研制的"地狱俯冲者"飞机家族中的最后一个成员，在1940年12月首飞，当时代号是XSB2C-1型。这一型号飞机的突出特点是：加装了加大的垂直尾翼和尾舵，增大了载油量，机翼上装备4挺12.7毫米机枪。SB2C-1C型可在机翼上配置两门20毫米机炮。

其他改进型

1944年，SB2C-3型飞机问世，它的发动机能量更大。SB2C-4型的机翼能够携带8枚127毫米火箭或454千克炸弹，机翼下方还能安装雷达系统。SB2C-5型增加了载油量。以上所有型号飞机的总数达到了7199架，其中，加拿大的费尔查德公司生产了300架，加拿大汽车铸造公司生产了984架。有900架为美国空军生产，被称为A-25A"百舌鸟"，其中有许多后来被美国海军陆战队接管使用，型号改为SB2C-1A型。"地狱俯冲者"于1943年11月11日在拉包尔首次投入战斗，参与了第17舰载机中队发起的进攻，但战果平平。1944年，它们逐渐取代了道格拉斯公司的SBD"大胆"飞机，经常对日本军队发起进攻。此外，还有26架加拿大制造的飞机被提供给英国，更名为"地狱俯冲者"MK1型飞机。

左图：尽管SB2C飞机比第二次世界大战中任何型号的俯冲轰炸机的产量都大，而且作战记录惊人，但所有开过这种飞机的飞行员都不喜欢它，这是因为它的操作性能不好，而且它的型号缩写被人们认为代表的意思是"狗娘养的，下贱东西"（Son of a Bitch, 2nd Class）

下图：1944年6月，图中这架SB2C飞机隶属于美国"邦克山"号航空母舰上的第8舰载机中队，当时该中队正在对塞班岛进行攻击

技术参数

SB2C-4"地狱俯冲者"飞机

机型：双座舰载侦察/俯冲轰炸机

动力：1419千瓦莱特R-2600-20型星形活塞式发动机1部

性能：5090米高度最大速度475千米/小时，每分钟爬高549米，升限8870米，航程1875千米

重量：空重4784千克，最大起飞重量7537千克

尺寸：翼展15.16米，机长11.18米，机高4.01米，机翼面积39.20平方米

武器装备：机翼装前射式20毫米固定机炮2架，机舱后部装7.62毫米可转动机枪两架，机翼下挂454千克炸弹，机内携带454千克炸弹

怀特公司 F4U "海盗"舰载及陆基战斗机

怀特公司研制的F4U"海盗"飞机有两个翻转的鸥型翼,被视为战争中性能最好的舰基战斗机,曾经在太平洋战争中创造了11:1的敌我损失比例。1940年5月,该型飞机的原型机XF4U-1号飞机首飞成功。1942年12月,首批生产出的F4U-1型战斗机配备到第12航空联队,不过该型飞机早期更多地用于美国海军陆战队。1943年2月,美国海军陆战队第124中队(VMF-124)首次在布干维尔岛将"海盗"飞机投入战斗。随后,布鲁斯特公司和固特异公司加大产量,分别制造F3A-1和FG-1型"海盗"飞机。为了改善驾驶员的视界,后来生产的飞机加高了机舱,F4U-1C型飞机还配备了一门20毫米口径机炮。F4U-1D、FG-1D和F3A-1D型飞机由R-2800-8W型发动机驱动,翼下可携带454千克炸弹或8枚127毫米火箭。

战争后期出现了用于夜间战斗的F4U-2型,不过它在第75和第101航空大队中使用很有限。在战争期间生产的"海盗"飞机中,F4U-1型为4120架,F3A-1型是735架,FG-1型则是3808架。其中,有2012架"海盗"飞机被装备到英国的舰队航空兵部队,370架提供给新西兰。1944年4月3日,英国皇家空军第1834航空中队的"海盗"MK II型飞机首次从航空母舰上起飞,参与攻击如同惊弓之鸟的德国海军"提尔皮茨"号战列舰。

下图:"海盗"飞机之所以长盛不衰,原因很可能在于它集中了一流的空战能力、超高的飞行速度、承受战斗损伤的能力和强有力的机翼,所有这些因素成就了这种举世闻名的战斗机

下图:这架"海盗"Mk I型飞机显示出早期"海盗"飞机所具有的外框粗壮的"鸟笼"式座舱盖,同时还很清楚地显示出该型飞机的倒鸥型机翼

上图:"海盗"飞机成就了不少王牌飞行员,凯普·福特上尉就是其中之一,这是他所驾驶的F4U-1A型飞机,机身上涂着击落敌机16架的标志

技术参数

F4U-1"海盗"飞机

机型:单座航空母舰战斗机

动力:1491千瓦"普拉特·惠特尼"R-2800-8型径向发动机1部

性能:6066米高度时最大速度671千米/小时,初始爬高率每分钟881米,升限11247米,航程1633千米

重量:空重4074千克,最大起飞重量6350千克

尺寸:翼展12.50米,机长10.17米,机高4.90米,机翼面积29.17米

武器装备:机翼装12.7毫米前射机枪6挺

道格拉斯公司SBD"大胆"侦察俯冲轰炸机

由诺斯罗普公司制造的SBD"大胆"舰载两座俯冲轰炸机,其原型机实际上是该公司BT-1飞机的改进型。1939年4月,共有57架SBD-1和87架SBD-2飞机获得订购生产,前者配备到海军陆战队轰炸和侦察轰炸中队,后者则装备到美国海军侦察和轰炸中队。

准备战斗

1941年,SBD-3型飞机出现了。它在机身前部增加了两门12.7毫米机炮,装备了自封闭式油箱和R-1820-52型发动机。截至同年12月份珍珠港事件发生时,这种飞机数量已经增加到584架。

1942年制造的SBD-4型飞机数量达到780架,它除了配备有24伏电力系统外,其他方面同前身——在加利福尼亚州埃尔塞冈多生产的SBD-3完全一样。1941—1942年间,其侦察设备也得到了改进。此后,道格拉斯公司在俄克拉荷马州图尔萨的一家新工厂制造出2409架SBD-5型飞机,这一机型安装有895千瓦功率的R-1820-60型发动机。此后,该工厂又制造了451架SBD-6型飞机。

陆军型号

美国陆军航空队先后共配备了168架SBD-3A、170架SBD-4和615架SBD-5飞机,这三种飞机的配备数分别同A-24、A-24A和A-24飞机数量相当,这样,道格拉斯公司所生产的SBD飞机的总数就达到了5936架。毫无疑问,它们是美国在太平洋战争中非常重要的武器装备之一,击沉的日本海军舰船总吨数远远超过其他机型。不仅如此,它们在中途岛海战、珊瑚海海战和所罗门群岛海战中扮演了关键角色。

下图:图中这些SBD-5飞机尽管部署在加勒比海地区,但机身颜色全都是典型的北大西洋风格

下图:"大胆"飞机不仅在太平洋战场上表现优异,在大西洋战场上同样大显身手。图中这架第41舰载机中队的SBD-3飞机从美国"突击队员"号航空母舰上起飞参加"火炬行动"

技术参数

SBD-5"大胆"飞机

机型: 双座航空母舰舰载侦察/俯冲轰炸机。

动力: 895千瓦莱特R-1820-60星形活塞式发动机1部

性能: 4816米高度时最大速度394千米/小时,初始爬高率363米每分钟,升限7407米,航程1770千米

重量: 空重3028千克,最大起飞重量4924千克

尺寸: 翼展12.65米,机长10.06米,机高3.94米,机翼面积30.19平方米

武器装备: 前射式12.7毫米机枪两挺,机舱后部7.62毫米可转动机炮两门,机身下726千克挂弹量,翼下147千克炸弹两枚

格鲁曼公司 F4F "野猫"航空母舰战斗机

在1937后9月2日进行首飞时,格鲁曼公司生产的单座XF4F-2型海军战斗机只比布鲁斯特公司生产的F2A-1飞机快出16千米/小时。只有安装了XR-1830-76型双冲程增压发动机之后,这一机型设计的实际潜力才得以发挥出来。在美国海军进行的实验中,XF4F-3型飞机创下了537千米/小时的纪录。

投入生产

1939年8月,F4F-3型战斗机获得了54架的生产订单,到1940年底,其中的22架交付军方。作为格鲁曼公司为美国海军生产设计制造的首款单翼飞机,它们被编入海军第4和第7战斗机中队服役,被称为"野猫"战斗机。在它之后的是95架装备了R-1830-90型单冲程增压发动机的F4F-3A型飞机。

法国曾经在1939年订购过81架"野猫"飞机,不过这些飞机随后全部编入英国皇家海军服役,更名为"无足鸟"战斗机,于1940年参加战斗。

在对日本作战的最初几个月里,美国海军和海军陆战队的F4F型飞机的作战任务非常艰巨。在这些战斗之中,尽管有许多还在地面上就被消灭了,但它们还是取得了很多骄人的战绩。1942年,安装有手动折叠机翼的F4F-4型飞机问世,在珊瑚海海战和中途岛海战中承担了重要使命。这种机型共生产了1169架。

F4F-7型飞机是一种非武装的侦察机,它的航程达5633千米。通用动力公司也生产F4F-4型飞机,不过采用的编号为FM-1型。此外,性能更强大的FM-2型飞机则在护航航空母舰上使用。FM-1型和2型飞机曾提供给英国军队,被称为"野猫"Mk 5型和"野猫"Mk 6型。

"野猫"飞机生产总数达到7885架,其中包括通用动力公司生产的5237架FM-1型、FM-2型和海军航空兵的1100架。

上图:美国海军陆战队的"野猫"飞机从太平洋上的基地起飞,勇敢地投入战斗。这张照片显示的是1943年7月一架飞机被从炸塌的珊瑚礁掩体里面拖出来

下图:1942年11月,约翰·拉比海军少校驾驶这架F4F-4型飞机与从美国海军"突击队员"号航空母舰上起飞的第9航空大队的其他飞机共同参加了"火炬行动"。在此次行动中,拉比击落了法国维希政权的两架飞机

技术参数

格鲁曼公司的F4F-4"野猫"飞机
机型: 单座舰载战斗机
动力: 输出895千瓦,一台普拉特·惠特尼公司R-1830-86型星形活塞式发动机
性能: 5914米高度时最大速度512千米/小时,初始爬高率594米/分钟,升限10638米,航程1239千米
重量: 空重2624千克,最大起飞重量3607千克
尺寸: 翼展11.58米,机长8.76米,机高3.61米,机翼面积24.15平方米
武器装备: 12.7毫米前射机枪6挺,FM-2型飞机配有4门机炮、113千克挂弹或6枚12.7毫米火箭

动力改进

"零"式飞机的动力并不强大,尽管它们在战争初期足以应对战事,但由于机身不断加装新的设备,再加上盟军飞机性能不断完善,使得加大"零"式飞机的推进动力变得尤为必要。不幸的是,发动机的性能改进远不如机身改进进行得那么迅速,"零"式飞机注定在其作战生涯中缺乏强劲的动力。三菱公司一直试图在"零"式飞机上采用功率1163千瓦的三菱"金星"62型星形活塞式发动机,并且最终在两架A6M8原型机上付诸实施,但盟军的轰炸最终断送了日本企图制造6300架该型飞机的计划。

飞机伪装

通常情况下，仅仅数秒钟的欺骗就足以扰乱一架攻击飞机，使得施骗飞机赢得逃生机会。因此，飞机的伪装设计常常是在寻求一种平衡，这种平衡综合考虑到飞机如何避开地面防空炮火、如何不被其上方的攻击机击中。当然，在第二次世界大战中，飞机伪装还要考虑飞机在地面时如何躲过轰炸。"野猫"飞机显示出美国海军和海军陆战队在战争初期典型的淡灰色上带蓝色或灰色的设计理念。

美国颜色

所有美国战斗机都是带着这个民族所具有的特殊颜色谱系上战场的，机身的圆形图案里含有蓝色圆盘作衬底的白星，中间是一个被称为"肉丸子"的红色圆圈。螺旋桨红白条相间，机头数字代码则是纯白。但从1942年5月15日起，"肉丸子"和螺旋桨的条状色带被清除了，因为红色标志使飞机容易被误认为是日军飞机而导致自相残杀。事实的确如此，在战争头一天，仅仅第6舰载机中队就有6架飞机被自己人击落。

驾驶员视野

从"野猫"飞机的机舱里向外看的视野并不很适合空中作战。由于机翼正好处在机舱的正中间部位，所以下方视野非常有限，除非飞机倾斜转弯。后部的视线被沿机身延伸至后的龙骨挡住，更糟的是，驾驶员座位在机舱中位置又偏低。"零"式飞机驾驶员的机舱内环境就要好得多，只是玻璃窗后部的无线电天线有点碍事。

机枪

"野猫"飞机上的12.7毫米"勃朗宁"M2型机枪，无疑是第二次世界大战期间最佳的机载武器之一。F4F-3A型飞机配备4挺机枪，每挺备弹450发。到了F4F-4型飞机时，机翼外部又装备了两挺M2型机枪，但每挺机枪的配弹量只有240发，子弹总数减少了，射击时间降低到18秒，相当于原来的一半，这种情况极大地限制了持续战斗能力。同时，新加装的武器增加了飞机重量，降低了飞机性能。沮丧的技术人员不断试图改善这种状况，但有趣的是，最先进的"野猫"——通用动力公司生产的FM-2型飞机，又恢复了4挺机枪的配备标准。

陆上基地

和他们的日本对手一样，美国海军和海军陆战队的"野猫"战斗机群也从陆上基地起飞。尽管"野猫"飞机在珊瑚海、中途岛和威克岛战斗中历经战火，历史学家们还是认为它在瓜达尔卡纳尔岛的战斗中的表现堪称最佳。美军对该岛发起进攻，从日本人手中夺回了亨德森机场。1942年8月20日，约翰·史密斯少校率领海军陆战队的第223舰载机中队从"长岛"号航空母舰飞往亨德森菲尔德。这些骁勇善战的"野猫"飞机所起飞的机场，要么被称为"盛满黑灰的大碗"，要么被称为"泥泞的沼泽"。"野猫"飞机与美国陆军航空队的P-39型飞机并肩作战，击退了敌人一次又一次的进攻。瓜达尔卡纳尔战役进行得非常激烈，马利恩·卡尔上尉成为战争中美国海军陆战队的第一位王牌飞行员，也是第三位赢得荣誉勋章的"野猫"飞机驾驶员。

右图：最初，三菱公司把"零"式飞机设计成为一种远程航空母舰舰载战斗机，正因为如此，它的起落架异常坚固，可以承受频繁起降而带来的强大冲击。然而，随着战事的推进，日本人发现可供飞机起落的航空母舰数量越来越少，"零"式飞机更多地要从陆上基地起飞。现在回过头来看，"零"式飞机从未真正战胜过"野猫"飞机，更不是那些在1942年年底进入太平洋战场的盟军飞机的对手

"普拉特·惠特尼"发动机

F4F-4型飞机的三叶片螺旋桨由一台普拉特·惠特尼公司的"双黄蜂"星形发动机驱动。"野猫"飞机和"零"式飞机安装的都是气冷式星形发动机，其本身固有的特性决定了它要比水冷式发动机更能承受战争损伤。通常情况下，对于水冷式发动机散热器或冷却水箱导管的攻击，就足以使飞机迫降。

下图：这架飞机曾于1942年瓜达尔卡纳尔岛激战期间驻扎在该岛，正是当年马利恩·卡尔上尉驾驶的那架F4F-4"野猫"战斗机。通常情况下，美国海军陆战队不会把击落敌机的数目在机身上做记录，因为担心这样做会引起敌机的"特别注意"。这架飞机之所以专门做了这种标记，当时是为了接受《星条旗报》记者的采访。卡尔在后来的战斗中驾驶F4U"海盗"飞机英勇作战，又为这项记录增加了2架

战绩记录

通常而言，盟军飞行员会在他们飞机机身的"记分牌"上记录击落敌机的数目。马利恩·卡尔上尉的这一记录达到了16.5架，并且全部在机身上用日本国旗的形状记录下来。当飞行员单独击落敌机时，会被奖励一个"全胜"记录，如果是与同伴共同击落敌机就得到部分记录。不过在战争中往往很难精确区分是哪名飞行员击落了哪架飞机，尤其是当长机和僚机共同攻击敌机的情况下更是如此。

上图：图中这架F4F-4型飞机由莫蒂默·克莱恩曼海军少尉驾驶，隶属于"萨拉托加"号航空母舰上的第5舰载机大队。然而，在1942年8月7日，却是由詹姆斯·萨瑟兰上尉驾驶这架飞机在瓜达尔卡纳尔岛的战斗中击落了两架日本飞机。不幸的是，萨瑟兰本人差点也被日本人击落。复仇心切的他在1945年击落了3架日本飞机，因此荣获王牌飞行员的殊荣

上图：瓜达尔卡纳尔岛战役进行得最激烈时，为飞机刷油漆这样的活也几乎没有时间完成。不过，在1942年9月，为盖勒少校服务的地勤人员还是想方设法为他的F4F-3型飞机加涂了击落敌机架数的红色标记。在盖勒所击落的14架敌机中，有7架是"零"式飞机，它们都是被盖勒驾驶的"野猫"飞机击落的

上图：在所有的"野猫"飞机驾驶员当中，哈洛德·鲍尔中校是最不寻常的一位，因为无论何时，他都会激励同伴与"零"式飞机展开搏斗。通常而言，"野猫"飞机驾驶员有意避免同"零"式飞机展开搏斗，大家认为如果F4F被"零"式飞机一对一地咬住，那将是一件很可怕的事情。鲍尔在瓜达尔卡纳尔岛的战斗中共击落了10架"零"式飞机。他驾驶F4F-3飞机于1942年11月投入战斗，但就在同月，他在战斗中下落不明

上图：在太平洋战场的初期冲突之后，尽管"零"式飞机和"野猫"飞机都已经算不上世界顶级战斗机，但它们继续在一线战场执行任务。图中这架F4F-4型飞机在1942年11月的"火炬行动"中从美国"桑蒂"号航空母舰上起飞，布鲁斯·雅克少尉曾驾驶这架飞机在北非登陆期间击落过一架敌机

下图：杰弗逊·德布兰克中尉击落了9架敌机，是美国海军陆战队中排名第11位的王牌飞行员。尽管其他飞行员有的比他击落敌机的总数要多，可他却在1943年1月31日这一天之内，驾驶F4F-4飞机击落了3架敌机。战斗结束后，由于飞机油料即将耗尽，机身遭受重创，他不得不在很低的高度跳伞自救。幸运的是，他在海边被友军从日本人的眼皮底下救回

下图：尽管这架FM-2飞机涂的是战争后期才出现的大西洋色调，但它却在1944年11月从美国"白平原"号航空母舰上起飞进行战斗。这一时期，同F4U和F6F相比，"野猫"飞机已经是次要的战斗机了。同样地，"零"式飞机地位也大不如前。不过1944年10月24日，这架由里奥·费尔科上尉驾驶的VC-4飞机还是击落了两架"零"式飞机

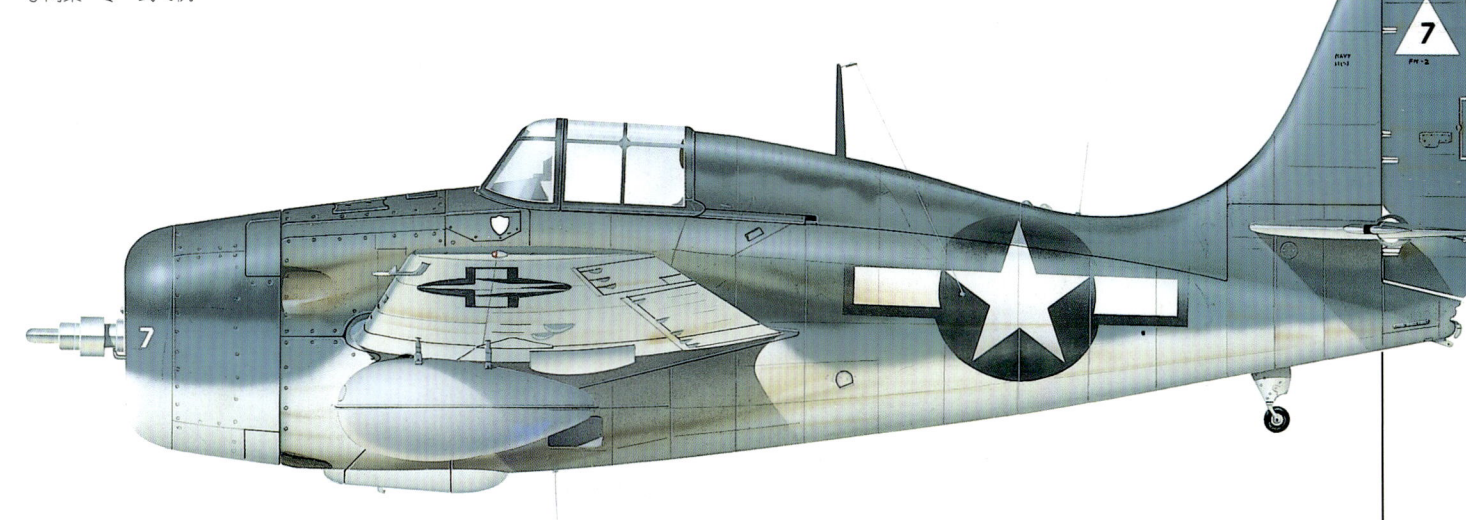

战斗比较

武器和贮备

　　A6M2-21型飞机的标准武器配备是两门20毫米机炮和两挺7.7毫米机枪，这种组合火力很强。在欧洲，英国皇家空军发现：小口径机枪缺乏击穿机身防护装甲和自闭式油箱的冲击力，于是就研究把"黑斯帕诺"航炮安装到"飓风"和"喷火"战斗机上。日本人与德国人也意识到装备机炮的飞机在战斗中拥有巨大的优势。美国人还没有考虑使用机炮，不过他们比英国人更倾向于大口径机枪，因此，早期"野猫"飞机的每个机翼上都安装了两挺12.7毫米（0.5英寸）机枪，所使用的0.5英寸子弹要比英国皇家空军的0.303英寸子弹的重量大，相应的穿透力就会更强大些。而"零"式飞机却缺少防护装甲，这就意味着，美国海军舰载战斗机只要对它发起攻击，就足以将其击毁。

性能和机动能力

　　1942年6月，美国军方对一架迫降在阿留申群岛的A6M2飞机（上右图）进行了一次全面检测，结果表明，该型飞机确实具有出色的机动能力，一旦由经验丰富的飞行员驾驶，它将是一种令人望而生畏的武器。不过令人惊异的是，它翻滚时的速度很慢，俯冲时加速迟缓，而正是后一种缺陷把许多企图通过俯冲和加速来摆脱敌方攻击的"零"式飞机飞行员送进了炮火交织成的坟墓。"野猫"飞机在机动能力方面无法同"零"式飞机相媲美，它更适于用作空中防护战斗机，专门用来对付护航战斗机，通过俯冲攻击来摧毁下面的轰炸机。

驾驶员和系统保护

只要有可能，F4F飞机的驾驶员总是避免同"零"式飞机展开空中纠缠。一旦进入作战，"零"式飞机出色的攻击能力和灵活性就表现无遗，而"野猫"飞机就会遭受比"零"式飞机更大的损失。日本人千方百计地企图击落"野猫"飞机，但是"零"式飞机在"野猫"的机炮面前很容易被攻击。由于"零"式飞机没有防护装甲，敌机很容易击穿它的外壳，直接攻入其内部关键部位。如果击中油箱，肯定会造成重大损伤。它采用的是更加节省重量的结构，为了获取更长的作战半径，"零"式飞机没有加挂自闭式油箱（这种油箱加装了比较坚固的箱壁，防止汽油外漏并降低着火的几率）。缺少了这种油箱，使得本已脆弱的"零"式飞机雪上加霜。更为糟糕的是，后来生产的"零"式飞机采用了轴线投放式油箱，而驾驶员仍然坐在由普通玻璃制成的机舱盖下，挡风玻璃也没有任何防护装甲，飞机发动机和油箱暴露无遗，毫无防备。对于驾驶员来说，主油箱置于发动机和座舱中间是十分令人担心的。

F6F"悍妇"飞机

比起怀特公司F4U"海盗"飞机，格鲁曼公司的F6F"悍妇"飞机尽管显得不是那么先进，但它无疑是美国海军在战争中最重要的战斗机，为美国在太平洋战场上获取对于日本的空中优势作出了不可估量的贡献。它无论是承担地面攻击的任务，还是扮演近距离支援的角色，都表现得中规中矩。在粗犷而又平常的外形下面，它融合了海军飞行员对于飞机的所有的性能需求。

技 术 参 数

F6F-5 "悍妇"

尺寸：翼展13.08米，折叠翼展4.93米，机长10.23米，机高3.99米

机翼面积：31.03平方米

机翼载荷：410.87千克/平方米

动力装置：一台输出功率1641千瓦的普拉特·惠特尼R-2800-10W型18缸径向活塞式发动机

重量：空重4152千克，普通起飞重量5670千克，最大起飞重量6991千克

燃料：内部燃料946升，外部燃料568升

性能：中等飞行高度时的最大速度621千米/小时，初始爬高率1039米/分钟

最大升限11369米巡航速度270千米/小时，爬至6096米用时7分30秒

航程：内部燃料航程1647千米

武器装备：12.7毫米"勃朗宁"机枪6挺，各配备400发子弹，最大载弹量907千克（2至3枚炸弹），6枚12.7毫米高速航空火箭

下图：飞机在完成任务后，还要面临安全着舰的考验。尽管"悍妇"战斗机的机身构造坚固，比其他一些机型发生着舰事故的概率小得多，但起落装置仍有可能发生故障

主要部件剖面图

1. 天线杆
2. 方向舵平衡配重
3. 方向舵上部铰链
4. 铝合金鳍肋
5. 方向舵柱
6. 方向舵结构
7. 方向舵调整片
8. 方向舵中间铰链
9. 对角线板肋
10. 铝合金升降舵调整片
11. 织物覆盖的升降舵表面
12. 升降舵平衡装置
13. 铆钉钉牢的光滑边条
14. 甲板降落拦阻钩阻(加长型)
15. 水平尾翼翼肋
16. 机尾航行灯
17. 方向舵铰链
18. 制动钩
19. 垂尾主翼梁
20. 水平尾翼端肋
21. 垂尾前缘(翼)梁
22. 机身/鳍根整流罩
23. 左侧升降舵
24. 铝合金外壳的水平尾翼
25. 机组灯
26. 机身后部结构
27. 自动进入控制
28. 舱壁/隔舱
29. 尾轮液压减震器
30. 尾轮定中机械装置
31. 尾轮钢制支撑臂
32. 可向后收放式尾轮(硬橡胶轮胎)
33. 整流罩
34. 钢板门整流罩
35. 钢索套管支架
36. 液压作动筒
37. 机翼/机身翼梁凸耳
38. 控制电缆驱动
39. 机身纵梁
40. 继电器箱
41. 机背天线
42. 机背识别灯
43. 无线电天线
44. 天线杆
45. 天线引入线
46. 机背结构板肋
47. 分线箱
48. 无线电装备
49. 无线电隔板
50. 操纵钢索
51. 横向联杆
52. 远程无线电罗盘
53. 机腹识别灯(3盏)
54. 机腹天线
55. 破坏装置
56. 蓄电池
57. 无线电装备(底部挂架)
58. 登机扶手和踏步
59. 发动机注水系统
60. 座舱罩轨道
61. 注水箱颈口
62. 后视窗口
63. 向后的滑动座舱盖
64. 头枕
65. 飞行员背部及头部防护装甲
66. 座舱盖(加固)
67. 灭火器
68. 氧气瓶(左机身)
69. 水箱
70. 油箱(227升)
71. 装甲舱壁
72. 右侧控制台
73. 飞行员坐椅
74. 手动液压泵
75. 燃油加油口
76. 方向舵踏板
77. 中央控制台
78. 操纵杆,驾驶柱
79. 图板
80. 仪表板
81. 平嵌板
82. 反光镜式瞄准具
83. 后视镜
84. 装甲防弹挡风玻璃
85. 偏转板(飞行员的前部保护)
86. 主舱壁(上部装甲板防护左右侧加装吊索)
87. 铝合金副翼调整片
88. 织物覆盖的副翼表面
89. 铆钉钉牢的光滑的外翼表面
90. 铝合金翼尖(用铆钉固定在机翼外肋上)
91. 左侧航行灯(闪烁)
92. 进场着陆灯和舱内照相枪
93. 固定的发动机罩板
94. 装甲钢板(油箱的前部保护)
95. 油箱(72升)
96. 焊接的发动机安装支柱
97. 机身前部防水板
98. 副翼控制联接
99. 发动机配件舱
100. 发动机安装构架
101. 可控散热片
102. 发动机罩环
103. 普拉特·惠特尼R-2800-10W型双排星形气冷式发动机
104. 机头环型阁框
105. 减速器齿轮箱
106. 三叶"汉密尔顿"标准液压式可变螺距螺旋桨
107. 桨毂

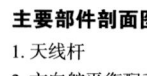

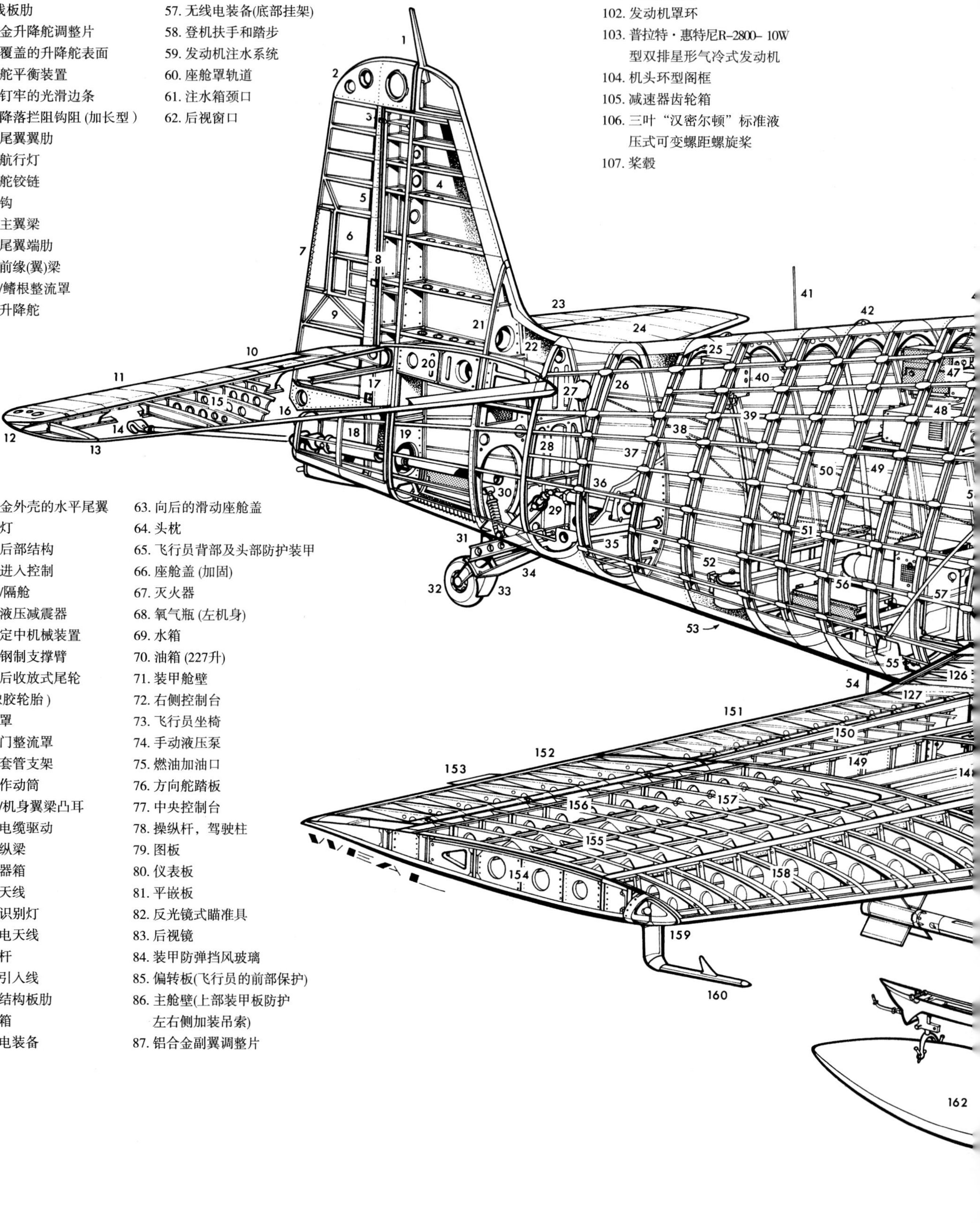

210

108. 发动机冷油器滑油冷却器(中间)和中冷增压器
109. 冷油器滑油冷却器偏转板（受保护）
110. 冷油器导管
111. 中间冷却进气导管
112. 主轮整流罩
113. 左侧主轮
114. 副油箱支撑臂
115. 冷却器排气口和整流罩
116. 排气管组
117. 增压器箱
118. 排气口
119. 前翼大梁腹板
120. 翼前大梁/机身固定螺钉
121. 前起落架枢轴固定点
122. 自密封油箱(左右两侧容量均为331升)
123. 机翼后梁/机身螺杆
124. 结构端肋
125. 开缝副翼阁框
126. 襟翼中间
127. 机翼折线
128. 右侧起落架舱
129. 航炮舱
130. 可拆除对角线弓形支架
131. 3挺12.7毫米口径"柯尔特·勃朗宁"机枪
132. 副油箱后支架
133. 喷气管
134. 可折叠式机翼接缝(上表面)
135. 机枪管
136. 整流罩
137. 起落架作用支柱
138. 主轮液压减震支柱
139. 副油箱手摇曲柄
140. 远程副油箱
141. 主轮铝合金整流罩
142. 锻钢抗扭连杆
143. 低压充气轮胎
144. 铸造镁合金轮
145. 翼下5英寸（127毫米）口径高速航空对地攻击火箭
146. MkV型零长度火箭发射装置
147. 斜置机翼前翼梁
148. 翼梁中间弹药舱
149. 机翼后部翼梁
150. 后部副翼梁
151. 襟翼外端
152. 弗利兹副翼
153. 副翼平衡调整片
154. 机翼外翼肋
155. 襟翼侧板肋
156. 副翼梁
157. 外侧机翼翼肋
158. 前缘肋
159. 右侧导航灯（连续闪烁）
160. 空速管头
161. 翼下储存舱塔门
162. 副油箱

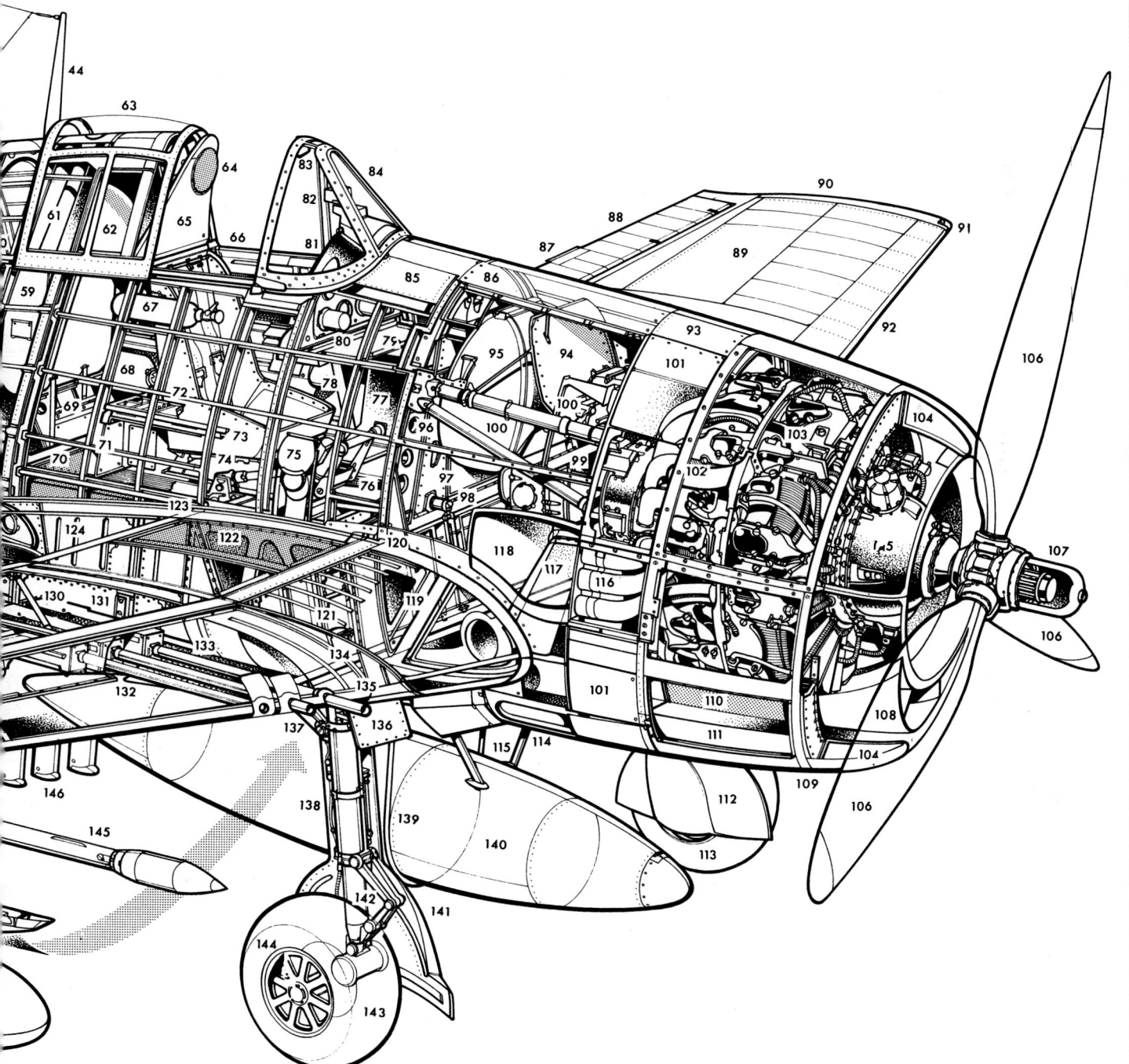

211

F6F-5"悍妇"战斗机

这架F6F-5战斗机显示出战争后期"悍妇"所具有的典型着色特征,它没有明显的标记来表明其所属的部队和航空母舰。它专门为空中攻击而设计,因为随着战事的推进,对地攻击和近距离支援作战变得越来越重要。请注意图中折叠机翼的位置。

机翼与尾翼构造

"悍妇"结实的机翼由两根强硬的中心梁构成,横梁面板向后成90°角折叠,以便与后机身平行。机翼折叠装置外侧成轻微的两面角。为了确保结构的力量,垂直尾翼和水平尾翼沿着一根中央翼梁进行建造,构成垂直尾翼核心的中央翼梁从垂尾顶端一直向后延伸到机身尾部。方向舵的顶部配置一个小型的平衡装置和一个中央调整片。垂直尾翼的固定部位安装了一根天线杆,飞机水平尾翼的升降舵配置有调整片,确保方向舵的不间断运动。

座舱与系统

"悍妇"战斗机的飞行员座舱在机身正上方,上面有滑动舱盖。由于飞机的防护装甲比较强大,尤其是飞机后部,导致飞行员的后方视野很不好,因此在前方配置一部反射瞄准器。其外部结构的另一个特点是,在右翼尖端安装一个显示空气速度的空速管头,紧靠右翼顶端的航行灯。在机身背部天线杆和尾部天线杆之间架设起无线电天线,并连向后机身的仪表舱。F6F-5飞机采用的是垂直尾部天线杆,这与F6F-3飞机的前倾式尾部天线杆不同。

右图：1943年5月，美国海军大西洋反潜部队的"悍妇"战斗机正准备从"约克城"号航空母舰上起飞。事实上，这些飞机并非是该舰所配置的舰载机，而是在该舰上进行训练。在右下方位置是一架隶属于该舰的舰载机

机翼武器

"悍妇"战斗机的典型武器配备是6挺12.7毫米"勃朗宁"机枪，它们交错排列，每挺配备有400发子弹。后来制造的F6F-5飞机通常把其中的两挺机枪换成20毫米机炮。除了6门"勃朗宁"机枪之外，"悍妇"还配备6枚火箭弹和2枚炸弹。在太平洋战争后期，这些没有应用制导技术的火箭弹成为"悍妇"飞机最常用的对地攻击武器，在琉磺岛和冲绳岛战役中大量使用。

上图：1943年11月，美军发起了著名的塔拉瓦登陆作战行动，其主要任务之一就是夺取比休岛上的机场跑道。图中，美军第1航空中队的一架F6F-3型飞机正试图在比休岛上着陆，近处是一架被击毁的"零"式战斗机的残骸。在战斗中，从这条跑道上起飞的第1航空中队飞机，为美国海军陆战队提供了夜以继日的近距离空中支援

动力装置

F6F-5"悍妇"飞机由一台普拉特·惠特尼公司出品的R-2800-10W"双黄蜂"星形发动机驱动，每台发动机含有两排共18个汽缸，每排9个，输出功率1641千瓦。安装在机身下部和机翼内部的自闭式油箱可携带889升油料，油箱通过机身侧部和机翼根部的油嘴进行加油。

下图：1943年8月31日，一个由"悍妇"飞机和"复仇者"飞机组成的混合编队正飞往马库斯岛，正是在这一天，"悍妇"飞机初次出现在战场上。不过它们没有遇到任何敌人，不得不等到同年10月5日的威克岛战役时才开始建功立业。距离画面最近的是詹姆斯·弗莱特利海军中校驾驶的从"约克城"号航空母舰上起飞的飞机

舰队空中作战

二战期间，英国的"悍妇"飞机击落敌机的数量是52架，这与英国皇家海军舰载航空兵的455架的统计数字相差甚远。在对德国海军"提尔皮茨"号战列舰的攻击作战和斯堪的那维亚半岛海域的反舰作战中，这种飞机提供了强大的空中进攻能力，地位日益重要起来。

右图：海军航空兵拥有252架租借来的"悍妇"飞机(最初被称为"塘鹅"Mk I型飞机)，这种飞机共有4个改型机种，在37支不同的作战部队服役。起初，"悍妇"Mk I飞机(如右图)同美国海军的F6F-3型飞机完全一样，Mk II 型(后来为 F.Mk II型飞机则是英国皇家海军舰载航空兵掌握的F6F-5型飞机。NF.Mk II型是英国皇家海军舰载航空兵赋予F6F-5N型夜间攻击机的名称，而"悍妇"Mk II(PR)型则是基于装备照相设备的FR.Mk II型飞机制造的，不过机上所有的武器系统都被拆除，以便遂行高速侦察任务

下图：1944年8月，"悍妇"飞机正准备从马耳他起飞参加进攻法国南部的"龙骑兵行动"。离画面最近的是在"君主"号航空母舰上的第800飞行中队的134号和154号飞机，前者于同年8月23日在甲板上同另一架"悍妇"飞机相撞毁坏，后者则参加了"钨行动"以及后来挪威战场上的作战行动

上图："君主"号参加了对"提尔皮茨"号战列舰的攻击，它的周围是其他一些英军舰船，其中包括"暴怒"号（画面中最近者）、"搜索者"号、"追击者"号和"牙买加"号。"悍妇"飞机在对"提尔皮茨"号军舰进行攻击后，正在装配炸弹挂架

左图：1944年4月，在攻击德国海军"提尔皮茨"号战列舰之前，一场暴风雪席卷了"君主"号护航航空母舰的甲板。当时，"君主"号从英国本土出发跨越北极圈，与英国皇家海军其他战舰一道对停泊在阿尔顿峡湾的"提尔皮茨"号战列舰发起进攻，并使其最终葬身大海

上图:英国皇家海军第800空军飞行中队的"悍妇"飞机不仅在大西洋和地中海海域大显身手,还于1945年9月开赴新加坡恢复英国在那里的统治。"悍妇"飞机先后参与了在东印度、马来亚、缅甸的作战行动以及对日本本土的进攻

上图:1945年8月5日,英国皇家海军第800飞行中队的一架"悍妇"F.Mk II型飞机(JZ935号),在"不屈"号航空母舰上降落时未能挂住钩索,一下子撞到了安全防护栏上

上图:"悍妇"飞机在1944年4月出色地完成了针对"提尔皮茨"号的攻击之后,接下来的两个月里继续在挪威海域执行护航任务。不久后,英国皇家海军"君主"号航空母舰上的"悍妇"飞机被派往地中海战区,参加1944年8月对法国南部的进攻行动。英国皇家海军第800飞行中队于1943年7月最早装备"悍妇"飞机,成为第一支拥有该型战机的英军部队

大西洋海战:航空母舰的胜利

截至1943年春天,邓尼茨的"狼群"战术使得盟军遭受了沉重损失。然而到了年底,由于改进了机载雷达,增加了远程巡逻机的数量,尤其是护航航空母舰的出现,盟军得以有力地打击了德国潜艇部队。

经过数月之久的努力,盟军扭转了大西洋上的战局,掌握了大西洋海战的主动权。第一次重大胜利出现在1943年5月,盟军一次性歼灭了德国海军41艘U型潜艇,这一数字后来从未被超越过。其间,英国皇家空军和美国海军航空兵取得了几次小型胜利,然而,只有在护航航空母舰和轻型航空母舰出现之后,盟军才真正锁定了胜局,粉碎了邓尼茨企图重新夺取海上优势的梦想。

激战

在此期间,盟军的陆基海上飞机也取得了对德国潜艇的一次重大胜利。1943年5月2日,邓尼茨命令德国U型潜艇从麻烦不断的北大西洋和比斯开湾海域撤出,向南部海域转移。两天后,德国17艘潜艇组成的舰队,沿着西经43°线从北向南朝着地中海进发。此时,美国海军已经做好了战斗准备。除了"博格"号航空母舰外,"卡德"号也开始了它的首次护航运输任务。TBF-1和"野猫"战机的护航方式是在护航运输队周围400千米的范围内,进行顺时针方向的空中巡逻。6月1日,"博格"号航空母舰开始向西航行,6月5日击沉了一艘德军潜艇。当时,这艘U-217号潜艇在"博格"号以大约101千米处被盟军发现,接下来,一架TBF飞机在另一架"野猫"飞机的协助下将其击沉。一周后,"博格"号在亚述尔群岛西部海域击沉了U-118号潜艇。在邓尼茨命令德军潜艇部队从北大西洋撤退之后,盟军在比斯开湾海域执行护航任务的船只越来越多,接下来又击沉了4艘德国潜艇。此时,德国潜艇上的艇员们开始用高射炮与对手作战,双方损失都很大。

此后,美国海军的航空母舰舰载机继续在大西洋中部海域执行任务,一直持续到1943年10月。10月4日,"卡德"号航空母舰上的第9舰载机大队在亚述尔群岛北部海域击沉了U-460号和U-422号潜艇。10月13日和31日,"卡德"号又分别击沉了U-402号和U-584号潜艇。与此同时,美国海军"布洛克岛"号航空母舰于10月28日击沉了U-220号潜艇。绝望的邓尼茨命令德军潜艇编队直接穿越比斯开湾,避免与盟军的陆基战机遭遇。然而,这项决定的最终结果只是更快地把德军潜艇送进盟军航空母舰的炮火之下。

11月份,德国又损失了19艘潜艇。随着天气条件日益恶化,以及德国空军战斗机的疯狂进攻,作战次数开始减少下来,通过这一时期的苦战,到了1943年年底,盟国被击沉的商船数量降低到平均每月30艘,吨位共计130000吨。这一数字同1943年3月间盟军平均每月损失120艘商船、共计693389吨相比,足以证明邓尼茨的"狼群"战术的惨败。

右图:美国格鲁曼公司生产的"复仇者"飞机曾经同时在美国海军和英国皇家海军护航航空母舰上服役,在对德国潜艇作战中发挥了决定性作用。图中这架飞机曾在第846飞行中队服役

动力装置

最初,TBM-1C型飞机采用的是1193千瓦的R-2600-8发动机,最后选用了莱特公司的功率1417千瓦的R-2600-20"飓风"14型发动机(此前还曾考虑过在TBM-3飞机上采用普拉特·惠特尼公司的1491千瓦的R-2800"双蜂"发动机)。考虑到该型飞机在普通载荷时的泛泛表现,尤其是从护航航空母舰上的较小甲板起飞时的表现,有必要设计一种新型发动机来满足需求。为了满足发动机在冷却方面的日益紧迫的要求,发动机罩必须重新设计,配置油冷却器通风口。这种新型发动机的编号为R-2600型发动机,它的前身是莱特公司在20世纪20年代出品的R-1750/-1820"飓风"9缸发动机(曾在SB2C"地狱俯冲者"飞机上使用)。R-2600型发动机是一种14缸发动机,常被人们誉为美国的"制胜动力设计",莱特公司在辛辛那提的工厂共生产了5000多台该型发动机。

机组人员

TBM-3型飞机的人员典型配备是三人:一名驾驶员、一名无线电报务员和一名投弹手。驾驶员坐在单独的座舱内,而"玻璃房子"的后半部分是无线电报务员坐的地方,同时还有格鲁曼公司制造的150SE型枪座,装备一挺12.7毫米口径机枪。剩余的空间留给投弹手作为"通道",投弹手在机腹位置操纵着一挺7.62毫米口径机枪。投弹手的主要装备是一架诺登公司出品的投弹瞄准器,在早期的"复仇者"飞机上通过这个瞄准器可以看见弹药舱的尾部,还能够看到机载的对地B型雷达,可移动的接收天线安装在机翼下方。后来制造的"复仇者"飞机取消了投弹瞄准仪,因为实战证明:在攻击运动的舰艇目标时,TBM-3型飞机的垂直轰炸能力显得不足,而在攻击陆上较小目标和停泊的舰船时,飞机的轰炸精度又不够。因此,后来由无线电报务员操纵"毒刺"机枪,而炮手则专注于操作炮塔,驾驶员可以用12.7毫米机枪对目标扫射。

鱼雷

Mk XIII型鱼雷在标准的MkIII-1A型鱼雷的基础上改进而成,用25.4厘米的钢带绕鱼雷鳍部焊接一圈。1944年8月,在硫磺岛以西海域作战的美国海军"弗兰克林"号航空母舰上的第13鱼雷中队最早使用这种鱼雷。当时,未经改进的鱼雷必须在速度降低到185~204千米/小时、高度下降到30.5米时才能投放,而改进后的鱼雷在高度244米、速度519千米/小时时就可以投放。Mk XIII型鱼雷于1938年专门为飞机设计的,它的口径更大(原来为533毫米,改进后为569毫米),重量为1383千克,理论最大速度85千米/小时,最大航程8230米。

1945年1月12日

1945年1月12日,这一天,12架满载鱼雷的TBM-3"复仇者"飞机,从"埃塞克斯"号航空母舰的甲板上呼啸升空,向西贡河发起进攻。在这些驾驶员中,有一个名叫威廉·卡纳迪的海军少尉,他当时刚刚加入第4鱼雷中队,驾驶编号为"131"的飞机,和他共同操作这架飞机的还有三等飞行无线电操作员杰尔克。接下来,他们发现一支运输队及其护航舰只,对方凭借岸上防空火力发起进攻。在接近76米高度时,"复仇者"飞机投下炸弹后急速撤退。卡纳迪以及该中队另外两个伙伴一起投掷鱼雷,把一艘商船击沉。

载弹量

作为一种滑翔式轰炸机,"复仇者"飞机可以根据不同的任务来决定加装哪些装备。不过,通常情况下,比较典型的配备包括:一枚907千克通用炸弹、一枚726千克穿甲炸弹、两枚454千克通用炸弹、4枚227千克通用炸弹、12枚45千克通用炸弹或4枚159千克深水炸弹。其中,最后提到的深水炸弹是"复仇者"执行反潜作战的主要武器,它与新研发的机载航空火箭结合使用。航空火箭于1943年年底投入作战,起初的战斗部口径是8.8厘米,后来发展成为12.7厘米。1944年初,第一枚12.7厘米口径的高速航空火箭投入战斗,被戏称为"圣摩西"。

左图：在大西洋海战中，美国海军和英国皇家海军的护航航空母舰不仅配备了可以对付德国U型潜艇的"复仇者"战斗机，还装备了能够对付德国空军巡逻机的F4F"野猫"战斗机，这些武器装备对于减少大西洋航线上的盟国商船损失、确保海上生命线的安全畅通发挥了极其重要的作用

TBM-3"复仇者"飞机

这架由东方飞机制造公司制造的TBM-3"复仇者"飞机曾经先后在第4鱼雷中队、第4航空大队和"埃塞克斯"号航空母舰之上服役，这幅照片是它在1945年1月12日问世时的场面。第4鱼雷中队组建于1942年1月10日，随"突击队员"号航空母舰在百慕大海域执行任务。这项任务最初是由道格拉斯公司生产的TBD-1"破坏者"飞机执行的，在1942年8月才转由TBF-1"复仇者"飞机执行。1943年10月，第4鱼雷中队随"突击队员"号航空母舰参加"领导者行动"，这是美国海军航空母舰在北欧海域对德国海军发起的首次进攻，第4鱼雷中队的"复仇者"飞机沿着挪威海岸攻击德军舰艇。1944年7月，第4航空大队（含第4鱼雷中队）转战至太平洋海域，于1944年11月从"邦克山"号航空母舰上起飞，支援麦克阿瑟将军率部重返菲律宾。接下来，该中队的"复仇者"飞机先后在奥尔莫克湾、卡维特和克拉克菲尔德战场上投入战斗。1944年11月底，第4鱼雷中队的"复仇者"飞机转移到"埃塞克斯"号航空母舰上服役，但还没等到投入战斗，"埃塞克斯"号就被日本神风特攻队的飞机击伤。1945年1月，该舰经过维修后重新服役，接收了第4鱼雷中队新的TBM-3"复仇者"飞机，对太平洋和印度支那的日军目标发起了一系列进攻。

上图：英国皇家海军至少有19个航空兵中队使用"海盗"飞机，飞机总数量不少于1977架。图中这架"海盗"MK II型飞机的机身底部远航油箱着火，踉踉跄跄地在甲板上降落

左图：在发动机启动后，"复仇者"飞机同"悍妇"飞机（格鲁曼公司制造）一起在"约克城"号航空母舰上等待起飞。"约克城"号的航空兵的显著标志就是当所有飞机集中时机头的绿色毂展览。图中一架TBF"复仇者"飞机在右机翼上还保留着美国国徽。1942年6月，"约克城"号在中途岛海战中被日军击沉

格鲁曼 TBF/TBM "复仇者" 鱼雷轰炸机

格鲁曼公司制造的TBF"复仇者"飞机参加的第一次战斗是中途岛海战，它注定要成为这场战役中表现最优秀的鱼雷轰炸机。该机的原型机XTBF-1于1941年8月1日首飞，而总数286架的订单此时已经签下。第一架投产机型——TBF-1型飞机于1942年1月问世，第8鱼雷中队于5月接收了第一批"复仇者"飞机。

初试锋芒

6月间，第8鱼雷中队的6架飞机在中途岛海战最激烈的时候出发执行任务，其中仅有一架返回，这架飞机的机组成员一死一伤。这是一个不大吉利的开局，但"复仇者"飞机的生产速度却在不断加快。通用汽车公司继格鲁曼公司之后也加入到TBM-1型飞机的生产行列。"复仇者"飞机有几种不同的改型，包括机翼装有两门20毫米机炮的TBF-1C型、以租借方式提供给英国的TBF-1B型、装有ASV雷达的TBF-1D型和TBF-1E型，以及炸弹舱中安装有探照灯的TBF-1L型。TBF-1型和TBM-1型的产量分别是2290架和2882架。通用汽车公司的东部公司一直在制造安装R-2600-20型发动机的TBM-3飞机，总量达4664架。英国接收了395架TBF-1B型飞机和526架TBM-3B型飞机，新西兰接收了43架。"复仇者"飞机后来在美国海军一直服役到1954年。战争期间最后出现的"复仇者"机型，是装备了照相设备的TBM-3P型飞机和安装了探测雷达的TBM-3H型飞机。

左图：从1942年开始，"复仇者"逐步取代了"蹂躏者"在鱼雷轰炸机中队中的地位。图中这架"复仇者"鱼雷轰炸机正在进行鱼雷投掷训练

下图：这架格鲁曼公司的TBF"复仇者"飞机的机身上涂写着1944年美国海军"伦道夫"号航空母舰部队的标志。机脊炮塔装备的是一挺0.5英寸（12.7毫米）口径机枪

技术参数

格鲁曼公司（通用汽车公司）TBM-3E"复仇者"
型号： 三座舰载鱼雷轰炸机
动力装置： 1台莱特R-2600-20型星形活塞式发动机，输出功率1417千瓦
性能： 高度5029米时最大速度444千米/小时，初始爬高率628米/分钟，最大升限9174米，航程1635千米
重量： 空重4783千克，最大起飞重量8117千克
尺寸： 翼展16.51米，机长12.48米，机高4.7米，机翼面积45.52平方米
武器装备： 两挺固定式前射12.7毫米机枪，机背一挺12.7毫米机枪、机腹一挺7.62毫米机枪，武器舱内携带907千克炸弹或鱼雷

费尔雷公司"剑鱼"双翼鱼雷轰炸机

在所有被认为是不合时宜的飞机当中,"剑鱼"飞机肯定是程度最深的,因为即使按照20世纪30年代的眼光来看,它也显得异常古老而又笨拙。第一架"剑鱼"原型机(T.S.R.II号飞机)在1934年4月17日进行首飞,投产型的"剑鱼"Mk I型飞机是按照S.38/34型的规范制造的,它的上翼轻微后掠,采用全金属结构和胶布外壳。截至1939年战争爆发时,共有689架"剑鱼"Mk I型飞机已经交付或订购,它们同时使用轮式和浮筒式起落装置,在英国皇家海军的航空母舰、战列舰、战列巡洋舰或巡洋舰上服役,执行侦察和探测鱼雷的任务。在该型飞机的战绩中,最令人最难忘的有1940年11月11日对意大利港口塔兰托的袭击,在这场战斗中,从英国皇家海军"卓越"号航空母舰上起飞的"剑鱼"飞机重创3艘意大利战列舰。其他战绩还有在大西洋上重创"俾斯麦"号战列舰,以及1942年2月在英吉利海峡对突围的3艘德国战舰——"沙恩霍斯特"号、"格奈森瑙"号和"欧根亲王"号——所发起的自杀式攻击。

"剑鱼"Mk II型飞机

绝大部分的"剑鱼"飞机由布莱克伯恩公司负责制造。"剑鱼"Mk II型飞机引入了经过加固的下机翼,用来外挂8枚火箭弹。"剑鱼"MkIII型飞机在起落架中间安装了ASV雷达,"剑鱼"Mk IV型在Mk II型的基础上安装了一个附加舱。"剑鱼"飞机一直生产到1944年8月18日,总产量高达2396架。

上图:后舱带有天篷的"剑鱼"飞机通常是Mk IV型,它们在加拿大主要用作教练机

上图:火箭弹极大地增强了"剑鱼"飞机的战斗力,在对舰攻击中特别有用。请注意该机型的坚固硬朗的起落架和众多索具

下图:这架"剑鱼" Mk I型飞机的机身上涂着塔兰托海战时的典型的伪装色,它的拦阻钩已经伸开,机身下挂着一枚457毫米鱼雷

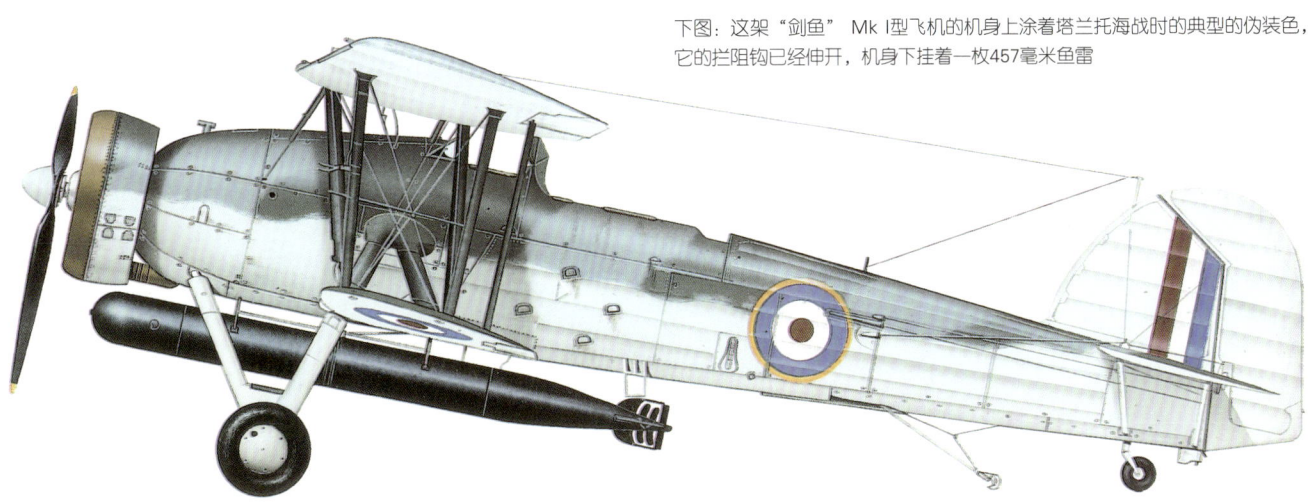

技术参数	
"剑鱼" Mk II型	**重量:** 空重2132千克,最大起飞重量3406千克
机型: 三座鱼雷/反潜机	**尺寸:** 翼展12.87米,机长10.87米,机高3.76米,机翼面积56.39平方米
动力装置: 一台布里斯托尔"神马"XXX型星形活塞式发动机,输出功率559千瓦	**武器装备:** 后舱配备7.7毫米固定式前射机枪一挺7.7毫米可转动式机枪一挺,一枚457毫米口径鱼雷或8枚27.2千克火箭弹
性能: 最大速度222千米/小时,初始爬高率372米每分钟,升限5867米,航程879千米	

霍克公司"海上飓风"舰载战斗机

"海上飓风"战斗机是在英国皇家空军的"飓风"陆基战斗机的基础上发展而来的,专门为商船运输队提供现代战斗机保护。"海上飓风"先后交付了800多架,其中大部分是从"飓风"改进而来的,很多甚至还参加过战斗。此外,还有一些是加拿大建造的"飓风"飞机的改进型。

弹射起飞的"海上飓风"

最先问世的是"海上飓风"MkIA型,安装有飞机弹射装置,以便在发现敌方飞机时能够从经过特殊改造的商船上起飞拦截。为此,那些搭载"海上飓风"的商船专门安装了飞机弹射器,对抗那些经常出现的敌方飞机。

继Mk IA型之后的是MkIB型,它除了索具之外还增加了拦阻钩,这样就可以在航空母舰上使用。Mk IC型的产量很少,它在早期机型的机枪位置装备有4门20毫米口径机炮,专门用来对付轰炸机。"海上飓风"Mk IIC型从"飓风"Mk IIC型演变而来,配置有机炮和"隼"XX型发动机。总体而言,除了极少数由"飓风"Mk XII型改造而成的"海上飓风"Mk XII型之外,在加拿大制造的"海上飓风"飞机的设计比较超前。

参加战斗

1941年2月,"海上飓风"飞机编入现役,随同第804飞行中队在安装有飞机弹射器的武装商船上执行任务。该机型的首次参战是对北极港口佩特萨摩的突袭,接下来的那个月,第804中队的一架"海上飓风"击落了一架敌机。后来,武装商船的这项任务以及所搭载的"海上飓风"战斗机被转交给了皇家空军的商船战斗机部队,驻地在斯皮克。

当第一批护航航空母舰编入英国皇家海军时,"海上飓风"也被分派到了其中几艘上,先后在北极和地中海海域执行任务。1943年,"海上飓风"飞机被超马林公司的"海火"战斗机和格鲁曼公司的野猫战斗机取代。

上图:"海上飓风"MkIA型战斗机和"管鼻鹱"飞机,从飞机弹射器上起飞

上图:这架"海上飓风"飞机正从英国皇家海军"文德克斯"号航空母舰上起飞,赴大西洋海域执行反潜巡逻任务

下图:这是一架加拿大制造的"飓风"Mk XA/XIB型飞机。由于加拿大生产的"海上飓风"飞机的设计目标不是很清晰,所以将该型机称为"海上飓风"Mk XIB型更为准确一些。尽管这些飞机属于加拿大皇家空军第440飞行中队,它们最终却被分派到英国皇家海军舰载航空兵和加拿大皇家海军,执行作战任务

上图:一部分"飓风"Mk I型飞机改装为"海上飓风"Mk IB型飞机,这些飞机此前曾在不列颠空战中历经战火

技术参数

"海上飓风"Mk IIC型

机型: 舰载战斗机

动力装置: 一台罗尔斯·罗伊斯公司"隼"XX型12缸V字形活塞发动机,输出功率955千瓦

性能: 5944米高度时的最大速度505千米/小时,升限10516米,航程1207千米,

重量: 空重2617千克,最大起飞重量3511千克

尺寸: 翼展12.2米,机长9.83米,机高3.99米,机翼面积23.93平方米

武器装备: 4门20毫米机炮

超马林公司"海火"舰载战斗机

在"海上飓风"飞机成功之后,一架"喷火"Mk VB型飞机加装了V型停机钩,1941年年底之前在英国皇家海军"卓越"号航空母舰上成功进行试验。许多带有B型号机翼的"喷火"战斗机进行了类似的改造,更名为"海火"F.MkIB型飞机。1942年5月,"海火"F.Mk IIC型飞机走下生产线,配备4门20毫米机炮、飞机弹射装置和火箭助推起飞装置,机身进行了加固。该型飞机的另外一种低空版本是"海火"L.Mk IIC型,其中少部分安装有照相机,用来执行侦察任务,型号为"海火"LR.MK IIC型。"海火"F.Mk III型飞机则引进了手动操纵的折叠式机翼。"海火"L.Mk III型执行低空任务,其中一些改装成为"海火"LR.MK III型飞机,用来执行照相侦察任务。

"格里芬"发动机

1945年,装备"格里芬"发动机的"海火"F.Mk XV型飞机诞生了,配置一副针状停机钩,但该机型未能来得及编入现役参加海上战斗。在它之后的是"海火"F.Mk XVII型,即后来的"海火"F.Mk 17型,该机型配备有线条清晰的气泡式引擎罩、燕尾式后机身,载油量得到大幅度提升。"海火"FR.Mk XVII型(FR MK17)侦察机则装备两架照相机。

"海火"F.MK45型飞机基于"喷火"F.Mk 21型飞机的技术制造的,它依靠"格里芬"五叶发动机推进。"海火"F.Mk 46配有气泡式引擎罩、燕尾式后部机身和六叶反转螺旋推进器,其侦察机型是"海火"FR.Mk 46型。最后一个版本的改型是"海火"F.Mk 47型和"海火"FR.Mk 47型,它们都安装有自动折叠机翼,并采用了其他的进步技术。

作战行动

1942年11月,"海火"飞机参加了北非登陆战役,后来又参加了意大利萨勒诺登陆战役和法国南部的作战行动。该型飞机在萨勒诺战役中的表现非常低劣,在那里,由于航空母舰甲板风速不够强大,导致许多飞机起落架损毁。在太平洋战场,有几个"海火"飞机中队在作战中表现比较活跃。战后,装备"格里芬"发动机的飞机继续在军中服役,但许多是在预备役中队之中,这种情况一直持续到1945年。"海火"MK 47型飞机曾在朝鲜战争中执行作战任务。

下图:1945年,这架"海火"F.Mk III型飞机在英国皇家海军"猎手"号航空母舰上的第807飞行中队服役,为在安达曼海进行的反舰作战执行空中掩护

技术参数

"海火"F.Mk III

机型: 舰载战斗机

动力装置: 一台罗尔斯·罗伊斯公司"隼"45型、50型或55型活塞式发动机,输出功率1096千瓦

性能: 3734米高度时的最大速度566千米/小时,升限10302米,航程748千米(使用内置燃油)

重量: 2449千克,最大起飞重量3175千克

尺寸: 翼展11.23米,机长9.12米,机高3.48米,机翼面积22.48平方米

武器装备: 两门20毫米机炮或4挺7.7毫米机枪,一枚227千克炸弹或两枚113千克炸弹

上图：这架"海火"F.Mk IB型飞机隶属于英国皇家海军"掠夺者"号航空母舰上的第760飞行中队，照片显示该机正在进行训练

左图："海火"F.Mk III型飞机的一个显著的外形特征就是可以折叠机翼，以便进入英国皇家海军航空母舰上的机库。类似的结构在Mk XV型和Mk17型上也能见到

下图：由于机翼无法折叠，"海火"F.MkIIC型飞机不太适合在航空母舰上使用

费尔雷公司"萤火虫"单发动机多用途海上战斗机

"萤火虫"飞机是第二次世界大战期间由英国设计制造的一款成功战机,于1943年编入现役,在战争中逐渐取得了不俗的战绩。其中,人们印象深刻的战例包括:攻击德国海军"提尔皮茨"号战列舰以及日本投降之前对其本土发起的一系列加快战争结束的攻击。战后,"萤火虫"飞机表现出了极强的多功能性,它所承担的任务除了原有的战斗轰炸之外,还涵盖了目标拖曳、反潜作战等。截至停产时,这种飞机总共制造了1702架,其中一些在英国皇家海军舰队航空兵部队一直服役到1957年,还有一些则在澳大利亚、加拿大、丹麦、埃塞俄比亚、印度、荷兰、瑞典和泰国等国家的军队之中服役。

战后的生产工作首先从"萤火虫"FR.Mk 4型侦察战斗机开始,这一机型于1945年5月25日进行首飞,它融合了许多新兴技术,例如切梢机翼和新型尾翼等。截至1948年,该机型共生产了160架,它们在海军舰队航空兵部队的几个飞行中队服役。稍后,其中一些被改装成"萤火虫"TT.Mk 4型,这是一种用于目标拖曳的标准型飞机。后来出现的基本机型是"萤火虫"Mk 5型,其改型包括"萤火虫"NF.Mk 5型夜间战斗机、FR.Mk 5型昼间侦察战斗机和AS.Mk 5型反潜巡逻机。其中,AS.Mk 5型反潜巡逻机成为战后产量最大的"萤火虫"机型,从1947年到1950年共生产出了300多架。

最后的机型

最终的生产重点转向了"萤火虫"AS.MK6型,这是一种三座战斗机,于1951年进入现役,所有149架该型飞机被装备到6个一线飞行中队和6个后备役飞行中队。1952年,该机型被"萤火虫"AS.Mk 7型飞机取代,但真正达到生产标准的只有36架飞机,其余160架全部用作T.Mk 7型教练机。"萤火虫"飞机于1956年3月停产,最终的型号是24架U.MK8型靶标飞机。此外,还有54架Mk 5型也被改装成靶标飞机,名称变成了"萤火虫"U.Mk 9型。

就作战而言,英国生产的各型"萤火虫"飞机在战后遂行了大量任务,先后参加了马来亚冲突和朝鲜战争。此外,荷兰的"萤火虫"FR.Mk 1型飞机还在荷属东印度作战,对当地的反叛组织进行打击。

下图:尽管一些"萤火虫"AS.Mk 7型飞机设计用作反潜作战,但从未真正执行过此类任务,相反作为T.Mk 7型教练机用来训练反潜人员、观测员、飞行员和志愿人员。图中这架飞机在第796飞行中队服役

下图:1955年,这架"萤火虫"AS.Mk 6型飞机从澳大利亚皇家海军"西德尼"号航空母舰上起飞。澳大利亚的"萤火虫"飞机从1956年开始停止执行一线作战任务

技术参数

"萤火虫"FR.Mk 4型
机型: 舰载侦察战斗机
动力装置: 一台罗尔斯·罗伊斯公司"格里芬"47型活塞式发动机,输出功率1647千瓦
性能: 4265米高度时最大时速591千米/小时,升限9725米,航程2148千米
重量: 空重4388千克,最大起飞重量7083千克
尺寸: 翼展12.55米,机长11.58米,机高4.24米,机翼面积30.66平方米
武器装备: 4门20毫米机炮,16枚27千克火箭或两枚454千克炸弹

霍克公司"海上泼妇"舰载及陆基战斗轰炸机

最初,霍克公司计划将"海上泼妇"设计成为一款"轻型远程战斗机",用来满足英国皇家空军在太平洋战场上与日本军队作战的需要。这种机型引起英国皇家海军的极大兴趣,于是在1943年2月提出了正式需求。1944年4月,英国皇家空军和皇家海军共同订购了400架该型飞机。

最初的"海上泼妇"

1944年9月1日,英国皇家空军的"泼妇"Mk I型飞机进行首飞,而海军版的"海上泼妇"原型机则于1945年2月21日进行首次飞行。随着战争的结束,随之而来的是大规模的军备削减,霍克公司的"泼妇"飞机的生产因此遭受损失,英国皇家空军取消了所有该型飞机的订货,皇家海军也取消了50%的订购计划。不过,霍克公司还是想方设法争取到了微薄的出口机会,向埃及、伊拉克和巴基斯坦等国出口陆基"泼妇"飞机。

英国皇家海军舰载航空兵的"海上泼妇"飞机

在英国皇家海军的飞机中,最早定型的"海上泼妇"F.Mk X型飞机注定短命,总共制造了50架,随后生产重点就转向了"海上泼妇"FB.Mk 11型战斗轰炸机。这是一种能够携带907千克外挂炸弹、以加长的停机钩为标志、配备火箭助推起飞装置的机型,因而成为最权威的"海上泼妇"飞机,从1948年5月开始投入生产,至20世纪50年代初期停产,共生产了515架,另加60架"海上泼妇"T.Mk 20型双座教练机。其间,"海上泼妇"飞机参加了朝鲜战争,它在这场战争中证明了自己不愧为一个出色的对地攻击平台。"海上泼妇"在空中格斗方面也表现不俗,曾经有两次在与米格-15喷气式战斗机的较量中占据上风。到了20世纪50年代中期,"海上泼妇"被海军航空部队中更加现代化的机型替代,而一些出口到澳大利亚、缅甸、加拿大、古巴和荷兰的"海上泼妇"飞机继续服役了数年。

上图:朝鲜战争期间,一架"海上泼妇"FB.Mk 11型飞机挂上了弹射装置,开足马力等待升空命令

上图:从这架FB.Mk 11型飞机可以看出,"海上泼妇"火箭助推起落装置可以安装在飞机机翼的后部

上图:荷兰第一批"海上泼妇"飞机是10架于1946年10月订购的Mk 50型战斗机,它们曾计划在前英国皇家海军航空母舰"奈拉纳"号上服役。1950年,荷兰又购买了12架"海上泼妇"战斗轰炸机。该型飞机在1959年退役

下图:这架"海上泼妇"FB.MK11型飞机的尾翼上带有符号"O",这是英国皇家海军"海洋"号航空母舰的特有标志。在朝鲜战争期间,该型飞机曾经多次从"海洋"号上起飞执行任务。这架飞机的机翼和机身上涂有黑白条图案,显得特别醒目。请注意机身上为方便飞行员登机而设计的内嵌式脚蹬凹槽

技术参数

"海上泼妇"FB.Mk 11型飞机
机型: 舰载战斗轰炸机
动力装置: 一台功率1849千瓦的布里斯托尔公司制造的"桑特鲁斯"18型活塞式发动机
性能: 5485米高度时最大速度740千米/小时,升限10910米,航程1127千米(使用内部燃料)
重量: 空重4191千克,最大起飞重量5670千克
尺寸: 翼展11.7米,机长10.57米,机高4.84米,机翼面积26平方米
武器装备: 4门20毫米机炮,总计907千克的外挂弹药(包括炸弹、火箭和水雷)

霍克公司"海鹰"舰载喷气式战斗轰炸机

1947年9月2日,"海鹰"飞机的原型机进行试飞,其前身是P.1040型单座陆基拦截机。随后,"海鹰"F.Mk 1型飞机在定型后投入生产,此时它还只是一种纯粹的战斗机,采用1台推力22.24千牛的"夏威夷雁"涡轮喷气发动机提供动力。"海鹰"飞机的前期研发过程过于漫长,直到1953年才进入英国皇家海军舰载航空兵服役,并配备到大多数的一线作战部队。在接下来的20世纪50年代后期,该机型成为英国海军航空兵的中坚力量。

一系列改型

此时,霍克公司的另一项飞机研发计划("猎人"计划)压过了"海鹰",导致从"海鹰"F.Mk 2型之后的机型完全授权给阿姆斯特朗·怀特沃斯公司进行生产。随着设计研究的不断深入,一种新机型问世了,这是一种更加善战的、能够携带炸弹、火箭或辅助燃料的飞机,取名为"海鹰"FB.Mk 3型。紧随其后出现的是FGA.Mk 4,用来执行对地攻击任务。1956年,在前者基础上加装了马力更强劲的"夏威夷雁"103型涡轮喷气式发动机,又产生了FB.Mk 5型和FGA.Mk 6型两种改型,就本质而言,它们分别属于改进了动力系统的FB.Mk 3型和FGA.Mk 4型飞机。

除了装备英国皇家海军舰载航空兵之外,这种飞机还受到印度、荷兰、西德海军航空兵部队的青睐。在印度,一些"海鹰"飞机甚至服役到20世纪80年代。

就其在英国皇家海军服役战绩而言,"海鹰"飞机的战绩亮点无疑是在1956年苏伊士运河危机中的表现。当时,从英国皇家海军"英格兰"号、"壁垒"号和"鹰"号航空母舰上起飞的6个"海鹰"飞机中队,对埃及发起了猛烈攻势,在短短一周的密集进攻中,"海鹰"以损失两架飞机的代价重创对方。不过,到了20世纪60年代,随着"曲剑"和"海雌狐"等更加先进的机型的问世,"海鹰"退出现役。

下图:在苏伊士运河危机期间,从英国皇家海军"壁垒"号航空母舰上起飞的第804飞行中队"海鹰"FGA.Mk 6型飞机。机身上的黑黄条带是冲突中最明显的敌我识别标志

技术参数

"海鹰"FGA.Mk 6型
机型:舰载战斗轰炸机
动力装置:一台罗尔斯·罗伊斯公司"夏威夷雁"103型涡轮喷气发动机,推力23.13千牛
性能:6095米高度时最大速度945千米/小时,升限13565米,航程1287千米(使用辅助燃料)
重量:空重4627千克,最大起飞重量6895千克
尺寸:翼展11.89米,机长12.09米,机高2.64米,机翼面积25.83平方米
武器装备:4门20毫米机炮,两枚227千克炸弹或20枚76毫米火箭

下图:"海鹰"从1958年开始成功出口海外市场,德国购买了68架MK100型和装备雷达的MK101型"海鹰"。这架编号为VA-229的飞机是一架Mk 100型反舰飞机

超马林公司"攻击者"早期舰载喷气式战斗轰炸机

第二次世界大战结束后,由于英国政府所采取的比较消极的飞机研发政策,使得新装备的生产不再显得紧迫,英国飞机工业的发展也因此几乎停顿。然而,随着柏林大空运以及1950年6月朝鲜战争的发生,这项理论被削弱并且最终被否定,此时,海军航空兵部队的第一架喷气式战斗机已经升空两个月。超马林公司的"攻击者"飞机的原型机于1944年建成,装备了新型的"夏威夷雁"发动机。接下来,定型后的"攻击者"F.Mk 1型攻击机投入生产,这是一种二流飞机,其最大优点就是造价低廉,在低空容易控制。

对地攻击

利用该机型优异的低空操控性能,"攻击者"FB.Mk 1型飞机加装了炸弹,FB.Mk 2型机则安装具有动力性能的副翼和一个金属框架的座舱罩。在上述3种型号的"攻击者"飞机中,最后一批145架于1953年交付。1951—1955年,这些飞机一直在第736训练中队以及第800、803、890一线中队服役,之后又在英国皇家海军后备部队服役,直到1957年该部队被撤销编制为止。

下图:1955年5月,第1831中队接收"攻击者"FB.Mk 1型攻击战斗机,成为英国皇家海军后备部队第一支装备该型飞机的部队。该部队作为北部防空区的一个组成部分,驻扎在斯特莱顿基地

技术参数

"攻击者"FB.Mk 2型
机型: 舰载单座战斗轰炸机
动力装置: 一台罗尔斯·罗伊斯公司"夏威夷雁"涡轮喷气式推进发动机,推力22.68千牛
性能: 海平面高度最大速度950千米/小时,初始爬高1935米/分钟(自重5216千克),升限(最大重量时)11890米,航程11700千米(携带1137升副油箱)
重量: 空重4495千克,最大起飞重量7938千克
尺寸: 翼展11.26米,机长11.43米,机高3.03米,机翼面积21平方米
武器装备: 4门20毫米希思帕诺(Hispano)Mk5型机炮,两枚454千克炸弹或8枚火箭

下图:"攻击者"是英国皇家海军的第一种喷气式战斗机,这一机型还出口到巴基斯坦。它的机翼从"喷火"战斗机发展而来。图中显示的是"攻击者"FB.Mk 1型飞机

道格拉斯公司 AD/A-1 "空中袭击者" 舰载攻击机

任何对于20世纪50年代舰载机的研究，如果不提及道格拉斯公司出品的AD"空中袭击者"飞机，那都将是不全面的。这种飞机在第二次世界大战期间进行酝酿，却诞生在大战结束之后。它在朝鲜战场上第一次执行作战任务，而当10年之后的越南战争开始时，仍然是美国海军重要的前线作战装备之一。不仅如此，它的战绩甚至超过以往的机型，曾在空战中击落两架"米格"战斗机，作战纪录令人难以置信。

SBD飞机的替代机型

1944年，人们曾考虑用"空中袭击者"飞机来替代正在试验中的道格拉斯SBD"大胆"俯冲轰炸机。1946年年底，"空中袭击者"飞机进入第19A舰载攻击机中队服役，从此开始了长达26年的战斗生涯，其间显示出了无可比拟的多功能性。

由于"空中袭击者"在早期预警、反电子侦察、轰炸、近距离空中支援、目标指引、部队输送和要员输送等方面的表现出色，所以从1945年开始到1957年生产线停止，该机的总产量不少于3180架。它分别在美国空军、海军和海军陆战队服役，此外还在法国、南越政权和英国军队之中服役。

1945年3月18日，"空中袭击者"的原型机XBT2D-1号飞机首次试飞，仅仅一个月后就开始投产。然而，这种良好的开端随着对日本作战胜利的到来而遭到挫折，曾经有一段时间里，该项目看起来似乎前途不保。幸运的是，经过了大起大落的命运之后，该机型最终如同驻朝鲜第77特遣部队司令约翰·霍斯金斯海军少将所说的"成为世界上最出色、最有效的近距离空中支援飞机"。

在这里，由于篇幅所限，我们无法对"空中袭击者"的每个型号进行单独研究（共有28种）。除了像AD-1型、AD-6型和AD-7型这样的单座飞机外，还有AD-5型这种多座型号，该型飞机很有意思，它能够在数小时之内通过加装不同的任务包裹，摇身一变成为适合执行其他任务的作战配置。AD-5型于1951年8月进行首飞，它的改型飞机包括空中预警机(AD-5W)、电子对抗机(AD-5Q)、昼间攻击机 (AD-5)和夜间攻击机(AD-5N)，这使得它成为功能性非常强的一款飞机。1962年，AD-5型被美国军队重新命名为A-1"空中袭击者"飞机。

下图：在这架A-1H型飞机上，可以很清晰地看到第176舰载机联队的"大黄蜂"徽章。1966年10月，该部队中的一架"空中袭击者"飞机取得击落北越空军一架米格-17飞机的重大胜利

下图："34589"这个编号直接表明这是一架AD-6型攻击机，同美国海军其他飞机一样，它于1962年重新设计后改称A-1H型飞机。截至1965年之前，这一机型一直在越南海域作战的美国海军"星座"号航空母舰上的第145舰载机联队服役

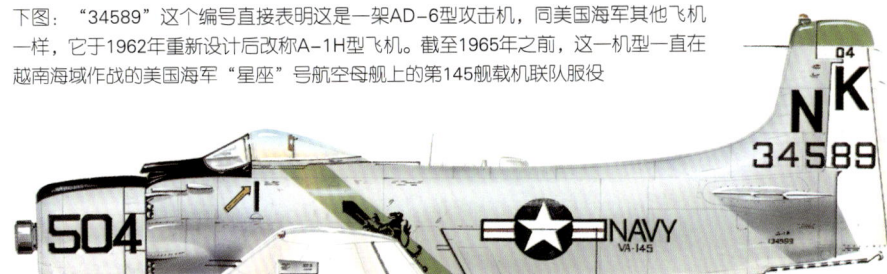

上图：20世纪50—60年代，道格拉斯公司的AD型攻击机是美国海军主要的作战飞机。图中是一架AD-7 (A-1J)型飞机

技术参数

AD-7 "空中袭击者" 飞机

机型：舰载攻击机

动力装置：一台莱特公司R-3350-26WB星型活塞式发动机，输出功率2274千瓦

性能：6095米高度时最大速度552千米/小时，升限7740米，航程2092千米

重量：空重5486千克，最大起飞重量11340千克

尺寸：翼展15.25米，机长11.84米，机高4.78米，机翼面积37.2平方米

武器装备：4门20毫米机炮，15个外挂点共计3629千克的外挂弹药

道格拉斯公司F3D"空中骑士"舰载喷气式夜间战斗机

道格拉斯公司出品的F3D"空中骑士"舰载喷气式夜间战斗机尽管产量相当有限,但根据当时的标准,该机型拥有一个相当漫长的服役生涯,它们作为一种电子对抗平台在美国海军陆战队一直服役到1969年。在其18年的服役生涯中,"空中骑士"先后参加过朝鲜战争和越南战争,甚至在航空史上留下了一个不可磨灭的足迹——在1952年11月5日,成功击落北朝鲜一架雅克-15型战斗机,这是喷气式战斗机第一次在夜间击落另外的喷气式战斗机。更为出色的是,就空战而言,F3D"空中骑士"战斗机成为朝鲜战争中最为成功的海军战斗机。尤其可贵的是,有两架"空中骑士"战斗机甚至服役到20世纪80年代,美国陆军用它们在新墨西哥州进行防空导弹试验。

喷气式夜间战斗机

作为美国海军第一款喷气式夜间战斗机,"空中骑士"从1945年开始进行研发,道格拉斯公司于1946年4月获得建造3架XF3D-1型原型机的生产合同。1948年3月23日,其中第一架原型机从爱德华兹空军基地进行首次试飞。接下来,美国海军与道格拉斯公司签署合同生产28架F3D-1型战斗机(从1962年开始更名为F-10A型)。从1950年12月份开始,VC-3开始对该机型进行服役适应性试验,随后该批F3D-1型战斗机装备到海军陆战队第542夜间战斗机中队。最终,F3D-1型战斗机并没有参加实战,它们很快便被发动机性能更好的F3D-2型战斗机(F-10B)所取代,该机型在20世纪50年代初期制造了237架,正是这些战斗机随同第513夜间战斗机中队在战场上正式亮相。

新任务

在美国海军服役的F3D战斗机在前线服役很短一段时间后,很快更名为F3D-2T型和F3D-2T2型(TF-10B),用来执行雷达拦截训练任务,其中最后一架该型飞机在20世纪60年代初期退役。美国海军陆战队合成飞行中队继续使用F3D-2Q型飞机(EF-10B)执行电子对抗任务,不久后,该机型参加了越南战争,直到1969年被格鲁曼公司的EA-6A"入侵者"战斗机替换下来,才真正退役。

除此之外,道格拉斯公司还曾计划研制F3D-3型"空中骑士"飞机,但该计划在1952年被撤销,另外两种改型机——装备"麻雀"导弹的F3D-1M型飞机和F3D-2M型(MF-10B),则被保留下来。

下图:作为朝鲜战争空战中最成功的海军战斗机,道格拉斯公司出品的F3D"空中骑士"战斗机同时被美国海军和海军陆战队所使用。图中是一架来自海军陆战队的F3D-2型飞机,该型飞机执行电子对抗任务,一直在美军中服役到1969年

技术参数

F3D"空中骑士"

机型: 舰载夜间及全天候战斗机
动力装置: 两台威斯丁豪斯公司的J34-WE-36型涡轮喷气式发动机,输出功率12.12千牛
性能: 6095米高度时最大速度909千米/小时,作战升限11645米,航程2478千米
重量: 空重8237千克,最大起飞重量12556千克
尺寸: 翼展15.24米,机长13.84米,机高4.9米,机翼面积37.16平方米
武器装备: 4门20毫米口径机炮,两枚907千克炸弹

格鲁曼公司 AF-2 "护卫者" 潜艇搜索/攻击飞机

1944年，格鲁曼公司决定研发一种能够继承在战争中立下赫赫战功的TBF/TBM "复仇者"鱼雷轰炸机的新型飞机，于是推出了XTBF-1原型机，在1945年12月19日进行首飞。该机型外观看上去，更像是TBF/TBM "复仇者"飞机的缩小版本，在机尾安装了威斯丁豪斯公司出品的X19B-2B型涡轮喷气式发动机（接下来又采用阿利斯—查尔莫斯公司的J36型发动机、德·哈维兰公司的"小妖精"发动机和威斯丁豪斯公司的J34涡轮喷气式发动机进行试验），希望能够获得更高的推力。但这款机型最终还是被放弃了，取而代之的是新研发的AF-2 "护卫者"飞机，在1949年11月进行首飞。

"护卫者"的生产

有两种型号的AF-2 "护卫者"飞机同时投入生产，它们从美国海军航空母舰上成对起飞执行潜艇搜索和攻击任务，其中一款是负责搜索潜艇的AF-2W型飞机，机身上最醒目的地方是安装AN/APS-20型搜索雷达的雷达天线帽，机身后部设置了一间与"空中袭击者"飞机相同的双座舱室，专门对雷达进行监控。担任潜艇攻击任务的是AF-2S型飞机，在其同伴发现并与可疑目标取得"接触"之后，接下来的攻击猎杀工作将由AF-2S型飞机来完成。首先，AF-2S型飞机将用安装在右侧外部机翼下方的体型小的APS-30型雷达对目标进行确认，必要时还将用左侧机翼下的一盏探照灯照射目标，接下来将使用装载或挂载的任何一种武器发起攻击。

"护卫者"飞机就其体积而言属于大型单发动机军用飞机，重量甚至超过了道格拉斯公司出品的DC-3型飞机。其中，AF-2S型除了一间宽敞的可以并排乘坐的驾驶员座舱之外，还在机身尾部专门为雷达操作员配置了一间座舱。1950—1953年，格鲁曼公司共向海军交付了193架执行攻击任务的AF-2S型飞机和153架执行搜索任务的AF-2W型飞机。接下来，格鲁曼公司又生产了40架AF-3S型潜艇搜索/攻击机，该机型首次在机尾安装了可回收式的磁性异常目标探测装置（MAD）。

上图：为了执行潜艇搜索任务，AF-2W型飞机装备了AN/APS-20型搜索雷达，天线安装在一个机腹球状天线罩内

技术参数

AF-2 "护卫者"飞机
机型： 三座舰载潜艇搜索/攻击机
动力装置： 一台普拉特·惠特尼公司出品的R-2800-48W型18缸星形活塞式发动机，输出功率1790千瓦
性能： 中高空最大速度510千米/小时，作战升限9910米，航程2415千米
重量： 空重6632千克，最大起飞重量11567千克
尺寸： 翼展18.49米，机长13.21米，机高4.93米，机翼面积52平方米
武器装备： 舱内装载1814千克鱼雷、炸弹、深水炸弹、水雷或其他弹药，此外，机翼挂架携带类似的武器弹药

下图：在"护卫者"作战团队中，装备巨型天线装置的AF-2W型飞机负责搜索潜艇，攻击任务则由其同伴——AF-2S型飞机来完成

格鲁曼公司"虎猫"双发战斗机

作为格鲁曼公司在二战期间设计的最出色的战斗机，F7F"虎猫"最初计划用在美国海军45000吨的"中途岛"级航空母舰上起降作战，但最终却由于体积和重量过于庞大，其中的大部分飞机不得不作为陆基战斗机装备到美国海军陆战队。F7F"虎猫"是美国海军接收的第一种拥有三点式起落装置的战斗机，但在战后出现的大规模裁军风潮中难逃厄运，在交付了364架之后最终停产。

战争考验

格鲁曼公司根据从早期不成功的XF5F型飞机研发过程中所得到的经验，在1941年6月获得了制造两架XF7F-1原型机的合同，这两架飞机均于1943年11月从长岛贝斯佩奇进行试飞。原型机试验取得成功后，被正式定型为"虎猫"F7F-1型，从1944年4月开始向海军陆战队交付，第VMF-911飞行中队成为第一支装备该型机的部队。

此时，F7F-1型飞机被主要用作夜间战斗机，这项决策促成了F7F-2N型飞机的迅速问世。为了搭载一名雷达操作员，F7F-2N型还专门拆除了1台油箱，以便腾出必要的空间。此外，为了加装雷达系统，该机型还拆掉了机头位置的4挺机枪，尽管如此，该机型的武器系统仍然强大，在机翼两侧拥有4门20毫米口径航炮。据统计，格鲁曼公司总共生产了45架F7F-2N型飞机。

下一个出现的版本是F7F-3型飞机，它无疑是性能最出色的"虎猫"战斗机，前后共生产了189架，其中一些安装了侦察照相机之后成为F7F-3P型。此外，在1946年11月停产之前，60架双座F7F-3N型夜间战斗机也被生产出来。在此基础上，13架F7F-4N型飞机也相继面世，它们装备有加大型的垂直尾翼和先进的雷达系统等。

"虎猫"飞机参加了朝鲜战争。其中，美国海军陆战队的F7F-3N型战斗机在1950年10月开始进入朝鲜战场作战，在执行昼夜拦截任务方面表现出色。

右图：朝鲜战争期间，图中这架F7F-3N型战斗机隶属于第513中队（绰号"飞行的梦魇"）

技术参数

F7F-3"虎猫"飞机

机型： 舰载战斗机

动力装置： 两台普拉特·惠特尼公司出品的R-2800-34W型星形活塞式发动机，输出功率1566千瓦

性能： 6705米高空的最大速度510千米/小时，作战升限12405米，航程1931千米

重量： 空重7380千克，最大起飞重量11667千克

尺寸： 翼展15.7米，机长13.83米，机高5.05米，机翼面积42.27平方米

武器装备： 4挺12.7毫米机枪和4门20毫米航炮

下图：格鲁曼公司出品的"虎猫"飞机尽管是作为舰载战斗机进行设计的，但驾驶它们参加战斗的却是美国海军陆战队。交付给美国海军的几架"虎猫"飞机被改装成为F7F-2D型靶机指挥机，专门加装了一个座舱供靶机飞行员乘坐，担任靶机的通常是F6F-3K型和F6F-5K型"悍妇"飞机

格鲁曼公司F8F"熊猫"高性能活塞式战斗机

根据最初的设计目标,格鲁曼公司F8F"熊猫"高性能活塞式战斗机计划用来替代早期的F6F"悍妇"战斗机,同时还将用来压制日本三菱公司出品的A6M"零"式战斗机及其后续机型。虽然F8F"熊猫"在战争结束之前就已经开始交付,但未能来得及参加战斗。随着和平的最终到来,最初订购的8000多架F8F"熊猫"飞机之中的大多数被取消了。

尽管如此,美国海军还是接收了1263架F8F"熊猫"飞机,其中的大多数后来转交给了法国、泰国和南越政权的空军部队。

"熊猫"的设计

为了执行空中拦截任务,"熊猫"战斗机拥有非常轻盈的机身,以便获取非常出色的爬升率。该机型大概是格鲁曼公司研发的性能最优异的螺旋桨驱动战斗机,倘若战争继续进行下去的话,它将会毫无疑问地创造出非常辉煌的战绩。根据标准生产的"熊猫"战斗机的速度可以达到644千米/小时,而试飞员埃尔·威廉姆斯驾驶的一款特制机型则在5790米高空达到了805千米的惊人时速。更令人瞠目结舌的是,在1946年11月份,一架F8F-1型飞机在短短94秒内竟然爬升了3050米(10000英尺),创造了一项全国纪录。

在最初生产的机型中,F8F-1型战斗机生产了770架,紧随其后的F8F-1B型战斗机则生产了126架,后者用20毫米航炮取代了早先的4挺12.7毫米机枪。

格鲁曼公司在对基本机型设计进行改进后,又推出了F8F-2型战斗机,拥有较高的垂直尾翼和改进后的发动机罩。在战后最初几年,F8F-2型战斗机共生产了365架。然而,随着喷气式飞机时代的到来,舰载航空兵发生了划时代的革命。

除了上述新制造的飞机外,有将近50架"熊猫"飞机在加装了APS-19型雷达之后,成为F8F-1N型和F8F-2N型夜间战斗机。另有60多架改装成为F8F-2P型照相侦察机,但它们仅仅装备了两门航炮。

右图:1946年,F8F-1"熊猫"战斗机开始取代F6F"悍妇"战斗机成为美国海军的主力机型。图中是1948—1949年的某个时候,来自VF-15A和VF-16A的"熊猫"飞机正准备从美国海军"塔拉瓦"号航空母舰上起飞

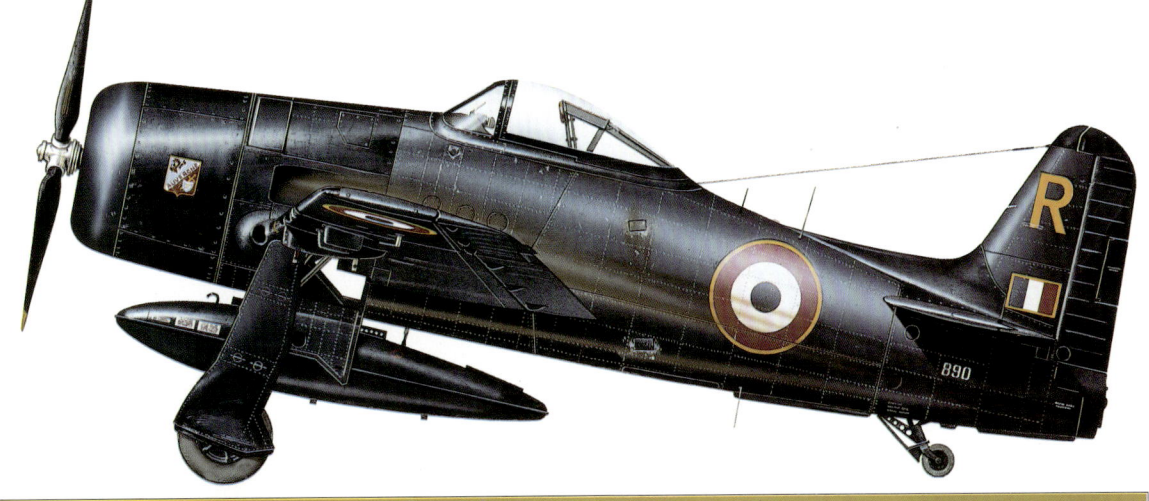

右图:图中这架格鲁曼公司出品的F8F-1型战斗机隶属于法国空军飞行中队。该型飞机参加了印度支那战争,尽管作战半径相对有限,但表现非常出色

技术参数

F8F-1"熊猫"飞机
机型: 舰载拦截战斗机
动力装置: 一台普拉特·惠特尼公司出品的R-2800-34W型星形活塞式发动机,输出功率1566千瓦
性能: 6005米高空的最大速度678千米/小时,作战升限11795米,航程1778千米
重量: 空重3207千克,最大起飞重量5873千克
尺寸: 翼展10.92米,机长8.61米,机高4.22米,机翼面积22.67平方米
武器装备: 4挺12.7毫米机枪

格鲁曼公司 F9F "黑豹" 喷气式战斗机

作为格鲁曼公司出品的第一款"猫科动物"喷气式战斗机,F9F"黑豹"战斗机缺乏早期的F8F"熊猫"的超凡魅力,但还是凭借其可靠、出色的性能赢得了广泛的赞誉。尤为重要的是,F9F"黑豹"成为世界上第一款参加实战的舰载喷气式战斗机,作为美国海军和海军陆战队的空中主力在朝鲜战场表现出色。截至1952年年底停产时,该机型共生产出1400架。

夜间战斗机

格鲁曼公司最初打算将F9F建成一种4发动机、双座夜间战斗机,但在设计工作临近结束前放弃了这种想法。接下来,格鲁曼公司开始着手研制一种单发动机双座昼间战斗机,并获得了生产两架XF9F-2型原型机的订单。1947年11月24日,第一架原型机进行首次试飞,当时安装的是从罗尔斯·罗伊斯公司进口的"夏威夷雁"发动机。试验获得成功后,格鲁曼公司将其定型为F9F-2型战斗机,并获得了价值不菲的生产订单。此时,该型飞机的发动机换成了J42型发动机,它实质上是"夏威夷雁"发动机的复制品,由普拉特·惠特尼公司按照许可证方式进行生产。

尽管F9F-2型战斗机是最早投产的型号,但装备部队的第一款改型机却是F9F-3型战斗机,它采用了动力较低的"阿利森"J33型发动机,于1949年5月编入美国海军第51战斗机中队服役。然而,F9F-3型战斗机仅仅生产了54架,其中的大部分后来改装成为标准型的F9F-2型战斗机。下一个出现的是安装了"阿利森"J33-A-16型发动机的F9F-4型战斗机,从1949年11月开始交付部队。仅仅一个月后,"黑豹"战斗机家族中最多产、同时又是最后一款机型的F9F-5型战斗机问世了,该机型在1952年年底停产前总共生产了600多架,其中包括一些安装了照相设备的F9F-5P型侦察机。

F9F-5型战斗机是最后一款装备部队的"黑豹"飞机,于1958年10月在VAH-7最终退役。尽管如此,仍有许多退役后的F9F-5型飞机在继续执行训练任务,例如用于导弹试验的F9F-5KD型靶机和指挥机。

上图:图中这架F9F-2型战斗机隶属于VF-721,是朝鲜战争中典型的"黑豹"飞机。该机型的内部油箱容量几乎是霍克公司出品的"海鹰"飞机的两倍

下图:1950年12月,美国海军陆战队VMF-311首次携F9F-2B"黑豹"战斗机赴朝鲜半岛参战,该部队是朝鲜战场上第一支装备喷气式战斗机的美国海军陆战队飞行中队。从1951年2月开始,同样装备了喷气式战斗机的VMF-115也加入其中

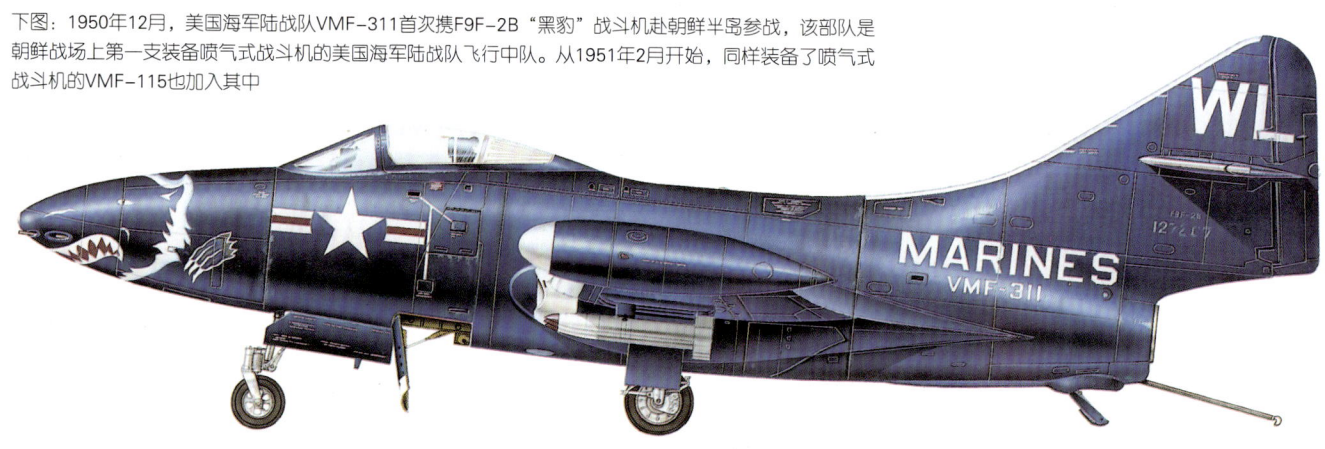

技术参数

F9F"黑豹"喷气式战斗机
机型: 舰载昼间战斗机
动力装置: 一台普拉特·惠特尼公司出品的J48-P-6型涡轮喷气式发动机,推力31.13千牛
性能: 1525米高空的最大速度932千米/小时,作战升限13380米,航程2092千米
重量: 空重4603千克,最大起飞重量8492千克
尺寸: 翼展11.58米,机长11.58米,机高3.73米,机翼面积23.23平方米
武器装备: 4门20毫米航炮,1361千克的外挂弹药

格鲁曼公司F9F"美洲狮"后掠翼海军战斗机家族

格鲁曼公司出品的F9F"美洲狮"海军战斗机从F9F"黑豹"战斗机系列发展演变而来,其原型机XF9F-6号飞机于1951年9月20日首飞。F9F"美洲狮"海军战斗机与前辈战斗机的主要区别在于拥有后掠翼和一副后掠水平尾翼,因此成为第一款进入部队服役的后掠翼舰载机。此外,为了便于快速生产,该机型还进行了较小幅度的改进。事实上,"美洲狮"在距离其原型机首次试飞仅仅14个月后就开始进入美军部队服役,其中,最早一批安装了普拉特·惠特尼公司J48型发动机的F9F-6型战斗机(后来更名为F-9F型)在1951年9月编入大西洋舰队第32战斗机中队。此后不久,太平洋舰队也开始接收该型。

"美洲狮"战斗机

F9F-6型战斗机总共生产了706架,其中的60架改装为F9F-6P型后从事侦察任务。紧随其后的是F9F-7型(F-9H型),采用的是阿利森公司的J33型涡轮喷气式发动机。在生产了168架F9F-7型战斗机后,格鲁曼公司开始生产安装了普拉特·惠特尼公司J48型发动机的F9F-8战斗机(F-9J型),该机型最终成为最成功的一款"美洲狮"战斗机,前后生产了3种改型机共计1000多架。其中,最早出现的F9F-8型战斗机共生产了601架,在提升油箱载油能力的同时,机翼性能也进行了改进。后来,有许多F9F-8型战斗机经过升级改进,成为F9F-8B型战斗机(AF-9J),加装了反舰导弹。

在此基础上,格鲁曼公司又生产了110架F9F-8P型照相侦察机(RF-9J型)和不少于400架的F9F-8T型双座教练机(TF-9J型),其中一些飞机在海军航空训练司令部一直服役到20世纪70年代。

"美洲狮"淡出舞台

从1960年年初开始,"美洲狮"战斗机陆续退出现役(最后一款服役机型是F9F-8P型战斗机),但其中仍有不少飞机仍在预备役部队和航空训练司令部继续飞行。

其余一些飞机后来改装成为F9F-6K型(QF-9F)、F9F-6K2型(QF-9G)靶机以及F9F-6D型靶机指挥机(DF-9F)。

上图:这架F9F-8型"美洲狮"战斗机拥有宽大、坚固的机翼,翼下挂载4枚"响尾蛇"空对空导弹和两个油箱。在F9F-8型战斗机的基础上,格鲁曼公司推出了可以执行侦察监视任务的F9F-8P型侦察机

下图:格鲁曼公司F9F-8"美洲狮"飞机与其他型号飞机的最大区别在于其庞大的机头外形和重新设计过的机翼。图中这架"美洲狮"飞机隶属于美国海军第61VF飞行中队

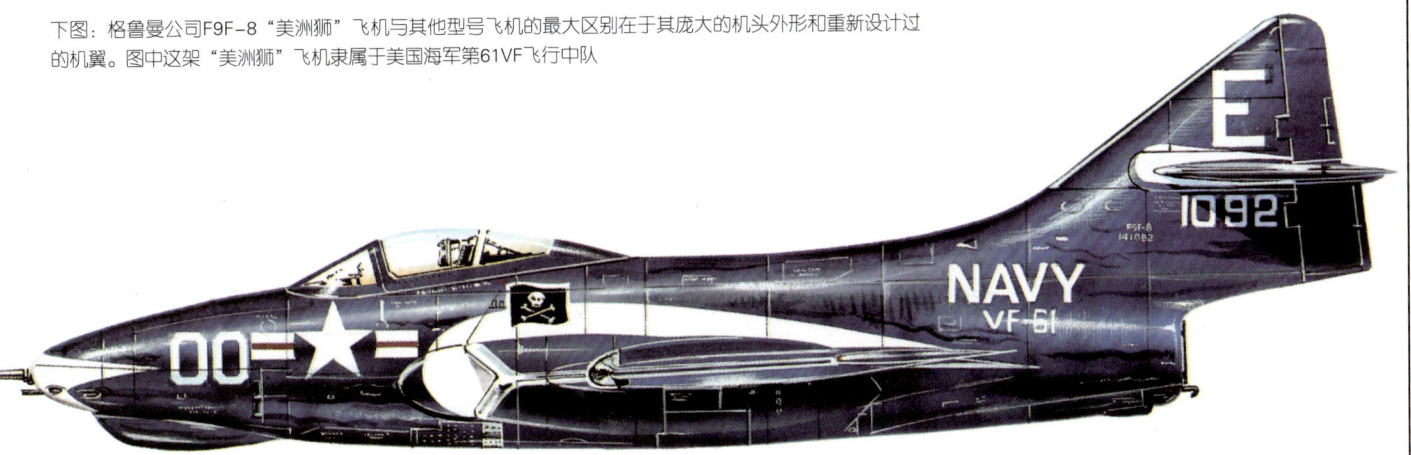

技术参数	
F9F"美洲狮"飞机	**重量:** 空重5382千克,最大起飞重量11232千克
机型: 舰载战斗机和攻击机	**尺寸:** 翼展10.52米,机长12.85米,机高3.72米,机翼面积31.31平方米
动力装置: 一台普拉特·惠特尼公司出品的J48-P-8A型涡轮喷气式发动机,推力32.25千牛	**武器装备:** 4门20毫米航炮,18141千克的外挂弹药(包括炸弹、火箭和凝固汽油弹)
性能: 最大海平面时速1033千米/小时,作战升限12800米,航程1931千米	

上图：美国海军陆战队的这4架TF-9J教练机是最后一批参加实战的"美洲狮"飞机，它们在1966—1967年间担任战术空中控制员的角色，引导攻击机对南越境内的目标进行打击

上图：这是在远东海域拍摄的一张照片，这架F9F-6型战斗机隶属于美国海军"大黄蜂"号航空母舰

左图：从这架标注着"第206高级训练部队"（ATU-206）的机身上，可以看出F9F-8T型飞机的基本机身加长了86.36厘米，以便容纳第二个座舱

本图：1957年3月，格鲁曼公司生产的最后一架F9F-8型战斗机交付美国海军。该机型在生产期间采用了多项革新技术，其中包括空中加油探针、机头下部的超高频方位天线和AAM-N-7型"响尾蛇"空对空导弹

北美公司FJ"泼妇"海军战斗机家族

FJ-2"泼妇"战斗机是北美公司研发的极为成功的F-86"佩刀"战斗机的海军版本，而"佩刀"战斗机自身又是从平直翼的FJ-1"泼妇"海军战斗机发展而来。在当时，FJ-1"泼妇"战斗机是美国第一种能够成中队建制从航空母舰起飞作战的喷气式战斗机，在1948年年初装备第5A海军战斗机中队。

FJ-1"泼妇"战斗机的服役生涯非常短暂（它迅速让位给性能更先进的格鲁曼公司的"黑豹"），直到1951年它的名字再次出现在人们的视野里，当时，美国海军要求北美公司改装两架F-86E型"佩刀"战斗机用于舰载机试验。其中第1架于1952年2月19日首次试飞，命名为XFJ-2型，同年夏季在美国海军"中途岛"号航空母舰上完成舰载试验，接着开始为美国海军批量生产，定名为FJ-2"泼妇"战斗机。

交付工作

1954年1月，FJ-2"泼妇"战斗机开始交付部队，驻切里角的美国海军陆战队第122战斗机中队成为第一支装备该型机的部队。然而，截至1954年春天，在出产了200架配置通用电力公司J47型发动机的FJ-2"泼妇"战斗机之后，北美公司开始转产配置J65型发动机的FJ-3"泼妇"战斗机。据统计，FJ-3"泼妇"战斗机总共生产了538架，其中绝大多数（共458架）为FJ-3型，剩余80架在加装了两枚"响尾蛇"热寻的导弹后称为FJ-3M型。后来，又有相当数量的FJ-3型战斗机进行了升级改进，也加装了导弹。

"泼妇"的改型机

此外，FJ-2"泼妇"战斗机的倒数第二种改型——FJ-4型战斗机，由于具备了许多新型设计特点，几乎可以看成另一种新型飞机。FJ-4型具有很强的翼下挂载能力，其原型机在1954年10月份进行了首飞，随后便投产了150架。FJ-4型的改型FJ-4B的性能更加出色，前后生产了222架。该机型的机身结构坚固，增加了翼下挂点，装备有低空轰炸系统，用于投放战术核武器。FJ-4B型战斗机于1957年装备部队，1962年年底从一线部队退役，但在二线飞行中队和预备役部队继续服役了多年。1962年以后，FJ-2"泼妇"战斗机家族被重新更名为F-1C (FJ-3)、MF-1C (FJ-3M)、F-1E (FJ-4)和AF-1E (FJ-4B)。较少使用的机型是FJ-3D型和FJ-3D2型 (DF-1C和DF-1D)无人驾驶飞机引导机。

截至1958年5月，"泼妇"战斗机共交付了1115架。最后一支使用该型飞机的部队是第261攻击机中队。1959年4月，挂载"小斗犬"式空对地导弹的第212攻击机中队（搭载在"列克星顿"号航空母舰上）成为第一支派驻海外的FJ-4B型战斗机部队。

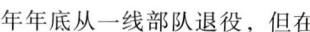

上图：图中这架FJ-4型"泼妇"战斗机隶属于美国海军陆战队第451战斗机中队，正准备从"列克星敦"号航空母舰上起飞执行训练任务

右图：北美公司的FJ-1型"泼妇"战斗机安装的是J35型涡轮喷气式发动机，该机型在美国海军第5A战斗机中队短暂服役后退役，随即成为海军预备役部队的第一款喷气式战斗机

技术参数

FJ-4B"泼妇"飞机

机型：舰载战斗轰炸机
动力装置：一台莱特公司出品的J65-W-16A型涡轮喷气式发动机，推力34.23千牛
性能：最大海平面速度1094千米/小时，作战升限14265米，最大航程4458千米
重量：空重6250千克，最大起飞重量12701千克
尺寸：翼展11.91米，机长11.07米，机高4.24米，机翼面积31.46平方米
武器装备：4门20毫米口径航炮，2722千克的外挂弹药（包括炸弹、火箭弹和反舰导弹）

下图：这是一架隶属于美国海军第142战斗机中队的FJ-3M型"泼妇"战斗机，从外观上可以看出它与F-86"佩刀"战斗机之间的"血缘关系"。北美公司生产的FJ-3M型"泼妇"战斗机装备有"响尾蛇"空对空导弹，一些早期型号的"泼妇"战斗机后来也陆续升级到这一标准

上图：借助着舰拦阻装置和飞机自身的制动系统，图中这架试飞中队的FJ-3型"泼妇"战斗机完成了一次拦阻着舰动作

北美公司 AJ/A-2 "野人"舰载战略轰炸机

北美公司出品的AJ"野人"飞机是第一种从美国海军航空母舰上起飞作战的重型攻击机，它在原有的两台普拉特·惠特尼公司的星形发动机的基础上，又在机尾加装了一台阿利森公司的J33型涡轮喷气式发动机。事实上，该机型很少按照最初的设计目的执行战略轰炸任务，从20世纪50年代中期开始逐渐被道格拉斯公司出品的A3D"空中勇士"飞机所代替。尽管如此，还是有几架该型机被改装成为空中加油机，在原来的涡轮喷气式发动机的位置加装了空中加油设备。

二战刚结束，AJ"野人"飞机的研发工作就开始进行了。1946年6月，北美公司获得了生产3架XAJ-1型原型机的合同，有关的建造工作随即展开。然而，直到两年后的1948年7月3日，第一架原型机才首次试飞。根据最初的设计规划，该机型将配备一个3人机组，计划在机腹的内置炸弹舱内携带4536千克的武器载荷。

生产标准

1949年9月中旬，依照标准建造的AJ"野人"飞机开始装备美国海军第5舰载机中队，但直到1950年8月底，这支部队才初步形成战斗力，在美国海军"珊瑚海"号航空母舰上进行了持续数个月的舰载机试验。第一种装备部队的机型是AJ-1型，共建造了40架。紧接着，北美公司又建成了70架AJ-2型，配置了性能稍微优异的星形发动机，油箱的载油能力也得到了提升。为了改进操作条件，还加装了稍长的机身，并增加了一个方向舵以及较高的尾翼。

最后一款机型

最后一款建造的机型是AJ-2P型，设计用于执行照相侦察任务，因此在机头位置安装了整体雷达和不少于18架的照相机，以便进行昼夜侦察。北美公司共制造了30架AJ-2PA型飞机，这是最后一款曾经编入部队服役的机型，一直服役到1960年年初。1962年，剩余所有的AJ-1和AJ-2型飞机分别更名为A-2A型和A-2B型。

下图：北美公司出品的AJ-2"野人"飞机采用混合动力，设计用来从航空母舰上起飞投掷核武器。尽管该型飞机很快被"空中勇士"飞机所替代，但其中一些仍在充当加油机的角色

技术参数

AJ-2"野人"飞机

机型：舰载战略轰炸机

动力装置：两台功率1864千瓦的普拉特·惠特尼公司出品的R-2800-48型星形活塞式发动机，1台推力34.23千牛的阿利森公司J33-A-10型涡轮喷气式发动机。

性能：最大速度628千米/小时，作战升限12190米，最大航程3540千米

重量：空重12247千克，最大起飞重量23396千克

尺寸：翼展21.77米，机长19.23米，机高6.22米，机翼面积77.62平方米

武器装备：4536千克的炸弹

麦克唐纳公司 FH-1/FD-1 "鬼怪"舰载喷气式战斗机（早期）

FH-1/FD-1"鬼怪"战斗机不仅是麦克唐纳公司研制的第一款投产型的战斗机，同时也是第一种从航空母舰上进行起降作战的舰载喷气式飞机。FH-1型战斗机的研制工作始于1943年8月30日，当时的美国海军向麦克唐纳公司表达了这一愿望。1945年1月26日，命名为XFD-1型的第一架原型机在圣路易斯空军基地进行首飞。经过多次试验之后，该型战斗机最终采用了威斯丁豪斯公司生产的两台19B型轻型涡轮喷气式发动机，安装在机翼根部。后来，还生产出配置了威斯丁豪斯公司J30型涡轮喷气式发动机的机型，但由于动力不够强劲，导致飞机性能一般。

当时，麦克唐纳公司研制的"鬼怪"飞机的原型机为XFD-1型，而道格拉斯公司研制的一款战斗机型号也采用了字母"D"，为了便于区别，麦克唐纳公司后来将字母"D"改成了"H"，这样一来，60架"鬼怪"战斗机在投产后的代号全部改称FH-1型。这些体格轻盈的战斗机便于操控，第一架原型机于1946年7月21日在美国海军"富兰克林·D.罗斯福"号航空母舰上成功进行起降（此前一年，一架英国德·哈维兰公司的"海上吸血鬼"飞机已经成功进行了类似的航空母舰舰载试验）。该机型从1946年12月份开始交付部队，主要在美国海军陆战队第122战斗机中队服役。总体而言，FH-1"鬼怪"喷气式战斗机的主要缺陷在于缺乏足够强大的火力，飞行性能一般。而麦克唐纳公司出品的下一代飞机——F2H"幽灵"战斗机就克服了这两项弱点。

右图：麦克唐纳公司研制的"鬼怪"战斗机由于缺乏足够强劲的动力，并不适合在航空母舰上进行起降作战。即便如此，它们的出现标志着喷气式战斗机开始进入美国海军的战斗行列

技术参数

FH-1"鬼怪"飞机
机型： 单座舰载战斗机
动力装置： 两台推力7.12千牛的威斯丁豪斯公司J30-20型涡轮喷气式发动机
性能： 海平面最大时速771千米，最大高空时速813千米，作战升限13000米，最大航程1110千米
重量： 空重3031千克，最大起飞重量5459千克
尺寸： 翼展12.42米，机长11.81米，机高4.32米，机翼面积25.64平方米
武器装备： 机头前端配置4挺12.7毫米机枪

下图：由于飞行和作战性能欠佳，麦克唐纳公司研制的FH(FD)"鬼怪"战斗机很快便被更加先进的喷气式战斗机所取代，但即便如此，它仍然是美国海军第一款喷气式战斗机

麦克唐纳公司 F2H/F-2 "幽灵" 多用途海军战斗机家族

作为美国海军另外一款早期喷气式战斗机,麦克唐纳公司研制的F2H"幽灵"战斗机在二战尚未结束就已经服役了,它是按照美国海军的要求对于FH-1"鬼怪"战斗机的改进版本。"幽灵"与其前身"鬼怪"的外观极为相似,但却拥有更庞大的机身构造和更强大的动力,其原型机F2D-1号飞机于1947年1月11日从密苏里州的圣路易斯基地进行首飞。在早期一系列的试验取得成功后,麦克唐纳公司在1947年5月获得了生产56架F2H-1型战斗机的订单,这些飞机在1949年3月陆续装备到大西洋舰队第171战斗机中队服役。

"幽灵"的多功能性

与后来的"鬼怪"II型战斗机一样,"幽灵"在装备部队后很快成为一款颇受欢迎的多用途战斗机,能够出色地执行昼夜作战、全天候拦截、近距离空中支援和照相侦察任务,并在接下来的10年内成为美国海军的主力机型。在F2H-1型战斗机的基础上,麦克唐纳公司又推出了F2H-2型战斗机,配置了性能更强劲的发动机,机身长度有所增加。F2H-2型战斗机的基本机型总共生产了364架,其中一些后来改装成为专门执行近距离支援任务的F2H-2B型战斗机。此外,麦克唐纳公司还制造了14架配备机载拦截雷达的F2H-2N型夜间战斗机以及58架F2H-2P型侦察机,后者没有配置武器装备,但在机头部位安装了一组照相机。1951年8月23日,F2H-2"幽灵"战斗机首次参战,当时,搭载在"埃塞克斯"号两栖攻击舰上的第172战斗机中队的F2H-2"幽灵"战斗机对朝鲜西北部目标发动攻击。

全天候"幽灵"战斗机

接下来的生产重点开始转向F2H-3型飞机(从1962年开始改称F-2C型),该机型主要用作全天候战斗机,首批250架于1952年4月开始进入部队服役。美国海军还曾打算采购用于侦察任务的F2H-3P型,但这项计划最终取消。最后一款投产的"幽灵"机型是F2H-4型(F-2D型),采用了改进型的APG-41型雷达和更加强劲的发动机,在生产了150架后于1953年8月停产。

除了在美国海军和海军陆战队服役之外,还有39架F2H-3型飞机在1955年被卖给加拿大皇家海军,在"邦纳文彻"号航空母舰上一直服役到1962年9月。

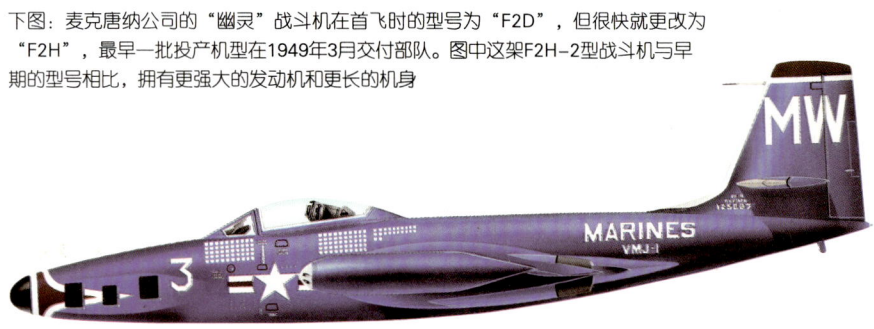

下图:麦克唐纳公司的"幽灵"战斗机在首飞时的型号为"F2D",但很快就更改为"F2H",最早一批投产机型在1949年3月交付部队。图中这架F2H-2型战斗机与早期的型号相比,拥有更强大的发动机和更长的机身

下图:在"幽灵"飞机家族中,专门执行侦察任务的F2H-2P型飞机于1950年10月12日进行首飞,试验成功后投产了数架。图中这架F2H-2P型侦察机隶属于美国海军陆战队VMJ-1部队

上图:图中这架F2H-3"幽灵"战斗机正准备借助拦阻装置进行一次着舰。"幽灵"战斗机在朝鲜战场上多次参战,被美国海军和海军陆战队用来执行空中格斗和对地攻击任务。其中,F2H-2P型"幽灵"战斗机是战争中最重要的侦察机之一

技术参数

F2H-3"幽灵"飞机

机型: 舰载全天候拦截战斗机

动力装置: 两台推力16.01千牛的威斯丁豪斯公司J34-WE-36型涡轮喷气式发动机

性能: 海平面最大时速933千米,作战升限14205米,最大航程1883千米

重量: 空重3031千克,最大起飞重量5459千克

尺寸: 翼展12.42米,机长11.81米,机高4.32米,机翼面积25.64平方米

武器装备: 4门20毫米口径航炮,外加两枚AIM-9"响尾蛇"空对空导弹(仅有卖给加拿大的"幽灵"战斗机装备)

10
冷战期间的航空母舰舰载机

达索公司"军旗"攻击/侦察和加油机

达索公司最早设计的"军旗"飞机能够从崎岖不平的跑道上起飞,它作为法国公司的产品参加了1955年北约组织举办的轻型战斗机竞标会。接下来,达索公司又推出了一系列后续型号,但它们存在着一个同样致命的"先天缺陷"——动力不足。

作为一种大胆的尝试,达索公司开始在"军旗"IV型飞机上安装SNECMA Atar 08型涡轮喷气式发动机,在1956年7月24日成功进行首飞。然而,北约国家还是拒绝了这一款战斗机,因为它们更加青睐菲亚特公司出品的G.91型战斗机。接下来,"军旗"飞机开始了一项旷日持久的升级改进工程,用来满足法国海军航空兵对于舰载攻击/侦察机的需求,达索公司为此先后推出了两款机型。为了进行舰上起降作战,这两款"军旗"IV型飞机均装备了起落、拦阻和弹射装置以及构造坚固的可折叠机翼,并在机腹部位安装了两台空气制动机。

"军旗"IVM型飞机

其中,第一款机型是"军旗"IVM型飞机,其原型机在1958年5月21日首次试飞,随后在正式投产前预先生产了6架"军旗"IVM型。1962年1月18日,69架正式投产的"军旗"IVM型飞机中的第一架开始交付部队,整个生产工作在1964年完成。"军旗"IVM型装备了Ada全天候火控雷达和Saab拉起轰炸计算机,此外还在机头位置安装了导航天线,用来引导AS20无线电制导导弹。"军旗"IVM型飞机在1991年7月退役,取而代之的是达索公司的"超级军旗"战斗机。

在"军旗"飞机的设计基础上,达索公司又推出了"军旗"IVP型侦察/加油机,该机型共订购了21架,在1960年11月19日进行首飞。"军旗"IVP型侦察/加油机在设计上进行了改进,拆除了机头和机腹部位的攻击电子设备和机炮,腾出的空间用来安装照相器材和一套独立导航系统。此外,为了进行空中加油作业,该机型还专门从道格拉斯公司引进了软管等加油设备。1989—1994年间,剩余的"军旗"IVP型飞机升级成为"军旗"IVPM型,它们曾在波斯尼亚上空执行作战任务,最终于2000年9月全部退役。

技术参数	
"军旗"IVP型飞机	战升限15500米,最大航程1883千米
机型: 单座舰载侦察机	**重量:** 空重5900千克,最大起飞重量10200千克
动力装置: 一台SNECMA Atar 8B型涡轮喷气式发动机,推力43.16千牛	**尺寸:** 翼展9.6米,机长14.4米,机高14.3米,机翼面积29.4平方米
性能: 在适宜高度时的最大平飞速度1.08马赫,海平面最大平飞速度1099千米/小时,海平面最大爬升率6000米/分钟,作	**武器装备:** 两个600升容量的翼下挂载油箱,包括炸弹和火箭弹在内的1360千克的弹药挂载量

左图:图中这架"军旗"IVM型战斗机正准备再次起飞执行任务。"军旗"IVM型战斗机是一款令人恐惧的攻击型飞机,它的首要任务就是执行战术核打击

布雷盖公司 Br.1050 "信风" 舰载反潜涡轮螺旋桨飞机

在涡轮发动机发展的早期阶段，很多的军用飞机设计师都曾选择过混合动力系统概念。在这样一种系统中，飞机在进行远距离巡航时使用涡轮螺旋桨发动机，在满载武器弹药起飞或进行高速空中格斗时则使用涡轮喷气式发动机，这是一种非常经济有效的做法。布雷盖公司就为其研制的Br.960"神鹰"海军攻击机选择了这样一种动力系统。

然而，从1951年8月3日首飞的"神鹰"飞机上所得到的经验教训，使得法国海军放弃了发展采用这种混合动力系统的战斗机的想法。接下来，布雷盖公司从法国海军手中获得了一项新的飞机合同，要求在"神鹰"飞机的基础上生产出一种3座舰载反潜飞机。于是，第二架"神鹰"飞机原型机及时进行了调整，开始担任新机型的空气动力学试验飞机，原来配置在原型机上的"树蛇"涡轮螺旋桨发动机也被一台"树蛇"涡轮喷气式发动机所取代，输出功率1230千瓦。此外，该机型还对机身、机翼、雷达天线罩和发动机舱等部位进行技术改进，实现各部件的优化配置。经过一系列的飞行试验后，布雷盖公司获得了一份生产两架全尺寸原型机和3架预生产型飞机的合同，这些飞机定型为Br.1050型，命名为"信风"战斗机。1956年10月6日，第一架全尺寸"信风"原型机进行首飞。

"信风"服役

最终定型的Br.1050型"信风"飞机配置了液压折叠式外翼、可收回式三轮起落架和着舰拦阻装置，所需动力由1台"标枪"涡轮螺旋桨发动机提供。法国海军共购买了75架"信风"战斗机，最早装备到第6F、4F和9F飞行中队，取代了"复仇者"战斗机。

2000年9月15日，"信风"战斗机最终从法国海军航空兵部队全部退役。此前，最后一支使用"信风"战斗机的部队是第6F中队，搭载在法国海军"福煦"号航空母舰之上执行反潜作战任务。

1980年，"信风"战斗机开始实施一项现代化升级工程，通过安装汤姆森—CSF雷达系统、欧米伽导航系统、新型通信装备和电子支援系统，将该型飞机的使用寿命又延长了15年。1990年，法国海军对于剩余的24架"信风"战斗机再次进行升级，加装了数据链，提升了电子诱骗能力，再次延长了该机型的使用寿命。在服役生涯的最后阶段，"信风"飞机的反潜任务转交给了直升机，它所承担的只有监视的角色了。此外，驻耶尔的第59E中队装备的几架"信风"飞机主要执行训练和搜索救援任务，驻圣拉斐尔基地的第10S中队的"信风"飞机则从事形形色色的试验任务。

印度海军曾经拥有12架"信风"战斗机（后来又从法国海军购买了12架二手"信风"飞机），它们配备到印度海军第310"眼镜蛇"中队，从"维克兰特"号航空母舰上起飞作战。1987年，由于该艘航空母舰加装了一条滑跃式起飞甲板，迫使剩余的5架"信风"战斗机不得不转移到了陆上基地。接下来，印度海军"信风"战斗机的数量日益减少，到1992年全部退役。

下图：在20世纪70年代到80年代初期，图中这架"信风"战斗机在法国海军第4飞行中队服役，该部队在2000年3月成为第一支装备E-2C"鹰眼"飞机的法国部队

技术参数

Br.1050型"信风"飞机

机型：三座舰载反潜机

动力装置：一台罗尔斯·罗伊斯公司出品的RDa.7 Mk 21型涡轮螺旋桨发动机，输出功率1473千瓦

性能：3000米高空时的最大平飞速度520千米/小时，海平面最大爬升率4200米/分钟，作战升限超过6250米，标准载油量时的最大航程2500千米

重量：空重5700千克，最大起飞重量8200千克

尺寸：翼展15.6米，机长13.86米，机高5米，机翼面积36平方米

武器装备：机腹武器舱容纳一枚鱼雷或3枚160千克深水炸弹，内翼挂架携带两枚160千克或175千克深水炸弹，外翼下挂架携带6枚127毫米口径火箭弹或者两枚AS12型空对地导弹

本图："信风"反潜飞机在印度海军服役了25年，最终在1987年退役，它所遗留下来的反潜作战任务被"海王" Mk 42型飞机承担下来。图中这架"海王" Mk 42型飞机停放在一架"信风"飞机的旁边，它们此时搭载在"维克兰特"号航空母舰上

雅克列夫设计局雅克-38"铁匠"多用途垂直/短距起降飞机

1962年,苏联海军开始寻求为"基辅"级新型航空母舰设计一款垂直/短距起降战斗机,经过大量艰苦繁琐的努力之后,首先研制出一系列的雅克-36"自由手"研究型飞机,安装两台推力为36.78千牛的R-11V型发动机,每个发动机有一个旋转式喷嘴。

虽然雅克-36型战斗机配置有机炮和火箭弹吊舱,却从未能够适于作战,但该机型的出现直接导致了雅克-38型飞机的诞生。1970年5月28日,雅克-38型战斗机(此时称为雅克-36M型)首次试飞。接下来,雅克-38型飞机的原型机在1972年前往"莫斯科"号航空母舰上进行舰载机试验,1974年到"基辅"号航空母舰上进一步进行试验,1976年又被编入一支试飞中队前往地中海执行夏季巡航任务。

"铁匠-A"

服役后的雅克-38型飞机很快拥有了一个非常有趣的绰号——"铁匠-A"。除了一台65.59千牛推力的R-27V-300型涡轮喷气式发动机(配置一对旋转式喷嘴)之外,雅克-38型飞机还在驾驶员座舱后部一前一后安装了两台"科列索夫/雷宾斯克"RD-36-35型单轴式涡轮喷气式发动机,每台推力23.04千牛。

一些经过改进的机型以及后来出产的机型统称为雅克-38M型飞机,它们能够携带副油箱,在采用了大功率发动机后,能够产生更加强劲的推力。

双座教练机

在雅克-38型飞机的基础上,改装出了一款双座教练机——雅克-38U型,绰号"铁匠-B"飞机,设置了一前一后两个座舱供飞行学员和教员使用。雅克-38U型飞机没有翼下挂架、侦察监视传感器和测距雷达,因此没有任何作战能力。在服役期间,该机型进行了一些升级改进,如在主进气道两侧加装辅助进气门等。

1980—1981年间,十多架雅克-38型飞机前往阿富汗,与空军的苏-25型飞机进行对抗作战试验,最终的评估结果表明,雅克-38型飞机的有效载荷有限,事故率太高。

上图:事实证明,雅克-38型飞机只适合于执行轻型攻击任务,其低劣的操作性能经常让驾驶该型飞机的机组人员提心吊胆

上图:从这架雅克-38U型飞机可以看出其加长的机身,空气通过驾驶员座舱后面的进气道进入前置的升力发动机

技术参数

雅克-38型"铁匠-A"飞机
机型: 多用途垂直/短距起降舰载战斗机
动力装置: 一台图曼斯基R-27VM-300型涡轮喷气式发动机,推力68.04千牛;两台"科列索夫"RD-36-35 FVR型涡轮喷气式发动机,每台推力29.90千牛
性能: 海平面最大平飞速度978千米/小时,海平面最大爬升率4500米/分钟,作战升限12000米,作战半径200千米(雅克-38M型为390千米)
重量: 空重7370千克(包括飞行员),最大起飞重量11700千克
尺寸: 翼展7.02米,机长15.43米,机翼面积18.69平方米
武器装备: 4个外挂架的最大挂弹量2000千克

布莱克本公司"掠夺者"低空攻击机

布莱克本公司研制的B-103"掠夺者"飞机凭借其长久而又出色的服役生涯,证明了它是一款远远超出人们想象的性能优异的战斗机。为了满足英国皇家海军在20世纪50年代的装备发展需求,布莱克本公司发展出了B-103型飞机,它是世界上第一款双座舰载低空攻击机,能够躲过对方雷达探测,超低空高速突入敌国领空。在基本机型设计中,采用了一系列的先进技术,以便获取最大程度的升力,同时方便弹药投掷作业。

设计需求

1955年,英国皇家海军选择B-103型飞机的设计方案,用来满足NA.39的装备需求。同年7月,首批20架用于性能评估的飞机生产合同顺利签订,每架配备两台德·哈维兰公司出品的"小三角徽章"DGJ.1型发动机,每台推力31.14千牛。1958年4月30日,这批飞机之中的第一架飞机进行试飞。在第四架样品飞机上,安装了包括折叠式机翼、制动钩和弹射系统在内的全套海军装置,以便进行航空母舰兼容性试验。1959年10月,布莱克本公司又获得了40架用于评估的预生产型飞机订单,这次采用的是"小三角徽章"101型发动机,其中的第一架飞机于1962年1月23日进行首飞。同年7月17日,英国皇家海军舰队航空兵第801飞行中队成为第一支装备"掠夺者"飞机的作战部队,于次年1月份上载到"皇家方舟"号航空母舰之上。

鉴于"掠夺者"S.Mk 1型飞机的发动机动力严重不足,布莱克本公司于是选择了罗伊斯·罗尔斯公司出品的"斯贝"涡轮风扇发动机,作为随后投产的84架主力机型——"掠夺者"S.Mk 2型飞机的动力装置。第一架S.Mk 2型飞机于1964年6月5日进行首飞。与S.Mk 1型飞机相比较,S.Mk 2型拥有更远的航程,这是因为除了配备有空中加油设备外,拥有更低的油耗率的"斯贝"发动机还能够提供更强大的动力。S.Mk 2型飞机于1965年10月装备部队,最后一架该型机于1978年退役。

英国皇家海军在有些"掠夺者"飞机退役之前,参照皇家空军的"掠夺者"S.Mk 2B型飞机的性能标准,将它们升级为"掠夺者"S.Mk 2C型和S.Mk 2D型。

右图:英国皇家海军第809飞行中队是使用"掠夺者"飞机的时间最长的一支部队,同时也是一支专门进行S.Mk 1型飞机训练的一支部队,从包括低空掠水面飞行在内的各个方面对机组人员进行飞行培训

下图:图中这架第809飞行中队的"掠夺者"S.Mk 2型飞机正准备弹射起飞

技术参数

"掠夺者"S.Mk 1型飞机

机型: 双座攻击机

动力装置: 两台德·哈维兰公司出品的"小三角徽章"101型涡轮喷气式发动机,每台推力31.58千牛

性能: 61米高度时的最大速度1038千米/小时,战术作战半径805~966千米,航程2784千米

重量: 空重13599千克(包括飞行员),最大起飞重量20412千克

尺寸: 翼展12.90米,机长19.33米,机高4.95米,机翼面积47.82平方米

武器装备: 最大内部载荷为1814千克炸弹,外加4个机翼挂架挂载1814千克炸弹,其中包括"红胡子"战术核炸弹、AGM-12"小斗犬"空对地导弹、454千克炸弹和火箭弹

德·哈维兰公司的"海雌狐"全天候拦截机

这种外观给人深刻印象的双座全天候拦截战斗机在1946年问世,从1951年开始服役。然而,德·哈维兰公司在该机型发展上的优柔寡断以及一架原型机在试验时发生的严重坠机事故,致使该机型的发展举步维艰。到了1954年,英国皇家海军开始对该机型再次产生兴趣,这才使得德·哈维兰公司从困境中走了出来。最终,由该公司重新设计的一架完全海军版本的原型机在1957年进行首飞。接下来,第700飞行中队驾驶该机型在皇家海军"胜利"号和"半人马座"号上进行了一系列舰载机试验。第一支装备"海雌狐"飞机的中队在1960年3月开始上载到"皇家方舟"号之上。

"海雌狐"保留了该公司的双尾撑设计,飞行员座舱处在左侧高处的设计是独一无二的。雷达观察员坐在右侧被称作"煤洞"的低处,此处有一个顶部舱口和一扇小窗户。紧接着在他的身旁是进气道,从翼根一直延伸到引擎机舱后面的两个涡轮发动机。飞机的前端装有巨大的由英国通用电器公司生产的AI.Mk 18雷达。飞机没有安装机炮,它们的位置被两个铰接的驮包占据,每个驮包里携带14枚空对空火箭弹。机翼挂弹点携带4枚"火光"红外寻的空对空导弹。"海雌狐"还携带各型炸弹和空对地导弹(如"小斗犬"导弹)执行攻击任务。在实战中,这些飞机主要作拦截机用。

该型飞机在生产第92架时进行了一些改进,成为第一架"海雌狐"FAW.Mk 2型,它"肿胀"的机尾构架能够装载更多的航空油,火控系统作了改进从而能够装备"红头"空对空导弹。Mk 1型飞机上的空中加油受油管固定在左桁梁的机翼前沿外侧,此外还附加了一些电子设备。两种型号的飞机共生产148架,很多Mk 1型按照Mk 2型的标准进行改进。麦道公司的"鬼怪"战斗机于1970年开始替代该型飞机之后,很多"海雌狐"被改装成"海雌狐"D.Mk 3型无人驾驶遥控靶机。

皇家海军部队

英国皇家海军航空兵部队由4支一线部队组成。第890中队于1960年2月接收首架FAW.Mk1型,于同年7月最早搭载到"竞技神"号航空母舰之上。后来,该中队开始随同"皇家方舟"号航空母舰作战,参加了"贝拉巡逻"。1967年后,第890中队换装FAW.Mk 2型,成为一支作战试验和训练部队。1959—1968年间,第892中队装备"海雌狐"Mk 1和Mk 2型飞机参与"火光"导弹试验,先后上载到"皇家方舟"号、"胜利"号、"竞技神"号以及"半人马"号航空母舰上。

1960年9月,第893中队开始装备Mk 1型投入实战,参与处置科威特危机。该中队于1965年11月换装Mk 2型,但从1970年开始削减该型战机。第899中队也参与了"贝拉巡逻",作为"海雌狐"司令部中队和强化飞行测试部队,在1961年2月至1972年1月期间,该中队装备了"海雌狐"Mk 1和Mk 2型飞机。

上图:图中这两架"海雌狐"FAW Mk1型战斗机正在进行空中加油演练,它们所携带的武器是德·哈维兰公司制造的红外自动寻的空对空导弹。"海雌狐"FAW Mk2型战斗机的加长外形设计,使得它们可以携带"红头"空对空导弹

下图:1959年7月,英国皇家海军第700飞行中队的"Y"小队组成了第892中队,成为第一支装备FAW.Mk1型飞机的部队。从1965年12月开始,该中队开始装备FAW.Mk 2型飞机(如图)。该中队于1967年上载到"竞技神"号航空母舰之上,于1968年撤编

技术参数

"海雌狐"FAW.Mk 2

机型: 舰载全天候双座战斗机

动力装置: 两台罗尔斯·罗伊斯公司生产的Avon涡轮喷气式发动机,推力49.95千牛

性能数据: 最大平飞速度1110千米/小时(海平面),航程1931千米(高空,无副油箱),实用升限14630米

重量: 空重11793千克,最大起飞重量18858千克

尺寸数据: 翼展15.54米,机长16.94米,机高3.28米,机翼面积60.2平方米

武器: 4枚"红头"空对空导弹,28枚51毫米"Microcell"火箭弹,外加1361千克重的攻击性武器(在4或6个机翼支点上),包括火箭吊舱或454千克炸弹

费尔雷公司"塘鹅"反潜预警机

费尔雷公司研制的"塘鹅"飞机在很多方面都独具特色,第一架原型机"塘鹅"GR.17号飞机于1949年9月19日首飞。它是一架能够同时执行搜索和攻击任务的反潜机,能够从小型航空母舰上起飞作战,携带用于侦察潜艇的雷达和声呐浮标。发现潜艇时,飞机内部弹舱里的武器对其实施攻击。由于临时决定在飞机上增加第三个机组人员,该机的研发过程被拖延。最后在1955年1月,"塘鹅"AS.Mk 1型飞机开始进入部队服役,编入第826飞行中队。

该机推力由涡轮螺旋桨发动机提供,发动机有两个独立的动力区间,每个动力区间都对两个共轴螺旋桨推进器中的一个实施推进。因此,在不影响操作的情况下,任何一半发动机和它的推进器都可以在飞机飞行中关闭,以此提升续航力。另一个优点是,该发动机能以军舰上的柴油作为燃料。该机巨大的机翼折叠在4个地方以减少翼展和机高,此举不会影响通往后座舱或两个喷气管。其他的特色包括:可转向的机首双轮起落架、一个巨大的武器舱和一套可从后机身下面伸出的雷达。"塘鹅"AS.Mk 1、"塘鹅"AS.Mk 4(配备了大功率发动机)以及"塘鹅"AS.Mk 6(预警机的改型)曾在英国皇家海军以及其他国家海军服役,其中在西德、澳大利亚和印度尼西亚甚至服役至20世纪60年代初期。"塘鹅"T.Mk 2型和"塘鹅"T.Mk5型属于教练机。

预警机改进型

"塘鹅"Mk3型预警机是20世纪60年代最重要的飞机,它是舰载型预警机,用来替代皇家海军第849飞行中队的"空中袭击者"战斗机。Mk3型的推力由大功率发动机提供,它的机身焕然一新,没有武器舱,唯一的飞行员座舱位于飞机前面,机翼尾部有一个可容纳2名雷达观察员的机舱。机尾也被加大,目的是平衡庞大的APS-20A型雷达天线罩。该机的起落装置被加长。最后一架于1961年交付,当时皇家海军的固定翼飞机停止生产。第849飞行中队的"B"小队于1978年离开"皇家方舟"号航空母舰,这样一来,英国皇家海军便失去了海基空中预警能力,这使得它在4年后南大西洋上进行的马岛战争中付出了沉重代价。

上图:作为反潜机的"塘鹅"飞机服役期相对较短,1958年开始被"旋风"飞机替代。图中这些飞机是第一批出产的AS.Mk 1型,于1956年上载到"鹰"号航空母舰之上,携带有第812飞行中队的标志。英国皇家海军共有7支舰队航空兵部队装备了各种AS.Mk1型战机

技术参数

"塘鹅"Mk 3预警机

机型:三座舰载预警机

动力装置:一台布里斯托尔·西德尼公司的"树蛇"102型涡轮螺旋桨发动机,输出功率2890千瓦

性能:最大速度417千米/小时;航程1127千米;巡航高度7770米

重量:空重7421千克,最大起飞重量11340千克

尺寸:翼展16.61米,机长13.41米,机高5.13米,机翼面积44.9平方米

下图:20世纪60年代,"塘鹅"Mk3型预警机替代了"空中袭击者"Mk1型预警机,为英国海军航空兵提供空中预警能力,该型飞机隶属于第849飞行中队,上载到英国皇家海军"皇家方舟"号航空母舰

超马林公司的"弯刀"舰载攻击机

英国海军航空兵部队装备接近音速的后掠翼战斗机的进程非常缓慢,事实上,在二战后的5年里,该项计划几乎毫无进展。但出乎意料的是,1950年9月,在航空母舰上对超马林公司的后掠翼510型飞机进行了试验,结果取得成功。但是,经过将近10年的发展,先后经过了拥有蝶形尾翼的508、509型和完全后掠翼的525型,在1956年1月推出了544型或N.113D型,该机型装备"埃文河"200系列发动机、巨大的襟翼、可折叠的机翼、多孔减速板(位于后机身)和一个厚平板水平尾翼。根据此项设计,1957—1960年间,英国制造了76架"弯刀"F.Mk1型飞机。

"弯刀"服役

"弯刀"是一种庞大而又坚固的机型,它是按照舰载拦截机进行设计而成。20世纪50年代中期,由于需要一种低空轰炸机,"弯刀"在大部分时间内都是执行攻击任务。随着攻击任务的发展,"弯刀"具备了核攻击能力,并开始装备"红胡子"战术核弹。

测试完成之后,"弯刀"开始配备"小斗犬"指令制导导弹,但它从来未能配备非常合适的空对地武器瞄准系统。按照标准,现役"弯刀"飞机的前端安装了空中加油受油管。1965—1966年,"弯刀"最后的一项战斗任务是携带一个油箱,为第800中队的"海盗"攻击机(由霍克·西德利公司生产)提供加油服务。假如"弯刀"飞机配备更加先进的电子设备的话,它们就可以拥有更长的服役期。

上图:这架"弯刀"F.Mk 1型飞机与"空中袭击者"和"海蛇毒"预警机停放在一起,它正在为执行一项任务做准备。作为拦截机,"弯刀"一向都不是很成功,但它作为攻击机时的低空快速转弯动作却给人们留下了深刻的印象

下图:从1964年9月到1965年7月,图中所示的这架"弯刀"F.Mk 1型飞机隶属于英国舰队航空兵第800飞行中队B小队。该部队的主要任务是为"鹰"号航空母舰上的"海盗"S.Mk 1型攻击机提供空中加油,这是因为"海盗"S.Mk1型飞机在满载燃油和武器时无法起飞

技术参数

"弯刀"F.Mk1型

机型: 单座战斗轰炸机

动力装置: 两台英国罗尔斯·罗伊斯公司的"埃文河"202系列涡轮喷气式发动机,单台推力50.03千牛

性能: 海平面最大平飞速度1143千米/小时,作战半径579千米(无副油箱,执行"高—低—高"任务),转场航程3380千米,实用升限14020米

重量: 空重11295千克,最大起飞重量18144千克

尺寸数据: 翼展11.33米,机长16.87米(受油管除外),机高4.65米,机翼面积45平方米

武器: 4门30毫米"阿登"机炮(每门备弹100发),外加4个机翼挂弹支点,每个携带的额定重量为907千克,可携带AIM-9型导弹、炸弹、火箭吊舱、伙伴油箱或者容量909升的副油箱

麦克唐纳·道格拉斯公司（霍克·西德尼航空公司）
AV-8A "鹞"式短距起飞垂直降落攻击/近距离支援/空中格斗机

根据英国霍克·西德尼航空公司的"鹞"式战机的设计，美国海军陆战队发展出了自己的"鹞"AV-8A型（单座）和"鹞"TAV-8A型战机（双座），由于政治原因由麦道公司生产。该型战机装备的是"飞马"MK 103型发动机，虽然它们比英国皇家空军的"鹞"GR.MK3型战机少安装了几套导航/攻击系统，但携带了用于空中格斗的AIM-9"响尾蛇"导弹。在空中格斗中，美国海军陆战队的飞行员们发掘出了"鹞"式战机指令系统的一个非常有用的用途，这就是众所周知的"前飞引导"，它在空战中利用推力为"鹞"式战机提供了其他战机无法媲美的空前的机动能力。美国海军陆战队有一个训练中队和3个作战中队配备了AV-8型战机。在服役期间，AV-8A后来被改装成AV-8C型，机身和系统都得到了改进。

"鹞"式战机的其他用户

其他配备能与美国海军陆战队"鹞"式战机相媲美的标准"鹞"式战机的用户是西班牙海军和泰国海军。在西班牙服役的该型战机被称作"斗牛士"战机，西班牙的一个飞行中队装备了9架单座AV-8S型和2架双座TAV-8S型战机（注：在西班牙它们被称作VA.1型和VAE.1型），该中队上载到"迷宫"号小型航空母舰。由于西班牙海军购买了麦道公司/英国宇航公司出品的更先进的AV-8B"鹞"II型战机，现有的该型飞机便开始出口。1997年，泰国海军航空兵从西班牙手里购买了7架单座和2架双座飞机，这些飞机被泰国海军航空兵用在"查克里·纳吕贝特"号轻型航空母舰上面进行短距离垂直起降战机方面的训练，并决定是否继续购买该型战机。然而，由于泰国海军出现债务问题，"查克里·纳吕贝特"号航空母舰在大部分时间内都没有出海演训。另外，由于这些"鹞"式战机的性能状况较差，缺乏资金的泰国海军没有能力购买零部件，更没有能力购买AV-8B型战机。

下图：这架AV-8A型飞机隶属于美国海军陆战队第231攻击机中队，它主要从攻击航空母舰起飞，支援地面部队作战

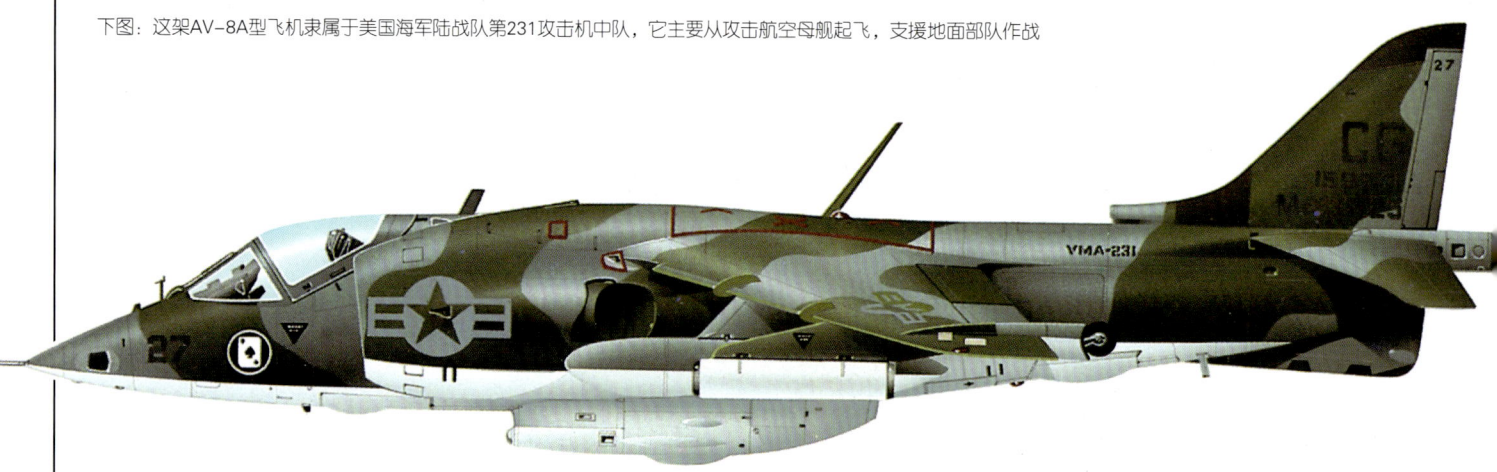

技术参数

AV-8C "鹞"飞机
机型：单座舰载/陆基短距离垂直起降轻型战斗轰炸机
动力装置：一台推力95.61千牛的罗尔斯·罗伊斯"飞马"Mk 103型定向推力涡轮风扇发动机
性能数据：低空最大速度超过1186千米/小时，2分22秒可爬升12190米，实用升限超过15240米，作战半径95千米（垂直起飞且挂载1367千克弹药的情况下）
重量：空重5529千克，最大垂直起飞重量7734千克，最大短距起飞重量10115千克
尺寸数据：翼展7.7米，机长13.87米，机高3.45米，机翼面积18.68平方米
武器：2门30毫米机炮，外加2404千克的可投放武器

本图：美国海军陆战队第231攻击机中队是海军陆战队第3支同时也是最后一支装备AV-8A型攻击机的中队。1983年，该中队随同"塔拉瓦"号两栖攻击舰在黎巴嫩执行维和行动时才接触实战

道格拉斯公司 F4D/F-6 型"天光"截击机

1951年1月23日，道格拉斯公司研制的"天光"XF4D-1原型机进行首飞。该机型受到德国设计的启发，是一种几乎没有机尾的呈三角形状的飞机，机翼实际上是弯曲的小展弦比的后掠翼，并有明显的下垂板条，升降舵补助翼以及外侧副翼位于机翼后缘上。该机另一个不寻常的特点是飞机表面由内外两层薄薄的铝板组成，这些铝在机身内侧形成一系列的涟漪以获得稳定性。飞机还有一个特点是，飞行控制系统拥有足够的动力推动（战斗机上有此举设计尚属第一次），飞行员能够手控伸展飞机的远视操纵杆。

性能优化的拦截机

美国海军F4D-1型飞机（绰号"福特"）配备的是威斯丁豪斯公司的J40型发动机，爬升速率高，可用来拦截攻击舰队的轰炸机。此型飞机在1953年创下了时速1211.5千米的世界纪录，然而，1956—1958年间交付的419架F4D-1型飞机配备的却是J57型发动机。"天光"装备有机炮，在美国海军和海军陆战队飞行中队服役期间，很快就成为受欢迎的飞机。它是单座飞机中最早装备APQ-50A型全天候拦截雷达和Aero 13型火控系统的飞机之一。在接下来的两年里，"天光"赢得了第一个殊荣，该机所在中队被评为美国表现最佳的本土飞机中队。

1962年，"天光"被重新定型为F-6A型，但在一线服役的该型飞机这时候却被F-4和F-8型逐渐替代了。然而，该机型在美国海军陆战队第115战斗机中队一直服役到1964年2月29日。其中，最后两架"天光"在美国海军航空测试中心下属的试飞员学校服役至1969年12月份。

道格拉斯公司还开发出了F4D-2N（F5D-1）"空中长矛兵"飞机，它是F4D-1型战机的改进型，配备了先进的全天候电子设备，能够装载更多燃油。由于F8U-1型即将进入部队服役，美国仅仅制造了4架"空中长矛兵"战机。

下图：在执行对地攻击任务时，"天光"可携带炸弹或非制导火箭弹（如图所示），还可携带4门安装在机翼上的20毫米机炮。执行拦截任务时，它通常携带AIM-9"响尾蛇"导弹，此种做法源于美国海军第3战斗预警机中队

下图：图中这架F4D-1型飞机于1958年12月22日交付给美国海军，从图中可以看出，该机编入美国海军第162战斗机中队。从1960年年中到1961年年底，第162战斗机中队以塞西尔海军航空站为基地

技术参数

F-6A "天光"

机型： 单座舰载拦截机

动力： 一台普拉特·惠特尼公司J57-8型涡轮喷气式发动机，推力66.71千牛

性能： 海平面最大速度1162千米/小时，航程1931千米（无副油箱），实用升限16765米

重量： 空重7268千克，最大起飞重量12701千克

尺寸： 翼展10.21米，机长13.79米，机高3.96米，机翼面积51.75平方米

武器： 4门20毫米Mk12型机炮（每门备弹70发），外加7个机外支点（可挂载1814千克的炸弹）、火箭吊舱或4枚"响尾蛇"空空导弹

道格拉斯公司"空中勇士"A3D/A-3多用途军用飞机

道格拉斯公司在1949年完成了"空中勇士"飞机的设计方案,根据构想,这种体形最大和最重的战机能够从航空母舰上起飞作战。A3D"空中勇士"的研发源于美国海军在1947年需要一种具备战略打击能力的攻击轰炸机,计划搭载到新研发的巨型航空母舰之上,这种航空母舰的作战能力相当于4艘"福莱斯特"级航空母舰。

道格拉斯公司的"空中勇士"的设计采用了36°后掠角上单翼,翼下吊挂两台发动机。该机的着陆架是一个可伸缩的三轮起落架,飞机内部有一个巨大的武器舱。飞机36°后掠角上单翼的设计有利于飞机获得最大巡航效率和提升航程。飞机尾部都采用掠角形式,外翼和垂尾可折叠,这样有利于飞机飞行和进入航空母舰机库。

原型机

最初的两架XA3D-1原型机于1952年10月28日首飞,它们由两台推力为31.13千牛的美国西屋公司出品的XJ40-WE-3型发动机提供动力。J40型发动机在试验阶段的失败,使得推力43.18千牛的普拉特·惠特尼公司J57-P-6型发动机只能安装到YA3D-1投产型原型机和A3D-1初期样品机上。在49架A3D-1型飞机中,第一架于1953年9月16日首飞,1956年3月31日开始装备美国海军第1重型攻击机中队。1962年,A3D改名为A-3,最初的三座生产型飞机被命名为A-3A型。为了执行电子对抗任务,其中的6架后来进行了一些改进,由三座改为七座,还装备了一些特殊设备,最后更名为EA-3A型。

A3D-2型(1962年改名为A-3B型)于1957年进入部队服役,装备了两台大功率的J57-P-10型发动机和一根用于空中加油的受油管。164架该型飞机后来得到改进:雷达控制的尾部炮塔(两门20毫米机炮)被电子对抗设备(包括一台干扰物投放器)替代,机头雷达罩进行了改进,以便容纳一套导航/攻击雷达。此外,为了能够安装低空轰炸系统,飞机机身进行了加固。通过在武器舱中加装照相机,推出了A3D-2P型侦察机(1962年改名为RA-3B),30架A3D-2P型侦察机仍旧保留了可容纳两名操作员的武器舱、12台垂直和倾斜照相机以及照相闪光炸弹。后来,为了执行电子攻击任务,8架A-3型飞机进一步改进,定名为ERA-3B型。

特殊任务

为了执行电子对抗任务,特地改装了25架A3D-2Q型飞机(从1962年开始更名为EA-3B),它们的武器舱被改装成一个增压舱,可容纳4名操作员及其专用设备。该类飞机还装备了前视和侧视雷达以及红外线传感器。此外,唯一的一个新制造的机型是A3D-2T型,有12架飞机使用这一名字,它们在1962年改名为TA-3B,作为八座导航员/轰炸员训练飞机使用,其中的武器舱进行了改进,用来容纳一名教员和6名以上的学生。

A3B/A-3系列飞机还是其他一些改进型飞机的基础。1962年,有两架A-3B的改进型飞机更名为VA-3B,用来运输参谋人员,机上配置一间精心设计的可容纳两名军官的舱室。在美国海军服役的最终改进型飞机是KA-3B型空中加油机、EKA-3B型加油机(至少30架)以及电子对抗飞机。直至20世纪90年代初,EKA-3B型飞机一直是标准的美国海军预备役飞机。

下图:毋庸置疑,A-3系列飞机神奇的伪装色彩可以从美国海军第61重型照相侦察机中队的几架飞机上看出来。越战期间,沿着"胡志明小道"进行夜间空中照相侦察时,飞机必须低空飞行且使用电子闪光,事实证明此举非常危险,第61重型照相侦察机中队因此损失了4架该型战机。为了使RA-3B型飞机的视觉信号最弱,该飞机采用了三色环绕的灰色机身,事实证明这项改进颇为有效

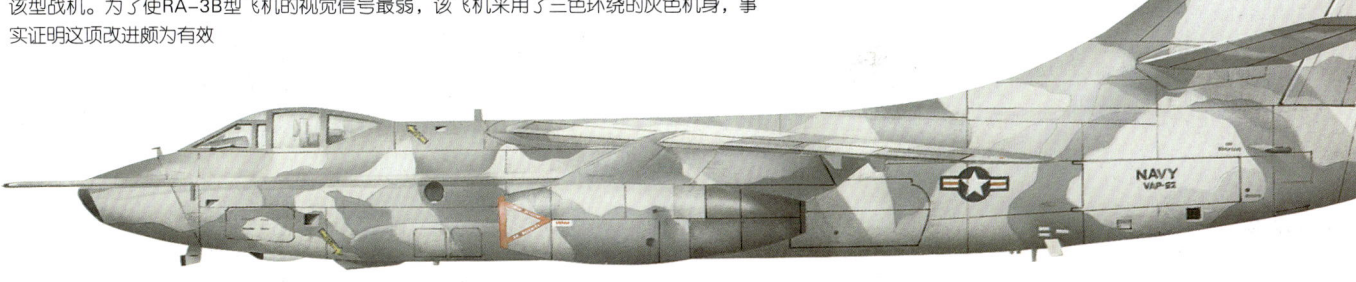

技术参数

A-3B"空中勇士"飞机

机型:三座舰载轰炸机

动力装置:两台普拉特·惠特尼公司J57-P-10型涡轮喷气式发动机,单台推力46.71千牛

性能数据:最大速度982千米/小时(3050米高空),航程4667千米(无副油箱),实用升限12500米

重量:空重17876千克,最大起飞重量37195千克

尺寸数据:翼展22.1米,机长23.27米(不含受油管),机高6.95米,机翼面积75.43平方米

武器:5443千克炸弹(包括核弹),外加两门20毫米机炮(雷达控制的尾翼炮塔内)

上图：有8架RA-3B型飞机被改装成ERA-3B型飞机，作为电子监视平台和通信干扰发射台，分别装备到美国海军第33战术电子战中队和第34战术电子战中队，它们最终于1991年退出现役

下图：这幅照片是美国海军第5重型攻击机中队的4架A3D型飞机在地中海上空进行军事演习时拍摄的

格鲁曼公司 S2F/S-2 "追踪者"和 TF-1/C-1 "贸易者"反潜/舰载运输机

格鲁曼公司制造的XSW-1原型机于1952年12月4日首飞,该原型机的设计源于两年前美国海军的一项史无前例的需求:发展出一种装备可提高杀伤力的反潜作战传感器和武器系统,并能够从小型航空母舰(不是"福莱斯特"级大型航空母舰)上起飞的飞机。过去,这种任务通常需要两架飞机来完成(这两架飞机以搜索/攻击组合方式作战)。格鲁曼公司的G-89型机是一种常规飞机,机翼高,翼展长,配备两台活塞式发动机,机舱位于机翼前方,可容纳两名飞行员和两名雷达与传感器操作员。

反潜设备

在小型机身里安装所有必需的设备是一件非常不简单的事情。APS-38型雷达安装在后机身,探照灯安装在右翼外侧,磁力异常探测器(MAD)安装在一根管子里,这根管子恰好能从后机身延伸到机尾。声呐浮标可以从发动机舱的后部抛出来,武器系统则安装在机内弹药舱和6个机翼吊架上。

投入生产

S2F-1"追踪者"飞机于1954年2月进入部队服役,能够满足用户的所有需求。该机型的生产一直持续到1960年以后,包括改装型飞机和重新制造的飞机。后来的机型开始装备APS-88型雷达和双倍的声呐浮标(大约32个)。

很多S-2"追踪者"反潜机后来被改装成US-2C型飞机和其他各种通用型飞机(用于出租和一般性的货物运输)。此外,格鲁曼公司还和美国海军签订一份合同,向其交付一种特别设计的运输机,用于执行舰载运输任务,包括为海上航空母舰提供人员、邮件以及所有的必需品运送。

"贸易者"舰载运输机

美军对于G-96型的需求最早可以追溯到1950年,但其他的工作压力延误了该机型的研发进程。1955年,格鲁曼公司的TF-1"贸易者"飞机问世,从这个名称上可以看出该机型属于一种教练机。根据1962年美国空军和海军的飞机命名原则,"贸易者"被重新命名为C-1型。其中,C-1A型采用了S-2"追踪者"的机翼、发动机以及其他部件,尾翼采用S-2D型上的加大型尾翼。C-1A的机身焕然一新,体型更加庞大,可以很好地装备9个坚固的朝后的旅客坐椅或者1587千克的货物,所有货物都通过侧门进入飞机里,但不装载大型货物和小型车辆。该机保留了所有的舰载能力,飞机满载时需要利用拦阻装置着舰和依靠弹射器起飞。

格鲁曼公司交付87架生产型的C-1A"入侵者"飞机和4架G-125型飞机。1957年,G-125飞机进入美国海军服役,作为TF-1Q型飞机的专用电子对抗平台,它的主机舱内装备了大功率的接收机和干扰系统。1962年,这些鲜为人知的飞机被重新定型为EC-1A型。

1965年,"贸易者"开始被性能更优越的格鲁曼公司E-2飞机的改型——C-2A"快轮"运输机替代。然而,直到20世纪60年代末期,一些"贸易者"飞机仍然在二线部队服役。

上图:图中这架美国海军第31反潜机中队的S-2"追踪者"反潜机展示了用来探测潜艇的传感器,这是一种磁异常探测器,传感器在不使用时缩回到机身里,这种伸缩式设计可以尽量使传感器远离金属机身

上图:这两架格鲁曼公司研制的C-1"贸易者"运输机正在为美国海军一艘航空母舰执行常规补给任务。"贸易者"飞机在满载时能够搭载9名乘客和货物

技术参数

S-2E "追踪者"

机型: 四座舰载反潜机
动力装置: 两台赖特R-1820-82WA"旋风"活塞发动机,单台推力1525马力
性能数据: 最大速度426千米/小时(海平面),巡航速度240千米/小时,航程1850千米,续航力9小时
重量: 空重8633千克,最大起飞重量12187千克
尺寸数据: 翼展22.12米,机长13.26米,机高5.05米,机翼面积46.08米
武器: 内部弹舱和6个挂弹点可负重2182千克弹药,包括反潜鱼雷、深水炸弹和火箭弹

格鲁曼公司的 WF-2/E-1 "尾随者"舰载预警/控制机

1954年，洛克希德·马丁公司的"超级星座"飞机和其他型号的美国海军飞机成功进行了高空预警（当时被称作"雷达警戒任务"）飞行测试，这一成功使得格鲁曼公司获得一项生产合同，要求在S2F-1型"追踪者"飞机的基础上设计出一种能够装载大型监视雷达的飞机。最终，这架代号WF-1的飞机从来未能飞行过，格鲁曼公司在能够装载雷达且机内更宽敞的TF-1A型"贸易者"飞机的基础上开发出了WF-2型飞机，它的机翼和机尾更加庞大。在对一架TF-1型飞机配备了先进的雷达罩和尾翼后，将其作为WF-2型飞机的空气动力学原型机，在1957年3月1日进行首飞。最早开始生产的88架绰号"尾随者"的飞机在1962年后被更名为E-1B型，它们于1958年2月2日首飞（由于该机型很晚才被授予新名称，因此非官方名称"Willy Fudd"被广泛使用，这是从"WF"的代号演绎而来）。

"WF"战机上的雷达

"尾随者"飞机装备的是AN/APS-82型雷达，其主要部分安装在飞机中部和后机身，旋转天线放置在一个外形不同寻常的雷达罩里，雷达罩像一个泪滴形的盘子，被安装在机身正上方的撑杆上。这个被固定的雷达罩前面是一个比以往都要庞大的去冰橡皮带，后面延伸出来以便连接在经过重新设计的有3个垂直尾翼的机尾中间的一个垂直尾翼上。飞机中部的两名操作员虽然在同一个控制台上作业，但任务各不相同，他们不仅要操纵雷达，同时还要操控敌我识别系统和通信系统。两名飞行员负责导航任务。在第11和第12预警机中队服役的"尾随者"飞机，开创了舰载预警战斗机的先河。1964年，"尾随者"开始被格鲁曼公司生产的性能更优越、机身更庞大的E-2A"鹰眼"飞机取代。

技术参数

E-1B "追踪者"
机型：四座预警/控制飞机
动力装置：两台赖特公司"旋风"R-1820-82WA型活塞发动机，单台推力1525马力
性能数据：最大速度365千米/小时（1219米高空），初始爬升率341米/分，实用升限4816米，最大续航力8小时
重量：空重9536千克，最大起飞重量12232千克
尺寸数据：翼展22.12米，机长13.82米，机高5.13米，机翼面积46.36平方米

下图：由于"追踪者"飞机被定型为S2F型，人们根据谐音将其戏称为"Stoof"。"尾随者"飞机与"追踪者"几乎殊途同归，人们习惯根据它的型号"WF"而称其为"Willy Fudd"，有时也称它为"Stoof with a roof"（"带着帽子的斯图夫"）

麦克唐纳公司的F3H/F-3"恶魔"海军战斗机

与同时代的超马林公司的"雨燕"飞机一样,麦克唐纳公司研制的F3H"恶魔"战机一直保持着高产量,直到很久以后人们才意识到,过多地生产该型飞机是不合理的。最终导致数十架飞机被废弃或封存起来。麦克唐纳公司认识到这种错误仅仅是由J40发动机造成的,在经历几年挫折后重新设计了F3H型飞机,并交付美国海军,该机型在服役期间被证明是一种性能非常优异的飞机。

生产问题

XF3H-1原型机于1951年8月7日首飞,在当时,无论是在结构上还是在空气动力学上,该机都是世界上最先进的海军飞机。机翼和机尾表面都是后掠的,机翼可折叠成拱形,水平尾翼是一个厚平板。在飞行测试期间,美国海军要求该机能够携带副油箱和全天候雷达,但J40型发动机却不能满足这一增重的要求。1954年,麦克唐纳公司重新设计了该型飞机,配备了J71型发动机,增大了机翼,以便装载更多的航空燃油。最后,该型飞机共生产了519架飞机,主要分为3种机型:F3H-2型(1962年后定名为F-3B型)是基础型战斗轰炸机,共交付239架,这些飞机拥有新的机身和发动机,但保留了能与机炮相匹配的休斯公司的APG-51型雷达,机翼上增加了4个用来携带攻击武器的外挂点;F3H-2M型(后来定名为MF-3B型)共生产了80架,配备了能够全天候拦截的加强式电子设备和一个等幅波目标照射雷达,雷达与最初配置的4枚AIM-7C"麻雀"导弹配合使用,所有这些设备都是首次装备部队;F3H-2N型(即F-3C型)共生产了144架,它是有限的全天候战斗机,装备了基础型的APG-51型雷达和4枚雷达制导AIM-9C型"响尾蛇"空对空导弹。

"恶魔"战斗机在服役期间的表现相当出色,1958年,它在金门海域和黎巴嫩上空执行任务。该型机最后一次交付是在1959年。它们分别于1964年8月(一线中队飞机)和1965年2月(预备队飞机)被麦克唐纳公司研制的F-4"鬼怪"II型战斗机替代。

下图:这架由麦克唐纳公司出品的F3H-2"恶魔"隶属于美国海军第131战斗机中队,该中队在20世纪60年代初期搭载在"星座"号航空母舰之上作战

技术参数

F-3C"恶魔"飞机
机型: 单座舰载战斗机
动力装置: 一台推力62.26千牛的艾利森J71-2 or -2E涡轮喷气发动机
性能: 最大平飞速度1170千米/小时(海平面),航程2205千米,实用升限13000米
重量: 空重9656千克,最大起飞重量15161千克
尺寸数据: 翼展10.77米,机长17.98米,机高4.44米,机翼面积48.22平方米
武器: 4门20毫米Mk12型机炮,机翼的4个外挂点可携带AIM-9C"响尾蛇"空对空导弹或2722千克重的各类攻击武器

下图:美国海军第61"骷髅"战斗机中队的一架"恶魔"战斗机正从舰上起飞。"恶魔"在研制阶段的严重延误,使得它必须与F8U"十字军战士"飞机展开激烈竞争,"麻雀"III型空对空导弹的出现化解了这场竞争

麦道公司的F-4"鬼怪"II多用途战斗机

20世纪50年代中期,麦道公司的"鬼怪"II型飞机作为私人公司的一个冒险项目而生产,起初的"鬼怪"II被规定为AH-1攻击机,后来却发展成为F4H型拦截机。该型拦截机没有机炮,在飞机中部有一个悬挂巨型副油箱的吊架,4枚"麻雀"III型空对空导弹挂装在机腹下面,后座上配备了威斯丁豪斯公司的AN/APQ-50型雷达和一名雷达操作员。在23架试验机中,第一架于1958年5月27日首飞,尽管飞机体型庞大,但出色的推力系统(安装在进口和喷嘴之间,有着精心设计的二次流)使该机具备了全面的飞行性能,这一点让以往所有型号的战斗机望尘莫及。在高/低空速度、爬升率以及其他性能方面,早期的F4H-1型(F-4A)打破了世界历史上几乎所有的纪录。作为岸基战斗机,美国空军也购买了大批该型战斗机。

投产机型

最初的舰载机型是F-4B型,共生产了649架(包括12架配备了改进的导航系统以及高级数据链的F-4G型战斗机),该型飞机的机头凸出,可容纳直径0.81米的AN/APQ-72型雷达和一个凸起的后坐椅。1962年8月,该机型出海执行任务,成为美国海军和海军陆战队标准型号的全天候战斗机。美国海军陆战队还购买了46架不携带武器系统的F4H-1P型(RF-4B)多传感器侦察机。F-4B型的服役经验促使美国在1965年研制出了F-4J型飞机,它具备了以下特征:配备AWG-10型火控系统、一个额外油箱、开缝的水平尾翼、下垂的副翼、更大的轮子和减速装置和电子对抗背鳍帽(作为一项改进)。F-4J型替代了在美国海军和海军陆战队服役的F-4B型,总共生产522架,很多架F-4J型后来被改装成具有板条机翼的F-4S型战斗机,一直服役到1992年。

英国皇家海军购买了24架F-4K型飞机,该机型同F-4J型相似,但配备的是罗尔斯·罗伊斯公司的"斯佩"系列发动机。F-4K型战斗机上的AN/AWG-11型雷达安装在铰接的机头部位,前起落架延长两倍。此外,该机型还进行了其他一些改装。另外28架F-4K型战斗机进入英国皇家空军服役,服役编号是"鬼怪"FG.MK1型,最后一架该型飞机于1989年退役。与此同时,英国皇家空军和其他很多国家空军购买了陆基型号的"鬼怪"战斗机。

在20世纪60年代以及70年代的大部分时间里,F-4战斗机一直是世界上的主力战斗机,它在越战中多次参加战斗,还在以色列、伊朗及其他一些国家也得到了广泛应用。

下图:这是美国海军第142"鬼骑士"战斗机中队(上载于美国海军"星座"号航空母舰)的一架F-4B"鬼怪"II型战斗机,为了对付"米格"战斗机,该型在机腹部位挂载了4枚AIM-7"麻雀"导弹,翼根外挂点携带4枚AIM-9"响尾蛇"导弹。"鬼怪"战斗机几乎控制了整个越战期间空中格斗的局面(尽管"十字军战士"战斗机的性能更佳)。F-4是一种性能相当出色的战斗机,缺乏内置机炮和带黑烟的排气是该型机存在的主要问题

左图:英国皇家海军第892飞行中队的"鬼怪"FG.MK 1型战斗机正从"皇家方舟"号航空母舰上升空作战,该型机的主要任务是进行防空作战,其次是执行攻击和近距离空中支援任务

本图：1964—1969年间，装备F-4B型飞机的美国海军第142"鬼骑士"战斗机中队曾经4次赴越南东京湾部署，其中3次是上载于美国海军"星座"号航空母舰

上图：在F-4B型战斗机于1963年进入飞行中队服役后不久，美国海军陆战队第513战斗攻击机中队的两架F-4B"鬼怪"战斗机便展示出了该型机惊人的战斗装载能力

英国舰队航空兵第892飞行中队

"鬼怪"FG.Mk1型飞机的主要任务是担任舰队防空拦截机，其次还可以执行攻击和近距离空中支援任务，在必要时还可以携带核武器。第892中队是英国舰队航空兵唯一一支装备"鬼怪"飞机的一线部队（1969—1978年），而"皇家方舟"号航空母舰是唯一一艘为了搭载"鬼怪"战斗机而进行改进的航空母舰

技术参数	
F-4B"鬼怪"II飞机 **机型：** 双座全天候舰载战斗机 **动力装置：** 两台通用电气公司的J79-8B型涡轮喷气发动机，每台推力75.6千牛 **性能：** 最大平飞速度2390千米/小时（14630米高空），实用升限18900米，作战半径大于1448千米（作为拦截机且携带副油箱），转场航程3701千米	**重量：** 空重12700千克，最大起飞重量24766千克 **尺寸：** 翼展11.71米，机长17.75米，机高4.95米，机翼面积49.24平方米 **武器系统：** 4或6枚AIM-7"麻雀"III型空对空导弹，4枚以上AIM-9"响尾蛇"空对空导弹，7257千克以上的攻击武器

上图和左图：英国皇家海军订购的一部分"鬼怪"战斗机（上图）直接进入英国皇家空军服役，其他一些则于1978年转交英国皇家空军。1969—1975年间，第43"斗鸡"飞行中队是皇家空军唯一一支装备"鬼怪"战斗机的拦截机中队。图中是第43飞行中队的一架"鬼怪"战斗机（左图）正在拦截一架执行侦察任务的苏联图-95"熊"式轰炸机

右图：美国海军第21"自由武士"战斗机中队（上载于美国海军"中途岛"号航空母舰）的一架F-4B型"鬼怪"战斗机在中空轰炸飞行途中投放了一枚炸弹。该型机在越南战争中首次亮相

海军"鬼怪"战斗机
航空母舰和陆战队的"鬼怪"

无论是在美国海军、海军陆战队服役,还是在英国皇家海军服役,"鬼怪"战斗机始终是一款性能优异的舰载战斗机。由于被设计成为舰队拦截机,"鬼怪"还能非常从容地执行攻击任务,在美海军陆战队一直服役到1992年。

右图:"鬼怪"战斗机的一项重要而鲜为人知的任务就是为一些侦察机护航,例如图中这架RA-5C"民团团员"侦察机。一次次的实践证明,美国海军"鬼怪"战斗机能够出色地完成上级下达的所有任务

F-4J型战斗机的特征

从外观上看,F-4J型与F-4B型没有什么区别,F-4J型的优势在于它配备了改进的AN/ASW-21型数据传输系统,该系统最初是为美国海军并不知名的F-4G型战斗机设计的,可以为飞机提供舰上自动降落能力,其中包括自动进场能力。

F-4G"鬼怪"II

12架生产型的F-4G型战斗机是在生产线上从F-4B型的机身改装而成的,而另外一架F-4B型被改装成为原型机。美国海军在装备F-4G型战斗机后试图引进一种远洋作战系统,该系统类似于空军的半自动地面防空警备系统。F-4G型能够在甲板上自动降落,可以同母舰和E-2"鹰眼"控制飞机进行数据传输,在传输数据的同时能够排除外界信号的干扰。

空对空武器载荷

在5月10日执行任务时,这架机身编号100的"鬼怪"战斗机满载着AIM-9"响尾蛇"热寻的导弹和2枚雷达制导AIM-7"麻雀"导弹。事实上,在当天的空战中,飞行员坎宁安和他的搭档德里斯科尔只用了3枚"响尾蛇"导弹就击落了北越空军3架"米格"战斗机。

美国海军第213战斗机中队

从1963年年初开始,10架F-4G型战斗机装备到海军第96战斗机中队进行飞行测试,后来又转入海军第213战斗机中队。1965年10月19日,这些F-4G型战斗机随同该中队搭载"小鹰"号航空母舰参加越南战争,其中有一架战机在执行巡逻任务时被高射炮火击落。

飞行控制

为了获得最佳的飞行性能,F-4J型战斗机配备了一台用来监视控制并由飞行员操纵的飞行数据计算机,此举可以确保飞机机身不会过于受压。3个独立的液压系统可以激活主飞行控制系统,所需电力由一台交流发电机提供。此外,F-4J型战斗机还装备了一套AN/APQ-13型雷达和1套AN/AJB-7型轰炸系统。

飞行发电站

F-4J型舰载战斗机由两台推力为80千牛的J79-GE-19型涡轮喷气发动机提供。对于过去的"鬼怪"战斗机来说,为了控制气流进入进气道,设计者用一个可移动隔板将没有受到干扰的气流与飞机表层的气流分开。安装在F-4J型战斗机的排气装置上的"火炉罐"用来吸收发动机释放出的大量热量。

"多用途"的F-4J型战斗机

美国海军最初将"鬼怪"战斗机归类为能够防卫航空母舰战斗群使其免遭空袭的舰队防御拦截机,但是在越南战场上,这种防卫任务开始变得次要起来,这是因为"鬼怪"飞机多次执行攻击任务,深入敌方空域猎杀"米格"战斗机。此外,它还携带大量的炸弹和火箭弹,成为一种真正意义上的多用途战斗机。

F-4J"鬼怪"II

这架机身编号100的飞机是一架F-4J型"鬼怪"战斗机(航空局编号为155800),1972年5月10日,美国海军第96战斗机中队飞行员坎宁安和德里斯科尔驾驶该机,完成了一次非常出色的空战任务。这架功勋卓著的飞机的机身上涂着美国海军标准的灰白伪装色,还有着当时典型的飞行中队标记,该机后来在战斗中被一枚地对空导弹击落。

墨绿色伪装

在"小鹰"号航空母舰的一次巡航期间,第11舰载机联队一半多的战机(包括F-4G型)完成了在飞机表面涂上墨绿色伪装色的实验设计。"星座"号和"企业"号航空母舰的一些战斗机也参与了该项试验,但这种伪装在战场上的最终表现并不尽如人意。

F-4B "鬼怪"Ⅱ

1964年，作为海军飞机的"鬼怪"战斗机从航空母舰上起飞，首次参加在越南南部的实战。在接下来的11年里，"鬼怪"战斗机一直是越南战场上美国海军的主力空战机型（F-8型战斗机也提供了必要的援助），它有时候甚至承担攻击任务。1972年3月6日，加里·L.韦甘德上尉（飞行员）和威廉·C.莱克顿上尉（雷达操作员）驾驶F-4B型战斗机，击落了北越军队的一架米格-17型飞机（注：飞机的分流板被击中）。在执行攻击任务时，除了满载"麻雀"导弹和两枚"响尾蛇"导弹外，它们仅仅携带了6枚Mk82型用途炸弹。在当时，美国海军第111战斗机中队是装备F-4以来首次、同时也是最后一次执行战斗巡逻任务，该中队于1971年年初由F-8"十字军战士"换装"鬼怪"战斗机。第111战斗机中队和第51战斗机中队一起搭载"珊瑚海"号航空母舰进行作战，在1971年11月12日至1972年7月17日参加了"自由训练"和早期的"后卫"行动。在这段时间，第111中队一直处于危险之中，因韦甘德和莱克顿曾经击落一架"米格"战机而遭到越南人的报复，11月份，该中队一架战机被一枚地对空导弹击落。接下来，第111战斗机中队又于1973年和1975年两度返回越南海域作战。

左图：美国海军王牌飞行员坎宁安中尉在越战期间击落5架敌机，在他所经历的3次成功战斗中，最后一次发生在1972年5月10日，人们普遍认为这次空战是历史上最复杂、且条件要求最高的空战之一。坎宁安的对手是经验丰富的北越王牌飞行员，在一系列的垂直"剪刀"动作之后，这架北越飞机最终被一枚AIM-9"响尾蛇"导弹击落。坎宁安驾驶的"鬼怪"飞机后来被一枚SA-2地对空导弹击中，迫使他和武器系统操作员从飞机中弹射逃生，幸运地被美国海军直升机救起。这幅照片所示的是他正向观众们讲述他在5月10进行空中格斗的经过

红外传感器和"雷达寻的与警戒系统"

F-4B型战斗机的雷达天线罩下面的整流装置里安装AAA-4型红外传感器，它根据雷达提供的射程数据追踪目标。除苏联外，美国是第二个采用该项技术的用户。红外搜索与跟踪整流装置的外部安装了前视天线，该天线是为APR-30雷达寻的与警戒系统配备的。APR-30型系统是在F-4B型战斗机的服役中期加装的，可以增强飞机的自卫能力。该系统的纵向天线也适合安装在垂直尾翼的翼梢部位。

武器系统

"鬼怪"战斗机的基本空对空武器包括4枚AIM-7"麻雀"导弹（装在机身下部凹槽里）和AIM-9"响尾蛇"导弹（有时是AIM-4"猎鹰"导弹，装在内侧翼挂架上）。一根中心轴和4个机翼挂架可以携带备用品。中心轴和外翼挂架是储存油箱的标准空间，炸弹一般安装在内翼挂架（使用弹射式三弹或多弹挂弹架）或者中心轴上。该型机具备携带多种武器弹药的能力，其中包括炸弹、火箭弹和导弹。在越战期间，电子对抗设备吊舱也变得流行起来，它通常安装在其中一枚"麻雀"导弹凹槽的前面。

上图：第一架YF4H-1"鬼怪"原型机（航空局编号是142259）于1958年5月27日首次试飞，这张图片是由两架F-101"巫毒"（伴航飞机）中的一架所拍摄的

雷达

F4H-1原型机装备了APQ-50型雷达（该雷达还安装到道格拉斯公司的F4D"天光"战斗机），但第一批生产型飞机装备的却是改进型的APQ-72型雷达，该雷达保留了早期雷达上直径61厘米的碟形反射天线，但合并了为"麻雀"导弹提供导航的APA-157型等幅波照射雷达。从第19架F4H-1型战斗机开始安装直径81厘米的天线，这种天线不仅改变了"鬼怪"的外形，而且大大提高了雷达的探测范围。这种大型天线运转时需要一种液压驱动装置。"鬼怪"战斗机装备的其他雷达还有APQ-100型（APQ-72雷达的改进型，配有为美国空军F-4C型战斗机设计的地图测绘模式）、APQ-109型、APQ-120型（安装在F-4E型战斗机上）以及APG-59型（F-4J型战斗机上的AWG-10系统的一部分）。

动力装置

除了装备"斯佩"系列发动机的英国"鬼怪"战斗机外，其他所有F-4战斗机装备的是通用电气公司的J79型发动机。为了能够成为一流的战斗机发动机，J79这种单轴涡轮喷气发动机巧妙地运用了多重可变倾角的定子，取得了良好的压力效果。与同时代的发动机相比，J79型发动机能够以更低的油耗取得同样的动力效果。提升发动机性能的是进气道的设计，在当时它们（包括B-58"盗贼"的进气道）是世界上仅有的完全可变倾角的进气道。巨型分流板（可阻止机身附面层空气进入进气道）上的进气斜板，控制着进气口的面积，调节飞机速度对于气流的需求。发动机的推力作用线向下倾斜，可以为岸基/舰载飞机提供升力。F-4B型战斗机装备的是J79-GE-8型发动机，推力为79.6千牛。

飞机起落架

无论是从陆地还是从甲板起飞，"鬼怪"战斗机都能够无火花着陆/着舰。对于"鬼怪"这样的大型战斗机而言，为了经受住巨大的着陆损伤，一种非常坚固的起落架是必不可少的。F-4的起落架能够经常性地进行下降速率6.7米/秒的降落动作。起落架前支柱不仅有一对定心轮，而且能将气压和油压的张力融成一体，以方便飞机从弹射器上弹射起飞。从航空母舰上起飞时，"鬼怪"使用旧式的回收系统，该系统结构是：一根钢索的一端系在机翼根部的钩子上，另一头缠在弹射梭上，第二根钢索用来控制回收动作。飞机上还有一个拦阻杆，它可以辅助全速飞行的飞机着陆。

"弯翼小鸟"

人们经常戏谑地评价"鬼怪"战斗机的外形来源于某个人在设计图上随意涂鸦的结果，但实际情况却相当简单。在已经设计了一个非常坚固的中心部件的基础上，麦克唐纳公司的工程师们临时将外面板向上翻折，形成一个有两个平面的12°角，达到了预期外形的目的。在设计翼折叠时，这种设计有潜在的优势，可以使主起落架支柱的长度（重量）达到最小值，而且对飞机外形没任何影响。该型飞机后来以"丑陋"而著称。飞机机翼上有强有力的前缘襟翼和一个巨大的单片内侧后缘襟翼，副翼位于平展机翼的外面，通常向下倾斜。此外还加强了飞机的翻滚控制能力。

北美航空公司 A-5（A3J）"民团团员"攻击/侦察机

尽管北美航空公司研制的A3J（1962年后称作A-5）攻击机没有引人注目的地方，但在设计方面却比历史上其他飞机有着更多的革新，这些革新包括：完全可变的进气道和喷嘴、一个可移动的单叶尾翼、厚平板副翼、变曲面吹制机翼、完全惯性导航和自动驾驶仪相联结、恶劣天气下能够自动跟近航空母舰、装有稳定伞的弹射坐椅、钛金属结构（在高温处有镀金）。第一架YA3J-1原型机是一架配置了前后座的舰载轰炸机，于1958年8月进行首飞。另外一个先进设计是沿着中轴线安插在发动机中间的巨大机腹，机腹里配备两个大油箱和一枚核弹，它们联结在一起，然后通过气压一起投向敌方目标（燃油此时已经耗尽，空油箱用来稳定炸弹的降落过程）。

截至1962年年初，第一支作战部队——第7重型攻击机中队从"企业"号航空母舰上起飞作战，最初的A3J-1型开始更名为A-5A型。北美航空公司共交付了57架A-5A型飞机，后来又交付了6架A-5B型飞机。A-5B型飞机的机身上有一个用于储存额外燃油的巨大"驼峰"，配备有改进的机翼增升装置。

"民团团员"侦察机

迄今为止，A-5型飞机的最重要改型机是A3J-3P（RA-5C）远程侦察机，这是一个多传感器侦察平台，是美国海军综合运作情报系统（舰载或岸基自动实时信息处理）的机载部分。RA-5C型飞机的设计是：拆除了炸弹舱，从而携带额外的航空燃油，一个巨大的"侧视机载雷达"顺着机腹安装在整流装置里面，一排令人印象深刻的照相机和电子情报传感器组成了当时最全面的侦察系统。RA-5C型飞机大约交付了55架，另外的53架RA-5C型由A3J-1型飞机改装而来。这种性能优异的飞机于1964年6月开始装备美国海军第5侦察攻击机中队，从在东南亚海域活动的美国海军"突击队员"号航空母舰上起飞作战。直到1980年，RA-5C"民团团员"飞机才开始被F-14型飞机逐渐替代，后者携带一个安装在挂弹架上的"战术空中侦察舱系统"侦察设备箱。

上图："民团团员"飞机最重要的型号是RA-5C型，它的主传感器是一个巨型机载侧视雷达，与其他照相机一起安装在机身下方。在越战期间，RA-5型飞机通常由F-4型战斗机护航，防范"米格"战斗机的攻击。为了能够跟上"轻装上阵"的RA-5C型飞机，满载的F-4型战斗机需要加力燃烧室

下图：美国海军第7重型攻击机中队是第一支配备A-5A型攻击机执行作战巡航任务的部队，当时正值古巴导弹危机期间，该型机从美国海军"企业"号航空母舰上起飞作战

技术参数

RA-5C"民团团员"飞机

机型：双座多传感器侦察机

动力装置：两台通用电气公司的YJ79-GE-10涡轮喷气发动机，每台推力79.42千牛。

性能数据：最大平飞速度2229千米/小时（高空），航程4828千米，实用升限14750米。

重量：空重17009千克，最大起飞重量29937千克。

尺寸数据：翼展16.15米，机长23.32米，机高5.91米，机翼面积70.05平方米

技术参数

波音F/A-18C"大黄蜂"战斗机

机型：舰载单座和陆基打击/攻击战斗机

动力系统：两台通用电子公司的F404-GE-402涡轮风扇发动机，加力燃烧后每台推力达78.73千牛顿（17700磅）

性能：高空最大时速超过1915千米/时（1190英里/时）或1.80马赫；最初爬升率13715米（45000英尺）/分钟；实用升限15740米（50000英尺）；执行战斗任务时的作战半径超过740千米（460英里），执行攻击任务时作战半径可达1065千米（662英里）

飞机重量：空机重量10810千克（23832磅）；执行战斗任务时的最大起飞重量达15234千克（33585磅），执行攻击任务时的最大起飞重量可达21888千克（48753磅）

机身尺寸：不包括翼尖的导弹翼展长11.43米；机身17.07米；机高4.66米；翼展面积37.16平方米

机载武器：机舱内装一门20毫米口径M61A1"火神"6管火炮以及超过7031千克（15500磅）的弹药

技术参数

F/A-18C"大黄蜂"战斗攻击机

尺寸数据：长17.07米，机高4.66米，翼展：11.43米；翼展：12.31米（包括翼尖空空导弹）；翼展：8.38米（机翼折叠）；机翼面积：37.16平方米；轮距：3.11米，轴距：5.42米

动力装置：两台通用电气公司的F404-GE-402型涡轮风扇发动机，单台加力推力78.73千牛

重量：空重10455千克，起飞重量16652千克（执行战斗机任务）或23541千克（执行攻击机任务），最大起飞重量25401千克

燃油和负载：机内燃油4926千克，外挂燃油3053千克（3个1250升的副油箱）；最大武器载荷7031千克（挂载于9个外挂点）

性能数据：最大平飞速度超过1915千米/小时（高空），最大爬升率13715米/分钟（海平面），战斗升限大约15240米，起飞滑跑距离小于427米（最大起飞重量），进场速度248千米/小时；从850千米/小时增至1705千米/小时不到2分钟（10670米高空）

航程：转场航程超过3336千米（挂副油箱）；作战半径超过740千米（执行战斗机任务）或1065千米（执行攻击机任务）或537千米（执行"高—低—高"遮断任务）

武器系统：航炮：M61A1型"火神"20毫米机炮，备弹570发；空对空导弹AIM-120高级中程空对空导弹，AIM-7"麻雀"导弹，AIM-9"响尾蛇"导弹

精确制导武器：AGM-65"小牛"导弹，AGM-84"鱼叉"导弹，AGM-84E低空导弹，AGM-88"哈姆"导弹，AGM-62"白星眼"光电制导炸弹，AGM-123"水蝇"导弹，AGM-154联合防区外发射弹药，GBU-10/12/16型激光制导炸弹，GBU-30/31/32型联合直接攻击炸弹；非制导武器：B57型和B61型战术核炸弹，MK80系列普通炸弹，MK7型集束炸弹箱（包括MK20"石眼"II，CBU-59，CBU-72油气炸弹，CBU-78水雷弹箱）；LAU-97"阻尼"前射航空火箭吊舱

雷达：休斯公司的AN/APG-65型雷达或AN/APG-73型雷达，雷达有效作用半径超过185千米

F/A-18B/D"大黄蜂"

机型：双座多用途战斗轰炸机和教练机，通常与F/A-18A/C"大黄蜂"相似，以下方面除外：

重量：正常起飞15234千克（执行战斗机任务）；最大起飞21319千克（执行攻击机任务）

燃油和载荷：内置燃油减少量低于6%，适合增加第二个坐椅

航程：转场航程3520千米（携带内部和外挂燃油）；作战半径1020千米

右图：图中这架F/A-18C战斗机在参加"持久自由"行动期间携带着两枚配置Mk 84弹头的"联合直接攻击弹药"。请注意它的4个副油箱，在"持久自由"行动中，"大黄蜂"战斗机经常受到航程短的困扰，主要依靠英国皇家空军的加油机提供支援

F/A-18D"大黄蜂"战斗攻击机

剖面图

1. 玻璃纤维雷达罩(铰接在机身右侧)
2. 平面阵列雷达扫探器
3. 扫探器跟踪机械装置
4. 火炮排气道
5. 雷达组件收回导轨
6. 休斯公司的AN/APG-73雷达设备组件
7. 编队照明灯
8. 雷达警报天线
9. 超高频通讯系统/敌我识别装置天线
10. 空速管,左右两侧
11. 发射机
12. 座舱紧急出口
13. 炮弹舱,570发
14. M61A1型"火神"20毫米口径旋转机炮
15. 可伸缩空中加油管
16. 整体挡风玻璃
17. 飞行员的"卡赛尔"AN/AVQ-28光栅平视显示器
18. 配置有多功能彩色CRT显示器的仪表板
19. 操纵杆
20. 方向舵踏板
21. 弹药装载导槽
22. 接地电源插座
23. 机头主起落架舱
24. 弹射器吊索连杆
25. 六轮主起落架,可收入机身
26. 可收缩登机悬梯
27. 机轮水压千斤顶
28. 头部机轮甲板信号和滑行灯
29. 前置航空电子装备舱,左侧和右侧
30. 发动机油门杆
31. SJU-6/A型飞行员弹射坐椅
32. 后座方向舵脚踏板
33. 配置多功能CRT显示器的后仪表控制板
34. 上开式整体座舱盖
35. "白眼"导弹的AWW-7/9型数据传输设备吊舱(安装在飞机机身中部)
36. AGM-62"白眼"ⅡER/DL型空对地导弹(仅右外侧吊舱)
37. 海军飞行军官头盔(配置有英国防部与英航空航天公司及马可尼公司研制的夜视镜)
38. 海军飞行军官的SJU-5/A弹射椅
39. 双操纵杆雷达和武器控制器,取代双重飞行控制系统
40. 液氧汽化器
41. 腹部雷达警报天线
42. 后部航空电子设备舱,左右两侧
43. 驾驶舱后密封隔墙
44. 座舱盖传动装置
45. 右侧航行灯
46. 尾翼气动力装载边条
47. 上部雷达警报天线
48. 前机身燃料电池
49. 雷达/电子设备液体冷却装置
50. 飞机中部支点
51. 边界层分流板
52. 左导航灯
53. 固定形状发动机进气道
54. 冷却空气排放格栅
55. 座舱空调系统设备
56. 前缘襟翼驱动马达
57. 附面层溢出管道
58. 空调系统热交换排气口
59. 中段机身燃料电池
60. 机翼板根部接头
61. 中部GTC36-200辅助动力系统
62. 机身发动机附件设备箱,左右两侧
63. 发动机放气管
64. 油箱舱快拆门
65. 上部超高频/低我识别/数据传输天线
66. 右翼根连接处
67. 右翼整体油箱
68. 挂弹架
69. 454千克的Mk83型自由落体炸弹
70. 前缘襟翼
71. 右侧二级导航灯
72. 翼尖导弹发射导轨
73. AIM-9L"响尾蛇"空对空导弹
74. 外翼板折叠位置
75. 下垂副翼
76. 副翼液压传动装置
77. 机翼折叠液压旋转传动装置
78. 下垂襟翼叶片
79. 右侧开缝襟翼
80. 襟翼液压传动装置
81. 液压箱
82. 尾翼翼根附件接合点
83. 多梁尾翼结构
84. 应急放油管
85. 配置有玻璃纤维翼尖整流罩的石墨纤维树脂尾翼蒙皮壁板
86. 尾翼灯
87. AN/ALR-67接收天线
88. AN/ALQ-165低频反射天线
89. 紧急放油装置
90. 右侧全动式水平尾翼
91. 右方向舵
92. 雷达预警系统功率放大器
93. 方向舵液压传动装置
94. 空气制动板,开放
95. 气动液压千斤顶
96. 翼尖编队照明灯
97. 燃料通气系统进气道
98. 防撞灯,左右两侧
99. 左方向舵
100. 左侧AN/ALQ-165天线
101. AN/ALQ-67接收天线
102. AN/ALQ-165高频发射天线
103. 可变截面燃后器喷管

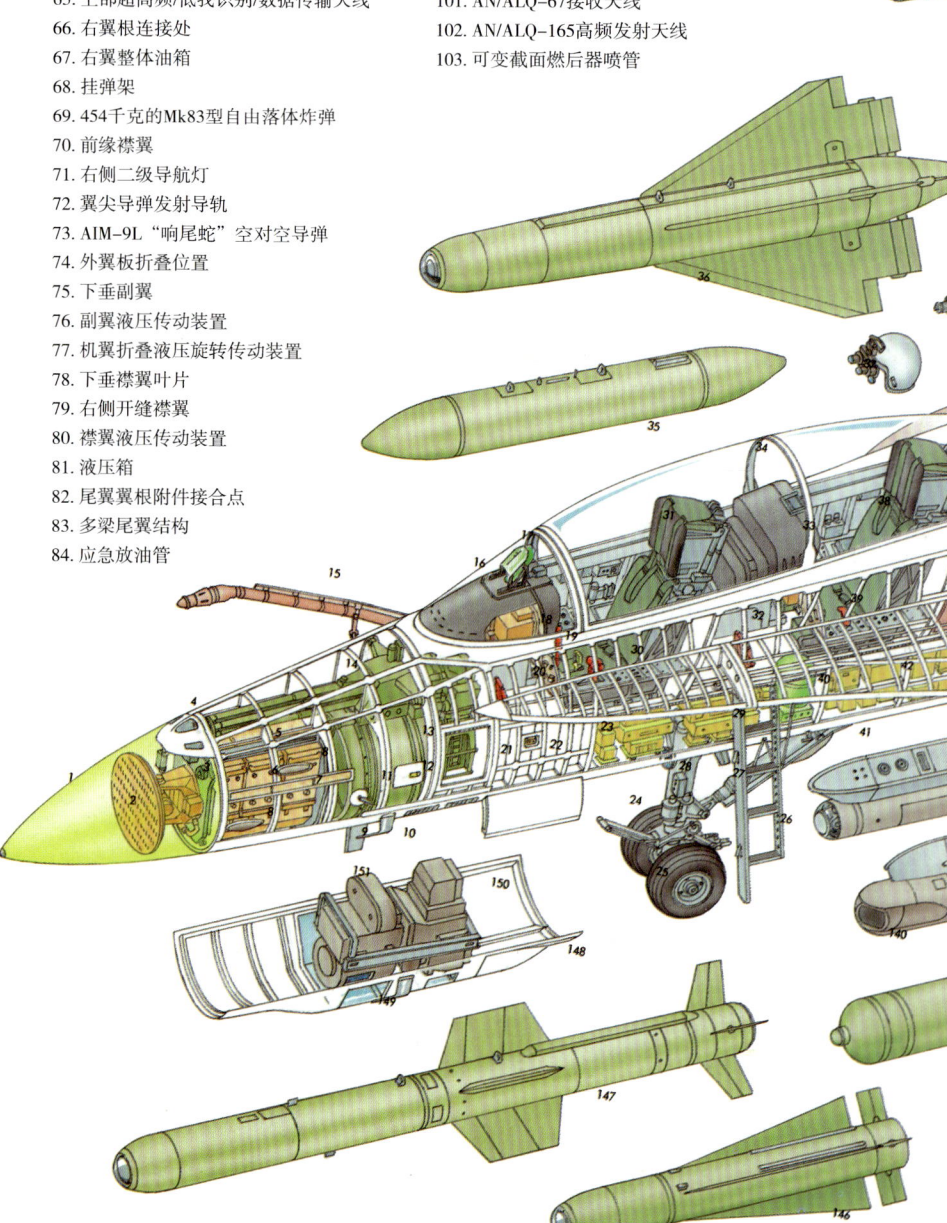

104. 喷管传动装置
105. 后燃器管
106. 左侧全动式水平尾翼
107. 水平尾翼蜂巢心结构
108. 甲板拦阻钩
109. 水平尾翼旋转轴装置
110. 水平尾翼液压传动装置
111. 全授权数字化发动机控制装置
112. 通用电气公司的F404-GE-400加力燃烧涡轮风扇发动机
113. 后机身编队照明灯
114. 发动机燃油控制装置
115. AIM-7"麻雀"空对空导弹（安装在机身侧面）
116. 左侧开缝襟翼
117. 控制界面蜂巢心结构
118. 折叠机翼旋转液压传动和铰接装置
119. 左侧副翼液压传动装置
120. 左侧下垂副翼
121. 翼尖AIM-9L"响尾蛇"空对空导弹
122. 左侧前沿襟翼
123. 227千克Mk82SE"蛇眼"投掷炸弹
124. 227千克Mk82型自由落体炸弹
125. 双物资储槽
126. 左翼外挂架
127. 外挂架承力点
128. 多梁机翼翼片结构
129. 左翼整体油箱
130. 前沿襟翼轴驱动旋转传动装置
131. 左侧主起落架
132. 摇臂式悬挂主起落架支脚
133. 减震器
134. 机腹AN/ALE-39型诱饵和照明弹发射器
135. 1250升外部油箱
136. 轰炸摄像机吊舱
137. AN/ASQ-173型激光跟踪器和轰炸摄像机吊舱
138. 机身右侧激光跟踪器和轰炸摄像机吊舱接头
139. 左侧FLIR吊舱接头
140. AN/AAS-38型前视红外系统吊舱
141. CBU-89/89B型弹药分配器
142. 227千克的GBU-12 D/B"铺路"II激光制导炸弹
143. LAU-10A "阻尼"4联装火箭发射器
144. 127毫米前射航空火箭
145. AGM-88"哈姆"反雷达导弹
146. AGM-65A "小牛"空对地反装甲导弹
147. AGM-84 SLAM空对地导弹
148. 高级机载战术监视系统
149. 传感器观察孔径
150. 红外行扫描器
151. 低空/中空光电扫描仪

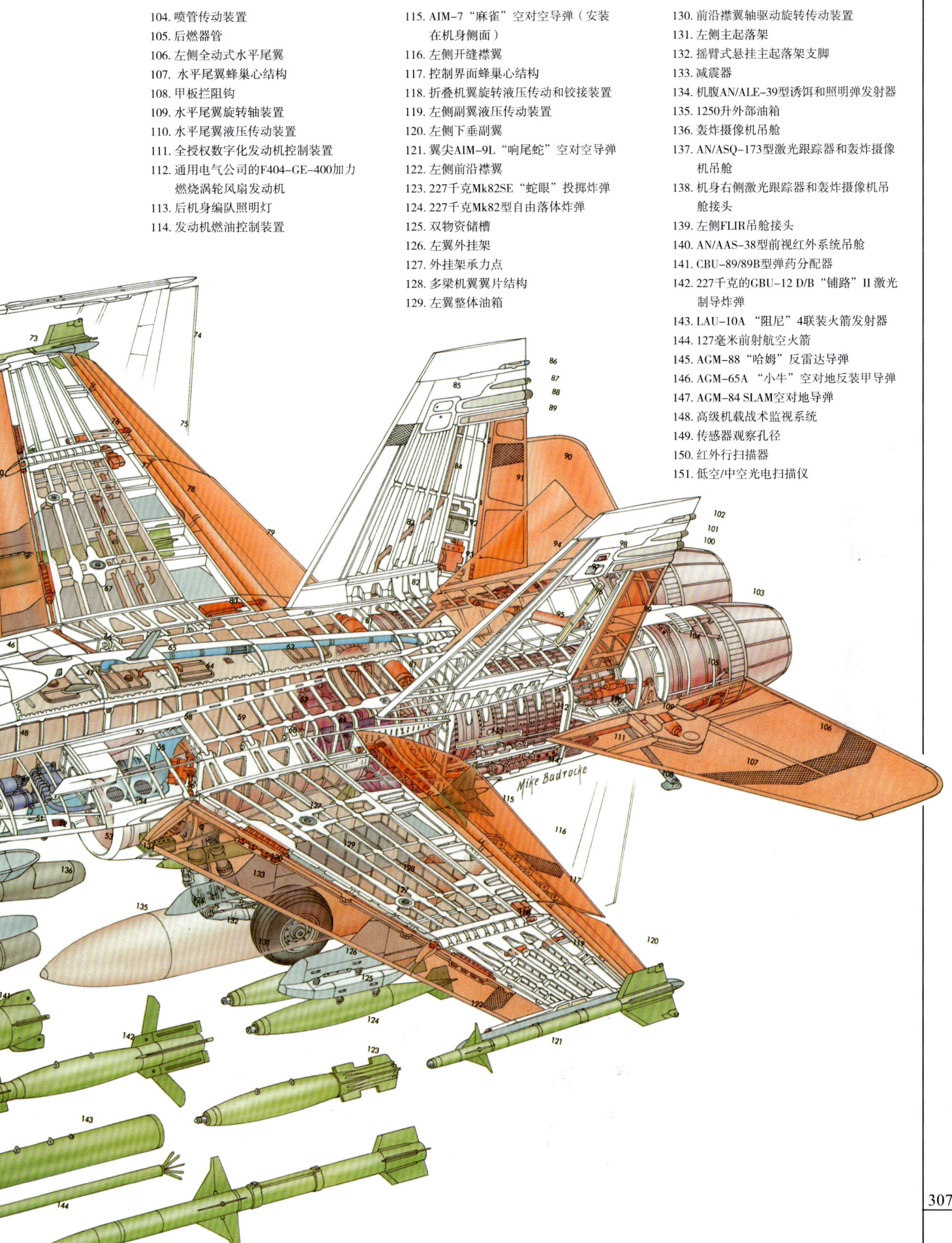

波音公司的 F/A-18E/F "超级大黄蜂"战斗攻击机

F/A-18E"超级大黄蜂"战斗攻击机是麦道公司（从1997年开始被波音公司兼并）升级的首批"大黄蜂"战斗机。首架F/A-18E"超级大黄蜂"战斗攻击机于1995年11月试飞，1999年1月15日正式编入第122攻击机中队。

新型电子设备

F/A-18E"超级大黄蜂"战斗攻击机主要对雷声公司生产的APG-73雷达进行了升级，这种雷达已经安装到了F/A-18C战斗机上。综合防御电子对抗系统由3个主要设备构成：一部ALR-67（V）3 RWR、ALQ-214无线电频率对抗系统和ALE-55光纤维拖曳诱饵系统。后两个设备还在开发过程中，所以F/A-18E战斗机最初安装的是ALE-50拖曳诱饵系统。除了用更大的平板显示器取代目前使用的3个俯视显示器外，F/A-18E战斗机的驾驶员座舱其他结构与F/A-18C战斗机相似。

更多的电子监听装置

F/A-18E"超级大黄蜂"战斗攻击机的机身加长了0.86米（2英尺10英寸），雷达横截面面积减小，加长的机翼截面增厚，拥有至少两个挂点，前缘翼根边条增大，水平和垂直尾翼面增加。"超级大黄蜂"战斗机结构大规模重新设计，飞机重量减轻，造价降低，动力系统没有发生变化。F/A-18E"超级大黄蜂"战斗攻击机还安装了一部4倍数字飞行控制系统，取消了机械支持系统。

F/A-18F"超级大黄蜂"战斗攻击机由F/A-18E战斗机改进而来，设有两个座位，后座舱与前座舱安装有相同的显示器，既可以执行作战任务，也可以执行训练任务。美国海军最初计划订购1000架"超级大黄蜂"战斗机，但在1997年减至548架。预计F-35战斗机直到2008—2010年底才开始服役，届时"超级大黄蜂"战斗机的数量将增至748架。有人提议用具备电子战功能的F/A-18F战斗攻击机取代格鲁曼公司研制的EA-6B"徘徊者"电子攻击机，这样一来，F/A-18F战斗机既可以充当积极的无线电干扰平台，也可以充当致命武器，压制敌方防空力量。据悉，该型由F/A-18F改进而来的具备电子战功能的飞机被称为EA-18"徘徊者"电子战飞机。

下图：波音公司正在用"超级大黄蜂"战斗机替换美国海军所有的F-14"雄猫"战斗机以及大量的"大黄蜂"战斗机，甚至包括EA-6B"徘徊者"电子战飞机

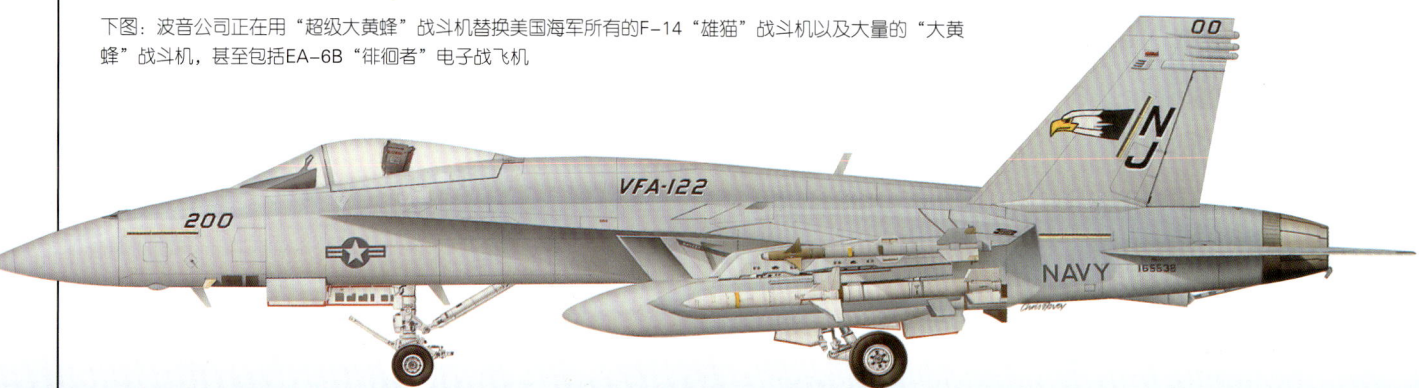

第122战斗攻击机中队

1999年1月15日，第122舰载战斗攻击机中队正式将"超级大黄蜂"战斗攻击机带入美国海军的战斗行列之中。

武器

图中这架"超级大黄蜂"战斗机挂载的是一种典型的武器组合，其中包括AGM-88"哈姆"反辐射导弹、AGM-154联合防区外发射武器和AIM-9"响尾蛇"导弹。

下图：为了与目前发展双座战斗机的趋势保持一致，F/A-18F战斗机可能要担负大量作战任务。该型战斗机将来有可能得到改进和现代化改装

波音F/A-18E"超级大黄蜂"战斗机

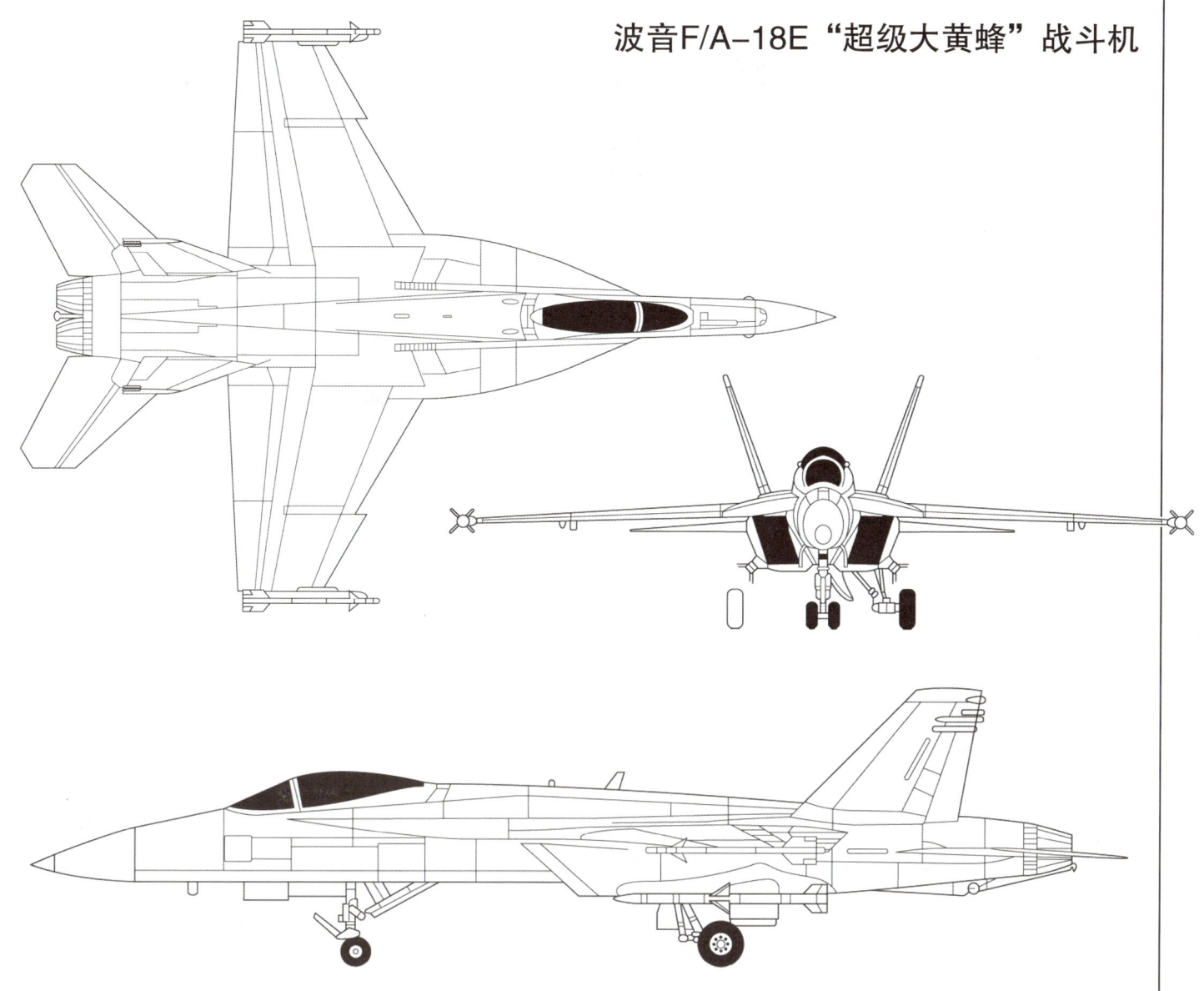

技术参数	
波音F/A-18E"超级大黄蜂"战斗机 **机型**：舰载单座和陆基多用途战斗机，攻击和海空优势战斗机 **动力系统**：两台通用电子公司的F414-GE-400涡轮风扇发动机，加力燃烧后每台推力可达97.86千牛（22000磅） **性能**：高空最大速度超过1915千米/时（1190英里/时）或1.80马赫；实用升限约15240米（50000英尺）；执行高空拦截任务，携带4枚454千克（1000磅）炸弹、两枚AIM-9"响尾蛇"空对空导弹和两个副油箱，作战半径为1095千米（681英里）；携带相同武器设备、执行高低空拦截任务时的作战半径为1901千米（560英里）；携带6枚空对空导弹和3个副油箱、执行135分钟的海空任务时，作战半径为278千米（173英里）	**飞机重量**：空机重量13864千克（30564磅）；最大起飞重量29937千克（66000磅） **机身尺寸**：翼展13.62米，包括翼尖的空对空导弹；机长18.31米；机高4.88米；翼展面积46.45平方米 **机载武器**：一门20毫米口径570发6管M61A2"火神"旋转火炮，超过8051千克（17750磅）的弹药，包括1万/2万吨B57和10万/50万吨B61自由下落核炸弹、AIM-120AMR空对空导弹、AIM7"麻雀"和AIM-9"响尾蛇"空对空导弹、AGM-88 HARM、AGM-65"小牛"空对地导弹、AGM-84"鱼叉"反舰导弹、AGM-62"壁眼"光导滑行炸弹、铺路系列雷射导引炸弹、Mk 80系列炸弹、"石眼"和CBU系列集束炸弹、BLU系列汽油弹和LAU系列70毫米口径（2.75英寸）空对地非制导火箭弹多重发射架

上图：一架F/A-18F战斗机（上方）和一架F/A-18C战斗机正在进行飞行实验。通过正方形的进气口和扩展的机翼前缘底部可以很容易地分辨出"超级大黄蜂"和"大黄蜂"战斗机

上图："咆哮者"电子战飞机有可能采用F/A-18F战斗机的机身结构以及EA-6B电子战飞机携带的ALQ-99型干扰吊舱。据悉，最初打算为EA-18电子战飞机开发一种全新系统的方案已经放弃

上图：在澳大利亚服役的F/A-18A型飞机是澳大利亚皇家空军战斗机编队的主要力量，这些F/A-18型战斗攻击机完成升级改进之后，与F-111战斗机编队并肩作战。"大黄蜂"装备的改进型武器包括高级短程空对空导弹和激光制导炸弹

本图：第115战斗攻击机中队是美国海军第一支装备F/A-18E战斗机的作战中队。"超级大黄蜂"将替代大多数的F/A-18C型，并彻底取代F-14"雄猫"战斗机。假如EA-18G的研制能够获得成功，它将替代"徘徊者"并具备有效的空中加油能力，从而担负起洛克希德公司的"海盗"飞机的部分任务

翼端发射导轨和前视红外吊舱

翼端发射导轨通常用来携带一枚AIM-9M"响尾蛇"热寻的空对空导弹（如图所示）。同AIM-7"麻雀"导弹一样，AIM-9于20世纪50年代初研制，起初是为美国海军研制的。AIM-9是世界上使用最广泛、最成功的空对空导弹，该型导弹如今仍在生产中。装备在F/A-18C/D和F/A-18E/F上的AIM-9最终将被AIM-9X取代，F/A-18的翼端发射导轨也许用来携带AIM-120"阿姆拉姆"导弹（尽管AIM-120通常装备在翼下或者机身侧翼支点上）。虽然"阿姆拉姆"导弹是"大黄蜂"常规武备的一部分，但早先的AIM-7M型导弹仍在部队服役。另一个典型翼端装载是一个"空中作战机动仪表设备"吊舱。由于飞机配备了AN/AAS-38 NITE"鹰"前视红外吊舱、AAS-38A"夜鹰"前视红外—激光目标指示器/测距仪（增加了激光测距能力）或者AAS-38B（备有激光定位跟踪装置），因此飞机具备了先进的夜间/全天候作战能力。当飞机携带这些设备中的一种时，设备将占据左翼上的"麻雀"/"阿姆拉姆"导弹的位置。"前视红外"目标只是器能够在电视型显示器（在驾驶员座舱里）上提供实时热图像，用来发现和跟踪目标。它与飞机上的电脑相连，能够提供准确的瞄准线角位和角位变化速率。美国海军陆战队全天候攻击部队所装备的双座F/A-18D"大黄蜂"战斗机也能够配备AN/AAR-50导航/前视红外吊舱，用于夜间低空飞行。

雷达和机炮

F/A-18A、双座B型以及早期生产的C型飞机装备的是休斯公司的AN/APG-65型多用途雷达，D型、E型以及F型飞机装备的是更加先进的APG-73型雷达，该雷达有着更快的处理速度和更大的存储能力。在飞机头部还安装了通用电气公司的M61A1型"火神"20毫米旋转机炮（备弹570发）。"火神"机炮可追溯到20世纪50年代，它的发射速率为6000发/分钟，该机炮广泛应用于美国战机上。

动力装置

通用电气公司为早期的F/A-18型飞机提供的是F404型加力式低涵道涡轮风扇发动机，推力为71.2或78.3千牛，加力燃烧根据发动机型号不同而不同。F404发动机的研发源于YJ101发动机，它不仅性能可靠，而且燃油利用率高。燃油由飞机中部的4个主油箱提供，共装5300升燃油。外部燃油有可能装载在机翼支点上的1249升的副油箱内。重新设计的F/A-18E/F战斗机装备的是更大功率的F404改进型发动机，F414-GE-400发动机使用新的加力燃烧室，推力97.9千牛，它与F412涡轮风扇发动机有着密切的联系，F412是为研发中途夭折的A-12"复仇者"II攻击机研制的。

电控飞行操作控制系统

数字式电控飞行操作控制系统，控制着外侧副翼和不同的尾部升降副翼来实现翻滚控制（由低速下垂襟副翼协助）；控制着双方向舵实现偏航控制；控制着尾部升降副翼实现倾斜控制。为了飞机的起飞和落，方向舵自动向里倾斜，以实现机头片刻抬升。后缘和前缘襟翼自动操作，为飞机低速起飞和高速机动提供最大效能。"大黄蜂"的结构大量采用了先进材料，例如，全动水平横尾翼的构造是在轻合金核上涂上"碳—石墨"环氧材料，与底部钛合金浑然一体。

波音公司的F/A-18"大黄蜂"飞机

21世纪多用途舰载战斗机

按照设计，F/A-18是一种多用途战斗机，用来替代在美国海军服役的A-4"天鹰"、A-7"海盗"II和F-4"鬼怪"II，它是世界上最重要和最有影响力的军用飞机之一。尽管"大黄蜂"在销售方面与F-16相比处于劣势，但它向世界空军的出口非常可观。

右图：自1985年进入美国海军一线部队服役以来，"大黄蜂"在大约20年里仍然是一流的海军战斗机。随着F/A-18E（如图）和双座型的F/A-18F"超级大黄蜂"进入部队服役，该型飞机重新获得世界一流舰载机的称号

右图：2003年中期，EA-18G"咆哮者"电子战飞机的研制工作仍在进行。EA-18G以F/A-18F为基础，增加了大量的机内设备，这些设备用于执行电子干扰任务。当前，干扰任务由美国海军和海军陆战队的EA-6B"徘徊者"飞机承担

格鲁曼公司的F-14"雄猫"变后掠翼海军战斗机

格鲁曼F-14"雄猫"战斗机接替了第二代F-4"鬼怪"战斗机,成为美国海军舰队空中防御力量,可以在目标威胁到航空母舰战斗群之前的最后阶段将其摧毁。尽管F-14A"雄猫"战斗机服役仅有大约30年,但它确实是一种战斗力强大的战斗机。美国海军的F-14A"雄猫"战斗机共生产了556架。另有80架是在伊朗国王垮台前卖给伊朗的,事实上只交付了79架,一架转交给美国海军。随着F/A-18E/F"超级大黄蜂"战斗机从1999年底开始进入现役,F-14A"雄猫"战斗机到现在已从美国海军战斗机行列中退出了。

武器系统

F-14"雄猫"战斗机之所以具备出色的战斗力,关键在于它安装了先进的电子设备,"休斯"AWG-9火控系统代表着现役最具威力的远程拦截雷达,可以探测、跟踪和对付160千米(100英里)以外的目标。早期的战斗机上面还安装了红外搜索和跟踪系统,但在后来的生产(改进)过程中替换为TCS远程摄影机。机载武器系统可以在超出目视距离的超大范围内打击目标。

21世纪初期,AIM-54"不死鸟"拦截导弹仍是西方国家射程最远的空对空导弹,实验证明它可以在非对等的距离内首先发现和摧毁目标(即"先敌发现,先敌摧毁")。"雄猫"战斗机还装备了AIM-7"麻雀"中程空中拦截导弹,但没有升级,不能发射AIM-120 AMR空对空导弹。在短程和近距离交战中,F-14"雄猫"战斗机可以发射AIM-9"响尾蛇"导弹。机身左舷下侧安装了一门M61A1"火神"20毫米口径"格林"旋转火炮,可以发射675发炮弹。

"雄猫"战斗机的发展史

"雄猫"战斗机的发展历史开始于20世纪60年代末期。当时,格鲁曼公司花费了大量心思来设计海军版的F-111B战斗机,但这种飞机从一开始就让美国海军陷入没有新型战斗机的尴尬境地,因此有关设计方案最终被淘汰。但是,格鲁曼公司利用这些经验设计出一种新型战斗机(G-303),采用一种可变后掠式翼,从而能够以较高或较低速度在航空母舰周围作战,操作非常灵活。美国海军于1969年1月不失时机地选择了这种战机,订购了12架YF-14A战斗机用于进行试验和评估。第一架试验机于1970年12月21日首次试飞。

"雄猫"战斗机的生产进程非常快,从1972年10月开始交付海军,第一架战斗机于1974年进行首次战斗飞行。生产持续到20世纪80年代,一线的26个中队和二线的4个中队都装备了F-14A"雄猫"战斗机。

总体来说,F-14"雄猫"战斗机非常成功,但自从编入舰队服役以后还是遇到了很多问题,其中一些与采用的TF-30涡轮风扇发动机有关,该发动机存在一些弱点,曾经出现因为发动机风机叶片脱落导致几架战机坠毁的事故。此外,发动机容易使压气机失速,特别是在空战机动训练中。此外,飞机的危险起飞(特别是只有一部发动机工作时)带来了进一步损失。在采用了标准的TF30-P-414A改进型发动机作为动力系统后,这些问题才迎刃而解。

其他任务

除了担负舰队空防任务外,F-14A"雄猫"战斗机还利用战术空中侦察系统执行侦察任务,并分发给各个航空母舰舰载机联队。新型数字战术空中侦察系统取代了最初的胶片设备。最近,F-14A"雄猫"战斗机还扮演了空对地打击角色,尽管它从开始设计时就具备了适度攻击能力,但从未展示过。F-14A"雄猫"战斗机最初只携带常规的"铁"炸弹,现在安装了综合夜间低空导航与红外寻的吊舱,可以携带激光制导炸弹。

在更换发动机和升级F-14A"雄猫"战斗机的过程中,一个关键因素就是TF30发动机继续引发各种问题。最初一架原型机安装了两台F401-PW-400发动机,1973至1974年初参与了F-14B"雄猫"战斗机项目的简短试飞。技术问题和财政困难迫使这个项目终止,原型机也被封存起来。后来,安装了F101DFE型涡轮风扇发动机的F-14B"超级雄猫"战斗机再次问世。这种发动机发展为通用电子公司的F110-GE-400涡轮风扇发动机,用作"雄猫"改进型战斗机的动力系统。美国海军决定生产两种截然不同的新型"雄猫"战斗机,一种被命名为F-14A+型战斗机(主要由现有的F-14战斗机改装而来),安装了新型发动机。另外一种被命名为F-14D"雄猫"战斗机,安装了新型发动机和改进的电子设备。F-14A+型"雄猫"是一种过渡

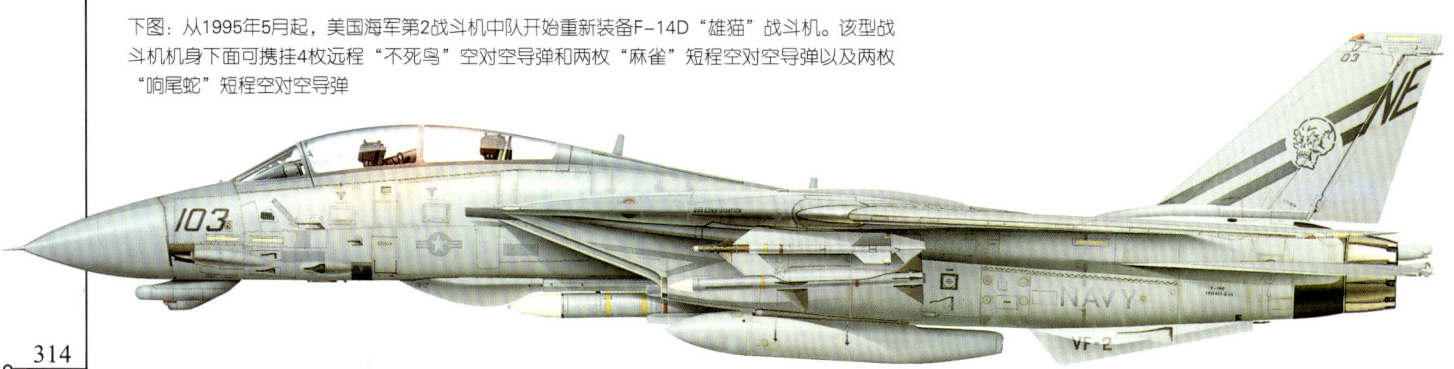

下图:从1995年5月起,美国海军第2战斗机中队开始重新装备F-14D"雄猫"战斗机。该型战斗机机身下面可携挂4枚远程"不死鸟"空对空导弹和两枚"麻雀"短程空对空导弹以及两枚"响尾蛇"短程空对空导弹

洛克希德·马丁公司的F-35B型和F-35C型未来战术战斗机

2001年10月26日，美国政府宣布，洛克希德·马丁公司在激烈竞争中击败波音公司，获得了"联合攻击战斗机"的生产权。联合攻击战斗机体积普遍较大，可以扮演三种角色：充当美国空军的常规起落飞机、充当美国海军的航空母舰舰载机、充当美国海军陆战队的短距起飞和垂直降落飞机。

X-35战斗机详情

洛克希德·马丁公司生产的X-35原型机为F-35战斗机奠定了基础。F-35战斗机的首次飞行计划在2005年进行，F-35C战斗机将于2012年前后装备给美国海军。F-35C的翼展比最初的该型战斗机长，而且可以折叠。同时它还将安装一个制动钩以及牢固的降落设备。这些设备和其他现代化改进使它的重量远远超过F-35A常规起落战斗机。所有F-35系列战斗机的机载武器主要位于机舱内和机身两侧的分隔舱内。飞机的秘密行动是一个重要因素，飞机外形经过了仔细设计，以避免产生较大的雷达辐射面。飞机窗口、机门和其他面板边缘呈锯齿状，与F-117上的设施相似。

英国参与

联合攻击战斗机项目初期，英国曾全力参与进来。与美国海军陆战队同样，英国选择了F-35B短距离起飞和垂直着陆战斗机。所有的F-35战斗机原型机最初都以普拉特—惠特尼公司的F135涡轮风扇发动机为动力系统，加力燃烧后可产生大约178千牛（40000磅）的推力，通过一根定向喷管排出尾气。F-35B战斗机机身前端水平地安装了一台由罗尔斯·罗伊斯公司设计的提升鼓风机，由主发动机通过变速箱驱动，提供垂直操作时所需的主要推力。英国计划将F-35B战斗机部署到皇家海军的两艘新型航空母舰上，这两艘航空母舰由BAE系统公司和泰利斯公司建造，计划分别于2012年和2015年服役。

下图：一架X-35B战斗机在空中盘旋时的图片

下图：通过安装在后机身底部明显的制动钩，可以立即识别出这是一架X-35C型海军战斗机

S-3 "海盗"多用途海军反潜机

S-3B"海盗"舰载反潜机负责执行美国海军海上控制任务。它于20世纪70年代初开始设计,安装有一部复杂的反潜传感器。20世纪90年代初期,S-3B反潜机取代了最初的S-3A型,安装了APS-137反转综合孔径雷达,可以发射AGM-84反舰导弹,反水面战舰能力得到大幅度提升。随着苏联的解体和濒海作战趋势的逐步增强,"海盗"反潜机的任务重心从反潜转移到了执行反舰作战和对陆攻击任务上。

每个航空母舰空中联队包括一个海上控制中队,装备有S-3B反潜机,负责为航空母舰战斗群提供反潜、反舰、布雷和监视支援。之所以能够执行加油任务,是因为该中队配备有D-704"伙伴"油料补给舱,一根可回缩油料软管可以为装有受油探管的海军战斗机补给油料。一些"海盗"反潜机已经升级,加装了全球定位系统、第二代舰载飞机惯性导航系统、新型战术显示器、计算机存储器、卫星通信设备和改进的无线电设备。

一些S-3B反潜机利用照相系统、前视红外和手控传感器执行反毒品走私任务。按计划,从2015年起,S-3B反潜机将被一种通用支援飞机取代,但也有可能提前退役。

"影子"电子反潜机

20世纪90年代初,16架S-3A型反潜机被改装成标准的ES-3A"影子"电子反潜机,安装了各种电子侦察和拦截设备,以便定位和识别敌方的发射器与通信站。1998年中期,美国海军决定让ES-3A"影子"电子反潜机退出现役,但没有安排其他机型接替其位置。在相互联通的电子战场上,上述这些飞机的电子设备已经过时,而升级费用又过高,只好做退役处理了。

上图:作为一种多用途支援机,"海盗"反潜机继续在前线扮演着重要的角色。这是在"伊拉克自由行动"期间,一架"大黄蜂"战斗机正在接受"海盗"反潜机的空中加油

下图:图中这架S-3A反潜机的基地设在弗吉尼亚的奥希阿纳,部署在"尼米兹"号核动力航空母舰上,隶属于第8舰载机联队第24反潜中队。很多S-3A反潜机装备了新型武器系统(包括"鱼叉"导弹)之后,升级为S-3B反潜机

上图:S-3B"海盗"多用途反潜机是美国海军航空兵的重要力量。但它可能将不再为F/A-18E/F"大黄蜂"战斗攻击机进行空中加油

技术参数

S-3A"海盗"反潜机

机型:舰载反潜机,机组成员4人

动力系统:两台通用电子公司的TF34-GE-2涡轮风扇发动机,每台推力41.26千牛(9275磅)

飞行性能:海平面最大飞行速度814千米/时(506英里/时);最初爬升率超过1280米(4200英尺)/分钟;实用升限超过10670米(35000英尺);携带典型武器作战半径可达853千米(530英里),巡航时间4小时30分钟

飞机重量:空机重量12088千克(26650磅);最大起飞重量23832千克(52540磅)

机身尺寸:翼展20.93米;机长16.26米;机高6.63米;翼展面积55.56平方米

机载武器:超过3175千克(7000磅)的弹药,包括B57或MK80系列炸弹、MK53水雷、MK54深水炸弹、MK46或MK53"梭鱼"鱼雷、6枚MK20 MOD2"石眼"集束炸弹或LAU-10A/A、LAU-61/A、LAU-68/A或LAU-69/A火箭弹发射器

12
现代海军直升机

法国航空航天工业公司研制的"海豚"、HH-65A"海豚"以及欧洲直升机公司研制的"美洲豹"多用途海军直升机

法国航空航天工业公司的首架"海豚"直升机源于双发动机的"海豚2"直升机,为美国海岸警卫队生产,适用于海上作战。这种SA366或HH-65A"海豚"直升机执行搜救任务。后来,法国航空航天工业公司又根据AS365N直升机研制出多用途的AS365F直升机,主要执行反舰任务。它也可以执行搜救任务,同时还拥有更为先进的反潜能力。

欧洲直升机公司的"美洲豹"直升机

沙特阿拉伯是第一个订购"美洲豹"直升机的国家,共购买了24架,命名为AS565"美洲豹"系列军用直升机,分为AS565SC和AS565SA两个型号。其中的4架AS565SC型"美洲豹"直升机担负搜救任务,后来被重新命名为AS565MB型直升机。另外20架AS565SA型"美洲豹"直升机担负反舰任务,后来被重新命名为AS565SB型直升机。"美洲豹"直升机也有其他小型出口订单,以色列将购进的AS565SA型直升机更名为"蝙蝠"直升机。

欧洲直升机公司生产的AS565系列海军直升机分为两种型号,一种是非武装的AS565MA直升机(从1997年开始被AS565MB直升机取代),另一种是AS565SB武装直升机。前者负责执行搜救和海上侦察任务,后者负责执行反潜和反舰任务。

上图:这架AS565SB型直升机的最大有效载荷为4枚AS.15TT反舰导弹,连同反舰雷达以及机身前端下方天线屏蔽器内的雷达天线

左图:法国海军航空兵的SA 365"海豚"直升机负责执行舰上任务,包括担负小型舰船的反潜任务以及陆基搜救任务。这是第23舰载巡逻中队的一架直升机

技术参数

AS 565SA"美洲豹"直升机
机型: 双座轻型海军效用直升机,执行反舰和反潜任务
动力系统: 两台图博梅卡公司生产的"阿赫耶"1M1涡轮风扇发动机,每台功率558千瓦(749轴马力)
性能: 海平面最大巡航速度274千米/小时(170英里/小时);最初爬升率420米(1378英尺)/分钟;实用升限4575米(15010英尺);有地效悬停极限2600米(8530英尺),无地效悬停极限1860米(6100英尺);携带4枚反舰导弹时,作战半径为250千米(155英里)
飞机重量: 空机重量2240千克(4938磅);最大起飞重量4250千克(9370磅)
机身尺寸: 主旋翼直径11.94米;包括旋翼在内机长13.68米;机高3.98米;主旋翼旋转面积111.97平方米
机载武器: 超过600千克(1323磅)弹药,通常包括4枚AS.15TT轻型反舰导弹或2枚Mk46轻型反潜鱼雷
有效载荷: 可乘坐10名以上乘客,舱内可以存放1700千克(3748磅)物资,外挂吊索可携带1600千克(3527磅)物资

法国航空航天工业公司 SA 321 "超级大黄蜂"搜救和运输直升机

为了满足法国军方装备中等运输直升机的要求,法国南方航空公司于1959年10月10日试飞了SE.3200"大黄蜂"直升机原型机。它以3台"图尔默"ⅢB涡轮轴发动机为动力系统,机身外挂一个大型油箱,留出的机内空间最多可搭载28名军人,尾部旋转翼结构减轻了物资承载量。由于西科斯基公司和菲亚特公司合作设计出另外一种体型更大、战斗力更强的直升机,该型直升机的改进工作最终停止。这种新型直升机是西欧体型最大的直升机,安装有一部西科斯基公司设计的旋翼系统,防水机壳适合两栖作战。两架"超级大黄蜂"直升机军用原型机问世,它们分别是SA 3210-01部队运输直升机和1963年5月28日为法国海军生产的SA 3210-02海上直升机。

法国航空航天工业公司生产了4架SA 321"超级大黄蜂"直升机。随后于1965年10月为法国海军生产了SA 321G反潜直升机。SA 321G除了执行舰载反潜任务外,还执行巡逻任务,为"可畏"级弹道潜艇提供支持。其中的一些直升机经过改进,在飞机前端安装了目标雷达,探测"飞鱼"导弹。5架SA 321Ga直升机最初担负支援太平洋核实验中心的任务,后来担负攻击支援任务。2003年,现存的法国海军"超级大黄蜂"直升机担负起运输任务,包括运输突击队员,进行垂直补给和搜救。

出口

1980—1981年,6架安装有雷达的SA321GM直升机交付利比亚。从1977年起,共有16架SA 321H直升机连同雷达和"飞鱼"导弹交付伊拉克空军。这些直升机参与了两伊战争和1991年的海湾战争,期间至少有1架被摧毁。

SA 321Ja直升机较重,是SA 321J商业直升机的改进型。还有一些非两栖军用直升机出口,包括12架SA 321K运输直升机出口到以色列,16架类似的SA 321L运输直升机出口到南非,8架SA 321M搜救/运输直升机出口到利比亚。

1983年,法国停止生产"超级大黄蜂"直升机,至此共生产了99架。以色列的8架"超级大黄蜂"直升机重新安装了T58发动机,后来卖给阿根廷。

下图:法国的SA 321"超级大黄蜂"直升机继续留在部队执行搜救和重物运输任务,充分表明其远程作战能力非常有效

技术参数

SA 321G"超级大黄蜂"直升机
机型: 中型搜救和运输直升机
动力系统: 3台图博梅卡公司的"图尔默"ⅢC7涡轮轴发动机,每台功率1201千瓦(1610轴马力)
性能: 海平面最大巡航速度248千米/小时(154英里/小时);海平面最大爬升率300米(984英尺)/分钟;实用升限3100米(10170英尺);有地效悬停极限1950米(6400英尺);有效载荷3500千克(7116磅)时的巡航里程为1020千米(633英里)
飞机重量: 空机重量6863千克(15130磅);最大起飞重量13000千克(28660磅)
机身尺寸: 主旋翼直径18.9米;包括旋翼机长23.03米;机高6.76米;主转子旋转面积12.57平方米
有效载荷: 最大负荷5000千克(11023磅)弹药

惠斯特兰公司"山猫"多用途海军直升机

首架"山猫"直升机原型机于1971年3月21日试飞,英国皇家海军的"山猫"HAS.Mk 2型直升机于1976年2月试飞。它执行的舰上任务十分广泛,包括反潜、搜救、反水面舰艇、侦察、部队输送、火力支援、通信和舰队联络以及垂直补给等。

基准型的"山猫"直升机安装了世界上最先进的战斗控制系统和复杂的助航系统,这些系统在1982年马尔维纳斯群岛3000多个小时的海战中发挥了较好的作用。此外,在这次海战中,"海鸥"导弹首次投入战斗。

1982年3月,英国皇家海军接收了首批23架升级的"山猫"HAS.Mk 3型直升机,并将HAS.Mk 2型直升机改装成Mk 3型直升机。改进的系统包括Gem 41-1型发动机。"山猫"HAS.Mk 3ICE型包括几架降级的直升机,在英国皇家海军"忍耐"号南极巡逻舰上担任通用直升机。后来的7架HAS.Mk 3型直升机安装了保密通话装置,其他一些飞机也升级为HAS.Mk 3型直升机。在"沙漠风暴"行动中,18架HAS.Mk 3型直升机升级为"山猫"HAS.Mk 3GM型直升机,配置红外线干扰发射台和ALQ-167型电子对抗吊舱。最终定型的英国皇家海军"山猫"直升机增设了一套中枢战术系统和一个悬浮袋,即"山猫"HAS.Mk 3CTS型直升机。最终定型的改进型"山猫"直升机为"山猫"HMA.Mk 8型或出口型的"超山猫"直升机。

"超山猫"直升机

英国皇家海军绝大多数的"山猫"直升机,连同现存的26架法国海军的"山猫"HAS.Mk 2型直升机,全部安装了英国实验旋翼项目开发出的新型高效复合主旋翼叶片。

最后的Mk 8型直升机安装了新型高效复合主旋翼叶片和一个尾部旋翼,以便加强更大起飞重量时的偏航控制。其他改进包括:在机翼前端安装了一个"海鹰"被动识别热成像转塔、机载(潜艇)磁探测系统、惯性导航系统和全球定位系统、"橙色收割"电子监视系统和一个"黄色面纱"干扰吊舱。

出口型的"超山猫"直升机采用了Mk 8型直升机的很多设计特征,已有一些客户意欲购买该型飞机。

右图:德国的"山猫"Mk88型直升机正在升级为Mk88A"超山猫"直升机

下图:法国海军的HAS.Mk 2型直升机(图中所示)已经升级为HAS.Mk 4型直升机,但这些直升机从2004年或2005年起退出现役

技术参数

惠斯特兰公司的"山猫"HAS.Mk 2多用途海军直升机
机型: 双发动机海军直升机
动力系统: 两台罗尔斯·罗伊斯Gem 42-1型涡轮轴发动机,每台功率846千瓦(1135轴马力)
性能: 适合高度的最大持续巡航速度232千米/小时(144英里/小时);海平面最大爬升率661米(2170英尺)/分钟;执行搜救任务作战半径178千米(111英里),可搭载11名幸存者
飞机重量: 空机重量2740千克(6040磅);最大起飞重量4763千克(10500磅)
机身尺寸: 主旋翼直径12.8米;机长11.92米;机高3.48米;主旋翼旋转面积128.71平方米
机载武器: 机翼吊架可以挂带两枚Mk44、Mk46型导弹或"浦鱼"鱼雷,两枚Mk11深水炸弹或4枚"海鸥"导弹以及一挺FN HMP 12.7毫米口径(0.5英寸)机枪进行自卫。还可以携带一个ALQ-167电子对抗吊舱

米-14"烟雾"海军直升机

为了取代数量较多的米-4"猎狗"直升机,前苏联海军在拥有潜艇形机身的米-8"河马"直升机的基础上,发展出了米-14"烟雾"直升机。该系列原型机最初被命名为V-14,1973年进行首次试飞。接下来,米-14PL"烟雾-A"反潜直升机开始投产。

在生产过程中,该机型进行了一些改进,包括安装了更加强劲的发动机;为了增加操控能力,还将尾旋翼从右侧移到了左侧。

新的改进型直升机

最新的"烟雾-A"型直升机更新了设备,包括一部重新定位MAD系统,并被更名为米-14PLM型直升机。

从1983年起,米-14BT"烟雾-B"型直升机配合扫雷艇进行实验。为了便于执行任务,机身进行了各种改进,将一块水雷拖曳滑板作为主要设备。虽然米-14BT型直升机曾参与了国际扫雷行动,但生产数量不多。相比较之下,苏联军方更愿意使用水面扫雷艇。6架交付民主德国的米-14BT型直升机被派往空军执行搜救任务。

"烟雾"直升机的最后改进机型是米-14PS"烟雾-C"搜救直升机,也曾出口到波兰。

事实上,也出现过一些非标准的米-14机型。米-14PL"打击"直升机就是一个例子,它携载AS-7"克里牛"空对地导弹执行攻击任务。波兰将米-14PL型直升机重新命名为米-14PW型,在取消米-14PL型直升机上的反潜设备后,又将其重新命名为米-14PX型,用来进行搜救训练。其他一些米-14型直升机转为民用飞机。

下图:图中所示的这架米-14PL型直升机于20世纪80年代进入苏联军队服役,代表着米-14型直升机的标准构造。早期的PL型直升机安装有起落架舱门,图中的直升机弃用了这一设备。前部机身下面是搜索雷达天线罩

右图:"烟雾"直升机的潜艇型外壳可以使其在3~4级风浪的海面上执行任务,平飞速度超过60千米/小时(37英里/小时)。图为苏联海军的米-14PS型直升机,请注意安装在翼梢浮筒上的浮悬袋和尾部的浮翼

技术参数

米-14PL"烟雾-A"型直升机(米尔公司研制)

机型: 反潜直升机

动力系统: 早期的直升机安装两台克里莫夫(依索托夫发动机公司)TV3-117A型涡轮轴发动机,每台功率1268千瓦(1700轴马力);后期的直升机安装两台TV3-117MT型涡轮轴发动机,每台功率1434千瓦(1923轴马力)

性能: 合适高度的最大平飞速度为230千米/小时(143英里/小时);合适高度的最大巡航速度215千米/时(133英里/小时);最初爬升率468米(1535英尺)/分钟;实用升限4000米(13123英尺);标准油料巡航里程925千米(575英里)

飞机重量: 空机重量8902千克(19625磅);最大起飞重量14000千克(30864磅)

机身尺寸: 旋翼直径21.29米;包括旋翼在内,机长25.32米;机高6.93米;主旋翼旋转面积356平方米

机载武器: 一枚AT-1或APR-2鱼雷,或一枚"斯卡特"核深水炸弹或8枚深水炸弹

本图：米-14BT型直升机没有安装拖曳磁性探测设备吊舱，尾部机身安装了水雷对抗拖曳设备。该型直升机只生产了25～30架，包括为保加利亚海军航空部队制造的两架（如图所示）

卡莫夫设计局卡-25"荷尔蒙"海军直升机

1957年，苏联海军要求装备一种新型舰载反潜直升机，为了满足这一需求，卡-20/25家族中的首架直升机——卡-20"竖琴"问世，1960年进行首次试飞。接下来，与卡-20有着相似尺寸和外形的卡-25BSh"荷尔蒙-A"型直升机开始投产，但安装了作战设备和大功率的GTD-3F型涡轮轴发动机（从1973年开始，替换为GTD-3BM型发动机）。该型飞机于1967年进入现役。

虽然卡-25型直升机的机身底部密封且不漏水，但它并不用于进行两栖作战，机上装备的悬浮袋在水上紧急着陆时可以使用。舱内空间足够让机组人员工作，但高度不够，人员不能站立。逐渐增加的新型设备使机身内部越来越杂乱。

执行反潜任务的主要传感器有I/J波段雷达、OKA-2型投放式声呐、1部俯视"尖端杆"电子光学传感器和1部机载磁性探测传感器，这个磁性探测器或者安装在机舱后部的凹槽内，或者安装在3个尾翼中轴下面的整流罩内。一部盒状的声呐浮标投放器安装在后部机身的右侧。外部机身可以携带彩色照明弹或浮式烟幕筒。标准机型还安装了综合电子设备、防御和导航系统。

尽管卡-25型直升机可以沿着机腹从天线屏蔽器到尾桁安装一个较长的"棺材状"武器舱，头部机轮后面的小型支架可以携挂小型炸弹或深水炸弹，但通常情况下，它并不携带武器。机身下面的弹仓可以装载各种武器，包括核深水炸弹。在携带线控鱼雷时，就会在机身前端左侧安装一个绕线盘。

据估计，在生产的450架左右的卡-25型直升机中，有260架是"荷尔蒙-A"型直升机，但只有少量继续在俄罗斯和乌克兰军队服役，绝大多数扮演辅助角色。少量的卡-25BSh型直升机还出口到印度、叙利亚、越南和前南斯拉夫，绝大多数一直服役到2003年中期。

"荷尔蒙"改进型直升机

在北约名单中，西方国家将卡-25的第二种改进型直升机称为"荷尔蒙-B"型，并命名为卡-25K。通过飞机前端下面的球形雷达天线罩（不是平底形）和后部机身下面的小型数据自动传输雷达天线罩，就可以从外观上辨别出卡-25K型直升机。它用来获取目标，为舰船和潜艇发射的导弹提供中程制导。只有"荷尔蒙-B"型直升机上的4个起落架可以回缩，而且收起时不会显示在雷达显示屏上。

军用卡-25型直升机的最后机型是卡-25PS"荷尔蒙-C"型直升机，这是一种专门的搜救和运输直升机，可以运输物资或超过12名乘员，是有效的舰对舰或舰对岸运输和垂直补给平台。很多直升机安装了4根引向反射天线，用来引导机组人员携带的个人定位无线电发射器。绝大多数的卡-25PS型直升机安装了探照灯和一个载重300千克（660磅）的搜救绞盘。最终，绝大多数卡-25PS型直升机被卡-27型直升机取代。

上图：这架标有前苏联海军军旗图样的卡-25BSh"荷尔蒙-A"型直升机卸载了悬浮设备、油箱和全部常规反潜设备。这种结构的卡-25型直升机可以携带物资或12名乘员，可以充当重要的辅助性的舰对岸运输平台

技术参数

卡-25BSh"荷尔蒙"-A型直升机

机型：反潜直升机

动力系统：早期的直升机安装两台OMKB"火神"GTD-3F型涡轮轴发动机，每台功率671千瓦（898轴马力）；后期的直升机安装了两台GTD-3BM型涡轮轴发动机，每台功率738千瓦（900轴马力）

性能：适宜高度的最大平飞速度为209千米/时（130英里/时）；适宜高度的正常巡航速度为193千米/时（120英里/时）；实用升限3350米（10990英尺）；标准油料巡航里程400千米（249英里）

飞机重量：空机重量4765千克（10505磅）；最大起飞重量7500千克（16534磅）

机身尺寸：每个旋翼直径15.74米；机长9.75米；总长5.37米；主旋翼旋转面积389.15平方米

机载武器：鱼雷、常规或核深水炸弹，最大可携载重达1900千克（4190磅）弹药

卡莫夫设计局卡-27、卡-29和卡-31"蜗牛"海军直升机

卡-27型直升机于1969年开始生产，沿用了卡莫夫设计局的逆时针旋转共轴旋翼结构，机身尺寸与卡-25型直升机相当。

卡-27型直升机的动力是卡-25的两倍，不但重量比卡-25得多，而且机身更长，还安装了改进的电子设备和更先进的作战控制系统，性能大大提升。

首架改进型直升机是基本的卡-27PL"蜗牛-A"反潜型直升机，1982年服役。为了产生浮力，机身下部密封起来，其他悬浮设备位于机身中部下侧的设备箱内。卡-27型直升机在全天候条件下性能稳定，容易驾驶，可以自动控制飞行高度，自动盘旋，自动调整飞行状态。它安装了所有的常规反潜和电子侦察设备，包括投放式声呐和声呐浮标以及"章鱼"搜索雷达。

搜救和飞机救援直升机

卡-27PS"蜗牛-D"是卡-27型直升机的主要改进型，执行搜救和飞机救援任务，安装了雷达，通常携带外挂油箱和悬浮设备，有一个承载力300千克（661磅）的液压搜救绞盘。

卡-27PL的出口机型是卡-28"蜗牛-A"型直升机，安装了改进的电子设备，被印度、越南以及南斯拉夫等国定购。

攻击和运输直升机

卡-29TB是卡-27/32型直升机家族中的一员，是一种专门的攻击运输直升机，专门支援苏联海军的两栖战，机身经过改装。1987年，西方国家在"伊万·罗戈夫"号攻击舰上见到了第一架该型直升机。它于1985年服役，最初被误认为是卡-27B型直升机，北约甚至称其为"蜗牛-B"直升机。很多卡-29TB型直升机悄然问世，最初被认为是由基本的卡-27PL型直升机改进而来的，变化幅度小，没有安装雷达。但事实上它是一种全新机型，前端较宽，可以并排搭载3名机组成员，其中一名充当炮手，负责操纵飞机两侧的各种空对地非制导火箭弹。飞机前端右侧的铰接门后面配置1挺机枪。风窗玻璃由卡-27型直升机的两扇改为5扇。

卡-29TB型直升机前端左侧有一根飞行数据吊杆、一个导弹制导/照明和地形跟踪雷达吊舱，右侧有一部电子光学传感器。

卡-31型直升机以基准型卡-29TB型直升机为基础，最初以卡-29RLD雷达巡逻直升机著称。这种机载雷达预警直升机于1988年首次试飞，在"库兹涅佐夫"号航空母舰的测试中首次亮相。4部起落装置可以折叠，给E-801E"眼睛"侦察雷达天线留出了活动空间。这些天线停止工作时，就会呈一个大型的平面矩形排列在机身下方。

右图：卡-29TB型直升机是一种战斗力非常强大的突击和攻击直升机，机身悬臂支架上可以携带大量的武器装备

技术参数

卡-27PL"蜗牛-A"型直升机

机型： 舰载反潜和通用直升机，机组人员3名
动力系统： 两台克里莫夫公司（依索托夫发动机公司）的TV3-117V型涡轮轴发动机，每台功率1633千瓦（2190轴马力）
性能： 适宜高度的最大飞行速度为250千米/小时（155英里/小时）；适宜高度的巡航速度为230千米/小时（143英里/小时）；实用升限5000米（16404英尺）；无地效悬停极限3500米（11483英尺）；辅助油料巡航里程800千米（497英里）
飞机重量： 空机重量6100千克（13448磅）；最大起飞重量12600千克（27778磅）
机身尺寸： 每个旋翼直径15.9米；不包括旋翼在内，机长11.27米；到旋翼顶端的高度为5.45米；每个旋翼的旋转面积198.5平方米
机载武器： 超过200千克（441磅）弹药，一般包括4枚APR-2E制导鱼雷或4组S3V制导反潜炸弹
有效载荷： 超过5000千克（11023磅）的物资

波音威托尔飞机公司的 H-46 "海上骑士" 攻击和运输直升机

威托尔飞机有限公司于1956年3月成立后不久,开始着手设计一种双旋翼商业运输直升机,美军对于该机型表示出了极大的购买兴趣。

美国陆军的早期兴趣

威托尔107型直升机的第一架原型机于1958年4月22日首次试飞。美国陆军首先表示要对这种新型直升机进行评估,并于1958年7月订购了10架略有改进的YHC-1A型直升机,其中的首架于1959年8月27日第一次试飞。此时美国陆军开始逐渐倾向于一种体积更大、动力更强的直升机(该机是威托尔飞机公司从107原型机改进而来的),于是将10架订单减少至3架(这3架YHC-1A型直升机更名为YCH-46C)。后来,威托尔飞机公司对第3架进行了设备改装,安装了功率为783千瓦(1050轴马力)的T58-GE-6型涡轮轴发动机,增加了旋翼直径。这架107-Ⅱ型直升机原型机于1960年10月25日首次试飞。当时,威托尔飞机公司已经成为波音公司的一个分支机构。

美国海军陆战队对107-Ⅱ型直升机深感兴趣,此时,其中的一架被改装成107M型直升机原型机,安装了两台T58-GE-8型发动机,成功地赢得了一份HRB-1型直升机(1962年改为CH-46A型直升机)合同,并被命名为"海上骑士"直升机。从此以后,"海上骑士"直升机在美国海军陆战队和美国海军中广为应用,海军陆战队主要用这种飞机来运输部队,海军则主要用它来进行垂直补给。

改进型直升机

在160架CH-46A型直升机之中,首机于1965年进入美国海军陆战队服役。此后,大量改进型直升机投入生产,其中包括266架美国海军陆战队的CH-46D型直升机(除安装的功率1044千瓦的T58-GE-10型发动机外,其他结构与CH-46A型直升机相似),174架美国海军陆战队的CH-46F型直升机(除增装了电子设备外,其他结构与CH-46D型直升机相似),14架美国海军的UH-46A型直升机(结构与CH-46A型直升机相似),以及10架美国海军的UH-46D型直升机(结构与CH-46D型直升机完全相同)。美国海军陆战队将273架服役多年的"海上骑士"直升机升级为标准的CH-46E型直升机,安装了功率1394千瓦(1870轴马力)的T58-GE-16型涡轮轴发动机,并进行了其他改进,其中包括结构加固,安装了玻璃纤维旋翼叶片。

出口国外

1963年,6架与CH-46A型直升机结构几乎完全相同的CH-113"拉布拉多"通用直升机交付加拿大皇家空军。1964—1965年,加拿大陆军订购了12架类似的直升机,命名为CH-113A"樵夫"直升机。根据加拿大军队搜救能力升级方案,加拿大军方与波音公司签订合同,要求对6架CH-113型直升机和5架CH-13A型直升机进行升级,以提升搜救能力,截至1984年中期完工。1962—1963年,波音威托尔飞机公司将107-Ⅱ型直升机交付瑞典空军执行搜救任务,同时还交付给瑞典海军执行反潜战和扫雷任务,这两种直升机被瑞典命名为Hkp 4A型直升机。

1965年,日本川崎公司获得了107-Ⅱ型直升机的全球销售权,直到1990年还在生产该型飞机的多种系列机,并命名为日本的"川崎威托尔KV107-Ⅱ"直升机。目前,该机型正逐步退出日本现役。

右图:2003年6月拍摄的这张照片显示,这架美国海军的CH-46D型直升机正在菲律宾海为"卡尔·文森"号航空母舰编队中的舰船"萨克拉门托"号进行补给。就目前形势而言,CH-46D型直升机还要在部队中服役多年

技术参数

CH-46A "海上骑士" 直升机

机型: 双旋翼运输直升机,机组人员2~3名

动力系统: 两台通用电气公司的T58-GE-8B型涡轮轴发动机,每台功率为932千瓦(1250轴马力)

性能: 海平面最大飞行速度249千米/小时(155英里/小时);1525米(5000英尺)高空的巡航速度为243千米/小时(151英里/小时);最初爬升率439米(1440英尺)/分钟;实用升限4265米(14000英尺);有地效悬停极限2765米(9070英尺),无地效悬停极限1707米(5600英尺);舱内最大有效载荷时的巡航里程为426千米(265英里)

飞机重量: 空机重量5627千克(12406磅);最大起飞重量9707千克(21400磅)

机身尺寸: 每个旋翼直径15.24米;包括旋转旋翼在内,机长25.4米;机高5.09米;旋翼总旋转面积364.82平方米

有效载荷: 超过25名军人,或机内可以放置1814千克(4000磅)物资或外挂2871千克(6330磅)物资

贝尔—波音公司 V-22 "鱼鹰"倾转翼攻击运输直升机

20世纪80年代，贝尔直升机特事隆公司和波音威托尔飞机公司开始合作，为"联合勤务先进直升机项目"开发一种体积更大的XV-15型倾转翼直升机。V-22"鱼鹰"直升机综合了直升机的垂直提升能力和固定翼涡轮螺旋桨飞机的快速巡航能力，其开发工作于1985年全面展开。在该机型中，安装在翼尖引擎机舱内的发动机可以回旋97.5°，通过连动传动轴驱动3叶片转轴。主枢轴安装在机身上部的中央位置，旋翼叶片相互平行。

在最初计划订购的913架"鱼鹰"直升机中，美国海军陆战队和美国陆军订购522架MV-22A攻击直升机，美国空军订购80架CV-22A型直升机，此外还包括美国海军订购的50架HV-22A型直升机，用来执行战斗搜救、特种作战和舰队后勤支援任务。美国海军还打算购买能够用于反潜作战的SV-22A型直升机。V-22"鱼鹰"直升机的飞行试验于1989年3月19日开始，但由于一系列的意外、财政和政治审查以及玩忽职守问题，这项发展计划进行了很大的修改。

"鱼鹰"直升机现状

2003年中期，根据新修订的"鱼鹰"直升机发展计划，美国海军陆战队订购了360架MV-22B型直升机，美国海军订购了48架HV-22B倾转翼直升机。在此之前，首批"鱼鹰"直升机于1999年交付，2004年在美国海军陆战队之中具备作战能力。

上图：1999年年初的某个时候，这架编号为10的处于工程与制造阶段的MV-22"鱼鹰"直升机，正在美国海军攻击舰"塞班"号上进行舰载试验

左图：出于安全的考虑，"鱼鹰"直升机的飞行试验于2000年12月中止，但于2002年5月29日重新开始。图中展示的是美国海军陆战队的一架试验直升机

技术参数

MV-22A"鱼鹰"直升机

机型：陆基和舰载多用途偏转翼运输直升机，机组人员3～4名

动力系统：两台艾利森T406-AD-400型涡轮轴发动机，每台功率4586千瓦（6150轴马力）

性能：（估计）海平面最大巡航速度为185千米/小时（115英里/小时），适宜高度时的巡航速度为582千米/小时（361英里/小时）；最初爬升率707米（2320英尺）/分钟；实用升限7925米（26000英尺）；非地效悬停极限4330米（14200英尺）；执行两栖攻击任务巡航里程935千米（592英里）

飞机重量：（估计）空机重量15032千克（33140磅）；垂直起飞的最大起飞重量21546千克（47500磅），短距离起飞的最大起飞重量27443千克（60500磅）

机身尺寸：机宽25.55米；不包括引擎机舱在内，翼展14.02米；每个旋翼直径11.58米；不包括探测器在内，机长17.47米；包括垂直引擎机舱，机高6.63米；翼展面积35.49平方米；旋翼旋转总面积210.72平方米

机载武器：一挺或两挺12.7毫米口径（0.5英寸）多管旋转机枪

有效载荷：超过24名军人或12副担架以及医疗服务人员或9072千克（20000磅）内载物资或6804千克（15000磅）外挂物资

卡曼公司 SH-2 "海妖" 多用途海军直升机

1956年，美国海军需求一种高速、全天候、远程搜救、联络和通用直升机，为了满足这一要求，H-2"海妖"直升机应运而生。4架YHU2K-1型直升机（源于1962年的YUH-2A型直升机）中的第一架充当实验原型机，于1959年7月2日首次试飞，并作为HU2K-1（UH-2A）投入生产。后来的机型逐步得到改进和升级，安装了一台副发动机（大大提高了执行舰载任务时的安全系数）、双重主轮和一个4叶片尾桨。最后一架UH-2B型直升机交付后，该型直升机停止生产。它最初于1970年10月执行反潜任务，当时美国海军选择了SH-2D型直升机充当MkI"轻型机载多用途系统"的过渡性平台。

第一代轻型多用途直升机

SH-2D型直升机机首下面装备有1部"利顿"LN-66型搜索雷达天线屏蔽器，右侧机身吊架装备有1部ASQ-81磁性异态探测器，左侧机身内部有一个可移动声呐浮标架。该机型共生产20架，均由安装标准搜救设备的HH-2D型直升机改装而来，于1972年服役。

最终定型的SH-2F型直升机同时也被称为第一代轻型多用途直升机，它于1973年5月份开始交付。它的首要任务是扩大航空母舰战斗大队的外层防御空间，安装了一部T58-GE-8F型发动机，一部改进型主旋翼，加固的着陆设备包括一个距前轮较远的尾轮，还安装了一部改进的马可尼LN-66HP对海搜索雷达，一台ASQ-81（V）2拖曳磁性异态探测器和一部战术导航通信系统。大约88架SH-2F型直升机由早期的机型改装而来，其中的16架经过了现代化改进。

新机型

新型"海妖"直升机于1981年恢复生产，最终共生产了60架新型SH-2F型直升机，当时美国海军订购了其中的首架。从1987年起，约有16架SH-2F直升机进行了现代化改进，以便在波斯湾展开行动。1991年的海湾战争期间，SH-2F型直升机对ML-30"神灯"激光水下探雷器进行了测试。

随着研制工作的继续，SH-2G"超级海妖"直升机问世。YSH-2G原型机由SH-2F型直升机改装而来，安装有T700型发动机，于1985年4月2日进行首次试飞。这种新型飞机于1991年进入现役。随着冷战的结束，美国海军对该型飞机的需求量减至23架，目前"海妖"直升机已经从美国海军退役。卡曼公司将新生产的SH-2F型直升机出售给埃及，埃及从1997年10月起开始接收SH-2G（E）型直升机。1997年6月，澳大利亚皇家海军和新西兰皇家海军共订购了15架由SH-2F改进来的标准SH-2G型直升机。新西兰购买的新型SH-2G（NZ）型直升机于2001年服役，而澳大利亚购买的SH-2G（A）型直升机则由于电子设备问题推迟至2004年服役。

右图：反潜作战是美国海军"海妖"直升机的一项重要任务，图中是一架SH-2F型"海妖"直升机

技术参数

SH-2G"超级海妖"直升机

机型： 舰载反潜、导弹防御、搜救通用直升机，机组乘员3人

动力系统： 两台通用电气公司的T700-GE-401/401C型涡轮轴发动机，每台功率1285千瓦（1723轴马力）

性能： 海平面最大飞行速度256千米/时（159英里/时）；适宜高度巡航速度为222千米/时（138英里/时）；最初爬升率762米（2500英尺）/分钟；实用升限7285米（23900英尺）；有地效悬停极限6340米（20800英尺），无地效悬停极限5485米（18000英尺）；携带一枚鱼雷时的巡航时间达2小时10分钟，巡航半径65千米（40英里）

飞机重量： 空机重量3483千克（7680磅）；最大起飞重量6123千克（13500磅）

机身尺寸： 主旋翼直径13.51米；包括旋翼在内，机长16.08米；包括旋翼在内，机高4.58米；主旋翼旋转面积143.41平方米

机载武器： 舱门枢轴可安装两挺7.62毫米口径（0.3英寸）M60侧面火力机枪，超过726千克（1600磅）弹药

有效载荷：（包括拆卸的声呐浮标系统）可以搭载4名以上乘员，或两副担架，外挂吊索可携带1814千克（4000磅）物资

本图：澳大利亚和新西兰（图中所示）购买的"海妖"直升机部署在新型"安札克"级多用途护卫舰上。澳大利亚有可能购买更多的SH-2G（A）型直升机

西科斯基公司 S-61/H-3 "海王"反潜和多用途直升机

SH-3"海王"系列直升机是直升机家族中的重要一员,它曾是西方国家舰载反潜力量的中流砥柱,最早以HSS-2型反潜直升机的身份登上历史舞台,并在美国海军中服役。原型机于1959年3月11日首次试飞,被命名为"西科斯基"S-61型直升机,是首架不需外挂就可以携带反潜任务所需的全部传感器和武器的直升机,美国海军把它作为水面反潜舰艇的延伸。

"海王"直升机的特点

"海王"直升机新的特点包括机体呈两栖船壳形,尾轮降落装置可以回缩,机舱上面安装有双涡轮轴发动机(可以提供动力,灵活可靠,具备单机牵引飞行能力),一个畅通无阻的战术隔舱可容纳2名声呐操作员,传感器包括龙骨舱门下面的投放式声呐浮标。复杂的电子系统上方有一部自动驾驶仪和一部声呐连接器,与雷达高度计和多普勒雷达连接在一起,使飞机保持正确的高度和位置。据统计,西科斯基公司共生产了1100多架H-3型直升机,在4种基本机型中,SH-3型直升机属于反潜型。

各型反潜直升机

SH-3A型反潜直升机是最初的反潜型直升机,安装了功率为933千瓦(1260轴马力)的T58-GE-8B型涡轮轴发动机。SH-3D型反潜直升机是改进型直升机,SH-3G是通用直升机;SH-3H是多用途直升机,安装了投放式声呐和磁性异态探测器,执行反潜任务,搜索雷达负责探测即将到来的反舰导弹。直到2003年中期,1架SH-3D型直升机和1架SH-3G型直升机以及50架SH-3H型直升机还在美国海军服役。

生产许可证方式建造

阿科斯塔直升机制造公司获得许可,在意大利生产"海王"系列直升机,并命名为AS-61/ASH-3型直升机,其中一些改进机型安装了"火星"反舰导弹。三菱公司为日本海上自卫队生产了3种型号、共55架"海王"直升机,自始至终命名为HSS-2直升机。迄今为止,最重要的海外制造商是英国的惠斯特兰公司,它生产的直升机以罗尔斯·罗伊斯H.1400"诺姆"系列发动机为动力系统,安装有大量的英国自制设备。第一架"海王"HAS.Mk 1型直升机于1969年5月7日首次试飞,它与更换过发动机的SH-3D型直升机差别不大。后来,英国皇家海军的各种反潜直升机包括了HAS.Mk2型、HAS.Mk5和HAS.Mk6型直升机。为了弥补马尔维纳斯群岛海战期间英国皇家海军空中预警的不足,"海王"AEW.Mk2A型直升机应运而生,它是由标准的HAS.Mk2型直升机改进而来的。后来,HAS.Mk5型直升机改装成标准的AEW.Mk5和AEW.Mk7型直升机。惠斯特兰公司为英国皇家空军制造了"海王"HAR.Mk3型和Mk 3A型搜救直升机。惠斯特兰公司生产的大量"海王"直升机,包括"海王"国际直升机在内,都已经出口。

西科斯基公司生产的"海王"直升机销往很多国家,在加拿大被命名为CH-124型直升机。专门为美国生产的SH-3改型机还包括了RH-3扫雷直升机,而VH-3型要员运输直升机仍在服役。

上图:意大利将用EH 101型直升机取代ASH-3D(图中所示)和ASH-3H型直升机。"海王"直升机从意大利海军大型舰船和"加里波底"号航空母舰上起飞

技 术 参 数

SH-3D"海王"直升机

机型: 反潜直升机

动力系统: 通用电气公司的两台1044千瓦(1400轴马力)T58-10型涡轮轴发动机

性能: 最大飞行速度267千米/小时(166英里/小时);最大油量巡航里程1005千米(625英里),油量剩余10%

飞机重量: 空机重量5382千克(11865磅);最大起飞重量9752千克(21500磅)

机身尺寸: 主旋翼直径18.9米;机长16.69米;机高5.13米;主旋翼旋转面积280.5平方米

机载武器: 外挂支架可携带381千克(840磅)重的武器,通常包括两枚Mk46鱼雷

上图：美国海军购买了150架SH-3H（图中所示）直升机，主要由早期的SH-3A型、SH-3D型和SH-3G型直升机改装而来

下图：美国海军的HC-2中队在2003年还保留着"海王"直升机操作员。该中队的UH-3H通用直升机由标准的SH-3H型直升机改装而来

西科斯基公司 S-70/H-60 "海鹰" 反潜和多用途直升机

SH-60B "海鹰"直升机（最初命名为S-70L，后更名为S-70B）由美国陆军的UH-60 "黑鹰"直升机改进而来，在1977年9月的第3次美国海军轻型多用途飞机竞赛中胜出。结构复杂、造价昂贵的SH-60B型直升机担负两个主要任务：反潜和反舰监视与目标瞄准。反舰监视与目标瞄准任务包括对来袭的反舰掠海导弹实施空中侦察，把雷达获取的数据传输给相似的武器系统。辅助任务包括搜救、医疗撤运和垂直补给。基准型的SH-60B型直升机机身与UH-60型直升机不同，有一根密封的尾部吊杆，尾轮可以移动，有紧急漂浮气囊、一部电控可折叠式主旋翼、空气动力折叠尾翼（包括安装在上部的铰链横尾翼）。其他改进还包括：增大燃油容量，拆除驾驶员和副驾驶员座舱的钢板。该型直升机还安装有下拉设备，帮助飞机在恶劣天气下降落到颠簸的舰船小型平台上。机首下方有一部大型APS-124雷达，机身左侧有一块大型发射管，用来发射声呐浮标。

SH-60B "海鹰"直升机的后部机身右侧有一个吊架，上有一部磁性异态探测器。首架原型机于1979年12月12日第一次试飞，美国海军共购买了181架该型直升机。

随后加入美国海军服役的机型包括SH-60F "海洋鹰"直升机，安装了投放式声呐，负责航空母舰周围内部区域的反潜作战；HH-60H "救援鹰"直升机负责执行舰上搜救、飞机救援和特种部队任务；MH-60R型直升机是多用途直升机。后两种直升机由SH-60B/F/HH-60H改装而来，243架新生产的直升机从2005年开始交付。它们将加入237架MH-60S通用直升机的行列。这些通用直升机将UH-60型直升机的大部分机身和SH-60型直升机的系统结合在一起，于2002年2月开始取代波音—威托尔飞机公司的CH-46 "海上骑士"直升机。其他非海军机型包括美国海岸警卫队的HH-60J "坚鹰"直升机。海军的改进机型广泛出口，澳大利亚和日本获得了该机型的生产许可权。

左图：三菱公司为日本海上自卫队生产了SH-60J（图中所示）和UH-60J型直升机。2003年，SH-60J型直升机继续获得资金援助，开始实施KAI升级项目

技术参数

SH-60B "海鹰"直升机

机型： 舰载多用途直升机

动力系统： （从1988年开始交付的直升机）通用电气公司的两台功率为1417千瓦（1900轴马力）T700-GE-401C型涡轮轴发动机

性能： 1525米（5000英尺）高空的冲击速度为234千米/小时（145英里/小时）；作战半径92.5千米（57.5英里），巡航时间3小时

飞机重量： （执行反潜任务）空机重量6191千克（13648磅）；任务起飞重量9182千克（20244磅）

机身尺寸： 主旋翼直径16.36米；机长15.26米；包括旋转旋翼在内，机高5.18米；主旋翼旋转面积210.05平方米

机载武器： 通常携带两枚Mk46鱼雷或"企鹅"反舰导弹

上图：SH-60系列直升机执行多种任务，这架HH-60H型直升机正从甲板上起飞准备执行海上巡逻任务

右图：通过左舱门的两个窗口，很容易辨认出HH-60H型直升机，图中这架HH-60H型直升机正在执行垂直补给任务

西科斯基公司的S-80/MH-53"海龙"扫雷直升机

西科斯基公司的S-65型直升机最初只配置两台发动机,而S-80/H-53E型直升机却有3台发动机,每台功率为3266千瓦(4380轴马力),是除俄罗斯直升机之外轴马力最强的直升机。早期的CH-53A型直升机和马力更强的CH-53D型直升机交付美国海军陆战队,所有交付的CH-53A型直升机都安装有拖曳式扫雷设备,但美国海军认为专门的扫雷直升机的轴马力应该更强,因此需要进一步改进。最终,15架CH-53A型直升机更名为RH-53A扫雷直升机后,交付美国海军,安装了功率2927千瓦(3925轴马力)的T64-GE-413型涡轮轴发动机,以及用来牵引EDO Mk 105水翼反水雷滑板的设备。

动力更强

RH-53A型直升机用来研究新型扫雷技术,在30架RH-53D"海龙"专用直升机问世之前,美国一直利用动力不足的直升机来试验这些技术。RH-53D型直升机安装有副油箱,后来安装了飞行油料补给探测器,接着安装了功率为3266千瓦(4380轴马力)的T64-GE-415型涡轮轴发动机,从1973年夏开始交付美国海军。截至2003年初,仍有19架留在美国海军服役,后来被MH-53E型直升机取代。6架RH-53D交付伊朗海军。

1973年,美国海军和海军陆战队要求装备升级型的重型运输直升机,CH-53E型直升机应运而生,后来改进成为MH-53E"海龙"直升机。MH-53E"海龙"扫雷直升机有一个较大的侧油箱,可以装载3785升(833加仑)油料,使发动机保持较高的轴马力,从而延长扫雷任务时间。第一架MH-53E原型机于1981年12月23日首次试飞,截至2003年约有44架仍在服役。MH-53J型直升机曾卖给日本海上自卫队。

上图:一架MH-53E型直升机正准备起飞。这架直升机此时部署在巴林,支持"持久自由"行动

技术参数

MH-53E"海龙"直升机
机型:舰载扫雷直升机
动力系统:通用电气公司的3台功率为3266千瓦(4380轴马力)的T64-GE-416型涡轮轴发动机
性能:最大巡航速度315千米/小时(196英里/小时);海平面巡航速度278千米/小时(173英里/小时);最大物资运输距离2074千米(1289英里)
飞机重量:空机重量16482千克(36336磅);舱内有效载荷时的最大起飞重量31640千克(69750磅);外挂有效载荷时的最大起飞重量33340千克(73500磅)
机身尺寸:主旋翼直径24.08米;包括旋翼在内,机长30.19米;到主旋翼顶端的机高为5.32米;主旋翼旋转面积455.38平方米
机载武器:可以在机窗架设12.7毫米口径(0.5英寸)或7.62毫米口径(0.3英寸)机枪

13
攻击舰

美国两栖攻击作战

战斗中的海军陆战队

冷战的结束以及海湾战争中的两栖作战行动，使得人们对两栖作战重新重视起来。两栖作战部队可以迅速部署至战争爆发地区，非常适合情况错综复杂的现代化战争。

自朝鲜战争结束后，美国海军陆战队第一次两栖作战行动发生在1991年海湾战争中的"沙漠风暴"期间。当时，一支大型舰队和大量的两栖部队集结至科威特海岸，共有43艘两栖舰船、两艘两栖指挥舰和18000名海军陆战队员准备在科威特登陆，驱逐入侵科威特的伊拉克军队。

美国海军陆战队第一次显示威力是一次两栖行动，这使得伊拉克确信多国部队的攻击将来自海上。实际上，伊拉克军队在科威特海岸的防御工作非常扎实，即使美国海军陆战队拥有高科技优势和适当的战术，但采取任何行动仍有可能付出巨大的代价。

美国海军陆战队的进攻态势迫使萨达姆·侯赛因从沙特边境撤出几个师的兵力前往科威特海岸协助防守，从而削弱了本来可以阻止多国部队进攻的兵力。

两栖中队

美国两栖作战部队的核心是两栖中队。目前，有8个两栖中队随同美国海军一同行动。一个两栖中队通常包括一艘两栖攻击舰、一艘两栖船坞运输舰和一艘船坞登陆舰，还包括一个舰队外科手术小组、一支舰队信息战中心分遣队、一个海军海滩大队、一个搜救分队、一个爆炸物处理分队、一个战术空中管制中队和一个海军特种作战任务小队。

过去，海军陆战队登陆作战需要使用特种登陆艇和两栖突击艇，但它们存在着速度慢、航程短的缺陷，母舰也必须抵达离海岸较近且在敌方防御火力射程之内的地方。虽然直升机给两栖部队提供了一种防区外的进攻能力，它可以迅速把部队输送到陆地，但不能运送重型装备。

上图：目前，美国海军陆战队正用M1A2"艾布拉姆斯"坦克替代M60A1型坦克。图中这辆M1A2型坦克正从气垫登陆艇上卸载下来准备发起攻击，该型坦克配备有深水涉渡装置和车辆固定点（固定在船上或气垫登陆艇上）

现在，装甲战车和火炮可以通过高速气垫登陆艇运输。所有的美国海军新型两栖舰船都配备了这种新型登陆艇，确保两栖部队可以在地平线之外发起攻击。然而，航程短的老式登陆艇运送部队的能力可能更快。为了和高速气垫登陆艇竞争，新一代两栖突击车辆也可在海上高速行驶。

海军陆战队的编制

两栖中队的主要目的是为海军陆战队展开行动提供平台。海军陆战队中最明确体现两栖作战任务的是两栖远征小队。

一个两栖远征小队通常包含一个加强营、一个合成飞机中队和一个两栖远征小队维修支援大队，总人数大约2000人。两栖远征小队由海军陆战队上校指挥，通常和海军舰队一起在地中海、西太平洋以及周期性地在太平洋和印度洋执行常规前沿部署任务。

随着美军海外基地的减少，海军陆战队远征小队的存在显得更加重要，它是唯一一支能够对全球冲突迅速作出反应的美军部队。海军陆战队远征小队是远征干涉部队，可在任何实战环境下迅速组织起作战行动。目前，美军有3个远征小队常年执行前沿部署任务。

作为两栖戒备大队的组成部分，每支两栖远征小队都部署在美国海军舰船上，两栖戒备大队轮流参加航空母舰特遣部队。和美国海军一起，每个两栖远征小队可以在5天之内到达全球75%的沿海地区。两栖远征小队前沿部署到热点地区，可于6小时内对突发事件作出反应，在没有补给的情况下能够在岸上作战15天。每个两栖远征小队的部署期为6个月。

两栖远征小队的地面战斗分队为一个步兵营，称为营级登陆小组，配备坦克、火炮、工兵、两栖突击车辆、轻型装甲车以及其他战斗支援装备，基本上包括2200人、4辆主战坦克、13辆两栖突击车和6门榴弹炮。

航空部队的组成

海军陆战队航空战斗分队是由固定翼飞机和旋转翼飞机组成的合成中队，装备了包括CH-46、CH-53A、H-1武装直升机在内的22架直升机和8架AV-8BII"鹞"式飞机。

海军陆战队远征小队是海军陆战队空地特遣部队概念中最小的编制单位。

最大编制的是海军陆战队远征部队，由一名三星上将指挥。一个海军陆战队远征部队包括：一个或多个完整的海军陆战队飞机联队、一个或多个维修支援大队、一个或多个完整的步兵师。人员组成在20000~90000人不等，平均由40000名男、女陆战队员组成。

介于两者之间的是海军陆战队远征旅，其任务是对各种冲突作出反应，所执行任务从强力干预到人道主义援助等。美国海军陆战队下属3个海军陆战队远征旅，每个远征旅部署在15艘两栖舰船上，其中有5艘是两栖攻击舰或通用两栖攻击舰等大型甲板舰船。海军陆战队远征旅可持续进行30天的作战行动。迅速部署能力对于海军陆战队一直非常重要，1999年，美国海军陆战队在4天之内就从爱琴海部署到了科索沃。

上图："眼镜蛇"直升机能够为美国海军陆战队提供近距离进攻型空中支援、武装护航、前沿空中管制和侦察。一艘两栖攻击舰可搭载6架HA-1W型"眼镜蛇"直升机

盟军部队：海军陆战队远征小队在行动

一架来自于第266中型直升机中队的AV-8B飞机在完成科索沃上空打击任务后，降落在美国海军"拿骚"号两栖攻击舰上。为支持北约盟军作战行动，第266中型直升机中队执行了两栖战斗大队的第一次打击行动。这个小组是第26海军陆战队远征小队的一部分，该远征小队由2400名人员组成，搭载在停靠于亚德里亚海的"拿骚"号之上。由"纳什维尔"号两栖船坞运输舰（"奥斯汀"级两栖船坞运输舰）和"彭萨克拉"号船坞登陆舰（"安克雷奇"级船坞登陆舰）提供支援。第26海军陆战队远征小队随后参加了北约在阿尔巴尼亚实施的救援行动。

下图：一艘美国海军通用登陆艇正在接近美国海军"拿骚"号两栖攻击舰的船台甲板。"塔拉瓦"级两栖攻击舰的船坞井可装载4艘1610型通用登陆艇，这4艘登陆艇可运送2辆M1A1型主战坦克或350名人员

上图：轻型装甲车是气垫登陆艇从舰向岸运输的车辆之一，图中所示的轻型装甲车部署在"好人理查德"号两栖攻击舰上，支援"持久自由"行动

两栖战

21世纪攻击

战后最初几年,两栖部队在某种程度上被西方海军忽视了。许多国家海军新服役的舰船与"二战"中在诺曼底和太平洋上活动的舰船并没有什么不同。

冷战的结束给军事领域带来了划时代的革命,到了20世纪临近尾声的时候,世界范围内的争权夺利、干涉行动日渐增多,专门用于两栖作战的舰船开始变得越来越重要了。

两栖作战实际上发生在世界沿海国家的水域、海岸以及沿岸的陆地。沿海地区的人口占世界总人口的四分之三;在世界各国的首都之中,有80%位于沿海地区或附近。

反恐

冷战结束后,世界范围内的冲突主要由种族和宗教问题引起。非政府的恐怖分子和组织正成为一种新的力量,它们正在获得大规模杀伤性武器。两栖战的产生、计划和执行取决于地理位置、距离、盟国能力以及敌人的能力。

"二战"结束以来,美国共卷入200多场不同规模的军事冲突中。然而,海外军事基地的关闭,减少了美国在许多地区的持续性军事存在,发展和获取两栖攻击能力的需求因而变得更加迫切。

可能的冲突模式将决定未来两栖作战的性质。许多专家预测像"二战"中那样的大规模常规作战时代已经结束了,但是1991年的海湾战争却证明了这种观点是错误的。然而,在格林纳达、马尔维纳斯群岛、索马里和阿富汗等冲突中进行的两栖行动是典型的现代两栖作战模式。

作战需要

由于特定的动态情报能力和新闻收集及播发的及时性,使得军事行动很难达成突然性,现代科学技术使得登陆行动可以采取多种模式。海上入侵至少在最初的攻击阶段不再需要海滩,现代飞机的航程可以提供多种部署选择,比如垂直登陆作战,此举可以降低敌人在海岸线抵抗的机会。

任何情况下,由于成熟的现代化制导武器的广泛部署,二战期间那种直接攻击敌方海滩防御阵地的做法已经彻底过时。

美国海军通过提高"地平线攻击"能力来解决这个问题。通过使用登陆艇和气垫登陆艇,两栖作战部队可以迅速向岸上运送重型装备。新一代两栖攻击舰可以以比现在的AAV7更快的速度向岸上和纵深地区运送部队。

贝尔—波音公司的MV-22"鱼鹰"飞机可以提供更强大的运送能力。其偏转翼设计综合了直升机的垂直飞行能力和固定翼飞机的速度和航程优势,加上其空中加油能力,使得该型飞机可以在全球进行部署。

战略选择

在索马里、利比里亚和巴尔干地区的维和行动证明,危机反应行动将是两栖作战部队执行最多的任务,而像"沙漠风暴"中对伊拉克进行有计划的两栖登陆作战表明,大规模攻击也是可行的军事战略选择。

远征作战将是21世纪和平时期军事行动的基础,因此两栖部队必须做好从海上发起作战行动的准备。

上图:MV-22"鱼鹰"飞机不但具备传统固定翼涡轮螺旋桨飞机的速度,而且由于采用偏转翼设计,也可进行垂直起降。它将替代美国海军的中型直升机

本图：在"常胜"级设计的基础上，英国皇家海军的"海洋"号直升机航空母舰和新型两栖船坞运输舰"阿尔比昂"号、"布尔沃克"号使其具备了重要的两栖作战能力

上图:"黄蜂"级大型两栖攻击舰实质上属于一支单舰登陆部队,可配备偏转翼和垂直/短距起降飞机。其船坞井可运载气垫登陆艇和AAV7型两栖突击车。美国海军"硫磺岛"号两栖攻击舰于2001年7月服役

法国海军"闪电"级船坞登陆舰:灵活的载荷

法国海军"闪电"级船坞登陆舰是典型的现代化多用途攻击舰。该舰设计用于运载467名人员和1880吨的物资,其船坞井可装载登陆艇(通常是一艘坦克登陆艇和4艘机械化登陆艇),或者通过活动甲板可提供VAB武装人员运送车和P4轻型车辆停放空间。飞行甲板可容纳4架AS 532"美洲狮"中型运输直升机。

左图:"加利西亚"号是西班牙海军仅有的两艘船坞登陆舰之一,和荷兰的"鹿特丹"级两栖船坞运输舰联合研制,可运送一个600人的海军陆战营和6架AB212型或4架SH-3H型直升机

法国海军"圣女贞德"号直升机航空母舰

"圣女贞德"号于1960年在布雷斯特海军造船厂开工建造,1961年下水,1964年服役。该舰在和平时期作为158名军官学校学生的训练舰使用,在战时可迅速转为两栖攻击、反潜以及人员输送舰。直升机平台宽62米,通过一部安装在甲板后部运载量为12218千克的电梯和机库相连。飞行甲板可供两架"超级黄蜂"直升机同时起飞,同时还可停放另外4架直升机。机库通过改装可容纳另外8架直升机。后部的机器车间、检查车间以及维修车间同武器操作间和配备在直升机上的武器库相连。作为突击队和人员输送舰使用时,该舰的内部空调间可容纳一个700人的步兵营及其携带的轻型装备。

舰上有一间模块化设计的信息和设备控制室、单独的直升机控制室和两栖作战指挥与控制中心。为了节省开支,原计划安装的SENIT-2战斗数据系统被最终取消了。平时,在通风井两侧各配备两辆车辆人员登陆艇。

根据计划,"圣女贞德"号应拆除后甲板上的两门100毫米口径火炮。"圣女贞德"号的服役寿命延长到2010年,之后用一艘专门的训练舰来替代它。

下图:法国海军"圣女贞德"号直升机航空母舰在和平年代作为训练舰使用,在战时可迅速转变为两栖攻击舰、反潜直升机航空母舰或部队运输舰

下图:"圣女贞德"号于1964年服役,作为两栖指挥舰,可运送一个营的海军陆战队员,或者搭载3架"超级黄蜂"或"山猫"直升机。在海上巡航训练期间,该舰经常搭载法国陆军的"美洲狮"或"羚羊"直升机。截至1997年4月,该舰已执行了33次训练巡航任务,并开始对动力系统进行大修。这是继1989年和1990年两次大规模升级改进后的第3次大修,前两次升级的主要目的是将其寿命延长到21世纪

技术参数

"圣女贞德"号

服役: 1964年7月1日
排水量: 标准排水量10000吨,满载排水量13270吨
尺寸: 长182米,宽24米,吃水深度7.5米
推进装置: 两台相连的蒸气涡轮机,可向两个传动轴输送29828千瓦的动力
速度: 26.5节
人员编制: 455名舰员(33名军官),13名教师和158名军校学员
运送人员: 700名突击队员
装载: 3架"海豚"直升机,作战装备包括8架"超级黄蜂"和"山猫"直升机以及4艘车辆人员登陆艇
武器: 两门单管100毫米火炮,两座3管MM38"飞鱼"反舰导弹发射架,4挺12.7毫米机炮。
电子设备: 一部DRBV22对空搜索雷达,一部DRBV 51对空/对地搜索雷达,一部DRBN34A导航雷达,3部DRBC32A火控雷达,一部SRN-6机载战术导航系统,一部SQS-503声呐、DUBV24C主动船体声呐,两个塞莱克斯电子对抗火箭发射器

美国海军"硫磺岛"级直升机两栖攻击舰

"硫磺岛"级直升机两栖攻击舰是"二战"期间的护航航空母舰设计的改良型,在中央机库的前后两端部署了海军陆战队一个步兵营的登陆兵力。该级舰不安装飞机弹射器和着陆拦阻装置,而是搭载直升机参加作战。飞行甲板可供7架CH-46"海上骑士"或4架CH-53"海上种马"直升机同时起降。该舰的机库高6.1米,可容纳19架CH-46或CH-53直升机。通常情况下,该舰搭载的直升机部队由24架CH-46、CH-53、AH-1和UN-1直升机组成。在"硫磺岛"号、"冲绳"号、"新奥尔良"号和"仁川"号的上甲板边缘安装了可折叠的载重量为22727千克的起重机,而"瓜达尔卡纳尔岛"号、"关岛"号和"的黎波里"号上的起重机的载重量为2000千克。除了"仁川"号在吊艇柱上配备两艘车辆人员登陆艇外,其他几艘都没有配备登陆艇,而是压缩了空间,用以搭载美国海军陆战队员。两部小型起重机可以把物资从物资舱运送到飞行甲板上,小型车辆停靠空间内可容纳小型车辆和牵引式火炮。

1972—1974年,"关岛"号作为过渡时期的海上控制舰,配备了AV-8A"鹞"式飞机和SH-3"海王"反潜直升机。在重新转为两栖攻击舰时,该舰仍然保留着过渡时期试验用的"空地分类分析中心"。其他几艘还搭载了美国海军的RH-53直升机扫雷部队,作为扫雷指挥舰执行任务。1973年,这些扫雷舰清除了越南北部港口的水雷,1974年又清扫了苏伊士运河。直升机作战行动由飞行甲板上层的专门指挥控制中心负责。除了"的黎波里"号之外,其他几艘配备了卫星通信设备,作为两栖指挥舰使用,同时还配备了300张医疗床位作为通用两栖攻击舰使用。在7艘"硫磺岛"级两栖攻击舰中,有4艘隶属于大西洋舰队,3艘隶属于太平洋舰队。最后,"仁川"号转变为水雷对抗支援舰。另外6艘于1993—1997年间相继退役。

上图:"仁川"号是目前唯一一艘现役的"硫磺岛"级两栖攻击舰,配备MH-53E"海龙"直升机执行扫雷任务。1996年,该舰转变为水雷对抗、指挥、控制与支援舰

下图:"硫磺岛"级两栖攻击舰是世界上最早一批专门搭载直升机的两栖舰船,每艘舰可运载1个营的全副武装的登陆部队、1个加强型直升机中队和支援部队

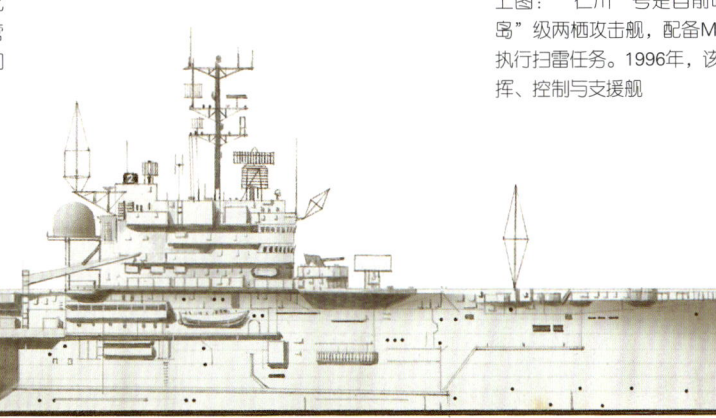

技术参数

"硫磺岛"级两栖攻击舰

"硫磺岛"号、"冲绳"号、"瓜达尔卡纳尔岛"号、"关岛"号、"的黎波里"号、"新奥尔良"号和"仁川"号

服役时间:"硫磺岛"号于1961年8月26日服役,"冲绳"号于1962年4月14日服役,"瓜达尔卡纳尔岛"号于1968年7月20日服役,"关岛"号于1965年1月16日服役,"的黎波里"号于1966年8月6日服役,"新奥尔良"号于1968年11月16日服役,"仁川"号于1970年7月20日服役

排水量:满载排水量18300吨

尺寸:长183.7米,宽25.6米,吃水深度7.9米

推进装置:116405.4千瓦的蒸汽轮机

速度:最大航速23节,巡航速度20节

人员编制:652人(其中军官47名,士兵605名)

运兵能力:2090人(其中军官190名,士兵1900名)

装载:合计车辆停放面积399.6平方米;"仁川"号配备2艘车辆人员登陆艇;最多可在飞机库停放19架CH-46直升机,甲板上停放7架;装载24605升车辆燃油;1533090升JP5航空燃油;1059.8立方米的货盘化物资

武器:4门MK33型76毫米火炮,两门MK15型六管20毫米"火神"密集阵防空火炮

电子装置:一部SPS-10对海搜索雷达,一部SPS-40对空搜索雷达,一套SPN-10或SPN-43飞机降落辅助雷达系统,一台MK36型6管干扰火箭发射器,一套URN-20"塔康"战术空中导航系统

美国海军"罗利"级和"奥斯汀"级两栖船坞运输舰

两栖船坞运输舰是在船坞登陆舰的基础上发展起来的,其船坞井的尺寸更小,而人员和车辆运载能力更强大。两栖船坞运输舰综合了武装运输船、武装货船和船坞登陆舰的车辆及登陆艇运输能力。"罗利"级两栖船坞运输舰总共建造3艘,其中的"拉萨尔"号现在地中海服役,为中东部队的指挥舰。该级舰的后部船坞井长51.2米,宽15.2米,可容纳一艘通用登陆艇和3艘LCM6型机械化登陆艇,或4艘LCM8型机械化登陆艇,或者20辆AAV7型两栖突击车。另外,该舰还可在直升机甲板上停放两艘LCM6型机械化登陆艇或4艘大型人员登陆艇,它们都可以通过起重机进行装卸。直升机甲板在登陆艇舱室的上面,舰上没有机库和维修装置。6架直升机可在短时间内从甲板起飞,一个悬挂单轨物资输送系统可以把登陆艇从前部货舱输送到甲板上。舱门跳板连接着车辆甲板、船坞井和飞行甲板,它也可用于停放额外的车辆。当船坞剩余有空间时,船体两侧的舱门可以滚装物资。

随后的"奥斯汀"级是"罗利"级两栖船坞运输舰的扩大型,船坞井尺寸不变,但井的前部扩展到了12米,可以容纳更多的车辆和物资。一条固定的飞行甲板位于船坞井上方,甲板上有两个着陆点。除了"奥斯汀"号外,其余舰只都设计了一个长度17.7~19.5米、宽度5.8~7.3米的机库,如果需要,长度还可扩展至24.4米,最多可容纳6架CH-46型直升机。AAV7型两栖突击车的装载量为28辆,另外也可选择装载一艘通用登陆艇和3艘LCM6型机械化登陆艇,或9艘LCM6型机械化登陆艇,或者4艘LCM8型机械化登陆艇。"克利夫兰"号和"纳什维尔"号还特意设计了上层建筑甲板,用于担任两栖战中队旗舰。"罗利"级和"奥斯汀"级都装备了两栖指挥舰适用的卫星通信系统。5艘"奥斯汀"级两栖船坞运输舰在大西洋舰队服役,6艘"罗利"级两栖船坞运输舰在太平洋舰队服役。1980年,"科罗拉多"号被改装成为两栖指挥舰,以替代"拉萨尔"号指挥舰,部署在圣迭戈。该舰还曾作为联合部队指挥舰使用。"罗利"号和"温哥华"号于1991—1992年间退役。

上图:"施里夫波特"号和"无恐"级外观相似,但体形比"无恐"级大。和其他姊妹舰一样,该舰可作为两栖中队的旗舰。另外,该舰还可额外配备两门MK38型25毫米火炮用于自卫

上图：美国海军"奥斯汀"级两栖船坞运输舰"杜比克"号。1986年开始，"奥斯汀"级两栖船坞运输舰和"硫磺岛"级两栖攻击舰开始实施"服役期延长计划"

右图：在太平洋执行任务时，一架第41轻型直升机中队的SH-60B"海鹰"直升机正在"丹佛"号上空飞行。目前，6艘"奥斯汀"级两栖船坞运输舰可以起降"先锋"级无人机

技术参数

"罗利"级和"奥斯汀"级两栖船坞运输舰

"罗利"号（LPD1）、"温哥华"号（LPD2）、"奥斯汀"号（LPD4）、"奥格登"号（LPD5）、"德卢斯"号（LPD6）、"克利夫兰"号（LPD7）、"杜比克"号（LPD8）、"丹佛"号（LPD9）、"朱诺"号（LPD10）、"施里夫波特"号（LPD12）、"纳什维尔"号（LPD13）、"特伦顿"号（LPD14）和"庞塞"号（LPD15）

服役时间：1962—1971年

排水量："罗利"号和"温哥华"号的满载排水量为13900吨，"奥斯汀"号和"德卢斯"号满载排水量为15900吨，"克利夫兰"号和"朱诺"号满载排水量为16550吨，"科罗拉多"号和"纳什维尔"号满载排水量为16900吨，"特伦顿"号和"庞塞"号满载排水量为17000吨

尺寸："罗利"号和"温哥华"号长159.1米，宽30.5米，吃水深度6.7米；其余舰船长173.8米，宽30.5米，吃水深度7米

推进装置：两台相连的蒸汽轮机向两个传动轴提供17896.8千瓦的动力

速度：最大航速21节

人员编制："罗利"号人员编制413名（24名军官和389名士兵）；"温哥华"号人员编制410名（23名军官和387名士兵）；其余舰船人员编制在410~447名之间（军官24~25名，士兵386~442名）

指挥部人员："克利夫兰"号至"纳什维尔"号为90人

运兵能力："罗利"号至"德卢斯"号为930人；"克利夫兰"号至"纳什维尔"号为840人；"特伦顿"号和"庞塞"号为930人

物资："罗利"号和"温哥华"号稍小，"奥斯汀"号至"庞塞"号车辆停放面积为1034.1平方米，可装载1艘通用登陆艇和3艘LCM6型机械化登陆艇，或者9艘LCM6型机械化登陆艇，或者4艘LCM8型机械化登陆艇，或者28辆两栖突击车。还可装载616立方米的物资，或者472立方米弹药。还可装载5900升MOGAS车辆燃油、368425升AVGAS航空燃油、17035升AV-LUB燃油、850095升JP5号航空燃油

武器："罗利"号和"温哥华"号配备3架双管MK33 76毫米高射炮，其余舰船配备2架双管MK33 76毫米高射炮（目前已拆除）。另外，所有舰船还配备了两部20毫米MK16密集阵近战武器系统

电子设备：一部SPS-10对海搜索雷达、一部SPS-40对空搜索雷达、一部URN-20塔康空中战术导航系统、一部MK36超级快速施放舰用箔条弹系统

美国海军"卡比尔多"级、"托马斯顿"级、"安克雷奇"级船坞登陆舰

船坞登陆舰是二战时期的设计,主要用于运输登陆艇和坦克等重型装备。美国海军现役舰船中已经没有"卡比尔多"级船坞登陆舰。在希腊和西班牙海军中各有一艘"卡比尔多"级船坞登陆舰。该舰满载排水量9375吨,井甲板长103米,宽13.3米,可装载3艘通用登陆艇,或18艘LCM6型机械化登陆艇,或32艘LVTP-5/7型履带式人员登陆车,还可装载1347吨物资和100辆重212吨的卡车,或者27辆M48重型坦克或者11架直升机。舰员编制为18名军官和283名士兵,最大航速15.4节,最初配备数量不等的40毫米口径防空火炮。该舰没有配备机库和维修装置,有一个直升机平台位于井甲板上方。

"托马斯顿"级船坞登陆舰是二战后第一次设计的船坞登陆舰,其设计思路起源于朝鲜战争。船坞井长119.2米,宽14.6米,可容纳3艘通用登陆艇,或者19艘LCM6型机械化登陆艇,或者9艘LCM8型机械化登陆艇,或者48辆AAV7S型两栖突击车。该级舰的吊艇柱可携带两艘车辆人员登陆艇和两艘大型人员登陆艇。后来,"托马斯顿"级船坞登陆舰被新型的"惠德贝岛"级船坞登陆舰替代。

"安克雷奇"级船坞登陆舰和"托马斯顿"级船坞登陆舰大小相似,但有一个标志性的三脚桅。船坞井正上方有一个可移动直升机起降平台。船坞井长131.1米,宽15.2米,可容纳3艘通用登陆艇,或者21艘LCM6型机械化登陆艇,或者8艘LCM8型机械化登陆艇,或者50辆AAV7型两栖突击车。该级舰还可在甲板上装载两艘LCM6型机械化登陆艇,在吊艇柱上挂载一艘车辆人员登陆艇和一艘大型人员登陆艇。另外,该舰的人员运输能力也得到了提高。

截止到2003年,"安克雷奇"号、"波特兰"号和"弗农山"号等3艘"安克雷奇"级船坞登陆舰仍在美军服役,其中两艘部署在太平洋舰队,一艘部署在大西洋舰队。

上图:"安克雷奇"级船坞登陆舰的首舰"安克雷奇"号在西太平洋部署期间,正在澳大利亚海岸附近航行。该级舰可装载3艘通用两栖登陆艇,或气垫登陆艇或48辆AAV7两栖突击车

上图:"安克雷奇"级船坞登陆舰"弗农山"号和"佩里"级导弹护卫舰"塞兹"号在日本海岸附近海域并肩航行。"弗农山"号是美国西海岸第一艘配备气垫登陆艇的两栖战舰

上图:2003年,在大西洋海域参加"持久自由"行动时,从"塞班"号两栖攻击舰上看过去的"安克雷奇"级船坞登陆舰"波特兰"号

技术参数

"托马斯顿"级和"安克雷奇"级船坞登陆舰

舰名:"托马斯顿"号(LSD28)、"普利茅斯石"号(LSD29)、"斯内林堡"号(LSD30)、"迪法恩斯角"号(LSD31)、"斯皮格尔丛林"号(LSD32)、"阿拉莫"号(LSD33)、"赫米蒂奇"号(LSD34)、"蒙蒂塞洛"号(LSD35)、"安克雷奇"号(LSD36)、"波特兰"号(LSD37)、"彭萨克拉"号(LSD38)、"弗农山"号(LSD39)和"菲舍尔堡"号(LSD40)

服役时间:1954年至1972年

排水量:"托马斯顿"号和"迪法恩斯角"号满载排水量为11270吨,"斯皮格尔丛林"号和"赫米蒂奇"号满载排水量为12150吨,"安克雷奇"号和"菲舍尔堡"号满载排水量为13700吨

尺寸:"托马斯顿"号至"蒙蒂塞洛"号长155.5米,宽25.6米,吃水深度5.8米;"安克雷奇"号至"菲舍尔堡"号长168.6米,宽25.6米,吃水深度6米

推进装置:两台相连的蒸汽涡轮机向两个传动轴提供17896.8千瓦的动力

速度:最大航速22.5节,巡航速度20节

人员编制:"托马斯顿"号至"蒙蒂塞洛"号为331~341人(其中军官18名,士兵313至323名),"安克雷奇"号至"菲舍尔堡"号341~345人(其中军官18名,士兵323~328名)

输送部队:"托马斯顿"号至"蒙蒂塞洛"号为340人,"安克雷奇"号至"菲舍尔堡"号为376人

物资:"托马斯顿"号至"蒙蒂塞洛"号的车辆停放区面积为975平方米,"安克雷奇"号至"菲舍尔堡"号的车辆停放区面积为1115平方米;3艘通用登陆艇,或者19艘LCM6\LCM8型机械化登陆艇,或者48辆AAV7型两栖突击车;85立方米弹药;4540升AVGAS或者MOGAS燃油;147650升柴油

武器:3门双管MK333英寸的AA机炮(后来替换为两门20毫米MK16密集阵近战武器系统和两门25毫米MK38"丛林霸王"机炮)

电子装置:一部SPS-10海面搜索雷达,一部SPS-6对空搜索雷达(LSD36/40为SPS-40雷达),一套包含电子干扰装置的MK36舰用超速散放箔条系统

上图:美国海军"托马斯顿"级船坞登陆舰"寺院"号。"托马斯顿"级和后来的"安克雷奇"级船坞登陆舰很相似。2003年,仍有两艘"托马斯顿"级船坞登陆舰("西阿拉"号和"里约热内卢"号)继续在巴西海军服役

英国皇家海军"无恐"级两栖船坞运输舰

"无恐"级两栖船坞运输舰"无恐"号和"勇猛"号属于英国皇家海军第3舰队,该舰队拥有英国皇家海军大型战舰和海军航空力量。1981年,声名狼藉的《防务评估报告》建议"勇猛"号在1982年退役,"无恐"号在1984年退役,但英国国防部在1982年最终决定这两艘舰继续服役。随后进行的马尔维纳斯群岛战争也证明了它们的价值,如果没有这两艘舰,英国将没有一支两栖登陆部队重新夺回马尔维纳斯群岛。

攻击能力

"无恐"级用于执行两栖攻击部队运输任务,随舰部署一个海军两栖攻击部队旅级司令部和一个装备齐全的攻击作战指挥室,部队指挥官可以对参加作战的海陆空三军实施指挥。舰上还部署一个两栖分遣队,由登陆艇中队、两栖海滩小队和一个车辆甲板小组组成。登陆艇中队配备4艘通用登陆艇(由LCM9型机械化登陆艇发展而来)和4艇车辆人员登陆艇。车辆甲板小组主要任务是把各种车辆装上登陆艇,一艘通用登陆艇可装载一辆"酋长"型或两辆"百人队长"主战坦克,或者4辆4吨重的卡车,或者8辆"路虎"越野车及拖车,或者100吨的物资,或者250名全副武装的兵员。车辆人员登陆艇可装载35名武装人员或两辆"路虎"越野车。

井甲板上方是一条长50.29米、宽22.86米的飞行甲板,可以起飞大约大多数型号的直升机,如果需要,也可飞行"鹞"式垂直/短距起降飞机。舰上有3个车辆甲板,一个用于停放履带式坦克或自行火炮,一个用于停放轮式卡车,一个用于停放"路虎"越野车及拖车。

该级舰的额外装载能力足够容纳一个轻型步兵营或者一个海军陆战队突击队及其炮兵连。更多的轻型车辆可以停放在直升机飞行甲板上。该级舰还可用作训练舰,能够容纳150名实习军官和海军学员随舰进行为期9周的航行训练。

下图:英国皇家海军"无恐"号两栖船坞运输舰在圣卡洛斯湾登陆行动之前向"安特里姆"号发送信号。"福克兰之声"行动在当晚发起,英军第一批部队于1982年5月21日凌晨4时在圣卡洛斯湾成功登陆

技 术 参 数

"无恐"号和"勇猛"号

服役时间:"无恐"号1965年11月25日服役,"勇猛"号1967年3月11日服役

排水量:满载排水量12210吨

尺寸:长158.5米,宽24.4米,吃水深度6.2米

推进装置:两台蒸汽涡轮机,可向两个传动轴提供16406千瓦的动力

人员编制:617人(其中军官37名,船员500名,海军陆战队员80名)

运兵能力:常规330人,可超载至500人,最多670人

运输能力:最大载运量为20辆主战坦克、一辆登陆装甲抢救车、45辆4吨重的卡车以及50吨物资或者2100吨物资、4艘通用登陆艇和4艘车辆人员登陆艇、5架"韦塞克斯"HU MK5型直升机,或者4架"海王"HC MK4型直升机和3架"羚羊"直升机或"山猫"直升机

武器:两座GWS20四联装地空导弹发射架、两门双管"厄利孔"30毫米速射炮、两门"厄利孔"20毫米机炮、数量不等的7.62毫米通用机炮和"吹笛"型地空导弹发射器。"无恐"号后来配备了两门20毫米MK15"火神"密集阵火炮

电子装置:一部978型导航雷达、一部994型对空对海搜索雷达、一套"斯科特"卫星通信系统、一套配备"康沃斯"干扰发射器的电子对抗系统、一套作战室指挥控制系统

马尔维纳斯群岛两栖攻击特遣部队

马尔维纳斯群岛战争是英军自"二战"结束以来最大规模的登陆作战,也验证了两栖部队在现代战争中仍然保留着举足轻重的地位。当时,英国的两栖作战主要依靠两艘"无恐"级两栖船坞运输舰,该级舰上配备有指挥和通信装备,可以对旅级部队登陆作战中的海陆空三军实施指挥。倘若没有"无恐"号和"勇猛"号,马尔维纳斯群岛战争几乎是不可能进行的。

上图:在马尔维纳斯群岛攻击行动开始之前,英国皇家海军两栖攻击舰"无恐"号和搭载垂直/短距起降飞机的航空母舰"竞技神"号,迅速完成了输送登陆突击部队的任务

左图:在英国皇家海军陆战队占领并巩固了圣卡洛斯湾的滩头阵地后,从民间征用的商船开始向海滩输送大批补给物资。事实证明,只有登陆艇和滚装渡船结合起来,才能迅速有效地完成卸载任务

下图:在圣卡洛斯湾水域,阿根廷空军一架"短剑"飞机(以色列飞机工业公司制造)正在攻击一艘英国皇家海军两栖船坞运输舰("无恐"号或"勇猛"号)。这架经过伪装的阿根廷飞机从主桅上方、几乎贴着舰桥飞过英舰。在激战中的圣卡洛斯湾海域,这两艘英舰令人惊奇地存活下来

"无恐"号

1. 导航雷达
2. 对空搜索雷达
3. 主桅装置
4. 船头漏斗(在主桅后面)
5. 斜道
6. 雷达控制室
7. 作战指挥室
8. 主舰桥
9. 40毫米"博福斯"机炮
10. 桥楼室
11. 前部桅杆结构
12. 救生艇
13. "萨姆"四联导弹发射器
14. 锚
15. 部队甲板/物资(1)
16. 部队甲板/物资(2)
17. 部队甲板/物资(3)
18. 轻型卡车甲板
19. 坦克甲板
20. 登陆艇吊艇柱
21. 车辆人员登陆艇,能装载36名人员,或者2辆流浪者式登陆车和机组人员
22. 用于升高或降低坡道的滑轮系统
23. 用于在不同甲板间移动装甲战车的机动坡道
24. 船上汽艇
25. "蝎子"轻型侦察车
26. 从船向登陆艇装载用的固定坡道
27. 可回收升降扶梯
28. 悬挂人行道
29. LCM9型机械化登陆艇,可装载2辆坦克,或者100吨的车辆或其他物资
30. 用于车辆甲板间运输的固定坡道
31. 直径为3.8米的5叶片螺旋推进器

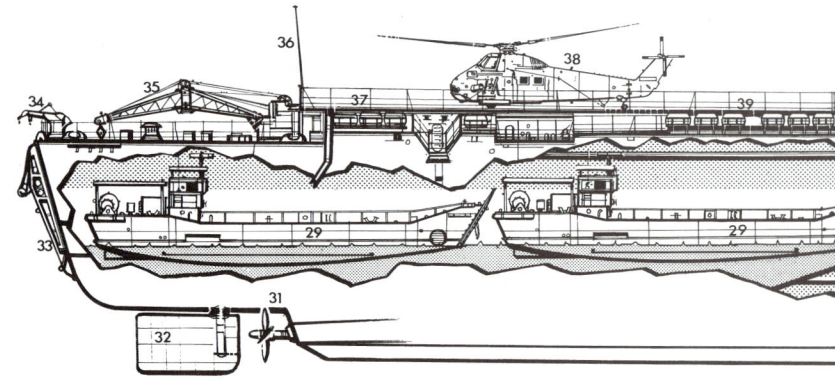

技术参数

马尔维纳斯群岛特遣部队（部分）
皇家海军和皇家舰队辅助舰船

航空母舰
"竞技神"号和"无敌"号

驱逐舰和护卫舰
82级："布里斯托尔"号
郡级："安特里姆"号和"格拉摩根"号
42级："加的夫"号、"考文垂"号、"埃克塞特"号、"格拉斯哥"号和"谢菲尔德"号
22级："积极"号、"敏捷"号、"埋伏"号、"羚羊"号、"热心"号、"箭"号和"复仇"号
"利安得"级："阿格诺特"号、"珀涅罗珀"号和"米尼沃"号
"先驱者"级："仙女座"号
"罗西森"级："普利茅斯"号和"雅茅斯"号

破冰巡逻船
"忍耐"号

潜艇
"敏捷"级："斯巴达"号和"壮丽"号
"丘吉尔"级和"英勇"级："征服者"号、"英勇"号和"勇气"号
"天王星"级和"海豚"级："玛瑙"号

两栖船坞运输舰
"无恐"号和"勇猛"号

登陆补给船
"贝德维尔爵士"号、"加拉哈德爵士"号、"兰斯洛特爵士"号、"波森维尔爵士"号和"特里斯特拉姆"号

陆军和海军陆战队兵力
第3突击旅
陆军第29突击团
皇家工兵部队第59独立突击中队
皇家海军陆战队第40突击队
皇家海军陆战队第42突击队
皇家海军陆战队第45突击队
空降团第2营
空降团第3营
皇家海军陆战队突击队补给团
皇家海军陆战队第3突击旅司令部和信号中队
皇家海军陆战队第3突击旅空军中队

第5步兵旅
苏格兰卫兵第2营
威尔士卫兵部队第1营
爱丁堡公爵廓尔喀步兵第1和第7分队
陆军第97炮兵连
陆军航空兵第656中队

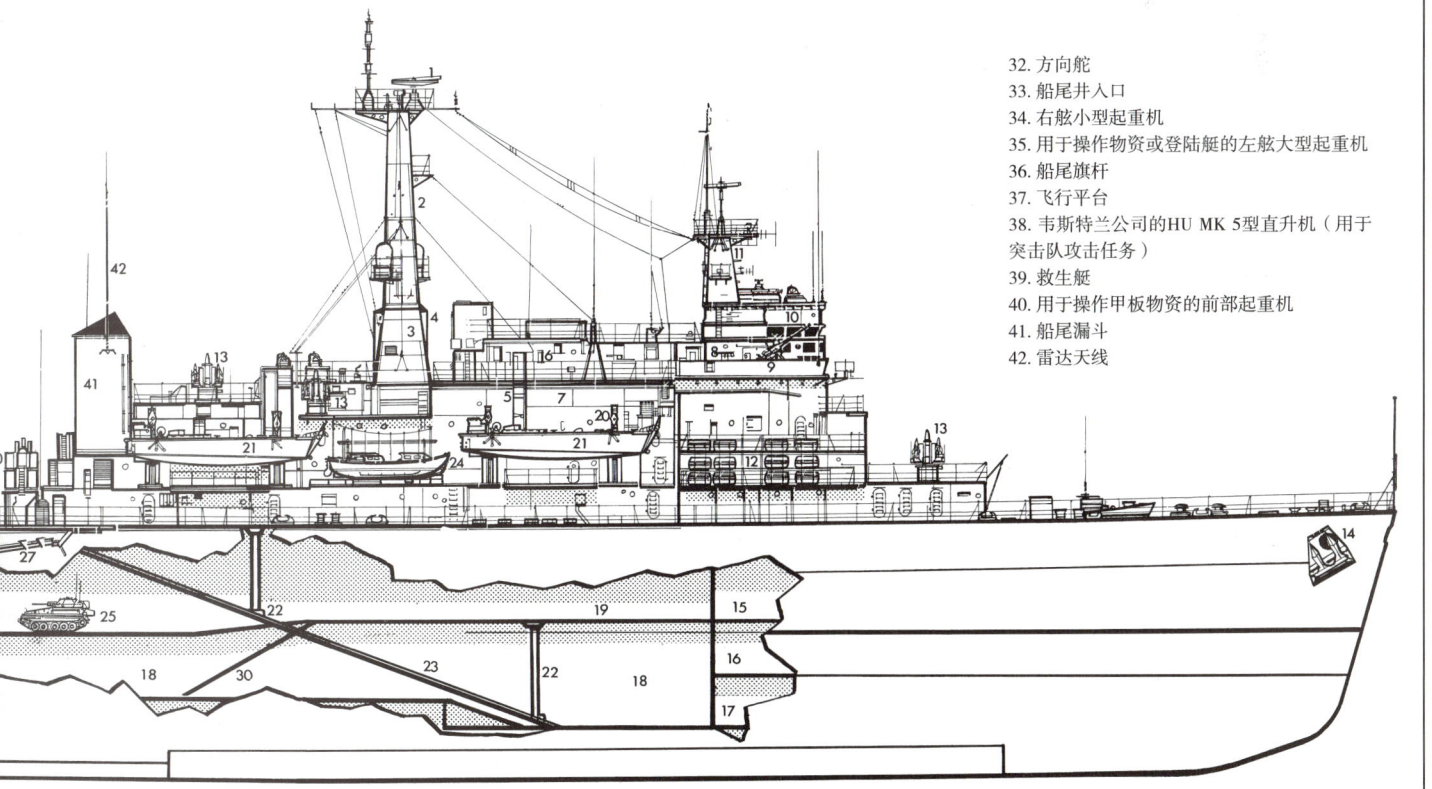

32. 方向舵
33. 船尾井入口
34. 右舷小型起重机
35. 用于操作物资或登陆艇的左舷大型起重机
36. 船尾旗杆
37. 飞行平台
38. 韦斯特兰公司的HU MK 5型直升机（用于突击队攻击任务）
39. 救生艇
40. 用于操作甲板物资的前部起重机
41. 船尾漏斗
42. 雷达天线

"无恐"号两栖船坞运输舰

1963年,"无恐"号由贝尔法斯特的哈兰德·沃尔夫造船厂建造,1965年11月服役,2002年退役。和"无恐"号一样,"勇猛"号也在同一时间由克莱德班克的约翰·布朗造船厂建造。"无恐"号给人的印象是二战期间的船坞登陆艇的改进版,实际上是美国海军"罗利"级的微缩版。常规情况下,该舰能够装载15辆坦克、27辆其他车辆和400名武装人员,或者700名轻装人员。该舰只配备了少量武器用于自卫,但能够提供足够的指挥和控制能力。到20世纪80年代中期,该级舰的蒸汽推进装置变得昂贵并且维修困难,但在1982年的马尔维纳斯群岛战争中,这两艘舰的动力性能良好。

右图:除了自身携带的高射炮和短距地空导弹,"无恐"级两栖船坞运输舰主要依靠护航驱逐舰、护卫舰的火力防护以及舰载部队的"吹笛"肩扛式地空导弹

直升机能力

"无恐"号的船尾船坞井上方,有一个平台可用于旋转翼飞机的起降(5架韦斯特兰的"韦塞克斯"直升机或4架"海王"直升机),用来在舰—岸之间转移人员和武器装备。

船坞井

"无恐"号的船尾有一个大型船坞井,可装载4辆LCM9型机械化登陆艇,每艘艇可运送2辆主战坦克,或者4辆其他车辆,或者100吨的装备或补给物资。该舰还可在吊艇柱上挂载4艘车辆人员轻型登陆艇,每艘艇可运送35人或者重达半吨的摩托车。

推进装置

"无恐"号配备两台"班德克科·威尔科克斯"柴油涡轮发动机,向两个推进装置提供16405千瓦的动力。

右图：1982年5月21日，为了削弱在东马尔维纳斯群岛圣卡洛斯水域进行两栖登陆的英国皇家海军，阿根廷空军进行了一次坚决出击，英国皇家海军的"无恐"号和"勇猛"号两栖攻击舰是其首要目标，这两艘舰均成功逃脱，基本上没有受伤。图中所示是阿根廷空军第6大队的一架"短剑"飞机（以色列飞机工业公司制造）对"无恐"号实施攻击

电子装置

"无恐"号上配备的电子传感器包括：一部994型对空/对海搜索雷达、一部978型导航雷达和一对"康沃斯"电子对抗装置发射器。该舰还配备了电脑辅助作战 信息系统，供海军旅级攻击部队司令部指挥两栖攻击行动。

防御武器

遇到敌方空中攻击时，"无恐"号主要依靠岸基飞机进行防御；在遇到敌方水面舰艇及潜艇的威胁时，主要依靠特混编队其他舰船的保护，最后才是舰载武器进行保护。正是这一原因，舰上电子装备和武器装备才显得无关紧要。该舰的舰载武器包括：两门40毫米"博福斯"高射炮（最初是L/60型，后来是L/70型），4联装"海猫"对空导弹发射架和GWS20光学控制系统，该光学系统后来改装成为GWS22跟踪雷达系统，可在夜间以及不利天气状况下持续工作。

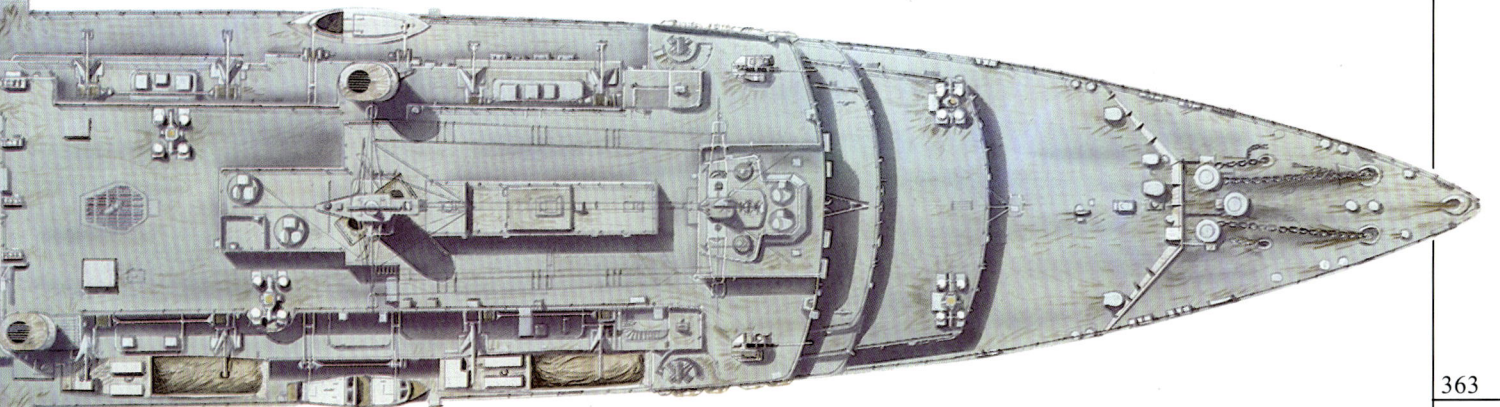

上图：英国皇家海军"无恐"号两栖船坞登陆舰在1990年进行了改装，加装了两套"火神"密集阵近战武器系统和诱饵发射器。"无恐"号和"勇猛"号于1999—2002年间退役

上图：一架突击队的"韦塞克斯"HU MK5攻击直升机从"无恐"号两栖船坞登陆舰上起飞。请注意，该舰的井甲板上停放的是一艘通用登陆艇。"无恐"号可搭载4艘通用登陆艇，每艘艇可运载1~2辆主战坦克，或者250名登陆兵

法国海军"暴风"级船坞登陆舰

法国海军"暴风"级船坞登陆舰既可用作两栖战舰，又能够用作后勤运输船。这些战舰装备一个长约120米的船台甲板，甲板上有一个舰艉门，尺寸为14米宽，5.5米高。船台甲板能够搭载两艘重670吨的全负荷的坦克登陆艇，其中，一艘登陆艇能够装载11辆轻型坦克，或者11辆卡车，或者5辆履带登陆车，或者装载18艘机械化登陆艇（每艘能够装载一辆重达30吨的载重卡车或运货汽车）。船台甲板的上方是一个长36米（79.4英尺）的六段可拆卸式直升机飞行甲板，能够起降一架SA321G型"超级大黄蜂"重型直升机或3架SA 319B通用型"云雀Ⅲ"直升机。如果需要的话，还能够加装一个长90米（295英尺4英寸）的临时甲板，这条甲板也能够装载载重卡车或运货汽车，但是，这个临时甲板装载的登陆艇的数量只是船台甲板的一半。如果该级战舰在作为后勤运输船时使用了额外的甲板，那么总的载货能力就变成了1500吨，所搭载的物资包括：或是18架"超级大黄蜂"直升机、80架"云雀Ⅲ"直升机，或是120辆AMX-10型或84辆轻型水陆两用运货汽车，或是340辆轻型通用汽车，或是12艘重达50吨的驳船。该级战舰典型的装载物资可能包括一艘重达380吨的坦克登陆艇、4艘56吨重的运货平底驳船、10辆AMX-10RC装甲车以及21辆车辆，或者150~170辆的车辆（不装载登陆艇）。战舰上有一个永久性的直升机平台，能够停放4架"超级大黄蜂"直升机或者10架"云雀Ⅲ"直升机，该平台位于右舷舰桥区域旁边。两台起重能力为35吨的起重机用于装载重型装备。战舰上还装备有指挥设备，因此战舰可以用作两栖部队的旗舰。此外，战舰上还装备一个范围广泛的修理和维护车间，对舰载设备进行日常维护。在正常条件下，陆战队的铺位能够供349人居住，用于短距离输送时可以保障470人。另外，战舰甲板上还能够搭载3艘车辆人员登陆艇。

核试验任务

"暴雨"号（L9022）被分派到法国太平洋核试验中心担当往返于法国的后勤运输舰，同时还担任核试验中心的浮动指挥部。1993年，"暴风"级的两艘战舰还加装了两座双联装"希姆巴德"导弹发射架，用来发射"西北风"防空导弹。此外，该级战舰还装备了新型搜索雷达。

"暴雨"号和"暴风"号（L9021）已经延长了服役期限，顶替它们的将是两艘排水量为20000吨的"西北风"级多用途两栖攻击舰。

下图："暴风"号战舰上装备有一个司令舰桥，该舰用作法国在南太平洋上进行核试验任务的浮动司令部。"暴风"号战舰既可以用作两栖战舰，又可以作为后勤运输舰，能够容纳半个海军陆战营的兵力（349人）。此外，该舰典型的直升机装载包括3架或4架"超级大黄蜂"直升机，或者10架"云雀Ⅲ"直升机。如今，该战舰很少搭载"超级大黄蜂"直升机了，经常搭载的是"超美洲豹"或"美洲豹"直升机（用于作战搜索与援救行动）

上图:法国海军"暴雨"号船坞登陆舰上有一座信号舰桥,该舰曾在南太平洋核试验任务期间担任海上司令部

技术参数

"暴风"号(L9021)和"暴雨"号(L9022)

服役时间: L9021号舰于1965年6月1日开始服役,L9022号于1968年4月1日开始服役

排水量: 标准排水量5800吨,满载排水量8500吨

舰艇尺寸: 舰长149米;舰宽23米;吃水深度5.4米

动力系统: 两台输出功率为6413千瓦(8600轴马力)的柴油机,双轴推进

航速: 17节

人员编制: 211人(10名军官和201名士兵)

陆战队队员: 正常人数为349人(14位军官和335名士兵),人数最多为470人

运输物资: 作为后勤运输舰时,载重量为1500吨,可装载两艘坦克登陆舰,或者总数达8艘的运货平底驳船或18艘机械化登陆艇,外加3艘车辆人员登陆舰

武器系统: 两座马特拉公司"希姆巴德"双联装导弹发射装置,发射"西北风"防空导弹,4门单管40毫米口径"博福斯"式火炮(其中两门后来被"布雷达"/"毛瑟"30毫米口径火炮所替代)

电子系统: 一部DRBN 32型导航雷达,一部DRBV 51A型对空/对海搜索雷达,一部SQS-17声呐(L9021号战舰装备)

法国海军"闪电"(Foudre)级船坞登陆舰(TCD/LSD)

回溯至20世纪60年代,多年以来,法国海军的两栖作战能力一直依赖于两艘船坞登陆舰,这就是"暴风"号和"暴雨"号。与英国所确立的防卫措施不同的是,法国承认其陈旧的船坞登陆舰有着很大的局限性,因此于1984年订购了一种新型战舰,集TCD(平底驳船式登陆运输舰)和LSD(船坞型登陆舰)两种功能于一身。"闪电"号(L9011)于1986年在布雷斯特海军造船厂开工建造,1988年下水,1990年服役。其姊妹舰"热风"号(L9012)于1994年批准建造,1994年开工建造,1996年下水,1998年服役。

"闪电"级战舰计划搭乘法国快速反应部队(用新型职业化部队替代了20世纪征兵制下的部队)的一个机械化营,还能够担当后勤补给舰。一种典型的装载方式是:一艘大型坦克登陆艇和一艘380吨重的坦克登陆艇,法国建造了两艘这样的坦克登陆艇,用于协同"闪电"级战舰作战;4艘运货平底驳船和一艘56吨重的机械化登陆艇;10辆AMX-10RC装甲车以及总数达50辆的其他车辆。如果不装载登陆艇,"闪电"级能够装载总数达200辆的车辆。战舰船台甲板长122米(400英尺4英寸),宽14米(45英尺11英寸),能够容纳1艘重达400吨的舰艇。起重机的起重能力为52吨("闪电"号)或者38吨("热风"号),便于装载重型装备。

在人员方面,"闪电"级战舰能够容纳467名海军陆战队员(还装载1880吨装备),或在紧急情况下,最多能够运送1600名海军陆战队员。当所乘载的舰员和海军陆战队员为700人时,"闪电"级船坞型登陆舰的自持力为30天。

这两艘多用途型战舰均装备有指控设备和医疗设备,包括两个手术室和47张病床。"热风"号战舰能够担当一个标准的野战医院。

直升机作战

在面积约为1450平方米(15608平方英尺)的直升机起降甲板上有两个小型的降落场,船台甲板上部可拆卸式翻转盖上还有一个小型降落场。这些战舰能够停放两架"超级大黄蜂"直升机或者4架AS332F型"超美洲豹"直升机。"热风"号上的直升机起降甲板最大距离地向后扩展,与车库顶齐平,使得起降甲板的面积扩大到1740平方米(18730平方英尺)。

从20世纪90年代末起,"闪电"号原定装备与"热风"号相同的防空火炮,这一目标最终实现。两座马特拉机械公司的"希姆巴德"双联装轻型发射装置用来发射"西北风"红外自导导弹,用于担当防空任务,对抗近战威胁和掠海飞行导弹,这两座导弹发射装置位于舰桥的两侧。"热风"号装备3门"布雷达"/"毛瑟"30毫米口径火炮,而"闪电"号没有装备这种火炮,而是依靠舰桥前面的1门40毫米口径"博福斯"火炮和两门"吉亚特"20F2型20毫米口径火炮。此外,这两艘舰还装备了两挺12.7毫米口径(0.5英寸)机枪。1997年,两舰均加装了一部萨吉姆公司制造的光电火控系统,而且还准备加装一套泰雷兹电子公司的电子监视系统/电子对抗系统。这两艘战舰的基地均设在土伦港,编入法国快速反应部队服役。1999年,"热风"号被派往东帝汶执行军事行动。

下图:"闪电"号上有一个面积1450平方米(15608平方英尺)的直升机起降甲板,并有两个小型降落场,每个降落场均配备一个着陆栅格和一套直升机着陆系统

技术参数

"闪电"级船坞登陆舰

舰名: "闪电"号(L9011), "热风"号(L9012)

服役日期: L9011号于1990年12月7日服役, L9012号于1998年12月21日开始服役

排水量: 满载排水量12400吨, 超载排水量17200吨

舰艇尺寸: 舰长168米; 舰宽23.5米; 吃水深度5.2米; 超载时的吃水深度为9.2米

动力系统: 两台"皮尔斯蒂克"V400型柴油机, 输出功率为15511千瓦(20800轴马力), 双轴推进

航速: 21节

人员编制: 215人(17名军官)

海军陆战队员: 467名

作战物资: 两艘大型坦克登陆舰, 或10艘运货平底驳船, 或一艘大型坦克登陆舰和4艘运货平底驳船, 以及装载1800吨的装备

武器系统: 两座马特拉机械公司"希姆巴德"导弹发射装置, 发射"西北风"防空导弹; "闪电"号装备一门40毫米口径"博福斯"式火炮和两门20毫米口径防空火炮, "热风"号装备3门30毫米口径"布雷达"/"毛瑟"防空火炮

电子系统: 一部DRBV 21A"火星"对空/对海搜索雷达, 一部雷卡公司"台卡"2459对海搜索雷达, 一部雷卡公司"台卡"RM 1229型导航雷达, 一部"萨吉姆公司"VIGU-105型火控系统, "锡拉库斯"型卫星通信战斗数据系统

上图: 双联装"希姆巴德"导弹发射装置能够发射"西北风"红外自导导弹, 为"闪电"级战舰提供了射程达4千米(2.5英里)的防空能力

意大利海军"圣·乔治奥"级两栖船坞运输舰

"圣·乔治奥"级两栖船坞运输舰的航空母舰型飞行甲板上能够搭载3架SH-3D"海王"直升机或1架EH 101型"隼式"直升机,或5架AB212型直升机,每艘能够运送一个营的意大利步兵。"圣·乔治奥"号(L9892)和"圣·马可"号(L9893)均配置有舰艉舱门,用于两栖登陆作战,但"圣·圭斯托"号(L9894)上没有装备。3艘战舰的舰艉坞舱中可容纳3艘机械化登陆艇。"圣·乔治奥"号和"圣·马可"号分别于1985年和1986年开工建造,直到1991年,意大利才订购舰体稍大的"圣·圭斯托"号。前两艘舰均于1987年下水,分别于1987年和1988年服役。"圣·圭斯托"号在1993年下水(由于意大利工业动荡导致工程延期),最终于1994年服役。由于船体加长,并增大了人员铺位,结果导致该舰比前两艘重出近300吨。"圣·马可"号是由意大利政府的民政部门投资建造的,因此,该舰虽然归意大利海军调派,但专门用于执行灾害救助工作。

现代化改进

从1999年起,这些战舰最初装备的20毫米口径火炮被25毫米口径"厄利空"火炮取代,同时,"圣·乔治奥"号拆除了76毫米口径(3英寸)火炮,其车辆人员登陆艇的位置也从挂艇架移至左舷舷台。并且,该舰的直升机起降甲板加长,以便并列停放两架EH 101型和两架AB 212型直升机。舰艉舱门也被拆除了,"圣·马可"号也将进行类似的现代化改进工作。

战舰提供了4个小型降落场、一台30吨的起重机和两台40吨的移动式起重机,用于装载64.6吨的机械化登陆艇。一个典型的装载方法应当包括一个400人的步兵营,加上30~36辆装甲人员输送车或者30辆中型坦克,还能装载两艘(装于挂艇架上)或3艘(装于左弦舷台上)车辆人员登陆艇。

技术参数

"圣·乔治奥"级两栖船坞运输舰

舰名:"圣·乔治奥"号(L9892)、"圣·马可"号(L9893)、"圣·圭斯托"号(L9894)
服役时间: L9892号于1987年10月9日服役,L9893号于1988年3月18日服役,L9894号于1994年4月9日服役
排水量: 满载排水量7665吨("圣·圭斯托"号为7950吨)
舰艇尺寸: 舰长133.3米;"圣·圭斯托"号的舰长为137米;舰宽20.5米;吃水深度5.3米
动力系统: 两台柴油机,输出功率为12527.8千瓦(16800轴马力),双轴推进
航速: 21节
人员编制: 163人("圣·圭斯托"号为196人)
海军陆战队: 400名
作战物资: 36辆装甲人员输送车或者30辆中型坦克加上坞舱中装载的2艘机械化登陆艇和2艘或者3艘车辆人员登陆艇,1艘大型人员登陆艇
武器系统: 一门"奥托·梅莱拉"76毫米口径(3英寸)火炮,两门"厄利空"25毫米口径火炮
电子系统: 一部SPS-72型对海搜索雷达,一部SPN-748型导航雷达,一部SPG-70型火控雷达

上图:"圣·圭斯托"号和"圣·马可"号两栖船坞运输舰停靠在码头,甲板上面搭载着SH-3D型和AB212型直升机。请注意其用于装载车辆人员登陆艇的左弦舷台

上图:意大利海军"圣·马可"号两栖船坞运输舰的甲板上装载着中型卡车,其舰艉的坞舱长20.5米,宽7米,能够容纳两艘机械化登陆艇。"圣·乔治奥"级两栖船坞运输舰的基地设在布林迪西,归属意大利第3海军师调派

日本海军"大隅"级两栖船坞运输舰/坦克登陆舰

自称是"两栖船坞运输舰/坦克登陆舰"的日本"大隅"级战舰看起来酷似一艘航空母舰,成为自1945年以来实力不断增强的日本海军的象征。由于这些战舰具有舰艉坞舱和起降甲板,因此非常像成比例缩小的美国大型多用途攻击舰,而非日本人声称的坦克登陆舰。

1990年,日本政府批准建造"大隅"号,但直到1995年12月才在三井公司所属的玉野造船厂开工建造。最初的建造图纸只向外界展示出战舰最终完工时的一半尺寸,这种做法类似于意大利的"圣·乔治奥"级两栖船坞运输舰。"大隅"号于1996年下水,1998年服役。接踵而至的是同一造船厂建造的"下北"号。第三艘"国东"号在日立公司的舞鹤造船厂建造,此外,日本已经计划在该造船厂建造第四艘"大隅"级。

"大隅"级战舰设计用来运送一个满编营的海军陆战队和一个坦克连,因此,该级战舰完全符合近年来日本政府向印度洋和环太平洋地区投射兵力的既定国策。每艘"大隅"级战舰的防御武器仅限于两套"密集阵"近战武器系统(每套系统由6管火炮组成),当该级战舰编入一个海军特混舰队中作战时,舰队中其他战舰的首要任务就是保护"大隅"级的安全。

技术参数

"大隅"级两栖船坞运输舰/坦克登陆舰

排水量: 标准排水量8900吨

舰艇尺寸: 舰长178米;舰宽25.8米;吃水深度6米

动力系统: 两台三井公司制造的柴油机,输出功率为20580千瓦(27600轴马力),双轴推进

性能: 航速22节

武器系统: 两套"密集阵"近战武器系统

电子系统: 一部OPS-14C型对空搜索雷达,一部OPS-28D型对海搜索雷达,一部OPS-20型导航雷达

运送兵力: 330名海军陆战队员,10辆90型坦克或者1400吨物资,两艘气垫登陆艇

舰载机: 一个飞行平台用于停放两架CH-47J"支努干"直升机

人员编制: 135人

上图:日本计划建造4艘"大隅"级两栖船坞运输舰/坦克登陆舰,"下北"号是其中的第二艘,该舰兼有两栖船坞运输舰和坦克登陆舰的功能,还有1个舰艉坞舱

"鹿特丹"级和"加利西亚"级两栖船坞运输舰

该级由荷兰和西班牙造船厂合作建造的战舰,被荷兰海军称为"鹿特丹"(Rotterdam)级,被西班牙海军称为"加利西亚"(Galicia)级。"鹿特丹"号和"加利西亚"号均于1996年开工建造,分别于1997年和1998年服役。"卡斯蒂利亚"号于1997年开工,2000年服役。按计划,荷兰海军第二艘该级战舰"约翰·德·维特"号于2007年服役。

该级战舰设计运送一个营的海军陆战队兵力以及相关的作战和支援车辆。由于这些战舰在舰艉装备有一个大型坞舱,所以能够在各种恶劣天气条件下进行登陆艇和直升机作战。该级战舰装载了极其广泛的医疗设备,包括一间治疗室、一间手术室和医学实验室,已经执行过多次人道主义紧急救援任务。此外,为了运送军队及其军事装备,这些战舰在弹药库中额外装载一些海军军械设备(包括总数达30枚的鱼雷),支援距离母港不远的特混舰队的作战。

西班牙和荷兰海军的"加利西亚"级和"鹿特丹"级两栖船坞运输舰的舰载防御武器有所不同,各自装备本国制造的近战武器系统设备,其中,"加利西亚"级装备的是"梅罗卡"近防火炮,而"鹿特丹"级则采用"守门员"系统。另外,均装备有一门20毫米口径火炮。

上图:"鹿特丹"级和"加利西亚"级两栖船坞运输舰的舰艉坞舱上方有一个大型区域用于直升机起降作战,下面的坞舱里停放登陆艇。照片中这艘战舰是荷兰海军的"约翰·德·维特"号两栖船坞运输舰,它的舰体比"鹿特丹"号更长更宽,因此也就具有一个更大型的直升机起降甲板

左图:"鹿特丹"号是位于弗利辛恩德的皇家斯凯尔特船厂负责建造的,该舰能够运送一个海军陆战队满编营及其必需的武器装备

技术参数

"鹿特丹"级和"加利西亚"级两栖船坞运输舰

排水量:标准排水量12750吨,"鹿特丹"级满载排水量16750吨,"加利西亚"级满载排水量为13815吨

舰艇尺寸:"鹿特丹"级舰长166米,"加利西亚"级舰长为160米;舰宽25米;吃水深度5.9米

动力系统:4台柴油发电机带动两台电动机,输出功率为12170千瓦(16320轴马力),双轴推进

性能:航速19节,航程12节/11125千米(6910英里)

武器系统:("鹿特丹"级)两套30毫米口径的"守门员"近战武器系统,4门20毫米口径火炮;("加利西亚"级)两门20毫米口径"梅罗卡"近战武器系统

电子系统:一部DA-08型对空/对海搜索雷达,一部"侦察"对海搜索雷达

运送兵力:611名陆战队队员,33辆坦克或者170辆装甲人员输送车,6艘车辆人员登陆艇,或者4艘通用登陆艇,或者4艘机械化登陆艇

舰载机:6架NH 90型直升机或4架EH 101型直升机

人员编制:113人

苏联海军"伊万·罗戈夫"级两栖船坞运输舰

被苏联定级为大型登陆艇的"伊万·罗戈夫"号于1976年在加里宁格勒造船厂下水。1978年,该舰作为苏联所建造的最大的两栖战舰服役。第二艘"亚历山大·尼古拉耶夫"号在1979年开工建造,1983年完工。第三艘"米特罗凡·莫斯卡连科"号于1985年开工,1990年完工。第四艘没有完成建造。最初两艘舰分别于1996年和1997年退役,其中一艘有可能进行全面检修,而后卖给印度尼西亚。

该级战舰能够装载一个海军步兵加强营登陆队及其装甲人员输送车、其他车辆以及10辆PT-76型轻型水陆两用坦克。另外一种装载方案就是装载一个海军步兵坦克营。这些战舰在前苏联两栖战舰设计中是一种非常独特的设计,它们既有一个坞舱,还有一个直升机起降甲板和机库,这就使得战舰不但能够通过舰艏舱门和跳板执行传统的滩头攻击任务,还能够通过综合使用直升机、登陆艇、气垫船和水陆两用车辆来执行远程攻击任务。

装载能力

舰艏舱门和跳板提供了进入战舰前下部的车辆停放甲板的通道。更多的车辆能够搭载在上甲板的舰艇中段区域,可以通过水力传动的方式操作跳板,使其通向舰艏舱门和坞舱使车辆进入中段区域。车辆甲板本身就可以直接导向一个长79米(259英尺2英寸)、横断面宽13米(42英尺8英寸)的浮舱。浮舱能够容纳两艘预先装载的"天鹅"级气垫船和1艘满载145吨的"麝鼠"级机械化登陆艇,或者3艘"格斯"级运送登陆员的气垫船。

战舰上提供了两个直升机小降落场地,一个位于坞舱的前上部,一个位于后上部,每个降落场地均有自己的飞行指挥部位。两个小降落场地均通向结构结实的上层建筑,上层建筑中有一个可容纳5架卡莫夫公司Ka-25"荷尔蒙C"通用直升机的机库,这5架直升机后来被4架Ka-29型直升机所取代。

海军步兵的住舱位于上层建筑内部,里面还有车辆和直升机工作间。右舷上层建筑的正前方是一个高大的舱面船室,其顶部安装了一套122毫米口径(4.8英寸)火箭发射系统,由两座20管火箭发射管组合而成,位于控制火箭发射高低仰角和方位角的火箭装置底座两边。火箭为攻击艇提供向对岸密集的轰击能力。一门双联装的76.2毫米口径(3英寸)炮塔配置在前甲板,采用集装箱式双轨发射井发射的SA-N-4防空导弹和4门30毫米口径近战武器系统配置在主上层建筑顶部,用来提供防空能力。广泛的指挥、控制和监视设备可满足该级战舰担当两栖部队旗舰的需求。

如今,太平洋舰队的两艘"伊万·罗戈夫"级战舰已经退役,只剩下唯一的一艘"米特罗凡·莫斯卡连科"号尚在北方舰队服役,母港设在北莫尔斯克。

技 术 参 数

"伊万·罗戈夫"级两栖船坞运输舰
排水量: 标准排水量8260吨,满载排水量14060吨
舰艇尺寸: 舰长157.5米;舰宽24.5米;吃水深度6.5米
动力系统: 两台燃气涡轮机,输出功率为29820千瓦(39995轴马力),双轴推进
性能: 航速19节,航程14节/13900千米(8635英里)
武器系统: 一座双联装导弹发射装置,配备20枚SA-N-4"壁虎"防空导弹;一门双联装76.2毫米口径(3英寸)火炮,4座30毫米口径ADG-630型近战武器系统设备,两座SA-N-5型四联装导弹发射装置,两座122毫米口径(4.8英寸)火箭发射器
电子系统: 一部"顶板A"3D雷达,两部"顿河礁"或"棕榈叶"导航雷达,两部"牌箱"光学指挥仪,一部"枭鸣"76.2毫米口径火炮的炮瞄雷达,一部"气枪群"SA-N-4导弹射击指挥雷达,两部"椴木槌"近战武器系统火控雷达,一部"盐罐B"敌我识别系统,3套"罩钟"电子监视系统,两套"座钟"电子对抗系统,20部诱饵投放装置,一部"鼠尾"可变深度声呐
运送兵力: 522名陆战队队员,典型装载为20辆主战坦克或20辆装甲人员输送车和卡车、2500吨物资以及3艘气垫船或6艘机械化登陆艇
舰载机: 4架Ka-29"蜗牛"直升机
人员编制: 239人

英国皇家海军"阿尔比昂"级两栖船坞运输舰

英国皇家海军的两艘攻击舰"无畏"号和"刚毅"号于1962年开工建造。当时，根据英国保守党政府关于结束英国皇家海军陆战队两栖作战能力的决定，这两艘战舰将于1981年被裁掉。保守党这项决定对于阿根廷政府在1982年决定占领马尔维纳斯群岛起到了重要作用。在此情况下，这两艘战舰再次被起用，并在马尔维纳斯群岛的战斗中扮演了极其重要的角色。又过了10年，直到1991年海湾战争爆发时，这两艘战舰已经很陈旧了，英国政府才批准将其更换掉。尽管这样，两艘"阿尔比昂"级两栖船坞运输舰直到1998年和2000年才分别开工建造，当时，为了保持"无畏"号战斗力，已经将"刚毅"号拆解作为零配件了。2000年11月，"无畏"号的轮机舱发生一次大火，即使在那时，该舰还在正在爆发内战的塞拉利昂执行维和任务。这也证明了依赖一艘服役生涯长达40年之久的陈旧战舰是非常危险的。如果要让"无畏"号继续服役，另需2200万英镑的经费，于是"无畏"号在2002年3月退出了现役。

2001年9月11日在美国发生的大规模恐怖袭击事件，加速了总造价4.29亿英镑的英国皇家海军战舰替代计划的进程，同时还要求发展在每次军事行动中进行两栖作战的能力。英国皇家海军"阿尔比昂"号两栖船坞运输舰于2001年3月下水，距离预定的服役期——2002年3月只剩下1年时间。英国皇家海军"壁垒"号于2001年11月下水，但该舰的工作人员都转移到"阿尔比昂"号上，以便加快其工程进度。

"阿尔比昂"级两栖船坞运输舰比"无畏"号和"刚毅"号的体形更大，作战能力更强，是英国进一步提升两栖作战能力的一部分。这些战舰将同新型直升机母舰"海洋"号和4艘"海湾"级登陆舰（后勤运输舰）一起服役。"海湾"级登陆舰计划用来替代"贝德维尔爵士"级大型登陆舰。"阿尔比昂"级所装备的广泛的指控系统对于英国皇家海军和皇家海军陆战队来说是一个巨大的飞跃。

"阿尔比昂"级战舰值得注意的一点就是柴电动力推进系统，这是该系统首次用在英国水面战舰上。这样，只需要老式两栖船坞运输舰上2/3的工程技术人员，就可以满足该级战舰的需要。此外，通过运用自动控制和新技术，将舰员编制由原来的550人减少到了325人。"阿尔比昂"级战舰上装备的4艘新型的LCU Mk10型滚装登陆艇能够装载一辆"挑战者2"型主战坦克。

上图："阿尔比昂"号和"壁垒"号是英国皇家海军所属的两栖船坞运输舰，它们的出现使得英国皇家海军陆战队的两栖攻击能力实现了巨大的飞跃

上图：两艘"阿尔比昂"级攻击舰是由英国宇航系统公司（也称BAE系统公司，即以前的维克斯公司）建造的，由于缺少技术工人，完工时间稍微有些延迟

技术参数

"阿尔比昂"级两栖船坞运输舰
排水量：满载排水量19560吨，超载排水量21500吨
舰艇尺寸：舰长176米；舰宽29.9米；吃水深度6.7米
动力系统：以柴油发电机带动两台电动机，双轴推进
性能：航速20节，航程14节/14825千米（9210英里）
武器系统：两套30毫米口径"守门员"近战武器系统设备和两门双联装20毫米口径防空火炮
电子系统：一部996型对空/对海搜索雷达，一部对海搜索雷达和两部导航雷达，一套ADAWS2000型战斗数据系统，一套UAT-1/4电子监视系统和8座"海蚊"诱饵发射器
运送兵力：305名或者（超载时）710名海军陆战队员，6辆"挑战者2"型坦克或者30辆装甲人员输送车，4艘通用登陆艇和4艘车辆人员登陆艇
舰载机：2架/3架中型直升机
人员编制：325人

美国海军"塔拉瓦"级两栖攻击舰

"塔拉瓦"级通用两栖攻击舰是"黄蜂"级通用两栖攻击舰出现之前最大型的两栖战舰,"黄蜂"级本身就是在"塔拉瓦"级的设计基础上演变而来的。侧面平坦的设计使"塔拉瓦"级的内部空间达到了最大化,从而可以运载重型火炮和车辆。与以前的"硫磺岛"级直升机航空母舰(两栖攻击舰)可供7架CH-46直升机或4架CH-53直升机起降相比,"塔拉瓦"级大大提高了直升机突击能力,它可供12架CH-46直升机或9架CH-53直升机起降。与"硫磺岛"级相比,"塔拉瓦"级在右舷配备了3门(后来改为2门)127毫米MK45型火炮,可对滩头陆地提供火力支援。1997—1998年,这些火炮被拆除。该级舰通过舰上的指挥和控制中心,还可自行发起攻击行动。

上图:2002年7月,在夏威夷考艾岛举行的一次海滩突击训练演习中,一艘从"塔拉瓦"号下水的美国海军第5突击艇分队的气垫登陆艇正在卸载海军陆战队第2和第3营级登陆队队员。空中,一架太平洋导弹试验场的H-3H直升机作为安全观察机正在盘旋。气垫登陆艇由5人操作,可运送24名兵员、一辆主战坦克或60~75吨的物资

机库

"塔拉瓦"号两栖攻击舰的机库甲板在船坞井正上方,长82米,宽24米,可容纳26架CH-46直升机或19架CH-53直升机。侧面一部载重18吨的起重机可通向左舷,船坞井入口的正上方,舰船中轴线上的一部载重36吨的起重机可通向船尾。"塔拉瓦"级通用两栖攻击舰还可在特定时候发射RQ-8A"火力侦察"垂直起降无人机。

飞行甲板

尽管"塔拉瓦"号外观看起来像一艘航空母舰,但它既没有飞机弹射器,也没有飞机着舰拦阻装置,因此除了垂直起降飞机之外,不能操作传统飞机的起飞和降落。"塔拉瓦"号可以同时供10架直升机或"鹞"式飞机的起降。图中停放在甲板上的是美国海军陆战队的CH-46"海上骑士"直升机,该型机可运载1089~1996吨的物资或12~18人的兵力。"塔拉瓦"号可装载30架"海上骑士"直升机。

船坞井

船坞井的尺寸和其正上方的飞机库甲板尺寸相同。登陆时,船尾沉入水中,后舱门打开,突击艇可以涉水离开母舰。不执行登陆行动时,后舱门关闭,井甲板中的海水被抽干。"黄蜂"级两栖攻击舰的船坞井进行了改进,优化了气垫登陆艇的登陆行动。"塔拉瓦"级可携带一艘气垫登陆艇,而"黄蜂"级则可携带3艘气垫登陆艇。

医疗设施

对于设置有敌方防御工事的滩头实施两栖攻击面临着巨大的风险,可能会导致惨重的伤亡。每艘"塔拉瓦"级舰均配备有一个拥有300张床位的医院,拥有手术室、X光室、隔离病房、实验室、药房和一个牙科诊室。

上层建筑

大多数"塔拉瓦"级两栖攻击舰的上层建筑设置在蒸汽涡轮机的上方,是安装舰载雷达系统的传统场所,还可以安装搜索雷达、舰炮火控系统、导弹火控系统、导航天线和通信装置。上层建筑后部的起重机可以操作LCM6型机械化登陆艇。

指挥和控制

和所有大型舰船一样,"塔拉瓦"号安装了大量电子设备。战斗信息中心位于上层建筑的舰桥后面。通过雷达屏幕和电子显示仪,可以看出舰艇处于战斗状态。舰上还安装了综合战术两栖作战数据系统,可控制整个两栖作战行动。"塔拉瓦"级两栖攻击舰是多用途舰,可作为辅助性的"海上控制"航空母舰使用,也可作为大型两栖攻击特遣兵力的旗舰。

近程防御

最初建造时,"塔拉瓦"号安装了两座8管MK25型"海麻雀"导弹发射装置,一座在舰桥前面,一座在船尾突出部。1991年,这两座发射装置被一对"密集阵"近距离武器系统替代,这套由雷达制导的20毫米舰炮系统用来在非常近的距离内防御来袭导弹。"火神—密集阵"MK15型近距离武器系统的有效射程为1500米,其中的布洛克1型射速为4500发/分钟。1993—1995年,所有的"塔拉瓦"级两栖攻击舰都加装了旋转机身导弹系统(RAM),一座MK49发射装置安装在舰桥前方稍微偏左位置,另一座安装在飞行甲板后部右侧。每座发射装置配备21枚导弹,导弹射程9600米,采用MK23型D波段目标搜索雷达实施攻击。

气垫登陆艇

LCAC是一种高速气垫登陆艇,可把登陆兵力迅速输送上岸,其满载速度达40节。借助气垫登陆艇,大型登陆舰船可停泊在远离海岸防御工事的海域。气垫登陆艇向岸上运送登陆兵力的速度,丝毫不亚于登陆舰船抵达海岸后通过传统登陆艇运送兵力的速度。

左图:在南加利福尼亚海岸附近举行的两栖作战演习中,美国海军第5突击艇部队的一艘气垫登陆艇正将海军陆战队员和物资运送到"佩勒利乌"号两栖攻击舰上

对页图:美国海军"贝洛伍德"号两栖攻击舰上的500多名水手和海军陆战队员正在纪念"9·11"事件一周年。当时,这艘舰作为由3艘舰组成的两栖戒备大队的首舰参与支援"持久自由"行动

轻型直升机

一艘"塔拉瓦"级舰可搭载两架UH-1效用直升机和4~6架"海眼镜蛇"攻击直升机。目前,UH-1N型直升机主要从通用两栖攻击舰和多用途两栖攻击舰上起飞执行特种部队投送任务,该机型将被改进型的4叶片UH-1Y型直升机替代。1996年开始服役的AH-1W"超级眼镜蛇"直升机可发射"地狱火"导弹,该机型将被AH-1Z型直升机替代。AH-1Z型和UH-1Y型直升机在许多地方相似,包括都采用T700型发动机和传动装置。UH-1Y型和AH-1Z型直升机在2004年和2006年具备初始作战能力。

固定翼飞机

AV-8B型攻击机可为海军陆战队提供近距离空中支援。最新型的AV-8B"鹞2+"型攻击机可发射AM-120高级中程空空导弹进行防空作战,发射AGM-84"鱼叉"导弹进行反舰作战。过去,OV-10"野马"观察机也曾部署在"塔拉瓦"级舰上。通常情况下,每艘舰上需要部署6架AV-8B型攻击机。

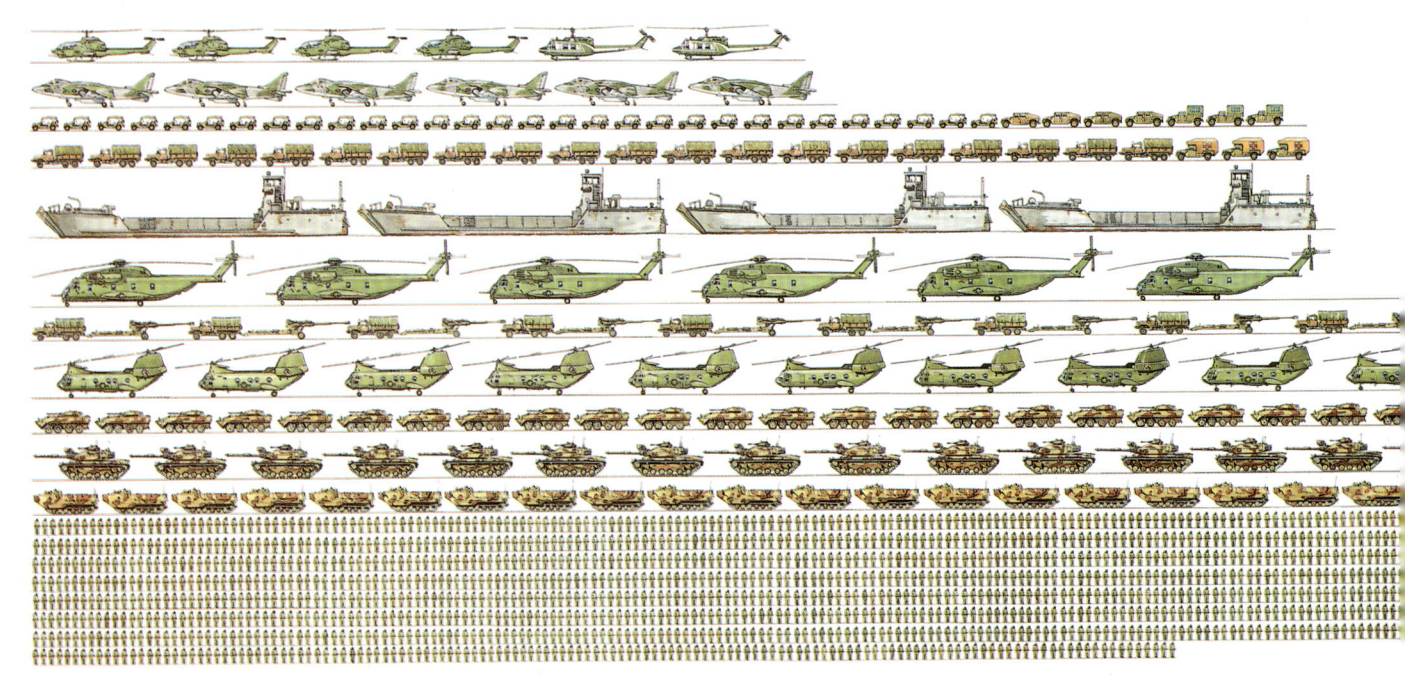

轻型车辆

轻型车辆包括吉普车及其替代者——750千克重的"悍马"高机动多用途轮式车,"悍马"在美军上下都是标准配置车辆,一架CH-53运输直升机可运载两辆"悍马"车。

中型卡车

中型卡车主要是2.5吨的车辆,包括卡车和装甲战车,它们停放在舰上的大型车库里。

登陆艇

4艘通用登陆艇可装载2或3辆主战坦克(根据尺寸不同)、物资或部队。

中型/大型运输直升机

可搭载CH-53D "海上种马"中型运输直升机(可运载37名人员或6吨的物资)和CH-53E "超级种马"重型运输直升机(55名人员或16吨物资),这两种直升机可运载榴弹炮或"鹰"式导弹。

火炮

舰上搭载155毫米口径M198型牵引式榴弹炮,射程达20千米,可以通过CH-53型直升机运输。

人员运输

12架CH-46E型直升机一次最多可运载300人或等量物资,其常规运载量是12~18名人员。"海上骑士"通常作为海军陆战队远征小队的空中战斗小组部署在12个舰船中队。

坦克

可装载一个连的M60A1主战坦克(图中所示),目前这种坦克被M1A1替代。海军陆战队的主战坦克配备了一个涉深水装置,使坦克可以在最多2米深的水中行进,可以和气垫登陆艇协同作战。

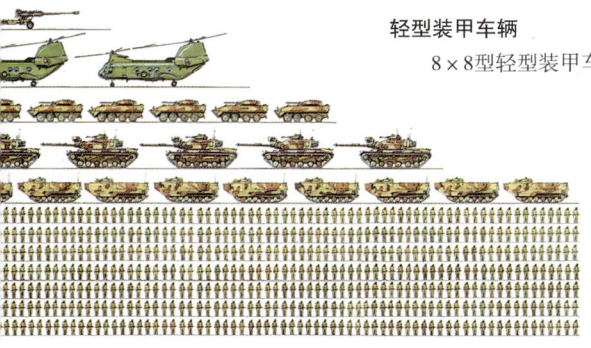

轻型装甲车辆

8×8型轻型装甲车比履带式装甲车更灵活,可用于侦察行动。

两栖突击车辆

AAV7A1两栖突击车具备两栖作战能力,可运载25名兵员。该型车辆上岸后,可以为登陆部队提供轻型火力支援。

运兵能力

一个由1700~1900名海军陆战队员组成的海军陆战队加强营。

377

"gator navy"：美国海军两栖攻击能力

5艘"塔拉瓦"级两栖攻击舰是美国海军两栖攻击舰部队的中坚力量，它们也称为"gator navy"。虽然这些战舰已经有些老化，但时至今日，美国海军仅订购一艘"黄蜂"级战舰来顶替"塔拉瓦"号。与此同时，"塔拉瓦"号也将取代"仁川"号执行专门的水雷战任务。本页是在"合成联合特遣部队-96"演习中，美国海军"拿骚"号两栖攻击舰进行夜间军事行动的插图。其中，一架CH-46直升机准备夜间起飞（右下图），一辆海军陆战队的轻型装甲车在两栖作战开始前正从"拿骚"号的船台甲板驶回一艘登陆艇上（右上图）。"塔拉瓦"级战舰还积极参与军事战斗行动，正下方的照片是1998年12月，一架AV-8B型战斗机正在位于波斯湾的"塔拉瓦"号两栖攻击舰甲板上滑行，准备前去执行自1998年11月开始在伊拉克南部禁飞区实施的"南方监视"行动。

上图：作为美国海军陆战队重型空运能力的中流砥柱，一架CH-53E"超级种马"直升机正降落在"拿骚"号两栖攻击舰上，该舰当时正在加拿大新斯科舍省附近海域活动。在5个现役的直升机中队中，具有3台发动机的CH-53E"超级种马"直升机能够从外部吊起任何1架美国海军陆战队的战术喷气机或一辆轻型装甲车

左图：一艘攻击舰的主要作用是在最短时间内将突击队输送上岸，经过特殊训练的突击队搭乘两栖突击车辆投入战斗。这是在一次模拟进攻纽芬兰岛的演习中，一辆AAV7A1型两栖突击车从美国海军"拿骚"号两栖攻击舰上驶下，在海滩登陆。在冷战时期，经常进行此类实战训练演习以提高战斗技能。两栖突击车是海军陆战突击队的心脏，"塔拉瓦"级两栖攻击舰装载了40辆两栖突击车

美国海军"惠德贝岛"级和"哈珀斯·费里"级登陆舰

在"安克雷奇"级战舰的基础上,美国海军建造出了"惠德贝岛"(Whidbey Island)级登陆舰,用于替代"托马斯"级两栖船坞登陆舰。第一艘"惠德贝岛"号在1981年开工建造。1988年,该级战舰的建造计划从8艘增加到了12艘,最后4艘战舰形成一个战舰子集——"哈珀斯·费里"(Harpers Ferry)级两栖船坞登陆舰,提高了货运能力。该级两栖船坞登陆舰取代了陈旧的LSD 28级两栖船坞登陆舰,后者在20世纪80年代结束了服役生涯。

装载气垫船

"惠德贝岛"级两栖船坞登陆舰是第一种被设计成能搭载气垫登陆艇的战舰。气垫登陆艇在风平浪静的海况条件下能够装载60吨的有效载荷,以超过40节的速度航行,使得两栖突击作战的距离更远,并能突击多种类型的海滩。"惠德贝岛"级的船台甲板尺寸为134.1米(440英尺)长,15.2米(50英尺)宽,能够容纳4艘气垫登陆艇,这种性能优于任何两栖突击舰。

"惠德贝岛"级的两种战舰子集之间最明显的区别在于"哈珀斯·费里"级仅装备一台起重机。此外,"惠德贝岛"级(LSD41-48)的"密集阵"近战武器系统配置在舰桥顶部,而"哈珀斯·费里"级的近战武器系统则位于上层建筑的前下方。

战舰的自卫能力

1993年6月,"惠德贝岛"号试验了快速反应作战能力系统。1987年5月17日,在伊拉克使用"飞鱼"导弹攻击美国海军"斯塔克"号战舰后,美国海军开始高度关注在战舰上综合使用RIM-116A型导弹、"密集阵"近战武器系统和AN/SLQ-32电子战系统。如今,所有"惠德贝岛"级战舰上全部装备了这套由上述几种系统组成的"舰艇自防御系统"。

"惠德贝岛"级战舰通常借助4艘气垫登陆艇、21艘机械化登陆艇或3艘通用登陆艇运送一个海军陆战队营。还可以选择另外一种方案:乘坐64辆AAV7A1型两栖履带式装甲人员输送车登陆。"哈珀斯·费里"级所装载的登陆艇数量较少:两艘气垫船、9艘机械化登陆艇或者1艘通用登陆艇。舰上除了装备积极防御的防空、反导弹的火炮和导弹外,还采用广泛的被动防御措施。舰上有一套功能强大的电子监视系统,配以能够"诱导"来袭导弹的干扰火箭。此外,AN/SLQ-49型干扰浮标在中等海况条件下的有效性能能持续数小时,这是因为,该型浮标能够产生比战舰更强的雷达信号。"水精"诱饵系统对来袭的鱼雷具有同样的效果。

第一批两艘"惠德贝岛"级战舰的造价超过3亿美元。最后4艘战舰平均造价为1.5亿美元。1996年,据有关数据表明,一艘"惠德贝岛"级战舰每年的使用和维护费用大约2000万美元。

上图:美国海军"惠德贝岛"级两栖船坞登陆舰不但拥有巨大的货物空间,还配备了非常高效的自卫武器系统。图上所示是"古斯通山"号,舷号为LSD44

上图:美国海军一艘"惠德贝岛"级两栖船坞登陆舰从舰艉船台甲板上卸载一艘气垫登陆艇。在这艘舰上,通常用于停放CH-53型直升机的直升机甲板上堆积着各种物资

技术参数

"惠德贝岛"级和"哈珀斯·费里"级登陆舰

排水量: 满载排水量15726吨(LSD41-48),或者16740吨(LSD49-52)

舰艇尺寸: 舰长185.8米;舰宽25.6米;吃水深度6.3米

动力系统: 4台柴油发动机,输出功率为24608千瓦(33000轴马力),双轴推进

航速: 22节

航程: 18节(时速33千米或20英里)/8000海里(14816千米或9206英里)

人员编制: 22名军官和391名士兵

海军陆战队员: 402名,最多可搭乘627名

物资运输能力: "惠德贝岛"级拥有141.6立方米的空间存放一般物资,1161平方米的平面空间用于停放车辆(其中包括船台甲板中4艘预先装载的气垫船);"哈珀斯·费里"级登陆舰拥有1914立方米的物资存放空间,1877平方米的平面空间用于存放运输卡车,但仅能够装载2~3艘气垫登陆艇

武器系统: 两门通用动力公司的6管20毫米口径"密集阵"Mk15型火炮,两门25毫米口径Mk38星火炮,8挺或更多12.7毫米口径机枪

电子对抗措施: 4座SRBOC六管Mk36型干扰物发射装置,一套AN/SLQ-25"水精"声响鱼雷诱饵,AN/SLQ-49干扰物浮标,AN/SLQ-32雷达告警/干扰发射台/诱骗系统

电子系统: 一部AN/SPS-67对海搜索雷达,一部AN/SPS-49对空搜索雷达,一部AN/SPS-64导航雷达

舰载机: 两架CH-53"海上种马"直升机(仅有一个直升机起降平台)

美国海军"黄蜂"级两栖攻击舰

"黄蜂"级战舰是世界上吨位最大的两栖攻击舰,为美国海军提供了全球范围内无法匹敌的攻击敌方海岸的能力。"黄蜂"级还是世界上第一批专门设计成用来同时装载AV-8B"鹞Ⅱ"战斗机和气垫登陆艇的两栖攻击舰。最后3艘该级战舰建成后,每艘的平均造价高达7.5亿美元。美国到2010年部署了12支两栖戒备大队,届时,第一艘"塔拉瓦"级战舰已有35岁。

"黄蜂"级是从"塔拉瓦"级改进而来的两栖攻击舰,这些战舰具有基本相同的舰体和技术设备。指挥、控制和通信中心位于舰体内部,这样不容易丧失作战能力。为了便于人员和车辆的登陆和回收作业,这些战舰的压载水舱可以容纳大约15000吨的海水,用来平衡战舰的吞吐能力。

"黄蜂"级可以装载一支2000人的海军陆战队远征军,通过搭载的登陆艇将海军陆战队员输送上岸,或者通过直升机将他们直接投送到内陆地区(即"垂直包围"战术)。每艘"黄蜂"级战舰的甲板面积为81米×15.2米,能够装载3艘气垫登陆艇或者12艘机械化登陆艇。舰上总共能够装载61辆AAV7A1型两栖突击车,其中,船台甲板上存放40辆,上部车辆存放舱能够容纳21辆。

飞行甲板上设置9个直升机小降落场地,总共停放42架CH-46"海上骑士"直升机;该级战舰还可以配置一架AH-1型"海眼镜蛇"攻击直升机或其他运输机,例如CH-53E"超级种马"、UH-1N型"双休伊"或者是多用途型SH-60B"海鹰"直升机。"黄蜂"级战舰在执行作战任务时能够起降6~8架AV-8B"鹞Ⅱ"战斗机,最多能够搭载20架。战舰上有两台飞机升降机,一台位于舰艇中段左侧,另一个位于上层建筑的右后侧。这些战舰在通过巴拿马运河时,不得不将这些升降机向舷内折叠。

舰载机联队

舰载机联队根据所担负的任务进行编组。"黄蜂"级两栖攻击舰的功能类似于航空母舰,在执行海洋控制任务时能够操作20架AV-8B战斗机和6架反潜直升机。进行两栖攻击时,一支典型的舰载机联队是由6架AV-8B、4架AH-1W攻击直升机、12架CH-46"海上骑士"直升机、9架CH-53E型"超级种马"直升机或者一架"超级种马"直升机和4架UH-1N型"双休伊"直升机组成。作为另一种选择方案,该级战舰可以单独搭载42架CH-46型"海上骑士"直升机。

"黄蜂"级战舰还可以搭载一支各要素构成均衡的战车部队,其中包括5辆M1A2"艾布拉姆斯"主战坦克、25辆AAV7A1型两栖突击车、8辆M198型155毫米口径自行火炮、68辆卡车和12辆支援车辆。"黄蜂"级战舰能够向岸上输送各种装备和车辆。在船舱内部,单轨输送车以每分钟183米的速度将货物从储物舱运至船台甲板,船台甲板通过舰艉舱门朝大海敞开。

每艘战舰上还设有一家600个床位的医院,总共有6个手术室,这样一来就降低了两栖特混舰队对于岸上医疗设备的依赖性。

从20世纪90年代中期开始,"黄蜂"级战舰逐步替换了许多老旧的大型多用途攻击舰。其中,"巴丹"号是使用预先装备技术和标准模块化施工技术建造而成的。建造人员将各个组件组合在一起拼出了5个舰体和上层建筑模块,然后将这些模块在陆地上连接起来。采用这种施工技术,战舰有3/4的部分是在下水后完成的。此外,"巴丹"号还是第一艘可以容纳女性舰员和海军陆战队员的两栖攻击舰,战舰上总共提供了450名女军官、士兵和海军陆战队员的铺位以及其他生活设施。

下图:除了能够投射一支强大的空中力量之外,"黄蜂"级两栖攻击舰还能够投送3艘气垫登陆艇(见图)或者12艘机械化登陆艇

上图：在支援"持久自由"行动期间，美国海军"黄蜂"号通用两栖攻击舰（LHD1）正在航行途中接受"供给"号补给舰的海上加油。"黄蜂"号所搭载的飞机包括AV-8B型攻击机和CH-53"超级种马"直升机

技 术 参 数

"黄蜂"级两栖攻击舰
排水量： 41150吨
舰艇尺寸： 舰长253.2米；舰宽31.8米；吃水深度8.1米
动力系统： 两台齿轮传动式蒸汽轮机，输出功率为33849千瓦（70000轴马力），双轴推进
航速： 22节
航程： 18节（33千米/小时，20米/秒）/17594千米（10933英里）
舰员编制： 1208人
海军陆战队员： 1894名
作战物资： 2860立方米（101000立方英尺）用于一般物资，外加1858平方米（20000平方英尺）的平面空间用于存放车辆
舰载机： 部署的数量取决于所担负的任务，但能装载AV-8B战斗攻击机和AH-1W、CH-46、CH-53型以及UH-1N型直升机

武器系统： 两座雷声公司生产的Mk29八联装防空导弹发射装置，发射"海麻雀"半有源雷达自动寻的导弹；两座通用动力公司生产的Mk49型导弹发射装置，发射RIM-116A型红外/辐射自动寻的导弹；3座通用动力公司生产的20毫米口径六管"密集阵"Mk15火炮（LHD 5-7号舰上仅装备2门），4门25毫米口径Mk38火炮（LHD 5-7号舰上装备3门）以及4挺12.7毫米口径机枪
电子对抗措施： LQ-49干扰物浮标，AN/SLQ-32雷达预警/干扰发射台/诱骗系统
电子系统： 一部AN/SPS-52型对空搜索雷达或者AN/SPS-48型对空搜索雷达（后来的战舰装备），一部AN/SPS-49型对空搜索雷达，一部SPS-67型对海搜索雷达，导航和火控雷达，一套AN/URN 25型"塔康"战术空中导航系统

美国海军"圣·安东尼奥"级两栖船坞运输舰

根据计划,12艘LPD17级两栖船坞运输舰(也称"圣·安东尼奥"级)将最终替代以下3种两栖战舰:LPD4级两栖船坞运输舰、LSD36级两栖船坞登陆舰和坦克登陆舰,此外还包括两栖货船(2002年已经退役),总共是41艘战舰。此举不仅仅是对日益老化的两栖战舰部队进行现代化改造,而且大大节省战舰的维护费用以及削减舰员人数。但是,第一批3艘战舰的造价远远超出了预算,LPD17级实际造价将超过8亿美元,而估计造价是6.17亿。

为了节省经费,美国海军采取了各种措施,其中包括加装一部商业用对海搜索雷达(AN/SPS-73)。设计过程中运用了模拟仿真计算机程序,这样可以对许多设计方案进行试验,而不必建造原型设备。此外,"圣·安东尼奥"级还将建成一艘真正供男女军人生活和战斗使用的战舰。

三位一体

1993年,美国海军批准建造LPD17级两栖船坞运输舰,建造工作因为选择建造商引发的争论而延期,但第一艘该级战舰"圣·安东尼奥"号按计划在2003年加入舰队。

美国海军陆战队已经发展出"三位一体"作战概念,LPD17级是第一种从设计开始就能够容纳所有3种运输工具的攻击舰,这3种运输工具分别是MV-22型"鱼鹰"倾转翼飞机、气垫登陆艇和两栖突击车(装甲人员输送车)。该级战舰能够将海军陆战队投送到大约173海里(320千米,200英里)的内陆纵深地带,使得

左图:美国海军的LPD17级两栖船坞运输舰在设计方面并没有特别引人注目的外形特征。在这幅刻意绘制出来的效果图中,一架MV-22"鱼鹰"倾转翼飞机正停放在飞行甲板上

技术参数

"圣·安东尼奥"级两栖船坞运输舰

排水量: 满载排水量25300吨

舰艇尺寸: 舰长208.4米;舰宽31.9米;吃水深度7米

动力系统: 4台柴油机,输出功率为29828千瓦(40000轴马力),双轴推进

航速: 22节

航程: 未知

人员编制: 32名军官,465名士兵

海军陆战队员: 699人,最多800名

货物: 货舱708立方米(25000立方英尺),位于甲板下方,车辆甲板面积2323平方米(25000平方英尺)

武器系统: 一套Mk41型导弹垂直发射系统,配备两套八联装"海麻雀"系统和64枚导弹;两座通用动力公司的Mk31"拉姆"导弹发射装置,两门"大毒蛇"Mk46型30毫米口径近战火炮,两挺Mk26型12.7毫米口径机枪

电子对抗措施: 4部Mk36型SRBOC干扰物发射装置,一套"纳尔卡"火箭发射的悬停假目标干扰系统,AN/SLQ-25"水精"音响寻的鱼雷诱饵,AN/SLQ-32A型雷达预警/干扰/诱骗系统

电子系统: 一部AN/SPS-48型对空搜索雷达,一部AN/SPS-73型对海搜索雷达,一部AN/SPQ-9型火控雷达,一部导航雷达和1部声呐

舰载机: 两架CH-53"海上种马"/"超级种马"直升机,或4架CH-46"海上骑士"直升机,或两架MV-22"鱼鹰"倾转翼飞机,或4架UH-1N"双休伊"直升机

"濒海作战"的范围远远超出人们以前的想象。该级战舰能够容纳两艘气垫登陆艇或者一艘通用登陆艇和14辆两栖突击车。船台甲板和舰艉的设计类似于"黄蜂"级,但上层建筑侧面成一定角度,以减少雷达辐射信号。战舰上有一家拥有24张床位的医院,两个手术室,伤员容量为100名。防御武器系统将包括一套"舰艇自卫防御系统",LPD17级战舰建成时就装备了这种系统。

LPD17级战舰能够同时搭载4架CH-46"海上骑士"直升机或者两架MV-22"鱼鹰"倾转翼飞机。甲板上能够停放4架MV-22,机库里至少还能容纳一架。还有一可供选择的方案:机库容纳一架CH-53E型、两架CH-46直升机或者两架UH-1型直升机。LPD17级的车辆仓容是老式的LPD4级的两倍。由于减少了雷达反射截面积,以及采用了先进的计算机系统对于防御武器进行协调,使得战舰在必要时能够单独执行军事行动。当然,战舰通常是两栖戒备大队的一个组成部分。

"圣·安东尼奥"号是美国海军第一艘装备光纤舰载广域网的战舰,该网络将全舰的机电系统、传感器系统、武器系统连接在一起,为作战指挥中心提供完整的实时数据。

2002年9月7日,在美国纽约世贸大厦遭受袭击近一年时,美国海军部长戈登·英格兰宣布第5艘"圣·安东尼奥"级战舰将命名为"纽约"号。

法国海军"西北风"级两栖攻击舰

2000年年底,法国海军向海军建造部下属的布雷斯特造船厂和大西洋商业造船厂联合订购了"西北风"级两栖攻击舰"西北风"号和"雷电"号。这两艘舰分别于2004—2005年和2005—2006年期间建成,法国海军根据多用途两栖攻击舰的标准把它们划归为两栖攻击舰,它们将在两栖作战行动和多国两栖作战行动中用作指挥平台和船坞登陆舰,同时也可执行非军事行动,例如非战斗撤运和人道主义援助。

根据计划,两艘"西北风"级两栖攻击舰将用来替代于1965年和1968年服役的"暴风"号和"暴雨"号,与在1990年和1998年先后服役的"闪电"号和"非洲热风"号并肩作战。

为了将建造费用控制在预算范围之内,这两艘军舰于2002年开始按照民用标准进行建造,舰身前部和住宿舱模块在圣纳泽尔由大西洋造船厂建造,中部和后部(作战部和装载部)则由法国舰艇建造局负责建造。此外,法国舰艇建造局负责把几部分船体组装到一起。该级舰将作为两栖特遣部队的旗舰,舰上配备通信装备和法国—北约数据链系统,该系统可使该级舰与英国、荷兰、意大利和西班牙军舰之间进行密切的联合作战。

"西北风"级舰采取全通式甲板设计,该舰在舰尾和上层建筑后方各有一台起重机,可连接机库甲板和飞行甲板,飞行甲板上面有6个直升机起降点。船艉船坞可装载美军的气垫登陆艇和新型机械化登陆艇。

每艘舰均配备一所拥有63张床位的医院,并且可以配备更多的野战医院设备。

左图:两艘"西北风"级两栖攻击舰于2005年和2006年替代两艘"暴风"级船坞登陆舰,从而提高法国海军的两栖作战能力

技 术 参 数	

"西北风"级两栖攻击舰
排水量:满载排水量20670吨
尺寸:长199米,宽32米,吃水深度8米
推进装置:4台柴油发电机向2台可360度旋转的推进器和1台船首推进器提供15210千瓦的动力
性能:速度19节,15节速度时航程20400千米
武器:两座6联装"西北风"短程地空导弹发射器,两座30毫米舰炮,4挺12.7毫米机枪
电子装置:一部MRR3D对空/对海搜索雷达,两部RACAL导航雷达,两部光学指挥仪和一部SIC21指挥支援系统
飞机:多达16架NH 90直升机或"美洲狮"直升机
运兵能力:450人的部队和60辆装甲战车或者230辆其他车辆
人员编制:160人

新加坡海军"持久"级船坞登陆舰/坦克登陆舰

20世纪90年代早期,新加坡决定提高其现代化两栖攻击能力,于1994年9月从新加坡海事科技公司的BANOI造船厂订购了4艘"持久"级两栖战舰,分别命名为"持久"号、"坚持"号、"决心"号和"尽力"号。它们于1997—1998年开始建造,于1998—2000年间陆续下水,2000年3月至2001年4月最终建成。这4艘舰具备船坞登陆舰和坦克登陆舰的功能,部署在樟宜基地,组成了新加坡海军第191中队。

该级舰采用美国滚装船设计,在船尾和船首各有一个斜坡跳板,船尾斜坡跳板采用全宽度设计,船首斜坡跳板安装在开放式的船首后部。内部有一个中承式桥面,使车辆可以通过3个液压斜坡在甲板间移动。

舰坞井位于船后部,上方是一个大型直升机甲板。船坞井可容纳4艘通用登陆艇,更多的船—岸运输也可通过吊艇柱上挂载的4艘车辆人员登陆艇进行。机库在直升机甲板前方,可容纳两架"超级美洲狮"中型运输直升机。机库门的两边各有一台载重量25吨的起重机。

舰船自身的防御作战主要依靠一对双联装"西北风"导弹发射装置和一门安装在舰桥前部的76.2毫米速射炮,其中,导弹发射架配置在船只横梁外侧,分别安装在吊艇柱上方和中间。以色列的"巴拉克"垂直地空导弹发射系统可依据具体任务不同进行变化。

上图:"持久"号的后部有一个大型斜坡跳板,在直升机飞行甲板下方的是船坞

技术参数

"持久"级两栖登陆舰
排水量:满载排水量8500吨
尺寸:长141米,宽21米,吃水深度5米
推进装置:两台RUSTON 16RK270型柴油发动机可向两个传动轴提供8950千瓦动力。
性能:速度15节,12节航速时的航程为7440千米
武器:两座"狮子"型双联装"西北风"短程地空导弹发射架,一门76.2毫米速射炮,5挺12.7毫米机枪
电子装置:一部EL/M-2238对空/对海搜索雷达,一部1007型导航雷达,两部NAJIR 2000型光学指挥仪,一部RAN 1101电子战系统,两部盾牌Ⅲ型诱饵发射器
飞机:两架"超级美洲狮"直升机
运兵能力:350人的部队,或者18辆坦克,或者20辆车辆或者4艘车辆人员登陆艇
人员编制:65人

上图：作为4艘"持久"级两栖攻击舰的首舰，"持久"号的吨位虽然较小，但具备船坞登陆舰和坦克登陆舰的功能，可在远东海域从事短距离或中距离作战

上图：图中是新加坡海军"决心"号船坞登陆舰。巨大的干舷船体是"持久"级船坞登陆舰的显著特征

英国皇家海军"海洋"级两栖攻击舰

英国皇家海军"海洋"号两栖攻击舰的建造计划最早在1987年制订,1991年授权维克斯造船厂担任主合同商负责建造。"海洋"号是一艘直升机攻击航空母舰,于1994年5月开始建造,1995年10月下水,1996年采用自身动力航行至巴罗,1998年9月正式服役。

"海洋"号是在"无敌"级轻型航空母舰的设计基础上,对上层建筑和动力装置进行改装之后而发展出来的,为英国皇家海军提供了现代化的直升机运载和攻击能力。同样,"海洋"号可配备一个直升机中队(突击运输或攻击)和一个完整的海军陆战队突击队及其所有车辆、武器、弹药和其他装备。该舰最多可装载20架的"鹞"式垂直/短距起降飞机,但不能装载这些固定翼飞机所需的必要设备和物资。

舰上的直升机甲板面积大且坚固,设置了6个直升机起降点,可停放波音公司生产的"支努干"双螺旋桨直升机。根据设计,该舰将装备双身管20毫米舰炮,作为最后一道防线对敌方来袭飞机及其他小型飞行器进行防御,但该型舰炮通常不安装,而且有可能被20毫米单身管舰炮替代。

技术参数

"海洋"级两栖攻击舰

尺寸: 长203.4米,宽34.4米,吃水深度6.6米

推进装置: 两台特西拉·瓦萨公司的12 PC26V400柴油发动机可向两个传动轴提供13690千瓦动力

性能: 速度19节,15速度时航程达14805千米

武器: 4门双身管20毫米舰炮和3套20毫米"密集阵"MK15型近战武器系统

电子装备: 一部996型对海/对空搜索雷达,两部1007型对海搜索/导航雷达,一部ADAWS2000战斗数据系统,一部UAT电子战系统,8部"海昆虫"诱饵发射器

飞机: 12架"海王"HYC MK4或"隼"式直升机,6架"山猫"或"阿帕奇"直升机

载运能力: 常规装载972名兵员,或满载1275名兵员,40辆车、4艘车辆人员登陆艇

人员编制: 285名舰员和206航空人员

上图:"海洋"号主要依靠安装在舰首和舰艉两侧的"密集阵"近战武器系统对来袭导弹进行最后阶段的防御

右图:"海洋"号是"无敌"级航空母舰的改进型,但没有配备滑跃式起飞甲板

14

攻击直升机

欧洲直升机公司的 AS 565 "豹"多功能效用直升机

法国航空航天公司在SA 360 "海豚"单发直升机的基础上研发出了SA 365C "海豚"2型双发直升机,并于1975年1月24日对原型机进行了试飞。随着SA 360的军事原型机SA 361的发展,该公司生产了一种定型的军事型机SA 365。这个项目的第一步是于1984年2月29日进行试飞的第一架原型机,该机可运载12人的兵力或多达8枚的"霍特"反坦克导弹,或者44枚68毫米口径SNEB非制导空对地火箭。1986年4月,AS 365K原型机正式问世,被命名为"豹"。

"豹"式的其他机型

后来出现的机型沿用了"豹"式飞机的名字,现在都属于欧洲直升机公司的AS 565直升机系列。"豹"式飞机的其他特征包括:大量运用合成材料、可安装防护装甲坐椅的长机身、用于低空飞机安全的线缆切割装置、加固型机舱地板和起落架、滑动门代替铰链门、防碰撞油箱、可减少红外辐射信号的排气装置等,合成材料和特种油漆的使用可降低飞机的电磁及热信号。

"豹"式飞机生产出了用于陆地作战和海上作战的两种基本型号。其中,陆地作战型号共有3种子型号:AS 565AA装甲直升机(1997年开始改为AS565AB)、AS 565CA反坦克机型和AS 565UA非武装效用型(1997开始改为AS 565UB)。AS 565AA/AB直升机有两个侧方舷外突出部,每个突出部上有一个固定支架,可安装两部多功能空对地非制导火箭发射器,或者两个NC20M621吊舱(每个吊舱可配备一门20毫米GIAT M621机炮和180发炮弹),或者4枚"马特拉·西北风"短程空对空导弹。AS 565CA型可配备两个4管"霍特"导弹发射器和Viviane昼/夜瞄准器。AS 565UA型可运送8至10名突击兵员,或者选择内部装载或外挂物资。

AS 565K系列直升机的唯一用户是巴西,它的36架AS 565AA直升机被更名为HM-1型。AS 565 "豹"800型直升机于1992年6月首次飞行,是AS 565的派生型,配备两台功率986千瓦的LHTEC T800-LHT-800涡轮轴发动机和一套IBM综合航空电子设备。

上图:图中这架HM-1型直升机正在验证进气道过滤器的效果,当飞机在复杂地形条件下起降时,进气道过滤器可以保护飞机发动机

技术参数

欧洲直升机公司的AS 565UA "豹"多功能效用直升机
类型: 效用直升机
动力装置: 两台功率487千瓦的"阿赫耶"1M1涡轮轴发动机(透博梅卡公司出品)
性能: 海平面最大巡航速度278千米/小时,海平面最大爬高率420米/分钟,有地效时盘旋高度2600米,无地效时盘旋高度1850米;携带常规燃油时航程875千米
重量: 净重2193千克,最大起飞重量4250千克
尺寸: 主叶片直径11.94米,包括螺旋桨在内机身总长13.68米,包括螺旋桨在内总高度3.99米,主叶片旋转面积111.97平方米
有效载荷: 多达10名兵员或者1600千克的物资

左图:图中这架"豹"式直升机正在对欧洲导弹公司生产的ATGW-3LR "崔格特"反坦克导弹进行试验。除了"崔格特"导弹发射器,飞机的天线杆上还安装了一部瞄准器

欧洲直升机公司的 AS 532 和 EC 725 "美洲狮"中型直升机

1974年，法国航空航天公司研制的首架AS 332"超级美洲豹"直升机问世，它实际上是SA 330"美洲豹"直升机的后续型，沿用了"美洲豹"的整体外观，但是由于采用玻璃纤维叶片，所以呈现出了许多高级特征。"超级美洲豹"通过明显的腹鳍和机身前端的天线屏蔽器可以非常容易地识别出来。虽然该机型最初瞄准的是民用市场，但对于军事用户具有相当大的吸引力，例如，其变速箱可以在没有润滑油的情况下继续工作一小时，其螺旋桨叶片在遭到12.7毫米小口径武器攻击后，仍然可以持续安全运转40小时。

"超级美洲豹"

"超级美洲豹"于1978年9月13日试飞，采用透博梅卡公司的"马基拉"发动机、多功能进气道、轻型STARFLEX旋翼毂、高功率传动装置、热除冰主螺旋叶片和单轮宽起落架，于1981年正式服役，军用型称AS 332B，民用型称AS 332C。这两种最初的机型延续了"美洲豹"的机舱设计，可装载12~15个全副武装的兵员。在随后几年生产的"超级美洲豹"机身长度增加了0.76米，其民用型和军用型均称为AS 332L。

1990年1月，所有的军用型重新命名为"美洲狮"（后来称为"美洲狮"MKI型），重新编号为AS 532，且采用了新的后缀：AS 532AC和AS 532UC是武装和非武装短机身直升机，AS 532AL和AS 532UL是武装和非武装的长机身直升机，AS 532MC是非武装海军型搜救和监视直升机，AS 532SC是海军型武装反潜/反舰直升机。此前，所有的海上型采用AS 332F设计，都没有长机身型，但后来的"美洲狮"MK1样机采用了1400千瓦的"马基拉"1A1型发动机。

"美洲狮"MK II型

1987年2月6日，"美洲狮"MK II型的原型机——AS332L2"超级美洲豹"MK II型机，进行首次试飞，该机配置了两台功率1569千瓦的"马基拉"1A2型发动机，球状主旋翼毂和尾旋翼毂采用弹性轴承、长主螺旋叶片，大型侧面突出部可以携带辅助燃油和救生艇，加长型机身使得该型机可运载28名兵员。"超级美洲豹"MK II型和"美洲狮"于1992年服役，20世纪90年代后期在法国陆军航空兵作为战区监视雷达平台使用。1990年，配备雷达系统的"美洲狮"MK II型直升机的制造计划由于造价昂贵被放弃，但因1991年的海湾战争重新得到恢复。1992年10月，欧洲直升机公司获得一项AS 532UL飞机发展合同，要求具备战场监视系统的功能。1994年，首批4架AS 532UL"美洲狮"战场监视直升机中的第一架交付。法国陆军决定用AS532型直升机替换部分AS 330直升机，1991年底，首批22架AS 532型直升机交付。另外，2002年11月，法国空军订购了10架EC 725"美洲狮"直升机，采用新型发动机，用于特种作战和战斗搜救。为了通过2003年的认证，该机型还配备了高级航空电子设备。

武器系统

陆军型的"美洲狮"直升机的武器系统只限于机炮和火箭发射器，而海军型的AS 532SC型直升机可配备一对AM39"飞鱼"反舰导弹或自导鱼雷，而且从舰船上起飞也成为可能，其航向控制装置可使飞机在复杂海况下飞行。大型浮筒是海军型"美洲狮"的标准配置，其他型号也可选择使用。欧洲直升机公司在印度尼西亚生产了AS 332C型和AS 332L型，也称为NAS-332。除此之外，该型机还在其他国家服役，例如巴西的CH-34型直升机、西班牙的HD-21型搜救直升机和HT-21型要员运送机，以及瑞典的HKP型直升机。

上图：与AB2121、UH-1和"支努干"直升机一样，西班牙陆军的AS 532"超级美洲豹"直升机也在战场上发挥着极其关键的机动作用

技术参数

AS 532UC "美洲狮" MK1型直升机
类型： 2人/3人通用战术中型直升机
动力装置： 两台1400千瓦的"马基拉"1A1涡轮轴发动机
性能： 海面最大巡航速度262千米/小时，初始爬高率为420米/分钟，飞行高度4100米，有地效时盘旋高度2700米，无地效时盘旋高度1600米，常规燃油情况下航程618千米
重量： 净重4330千克，最大起飞重量9350千克
尺寸： 主叶片直径15.6米，总长度18.7米，高度4.92米，主叶片旋转面积191.13平方米
有效载荷： 多达21人的兵员，或者在内部或外部装载4500千克的物资

上图：法国空军最少订购了4架AS 532A2"美洲狮"MK II型直升机，用于战斗搜救和特种作战。该型战斗搜救直升机在服役时命名为"美洲狮"战斗搜索救援直升机，法国空军需求量为14架

上图：冰岛海岸警卫队的一架AS 332L2"超级美洲狮"从雷克雅未克机场起飞执行搜救、空中救护和渔业巡逻任务

EH 工业公司的 EH 101 重型多用途攻击直升机

20世纪70年代晚期，北约要求研制一种新型海军直升机来替代"海王"直升机。在此情况下，奥古斯塔和韦斯特兰公司组成了一个合资公司，称为EH工业公司，负责研制这种新型直升机，最终研制出了EH 101直升机。后来出产的该型飞机配置有一条后部装载斜跳板，外加其他优点，于1995年赢得了英国皇家空军的订单，用来替代"韦塞克斯"直升机。

英国皇家空军的"隼"式直升机

在9架原型机中，PP7号和PP9号都是由奥古斯塔公司制造的带有后部装载斜坡的军事原型机。

英国皇家空军决定订购22架"隼"HC MK3型直升机，该型机配备了大量装备，可以执行攻击、战斗搜救、通用运输和特种部队插入和撤出任务。标准"隼"HC MK3型直升机装备一套前视红外系统、一套综合防御辅助系统（由激光预警、雷达预警和红外诱饵系统构成）和一个救援绞盘。另外，该型机也可在机身前端靠右位置安装一根空中加油管。第一架HC MK3型直升机于1998年12月24日进行了首次飞行，第一架用于作战行动的飞机于2000年6月27日交付，第1个配备该型机的作战部队——第28中队于2001年7月17日重新组建。

"隼"HC MK3型直升机列装部队的过程较慢，2003年春天，装备该型机的第28中队进行了第一次作战部署，在巴尔干地区支援联合国行动。

技术参数

"隼"式HC MK3型直升机
类型：重型攻击和运输直升机
动力装置：3台功率为1724千瓦的劳斯莱斯RTM322涡轮轴发动机
性能：在合适高度最大巡航速度278千米/小时，可持续飞行5小时

重量：净重10250千克，最大起飞重量14600千克
尺寸：主叶片直径18.59米，包括螺旋桨在内总长度22.81米，包括螺旋桨在内总高度6.65米，主叶片旋转面积271.51平方米
有效载荷：最多24名全副武装人员或者3120千克物资

下图：在复杂地形条件下进行低空飞行是"隼"式HC MK3型直升机的优点。英国皇家空军最后一架该型直升机于2002年中期建成

上图：美国也在考虑订购EH 101型直升机来替代其VH-3D型总统专机。请注意，英国皇家空军的"隼"式直升机没有安装空中加油管

上图：英国皇家空军第28中队是世界上唯一一个装备"隼"式直升机的飞行中队。此外，该型机能够满足日本空中自卫队对于战斗搜救直升机的需求，用来替代其H-60型直升机

NH 工业公司的 NH 90 中程攻击直升机

1985年，英国、法国、德国、意大利和荷兰5国签署谅解备忘录，决定联合研制90年代北约直升机，即NH 90型直升机。1987年，英国退出该计划，法德意荷4国于1992年8月在法国成立NH工业公司继续开发该项目。1994年，为了分担风险，其他几家公司也加入了该项目，其中欧洲直升机公司法国分公司占到41.6%，奥古斯塔公司占到28.2%，欧洲直升机公司德国分公司占到23.7%，FOKKOR公司占到6.5%。

根据4国达成的协议，各国的订购量为：法国220架、意大利214架、德国272架、荷兰20架。首架直升机计划于1995年飞行，1999年开始交付。两个最初型号是NH 90北约护卫舰舰载直升机和NH 90战术运输直升机，其中，HN90战术运输直升机用于攻击运输、救援、电子战和要员运输。战术运输直升机由欧洲直升机公司德国分公司负责，机舱可容纳20人的部队或者2000千克的物资，可配备区域地面压制武器和自身防御武器。此外，标准配备的一套前视红外系统可使该机在夜间及不利天气条件下进行超低空飞行。以上两种型号的直升机均由一套四重线控系统控制。

成功出口

由于采用双发动机，提高了NH 90型直升机的出口潜力。在前5架直升机中，第一架地面测试原型机是法国制造的PT1型机，该机于1995年12月18日试飞，配备RTM322型发动机。

截至2003年秋天，NH工业公司已获得的战术运输直升机生产订单包括：意大利陆军的60架、意大利海军的10架、德国陆军的50架和德国空军的30架（其中的23架用于战斗搜救任务）。另外，波兰也订购了10架战术运输直升机；瑞典订购了13架配备特种装备的攻击/搜救直升机，在2005—2009年交付；芬兰订购20架战术运输直升机用于攻击和搜救，于2004—2008年交付。2003年8月29日，希腊陆军订购了16架TTH型直升机和4架特种作战战术运输直升机。另外，希腊正在考虑订购12架战术运输直升机和2架特种作战直升机。

技术参数	
NH 90战术运输直升机 **类型**：两座中型战术运输直升机 **动力装置**：两台1566千瓦的RTM322-01/9涡轮轴发动机或两台1521千瓦的通用电子/阿尔法·罗密欧T700-T6E涡轮轴发动机 **性能**：（估计）最大速度300千米/小时，续航时间4小时30分钟	**重量**：净重5400千克，最大起飞重量10000千克 **尺寸**：主叶片直径16.3米，包括螺旋桨在内总长度19.56米，包括螺旋桨在内总高度5.44米，主叶片旋转面积208.67平方米 **有效载荷**：最多20名全副武装人员或4600千克物资

左图：图中是一架NH 90直升机的原型机。NH 90型直升机在发展过程中因故拖延时间，但截至2003年秋天，该机型已具备作战能力

上图：一些已订购战术运输直升机的国家可能利用该型机执行搜救任务。德国和希腊分别把该型机用于战斗搜救和特种作战

下图：NH 90型直升机在出口方面比欧洲直升机公司生产的其他型号现代化攻击直升机（例如EH 101型直升机）要好出许多。作为轻型直升机，其综合能力有限，因此价格便宜

阿特拉斯公司的"羚羊"/IAR330L"美洲豹"直升机

南非是法国制造的"美洲豹"直升机的最大用户,在该型机服役初期,南非就开始着手对该机型进行改进。不久,阿特拉斯公司就获得了有关该型机的大量经验和专门技术。为了应对联合国的制裁,该公司生产出了大量的部件,例如轮胎、有图案的玻璃、丙烯酸地板、变速箱、发动机导热部件以及螺旋桨叶片等,此外还为南非空军生产了新设计的油箱和装甲坐椅。

XTP-1验证机

阿特拉斯公司的第一个大型改进计划是推出了XTP-1验证机,包括发动机进气道过滤网、"马基拉"涡轮轴发动机以及与AS532"美洲狮"直升机相似的尾翼。这些改进主要用来对"美洲豹"进行式样改进,而XTP-1试验测试平台的其他改进并没有使式样产生大的变化。这些改进包括:从机身左侧延伸到驾驶员座舱的长数据线、安装在机舱上的短翼(它要求机舱的门必须密封)。每个短翼上安装了两个枢接的武器塔,腹鳍处安装了一门20毫米GA1火炮,通过头盔瞄准仪控制。

最初,XTP-1验证机主要用于形成"美洲豹"的基本型,实际上是系统和武器的测试平台,向南非国产的"石茶隼"直升机更加迈进了一步。这种验证机后来作为低成本"石茶隼"直升机的基本型。1990年中期,几架配备短翼和火炮的"美洲豹"直升机开始进行作战评估,飞机翼尖可配备红外制导的"达特"或"毒蛇"空对空导弹。机上还安装了一部激光指示器,用来对"褐雨燕"反坦克导弹进行制导。

"羚羊"直升机

XTP-1验证机的机尾和发动机,加上新的"超级美洲豹"型直升机的前端天线屏蔽器构成了"羚羊"直升机的基本型,最初称为改进型"大羚羊"。"羚羊"直升机驾驶舱是按照单飞行员进行配备的。1988年,"美洲豹"直升机按照这一标准进行改进并开始交付,1994年正式服役。

罗马尼亚生产型

1977年,在获得了生产许可证后,IAR公司在罗马尼亚建立了一条SA330L"美洲豹"直升机生产线,所生产的大多数直升机交付罗马尼亚空军,少数出口到南非空军。另外,该公司还在当地研制了一种武装型直升机,这种飞机机身前部的较低部位安装两个20毫米口径机炮吊舱,主机舱两侧门后面有钢管,钢管上可配备4个火箭吊舱和AT-3型反装甲导弹,当然也可选择配备机炮吊舱或炸弹。另外,在每个舱门枢轴处可配备1门机炮。

IAR公司出品的330L"美洲豹"直升机采用功率1175千瓦的"图默"IVC型涡轮轴发动机。IAR公司还生产了"美洲豹"2000型直升机,采用动力更强劲的发动机,可装载比标准机型更多的装备。标准"美洲豹"2000型配备有控制手柄、瞄准头盔、敌友识别系统和航空作战协调系统,座舱配备了电视/红外设备和夜视飞行系统,可以执行监视任务,也可通过配备的目标激光指示器和大量武器来执行反装甲或反步兵火力支援任务。

技术参数

"羚羊"直升机
类型: 双发中型攻击直升机
动力装置: 两台"马基拉"1A1型涡轮轴发动机,起飞功率为1400千瓦,持续飞行功率为1184千瓦
尺寸: 主叶片直径15米,包括螺旋桨在内的总长度为18.15米,机身长14.06米,总高度5.14米,到螺旋桨顶端高度为4.38米,主叶片旋转面积176.71平方米

右图:以许可证方式生产的IAR330型直升机构成了罗马尼亚空军直升机的主体。图中这架直升机有一个大型的突出炮座

米里公司的米-26"光环"重型运输直升机

米-26直升机设计用来替代米里公司的米-6直升机,性能提升50%~100%。米-26最初是在米-6M的基础上设计的,货舱和C-130"大力神"运输机同等大小,是世界上动力最强大的直升机。1977年12月14日,几架原型机和预生产型机中的第一架进行试飞,1983年开始进行飞行中队评估,1985年正式全面服役。

该型直升机配置两台D-136涡轮轴发动机,功率是米-6直升机发动机的两倍多,其强大的动力和8叶片螺旋桨使得该型直升机的有效载荷几乎是米-6直升机的两倍。

米-26直升机配备4名机组人员,也可在飞行甲板上配备额外一名机组人员,在飞行甲板后部的隔间可运载4名乘员,货舱可运载80名全副武装人员或者60副担架和4~5名担架员。人员通过货舱右侧一个门和左侧两个门进出,物资通过一个底端铰链后部斜坡和两个侧面铰链舱门装卸。

标准型

米-26直升机的基本配置包括吊舱和吊柱、固定三点式起降架(每个点配备两个轮子)、一对并排的涡轮轴发动机、8叶片主螺旋桨、5叶片尾翼螺旋桨和钛合金螺旋桨支点,装备综合飞行和导航系统和天气雷达,军用型还配备了红外干扰发射台、干扰发射器和红外诱饵发射器。

该型机的基本型号是米-26标准军事运输型。截至20世纪末,共交付了大约300架"光环"系列直升机,其中包括其他型号。目前,该型机继续以较低速度进行生产。米-26A型直升机是改进型运输机,配备PNK-90综合飞行和导航系统,可以自动接近并降落在危险地点。

米-26T型是基本的民用运输型,它们在西方被认证为米-26TS型。其他更多型号还有:米-26MS航空医疗型(配备一间手术室)、米-26NEF-M反潜型(机身前端下方的一个流线型天线屏蔽器上安装有搜索雷达,一个磁异探测器系统,其拖吊式传感器可通过斜坡投放)、米-26人员舒适运输型、米-26TP灭火型、米-26TZ加油型(可运载14050升燃油和1040升润滑剂,通过4根软管泻放)。此外,米-26M型是在基本运输型的基础上改进的,配备功率10700千瓦的D-137型发动机,叶片采用玻璃纤维。最后一种型号是米-27机载指挥所型直升机。

米-26型直升机曾经出口大约20个国家,除了独联体国家外,只有印度、墨西哥和秘鲁将它们用于军用用途。

技术参数

米-26"光环"A型直升机
类型: 4/5座重型运输直升机
动力装置: 两台8500千瓦的ZMDB"进步"D-136涡轮轴发动机
性能: 合适高度的最大平飞速度295千米/小时,合适高度的常规巡航速度255千米/小时,飞行高度4600米,无地效时盘旋高度1800米,常规燃油时航程800千米
重量: 净重28200千克,最大起飞重量56000千克
尺寸: 主叶片直径32米,包括螺旋桨在内总长度40.03米,至螺旋桨顶部总高度8.15米,主叶片旋转面积804.25平方米
有效载荷: 内部运输或者外挂运输20000千克物资

上图:米-26直升机的货舱长12米,有一个长15米的斜坡跳板。2003年,有大约15架该型直升机在印度空军服役

韦斯特兰公司的"突击队"和"海王"HC MK4 攻击直升机

"海王"直升机的岸基型于1972年首次立项，不久之后命名为"突击队"。埃及首先订购了该型机，称为"突击队"MK1过渡型。实际上，该机型并非真正意义上的"突击队"直升机，而是"海王"HAS MK1兵力运送基本型，可携带更多的燃油。第一架"突击队"直升机于1973年12月12日首次飞行，于1974年1月29日开始交付。

"突击队"MK2型直升机

由于"突击队"直升机在中东和远东销售很好，该型机迫切需要提升性能以适应形势。于是，韦斯特兰公司使用"突击队"机身配以H1400-1发动机和"海王"HAS MK2型直升机的6叶片尾翼螺旋桨，最终形成了"突击队"MK2型直升机。"突击队"MK2型直升机通过采用不可折叠主螺旋桨叶片、简化型固定起落架、拆除突出炮座等举措减轻重量。此外，拆除突出炮座提高了武器运载能力。该型机还清除短翼，在翼尖设置一个可供选择的挂弹点。"突击队"MK2型直升机保留了延伸型机舱，增强了燃油携带能力。第一架"突击队"MK2型直升机于1975年1月16日首次飞行，随后卖给了埃及。

1974年，卡塔尔订购了3架"突击队"MK2A型直升机，和埃及购买的机型大体相似。另外，埃及还购买了两架该型机用于要员运送，这两架飞机在机身右侧增加了两扇窗户，在左侧增加了一扇窗户，称为"突击队"MK2B型。卡塔尔也订购了一种要员运送型直升机，称为"突击队"MK2C型，和MK2B型稍有不同。

"突击队"MK2E型直升机有些不同，装备了意大利军工公司研制的IHS-6X综合电子支援/电子对抗系统，作为专门的电子战直升机使用。1978年，埃及订购了4架MK2E型直升机，该机型于1978年9月1日首次飞行。

"突击队"MK3型直升机

卡塔尔购买的"突击队"直升机除了内部设计外，在外形上几乎和"海王"直升机没有区别，它们都有一个突出炮座、背部天线屏蔽器和可折叠尾翼螺旋桨。扩展型的机舱左侧后部还保留了一扇窗户，这是为提高视野而采用的水泡型设计。根据设计，"突击队"MK3型直升机用于执行包括反潜作战在内的各种任务，标准配置"飞鱼"导弹，同时也可配备其他多种武器。第一架MK3型直升机于1982年6月14日首次飞行。

"海王"HC MK4型直升机

直到1978年，英国皇家海军才向韦斯特兰公司寻求研制一种"突击队"直升机，以替代"韦塞克斯"HU MK 5型攻击运输直升机。英国皇家海军的"海王"HC MK4型直升机是在"海王"HAS MK2型的基础上设计的，保留了可折叠主螺旋桨和尾翼螺旋桨塔门。MK4型除了采用"突击队"MK2型的标准起落架外，还采用了"突击队"和"海王"搜救型的扩展机舱。

第一架"海王"HC MK4型直升机于1979年9月26日首次飞行，该机型前后共建造了42架。第一批10架和第二批部分飞机参加了马尔维纳斯群岛战争。

实践证明，"海王"HC MK4型直升机是一个受欢迎的测试和试验平台，有两架"海王"MK4X型直升机被专门用于进行试验。

下图：埃及的"突击队"MK2型直升机是第一架全尺寸的"突击队"直升机样机

上图:"海王"HC MK4型直升机参加了英国皇家海军的大多数作战行动,该机型在和其他兵力一起参加"格兰比"行动时,加装了"海星"GPS导航系统

技术参数

"突击队"MK2型直升机

类型: 中型双发攻击直升机

动力装置: 两台罗尔斯·罗伊斯H1400-1涡轮轴发动机,起飞功率为1238千瓦,持续飞行功率为1092千瓦

性能: 海上最大速度226千米/小时,海面最大爬高率为619米/分钟,满载航程396千米

重量: 作战净重5620千克,最大起飞重量9725千克

尺寸: 主叶片直径18.9米,包括螺旋桨在内总长度22.15米,包括螺旋桨在内总高度5.13米,主叶片旋转面积280.47平方米

有效载荷: 28名全副武装人员,或者3629千克物资

韦斯特兰公司的"山猫"陆军型直升机

1971年3月21日,5架用于研究的原型机中的第一架WG13"山猫"首次试飞。这些原型机配置一个旋翼毂、带3扇窗户的机舱门和罗尔斯·罗伊斯BS360型涡轮轴发动机。此外,最初的3架原型机还有一个显著特征,那就是短机鼻。后来,该机型进行了民间注册,配置一对普莱特·惠特尼公司出品的PT6B-34型涡轮轴发动机。这些原型机后来衍生出了许多陆军型的"山猫"直升机。

"山猫"AH MK1型直升机

1978年,非武装的"山猫"AH MK1型直升机作为战场通用直升机开始服役,用于替代"梧桐"直升机和"韦塞克斯"直升机。由于性能优良且灵活性强,一些飞机改为执行反坦克任务,机舱每侧配备4枚"陶"式导弹,驾驶舱左侧上方安装一部M65型蛇螺稳定瞄准仪。"山猫"扩大型机舱可容纳8名弹药装填员或"米兰"导弹小组人员,从而使其在反坦克性能方面比以前的"斯科特"直升机更加有效。1981年,经过试验,大约60架"山猫"AH MK1型直升机重新配备了"陶"式导弹,该导弹后来经过改进,携带了加强型的弹头。

卡塔尔警方购买了3架"山猫"HC MK28型直升机,这是陆军型"山猫"直升机的第一次出口。这些飞机虽然在发动机进气道部位安装了沙尘过滤网,但总体上和AH MK1型直升机相似。

"山猫"AH MK 5型直升机

"山猫"AH MK 5型直升机是一种过渡机型,采用GEM41-1型发动机,主要用于对陆军航空兵"山猫"直升机("山猫"AH MK7型)的性能进行测试和评估。除了一小批的AH MK 5型直升机用于陆军航空中心的评估和试验外,英国国防部皇家航空研究中心还订购了3架用于测试和试验,其中一架被皇家试飞学院采用。

"山猫"AH MK7型

第二代的"山猫"AH MK7型直升机和AH MK1型直升机在许多方面不同,其大型尾翼螺旋桨叶片可以反方向旋转,配备大型发动机排气装置消声器。GM42型动力装置采用了新型的螺旋桨叶片,如今,这种叶片已经成为AH MK7型直升机的标准配置。由于采用加强性机身和重新设计的涡轮发动机后方排气组件,致使飞机的空中总重较大。AH MK7型直升机的重要特点是提高了生存能力。除红外干扰器外,该机型还在尾桁根部下方安装了一部ALQ-144型红外对抗干扰器并安装了机组人员乘坐的装甲坐椅。AH MK7型直升机还可在门上配置通用机炮。此外,部署在波斯尼亚和北爱尔兰的该型直升机上配备通用机炮,也可配备12.7毫米口径机枪。其他新型装备包括一盏红外起降灯、一盏外部灯和一部"天空卫士"2000型雷达警报接收机。共有107架AH MK1型直升机后来改装成为AH MK7型直升机。

陆军航空中心的"山猫"直升机在参加"格兰比"行动时加装了新型的进气道沙尘过滤网、红外干扰器、"天空卫士"2000-13型雷达警报接收机。该型飞机还涂抹了两种伪装颜色,在桁梁、机身下方和机鼻四周有3道可识别白条。

在北爱尔兰,"山猫"直升机主要执行监视任务,利用机载摄像机监控游行和突发事件。其中,至少有一架"山猫"直升机安装了"权臣"装备,性能得到了加强,该装备包括一部数字摄像机和一部前视红外装置。

"山猫"AH MK9型直升机

英国陆军第24空中机动旅订购的一批新型通用"山猫"直升机采用防撞型轮式起落架,这一点就像"山猫"3型验证机上的起落架一样。新型起落架可承载更大重量,新的高功率变速箱可使用GEM42型发动机(功率1373千瓦)。英国陆军航空中心订购了16架新型"山猫"AH MK9型直升机,以及另外8架由MK7型直升机改装而成的直升机。

左图:如图所示,"山猫"AH MK9型直升机不配备"陶"式反坦克导弹,但可配置红外干扰器

技术参数

"山猫"AH MK7型直升机
类型：反坦克和效用直升机
动力装置：两台846千瓦的罗尔斯·罗伊斯GEM42-1型涡轮轴发动机
性能：最大持续飞行速度259千米/小时，标准航程630千米
重量：净重2578千克，最大起飞重量4876千米
尺寸：主叶片直径12.8米，包括螺旋桨在内的总长度15.16米，包括螺旋桨在内的总高度3.66米，主叶片旋转面积128.71米
武器：大约549千克弹药，包括一或两门20毫米机炮，7.62毫米速射机枪或火箭发射吊舱；6枚AS11导弹、两枚"毒刺"导弹或者8枚"霍特"导弹、"地狱火"导弹或改进型"陶"式反坦克导弹

上图：图中是一架在波斯尼亚执行联合国维和任务的"山猫"AH MK7型机，请注意机身和尾桁连接部位下方的红外干扰装置

上图：配备"权臣"装备的飞机还有两个特征：一是在舱门底部的加强型吊带，另一个是安装在机鼻和尾桁下方的非标准片状天线

上图：图中所示的这架"山猫"AH MK1型直升机正在进行"陶"式导弹试验。"陶"式导弹配备在"山猫"直升机上的四联装发射器上

贝尔公司的212型/412型/UN-1N"易洛魁人"(后称为"休伊")直升机

为了解决"休伊"直升机所面临的动力不足问题,贝尔公司、加拿大政府和普兰特·惠特尼公司加拿大分公司联合制订一项飞机改进计划,决定把UN-1H型直升机的单发动机换装成为两台PT6T-3型涡轮发动机,此举将全面提升飞机性能和安全性及可靠性。1968年5月1日,贝尔公司宣布加拿大空军订购了50架这种新型飞机,即212型直升机。

"休伊"双发直升机

在"休伊"双发直升机取得进展后,美国军方立即对此表示出极大的兴趣,美国海军、海军陆战队以及空军迅速订购了该型机。212型称为新型UH-1N,1971年5月向加拿大交付,改称为CUH-1N,后来这些飞机被重新改装成为CH-135型双发"休伊"直升机。越南战争期间,美军直升机主要执行特种作战任务,美国海军陆战队及海军尤其欣赏UH-1N型直升机先进的水面安全飞行性能,因而频繁使用该型机执行攻击运输任务。截至2003年,美国海军陆战队现役的UH-1N型直升机仍在执行这种重要任务,只不过被改装成了UH-1Y型。

212型直升机被广泛出口到需要重型运输机的外国部队,其中的大多数已经改装成为UH-1型。

意大利的"休伊"直升机

奥古斯塔公司制造的212型直升机习惯称为AB212型,该公司还继续研制出AB212型的许多特种任务型。销路最好的是岸基/舰基反潜型的AB212ASW型直升机,作为反潜型直升机,该机型可配备深水声呐,并在主机舱配备一个操作台,也可装备一对轻型鱼雷。反潜型也可执行反水面舰船作战任务,因此在机舱前部上方配备了一部搜索雷达,其主要水面战武器是一对"海上杀手"反舰导弹。出口到土耳其的该型直升机还可配备BAE公司的"海上贼鸥"导弹。此外,奥古斯塔公司还为意大利陆军生产出执行电子通信情报任务的AB212型直升机。

四叶片后续型

20世纪70年代后期,考虑到客户对于高速、远航程直升机的急需,贝尔公司决定改变212型/UH-1N型直升机的一些设计。为了在对机身做最小改动的情况下提高这些性能,贝尔公司研制出了412型,将原212型直升机配备的"普拉特·惠特尼"PT6T-3B型发动机更换为一对改进型的PT6T-3B-1型发动机,飞机载油能力得到了提高。此外,该机型最大的变化是增加了一套全新的四叶片主螺旋系统,采用了贝尔公司的轴承和旋毂技术,叶片采用合成材料。

第一架412型,实际上是212改进型,于1979年8月首次飞行。奥古斯塔公司以许可证方式生产出了AB412型,该机型经常在争夺欧洲客户订单的竞争中战胜贝尔公司。在印度尼西亚,欧洲直升机公司生产出了100架NBELL412型直升机,其中大多数是军用型。

412型直升机的主要出口情况如下:加拿大的CH-148直升机、挪威的412SP直升机(该机在当地称为"阿拉帕霍"直升机)、英国的HT MK1型直升机(有时出租民用,用于直升机联合训练)以及意大利的AB412型直升机(主要执行运输和搜救任务)。

右图:如图所示,一些美国海军陆战队的UN-1N型直升机在驾驶员座舱下方有一套热成像导航系统,大大提高了飞机夜间操作能力

左图：瑞典陆军的AB412型直升机在当地被称为HKP11型直升机，用于运输和伤员撤运。图中背景是瑞典北部地区

右图：英国军队装备的"休伊"直升机包括：英国陆军的3架"贝尔"212型用于通信任务，英国皇家空军肖伯雷基地的"贝尔"412 HT MK1型直升机。此外，第66直升机飞行学校的HT MK1型直升机用于训练英国空军飞行员的多机型操作能力

技术参数

UN-1N"易洛魁人"直升机
类型：中型运输和效用直升机
动力装置：一台1342千瓦的普拉特·惠特尼加拿大分公司的T400-CP-400涡轮轴发动机，持续飞行功率为842千瓦
性能：海平面最大巡航速度230千米/小时，航程420千米
重量：净重2787千克，最大起飞重量5080千克
尺寸：主叶片直径14.69米，包括螺旋桨在内的总长度17.46米，包括螺旋桨在内的总高度3.91米，主叶片旋转面积173.9平方米
有效载荷：最大外挂2268千克，最大内部装载1814千克

左图：贝尔公司的412型攻击直升机的最显著特征是自密封油箱和着陆刹车系统。图中所示的412型直升机是津巴布韦空军的7架该型机中的两架，另有两架用于要员运输

贝尔—波音公司的 V-22 "鱼鹰" 倾转翼多用途飞机

20世纪80年代早期，贝尔和波音公司采用XV-15型原型机作为三军联合垂直起降飞机（以前称JVX）计划的基本机型，生产出了贝尔—波音公司的V-22 "鱼鹰"飞机，它结合了直升机的垂直起降能力和固定翼飞机的快速飞行能力，在稍前倾的机翼顶端的两个发动机机舱内安装两台艾利逊涡轮轴发动机，采用可旋转97.5°的3叶片旋翼螺旋桨。1985年，美国海军订购了6架原型机。

最初，美军共需求913架V-22 "鱼鹰"飞机，其中包括海军陆战队的552架MV-22A型攻击机（计划用于替代CH-46型机）、陆军购买的231架飞机和80架CV-22A（用于特种部队人员远距离运输）、海军购买的50架有效载荷9072千克的HV-22A型直升机（用于搜救、特种作战和舰队后勤补给）。此外，美国海军还需要另外300架V-22 "鱼鹰"飞机用于反潜作战。

陷入困境的"鱼鹰"飞机

1989年3月19日，贝尔公司的"鱼鹰"飞机首次试飞，1989年9月14日，该机完成了从直升机向固定翼飞机的转变。除了没有完成制造的第6架原型机外，其他原型机均于1991年中期进行了试飞。第5架在首次飞行中遭受严重损坏，但没有人员伤亡。1992年7月21日，第4架在飞行中坠毁，机上7人全部遇难，该计划遭受严重挫折。

1993年，"鱼鹰"飞机的飞行测试重新恢复。1992年中期，海军陆战队的需求量减少到了最终的425架，用于替代CH-53型和CH-46型直升机。但是到了1993年，V-22 "鱼鹰"飞机的优越性重新得到认可，美国空军也重新确认了对于"鱼鹰"飞机的需求。

然而，接下来的一系列事故（最后一次发生在2000年12月），以及对于是否继续执行该计划的争论，使得"鱼鹰"飞机的试验几乎停止了18个月。2003年5月，该机型进行了舰载试验，海军陆战队于2005年接收其第一架MV-22A型飞机，称为VMM-264型。

右图："鱼鹰"飞机的发展计划进行得并不顺利，由于设计方案、技术因素以及发展过程中出现的政治上的争论使得该计划一再推迟。图中所示为第2架"鱼鹰"原型机

技术参数

MV-22A "鱼鹰"飞机
类型： 3/4座岸基/舰基多用途倾转翼运输机
动力装置： 两台4586千瓦的"艾利森"T406-AD-400型涡轮轴发动机
性能： （估计）海平面直升机模式下的最大巡航速度185千米/小时，合适高度固定翼飞机模式下的最大巡航速度582千米/小时，初始爬升率707米/分钟，飞行高度7925米，无地效时盘旋高度4330米，执行两栖攻击任务时的航程935千米，执行运输任务时在短距起飞后航程为3892千米
重量： （估计）净重15032千克，垂直起飞时最大起飞重量21546千克，短距离起飞时最大起飞重量27443千克
尺寸： 总宽度25.55米，翼展14.02米（不包括发动机机舱），每个旋翼螺旋桨直径11.58米，长度17.47米（不包括探针），发动机机舱垂直时的飞机高度6.63米，机翼面积35.49平方米，旋翼螺旋桨旋转面积共210.72平方米
武器： 可能1~2架12.7毫米多管旋转机炮
有效载荷： 可运载多达24名人员，或者12副担架以及所需的医务人员，或者可内部装载9072千克物资，或者可外部装载6804千克物资

上图：通过第3架"鱼鹰"原型机可以看出该机型的运载能力，它在直升机模式下的重型装备运载能力使得该机型的功能更具多样性，并且具备独一无二的优势

右图：V-22"鱼鹰"飞机的机翼采取中枢设计，可以旋转90°，从而和机身顶部平行，旋转翼的叶片可折叠成平行状

波音公司的H-47"支努干"中型运输和攻击直升机

1959年3月,美国陆军在对5家直升机公司的报告进行评估后,最终选择了波音公司的VERTOL114型飞机作为未来战场的机动直升机。该型直升机计划发展成为全天候作战型飞机,可内部装载1814千克物资或外挂7258千克物资,运载40名全副武装人员,通过机身后部舱门直接装载物资,也可用于伤员撤运,运送"马丁·玛丽埃塔·珀欣"地对地导弹系统的任何部件。1959年,美国陆军订购了5架YHC-1B型预生产样机,不久这些样机被重新设计成为YCH-47A"支努干"直升机。

CH-46大型直升机

114型直升机实际上是波音公司的CH-46直升机的扩大型和动力增强型,有一副四轮起落架,进行海上作战时,机身两侧可安装吊舱,从而增加下部密封机身的浮力。1961年9月21日,第一架YHC-1B原型机进行首次试飞。1962年开始,波音公司共生产交付了354架CH-47A型"支努干"直升机。

随后生产出了一系列型号的飞机,第一种型号是CH-47B型,共生产交付了108架,采用2125千瓦的T55-L-7C型发动机,重新设计了螺旋叶片和其他部件。第二种改进型是CH-47C型(234型),共生产了270架,该型机动力更加强大,加固了传动系统,并且提高了燃油载运量。后来,波音公司为加拿大陆军生产了9架和CH-47C相似的飞机,该型机于1974年9月开始交付。

东南亚地区

越南战争期间,波音公司共生产了4架ACH-47A型直升机,该型机和CH-47A型相似,但装备了装甲和重型武器。其中有3架在越南战场上进行了评估,但没有生产出更多的样机。

在东南亚,"支努干"直升机不仅在人员、装备运输以及伤员撤运方面发挥重要作用,还在损坏飞机修理以及难民空运方面表现出色。"支努干"直升机目前是美国陆军的重要机型,剩下的472架CH-47A、B、C型飞机随后进行了现代化改装。第一架改装后的CH-47D原型机于1982年2月26日进行了首次飞行,该机型采用了动力更加强大的T55-L-712型涡轮轴发动机(功率3356千瓦),驱动高速率的传动装置,许多其他部件也进行了改进。

英国皇家空军的"支努干"直升机

根据"支努干"HC MK1型直升机的设计,英国皇家空军订购了33架出口型的CH-47C直升机,配备英国的航空电子设备、装备以及其他特种装备。其中的第一架飞机于1980年8月交付。随后,英国皇家空军的订购数量增加到了41架,其中剩余下来的陆续改装成为"支努干"HC MK1A型。后来,有32架进行了现代化改装,成为"支努干"HC MK2型(基本上是CH-47D型),采用T55-L-712F型发动机。之后,英国皇家空军又订购了17架"支努干",8架是HC MK2型,其余的是和美国MH-47E型特种作战型相似的HC MK3型。后来,HC MK3型直升机又移交给了美国。

从1970年开始,向欧洲和中东交付的"支努干"直升机由意大利公司制造。由波音公司制造的军用型"支努干"机只有414型,即国际出口型的CH-47SD"支努干"直升机。在"支努干"的出口国中,日本接收的该型直升机是由川崎公司制造的。

下图:意大利陆军的CH-47C型"支努干"直升机由意大利的埃利科特里·梅里狄奥纳利公司以许可证方式进行生产,这些飞机用于重型装备运输以及参加意大利空降部队作战

上图：日本陆上自卫队的CH-47JA型直升机配备有雷达、前视红外装备和大容量油箱，作战能力得到大幅度提升。日本的"支努干"直升机由川崎公司以许可证方式进行生产

H-47 "支努干"直升机
波音直升机家族中的"驮马"

自从1962年服役以来，"支努干"直升机在设计上成为一项历经40多年风雨而毫不褪色的精品。如今，在采用了最新型发动机和航空电子系统之后，该型直升机仍然是世界上最重要的中型和重型军用运输直升机。

技术参数

CH-47D "支努干"直升机

尺寸：包括螺旋桨在内总长度30.14米，其中机身长15.54米；至后旋翼桨毂顶部高度5.77米；左右轮距3.2米，前后轮距6.86米；朱螺旋桨叶片直径18.29米；叶片旋转面积525.34平方米

动力装置：两台"达信—莱康明"T55-L-712型涡轮轴发动机，起飞功率为2796千瓦，持续飞行时功率为2237千瓦；或者两台T55-L-712SSB型涡轮轴发动机，起飞时功率为3264千瓦，持续飞行时功率为2339千瓦。这两种发动机双台工作时，均可以5593千瓦功率驱动传动装置；单台工作时，均可以3430千瓦功率驱动传动装置

重量：净重10151千克，常规起飞重量20866千克，最大起飞重量22679千克

燃油及装载：内部载油量3899升，最大有效载荷10341千克

作战半径：2026千米，最大内部装载时为185千米，最大外部吊装时为56千米。

性能：最大海面平飞速度298千米/小时，合适高度时的最大巡航速度256千米/小时，飞行高度6735米，盘旋高度3215米

本图：这架荷兰的CH-47D型直升机在演习期间运载着一辆战术车辆。在荷兰军队之中，配备了EFIS设备、机鼻雷达和T55-L-714型发动机的"支努干"直升机是最先进的直升机

H-47 "支努干"直升机

部分图解

1. 空速管
2. 前部照明灯
3. 机翼前端分隔间入口
4. 减震器
5. 敌我识别天线
6. 风挡玻璃面板
7. 风挡玻璃擦拭器
8. 仪表板屏蔽罩
9. 方向舵踏板
10. 偏航传感器
11. 向下观察窗
12. 飞行员脚踏板
13. 倾斜总控制器
14. 轮式倾斜控制柱
15. 副驾驶坐椅
16. 中央仪表控制台
17. 飞行员坐椅
18. 下滑道指示器
19. 前部变速箱壳整流罩
20. 驾驶员座舱向上观察窗
21. 主舱门
22. 驾驶员座舱紧急出口
23. 侧滑中墙板
24. 驾驶员座舱防水壁
25. 减震器
26. 驾驶员座舱门闩把手
27. 雷达和电子设备架
28. 滑道防水壁
29. 杆状推进器
30. 稳定系统装置
31. 前部传动装置支架结构
32. 风挡玻璃擦试器
33. 螺旋桨液压超重器
34. 前部传动变速箱
35. 旋翼毂整流罩
36. 前部旋翼毂装置
37. 倾斜控制杆
38. 叶片制动节气闸
39. 玻璃纤维螺旋叶片
40. 机翼前沿钛壳除冰装置
41. 救援绞盘
42. 前部传动装置后部整流罩
43. 液压系统模块
44. 控制杆
45. 前部机身框架和纵梁结构
46. 紧急出射窗,位于右侧大门处
47. 货舱板前部终端
48. 油箱机身侧整流罩
49. 电池组
50. 电子系统装置架
51. 天线电缆
52. 担架架(最多容纳24个担架)
53. 机舱中墙板
54. 机舱导热管
55. 靠机舱壁的人员座位
56. 机舱顶部传动和控制装置管道
57. 编队飞行灯
58. 叶片横截面
59. 静电消除器
60. 叶片平衡和跟踪装置
61. 机翼前沿防腐蚀条
62. 固定翼片
63. 机身电镀层
64. 维护通道
65. 传动装置隧道入口门
66. 人员座位(最多44个)
67. 吊货钩舱口盖
68. 甚高频天线
69. 机舱内层面板
70. 控制器
71. 主传动轴
72. 传动轴耦合
73. 中央机身结构
74. 中央过道座位(可选)
75. 主货舱,40.78立方米
76. 向下倾斜水坝,用于执行水下任务
77. 斜坡液压起重机
78. 发动机倾斜变速箱
79. 和变速箱相连的传动装置
80. 转子制动器
81. 润滑油箱
82. 燃油冷却器
83. 发动机传动轴整流罩
84. 发动机屏蔽
85. 右侧发动机舱
86. 冷却空气格栅
87. 尾部螺旋桨塔门
88. 液压装置

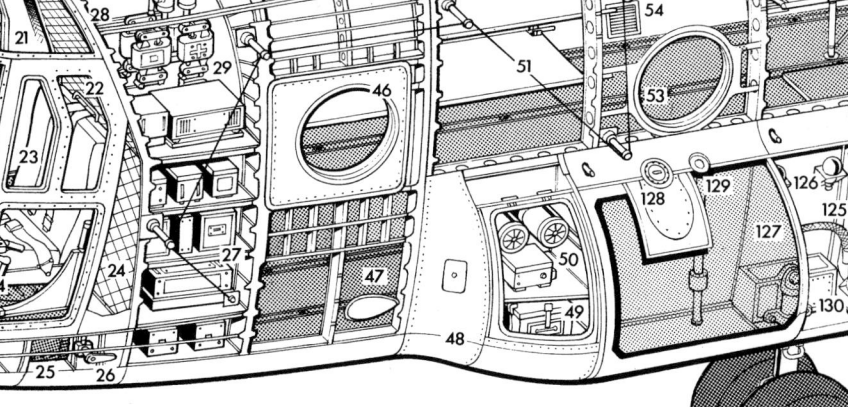

89. 通道门
90. 维护台阶
91. 尾部螺旋桨传动轴
92. 尾部螺旋桨轴承
93. 旋翼毂整流罩
94. 尾部旋翼毂机械装置
95. 主螺旋叶片，玻璃纤维材料
96. 叶片控制液压起重机
97. 减震器
98. 机尾塔门整流罩
99. 后灯
100. 太阳能T62T-2B辅助电池组
101. 辅助动力装置发电机
102. 维护通道
103. 发动机排气管
104. "达信—莱康明" T55-L-712 涡轮轴发动机
105. 可拆卸的发动机机罩
106. 后部机身框架和纵梁结构
107. 后部物门
108. 延伸斜坡
109. 物资斜坡下部
110. 斜坡下部底板
111. 机身后部延伸整流罩
112. 斜坡控制杆
113. 斜坡液压起重机
114. 后部起落装置减震器
115. 起落装置支柱
116. 单后轮
117. 后起落轮橇
118. 维护通道
119. 后部油箱
120. 油箱连接处
121. 机腹板
122. 主油箱，可装载3899升油
123. 地板梁
124. 油箱附件接合点
125. 供油管
126. 灭火器
127. 前部油箱
128. 注油盖
129. 油量指示器
130. 前起落装置
131. 双前轮
132. 前起落轮橇
133. 三个吊货钩（前、后吊货钩承重9072千克）
134. 主吊货钩，承重12701千克

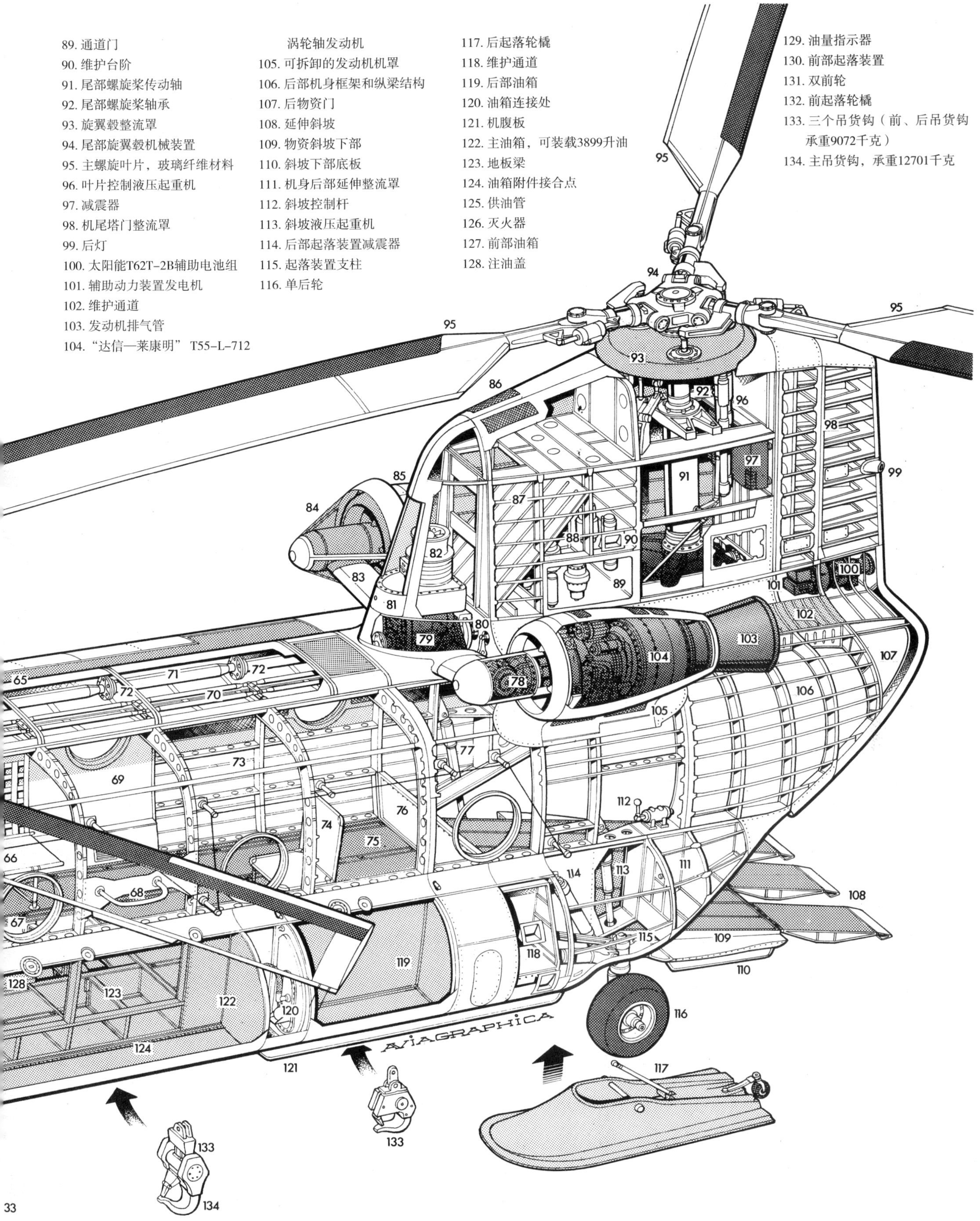

"支努干" HC MK1型直升机

波音公司的"支努干"直升机在英国皇家空军服役超过25年,是直升机支援部队的中流砥柱。目前,"支努干"直升机的适用性、空运能力和多功能性能够满足甚至超出计划需求。随着全球战略、战术任务和主要作战行动的变化,部队结构也开始转向机动性和灵活性,英国皇家空军"支努干"飞机的多功能性以及执行任务的灵活性继续发挥着优势。图中这架HC MK1型直升机隶属于英国皇家空军第7中队,部署在汉普郡的奥迪海姆空军基地。和英国皇家空军所有的HC MK1型直升机一样,该机后来被改装成为HC MK2型直升机。

驾驶员座舱

"支努干"直升机的驾驶员座舱规模大且配置现代化,驾驶员(右侧)和副驾驶(左侧)坐椅并排设置,座舱入口处有一个可折叠弹射坐椅。像英国皇家空军和陆军航空兵的所有战术直升机一样,"支努干"HC MK1型直升机配备精确导航电脑。少数空军型的"支努干"HC MK1型直升机在驾驶员座舱配备了夜视导航设备,其中一架在马尔维纳斯群岛战争期间,成功地从即将沉没的英舰"大西洋运送者"号上脱身,并且在战区执行了至关重要的重型运输任务。

下图:1968年,奥古斯塔公司设在意大利的分公司在获得生产许可证后,与西来义—马歇蒂公司联合生产出CH-47C"支努干"直升机。CH-47C直升机的最大用户是意大利陆军和伊朗,其中,意大利陆军购买了35架(如图所示),另外还购买了波音公司制造的两架。伊朗购买了波音公司组装的38架和奥古斯塔公司独立生产的30架该型直升机

主起落架

"支努干"直升机采用不可回收的四点轮式起落装置,前部两个起落装置采用双轮,配备液压制动装置,所有四个起落装置均采用液压减震器,其中三个可采用分离式轮撬。主轮胎可承受6.07个大气压。

右图：由于巨大的空运能力（远远大于美国陆军任何直升机的空运能力）和两个额外的挂钩，CH-47D型直升机大大提高了美国陆军的机动能力。在海湾战争期间，"支努干"直升机扮演了重要角色，美国陆军的CH-47D型直升机参加了施瓦茨科夫将军指挥的著名的"左钩拳"行动。在"持久自由"行动和"伊拉克自由"行动中，该机型在沙尘严重的环境下执行各种任务，飞行状态能够始终保持完好

战争中的英国皇家空军"支努干"直升机

"支努干"直升机进入英国皇家空军服役后，先后多次参加地区冲突。1982年，4架"支努干"直升机参加了马尔维纳斯群岛战争，执行重型运输任务。当运送这些飞机的英舰"大西洋运送者"号被阿根廷一枚"飞鱼"导弹击沉时，有3架"支努干"直升机被一起摧毁。在西德，为抵御苏联可能发起的进攻，"支努干"直升机频繁出动支援英国军队的行动。在"沙漠风暴"行动中，英国皇家空军的"支努干"直升机主要用于支援常规部队，以及参加特种部队行动。在参加特种部队作战时，这些直升机加装了适用的实验性夜间伪装设备、卫星通信设备和舱门机炮。此外，"支努干"直升机还参加了对库尔德人进行的食品等供应品的人道主义援助行动。在波斯尼亚，6架空军"支努干"HC MK2型直升机负责支援英国第24空中机动旅。为此，该型直升机进行了一系列改装，包括加装装甲和防御性航空电子设备。在克拉伊纳地区，第7中队的两架"支努干"直升机被涂成白色，参加联合国人道主义行动。1999年6月，8架"支努干"直升机执行了运输进驻科索沃的北约部队的任务，并成为运输主力。该型直升机向热点地区空运了英国第5空降师，包括关键的卡克尼科峡谷，从而确保了从马其顿到科索沃首府普里什蒂纳的主干道的畅通。"支努干"HC MK2型直升机还参加了阿富汗战争和伊拉克战争。

技术参数

CH-47C"支努干"直升机
类型: 2/3座双发中型运输直升机
动力装置: 两台2796千瓦的T55-L-11A型涡轮轴发动机
性能: 海平面最大速度286千米/小时,合适高度巡航速度257千米/小时,飞行高度3290米,最大内部载荷时作战半径185千米
重量: 净重9736千克,最大起飞重量17463千克
尺寸: 叶片直径18.29米,包括螺旋桨在内的总长度30.18米,高5.68米,叶片旋转面积共523.34平方米
有效载荷: 55人的兵力,或者24副担架,物资可内部装载或外挂

右图:目前,CH-47D型"支努干"直升机是美国陆军主要的中型运输机,该型机将升级成为CH-47F型直升机

上图:"支努干"HC MK2型直升机在对动力装置进行几次改进后,进行全速生产。图中是在塞拉利昂上空飞行的样机

西科斯基公司的UH-60"黑鹰"直升机家族

1965年，美国陆军考虑用一种新型直升机替代贝尔公司制造的UH-1型直升机。但由于越南战争，这项效用战术飞机发展计划推迟到了1972年才开始实施。西科斯基公司推出的竞标飞机是采用S-70设计的YUH-60A型直升机，该机型于1974年10月17日首次试飞。

战胜波音公司

1976年12月，美国陆军宣布西科斯基公司设计的新型飞机战胜了竞争对手波音公司的"伏托尔"YUH-61型飞机，赢得了生产订单。第一架生产型UH-60A"黑鹰"直升机在1978年10月17日首次飞行，1979年6月开始服役。

UH-60A直升机和UH-1H直升机的人员运送能力相当，但具有更高的性能和更先进的防撞性。"黑鹰"直升机还具有更大的通用性，可选择额外的外挂物资支援系统机翼和塔门，从而可以运载副油箱、外挂武器和更多的装备。"黑鹰"直升机的生存能力得到了大幅度提高，它配备了盘旋红外干扰子系统、有线攻击防御装备以及各种防御性航空电子设备。但与此同时，这些额外的装备也增加了飞机的净重量，从而降低了其有效载荷和性能，尤其是在恶劣环境下的运载能力。

更强的动力

UH-60L型直升机配备了功率1447千瓦的T700-GE-701C型涡轮轴发动机，这也是1989年生产的标准型，有可能持续生产到2007年。西科斯基公司正在研制UH-60M型直升机，该机型对早期型号的所有缺点进行了改进，是真正的21世纪攻击直升机。截至2002年年底，大约1550架UH-60直升机在美国陆军服役，三分之一是UH-60L型，其余的是UH-60A型。美国陆军大多数的UH-60直升机将被升级成为UH-60M型机，其中的第一架于2003年完成。

其他型号和出口情况

在UH-60直升机机身的基础上，西科斯基公司为美国陆军和其他国家生产出了许多型号的"黑鹰"直升机，其中的HH-60和MH-60型搜救和特种作战直升机也许是最重要的机型。在此基础上，该公司又为美国陆军生产出了MH-60K型特种部队渗透和撤运直升机，为美国空军生产出了HH-60G和MH-60G型直升机。其他型号还有EH-60通信/干扰直升机、UH-60Q医疗撤运直升机和VH-60要员运输直升机。

"黑鹰"直升机曾经向许多国家出口，它们主要是在S-70设计基础上生产出的和UH-60L型相似的机型。

下图：内部医疗撤运工具箱是UH-60L型直升机和配备绞盘的UH-60Q型直升机（如图所示）的标准配置。图中这架UH-60Q型直升机的机翼下方还配备了副油箱

下图：澳大利亚的S-70A-9"黑鹰"直升机最初在澳大利亚空军服役。1990年，所有该型飞机全部转入澳大利亚陆军

技术参数

MH-60G"黑鹰"直升机
类型：全天候特种作战和战斗搜救直升机
动力装置：两台1210千瓦的通用电气公司T700-GE-700涡轮轴发动机
性能：空载时海平面最大平飞速度296千米/小时，最大垂直爬高率超过137米/分钟，飞行高度5790米，携带两个1703升的副油箱时作战半径达964千米
重量：最大起飞重量9979千克，最大有效载荷3629千克
尺寸：主叶片直径16.36米，包括螺旋桨在内的总长度为19.76米，包括螺旋桨在内的总高度5.13米，主叶片旋转面积210.05平方米

右图：图中为美国陆军第一架MH-60K生产型样机，它与美国空军的HH-60G/MH-60G型直升机基本一致

下图：图中这架UH-60A/L型直升机正承担着传统的UH-1型直升机的角色。根据计划，美国陆军的UH-60M"黑鹰"直升机将至少服役到2025年

西科斯基公司的 CH/MH-53 重型运输和特种作战直升机

为了满足美国海军陆战队对于CH-37重型运输机进行换代的要求，西科斯基公司于1964年10月14日对S-65原型机进行试飞，随后推出的CH-53型直升机于1965年9月服役。1993年7月，最后一架在美军服役的CH-53A型直升机退役。

CH-53型直升机安装了两台T64型发动机，采用CH-54型直升机的传动装置，有一个大型的盒状机舱，机舱后部配置一个装载斜坡，前部侧面有门，主起落架回收到机身两侧的突出部。CH-53A型直升机被称为"海上种马"，是美国海军陆战队主要的重型运输直升机。

第一代"种马"直升机的第二个重要机型是CH-53D型，其发动机和其他部位进行了改进，共生产了124架。该机型目前还在美国海军陆战队服役，其中有两架改装成为VH-53D型重要人员运输机。

美国海军陆战队少量的CH-53A型直升机转交给了美国空军，被称为TH-53A型，作为MH-53型直升机的训练机。美国空军还购买了HH-53B型和HH-53C型直升机，将其作为救援直升机，均安装了空中加油管和外部副油箱。此外，CH-53C型直升机没有空中加油管，用于训练和执行支援任务。20世纪80年代，剩下的CH/HH系列直升机被改装成为MH-53J III型直升机，后经过几次改进，最终发展成为MH-53M IV型直升机，该型机将在美国空军特种作战司令部服役到2012年。

早期的H-53系列直升机曾经出口到澳大利亚（称为S-65型）、以色列（S-65C-3型，该型机大多数改装成为"信天翁"2000直升机）和德国（称为CH-53G型）。

为了获得一种比CH-53D型直升机拥有更大运载能力的直升机，美国海军陆战队购买了CH-53E"超级种马"直升机。该机的显著特征是在H-53基本型的机身上加装了第3台T64型发动机、一个七叶主螺旋桨、倾斜尾鳍和横尾翼。

如同第一代"种马"直升机，CH-53E型直升机也发展出了海军型的扫雷直升机，并出口到其他国家，但基本型的CH-53E型直升机并没有出口。

技术参数

CH-53E"超级种马"直升机
类型： 重型运输直升机
动力装置： 3台通用电子公司的T64-GE-416型涡轮轴发动机，持续飞行时每台功率为2756千瓦
性能： 空载时海平面最大平飞速度315千米/小时，装载11340千克物资时海面最大爬高率为762米/分钟，飞行高度5640米，盘旋高度3520米，外挂9072千克物资时作战半径925千米
重量： 净重15072千克，外挂物资时最大起飞重量33340千克，飞行距离达92.5千米时最大外挂有效载荷为14515千克
尺寸： 主叶片直径24.08米，包括螺旋桨在内总长度30.19米，总高度8.97米，主叶片旋转面积455.38平方米

下图：以色列购买的H-53直升机最初和CH-53C型机相似，后来改装成为CH-53D-2000型。后来，以色列又从奥地利购买了两架S-65型直升机

右图和下图：这两张图片清楚地显示出CH-53E型和最初的H-53型的机身之间的差异。注意下图这架CH-53E型机上部机身的排气孔和右图这架CH-53G型机的垂直尾翼

下图：根据计划，MH-53型直升机被CV-22"鱼鹰"倾转翼飞机替代，但它仍然是一款性能出色的特种作战和战斗搜救直升机，配备了前视红外装备和地形匹配雷达